1급

KB065360

교사를
위한,

발명·지식재산교육의
탐구와 실천

특허청·한국발명진흥회 편저

Exploration and Practice of
Invention and Intellectual
Property Education

Preface

디지털 전환기적 시대에 교육이 추구해야 할 패러다임도 변하고 있다. 인간이 하던 많은 일들을 인공지능화된 기계가 대신하고 오히려 초월적인 기능까지도 수행한다. 인간만이 할 수 있는 일이 무엇일까? 창조와 혁신이 여전히 중요하지만 새로운 시대에 어떻게 교육을 펼쳐 나가야할 것인가라는 성찰과 해법은 인류의 새로운 숙제이다.

미래 교육은 혁신 학습의 방향이 미래 변화에 미리 대응할 수 있는 협력, 창의성, 소통, 비판적 사고, 문제 해결 등의 역량이 중요하다. 즉, 우리 경제가 패스트 팔로워(Fast Follower)에서 벗어나 퍼스트 무버(First Mover)로 가고 있기 때문에 새로운 성장을 위한 신산업을 만들기 위해서는 새로운 교육 담론이 필요하다.

그동안 발명교육은 산업사회와 정보사회에서 창조적 혁신과 발명적 사고를 위한 교육으로 많은 기여를 해왔다. 이제 새로운 기술의 등장과 전환기를 맞아 발명교육을 다시 진지하게 고민해야 한다.

발명 및 지식재산 교육은 2022 교육과정 개정과 더불어 학교 교육에서 나름대로 안착하고 있다. 특히 고등학교 교육과정에 '지식재산 일반' 교과가 자리를 잡고, 이를 채택하는 고등학교도 늘어나고 있다.

초·중·고등학교에서의 발명교육, 지식재산교육은 지식재산 전문가를 양성하는 교육이 아니라 발명적 사고, 지식재산 리터러시(Literacy)를 길러주는 교육이다. 따라서 가급적 보편적인 교양교육이 되어야 하고 많은 학생들에게 그 학습의 기회가 주어져야 한다. 학교 교육과정의 초등학교, 중학교, 고등학교 필수 교과목에서의 단원 중심 교육은 중요하다. 또한 발명교육센터, 발명영재교육, 방과후교실 프로그램, 자유학기 프로그램에서의 다양한 발명과 지식재산 교육 기회는 지속적으로 확대, 심화되어야 할 것이다. 이러한 교육이 가능하기 위해 가장 중요한 교육 인프라는 교사의 전문성이다. 다행히 우리나라에서 2014년부터 발명교사인증제가 시행되어, 일정한 자격을 갖추고 시험을 통과한 교사에게 2급, 1급, 마스터 교사 인증을 부여하고, 이를 통해 발명교사의 전문성을 높여 가고 있다.

이러한 발명교사 인증을 위한 기존의 발명과 지식재산 교육의 실제(1급 교재)를 '교사를 위한 발명·지식재산교육의 탐구와 실천'으로 새롭게 출판하게 되었다.

모쪼록 이 교재가 발명교사인증제의 수험 교재, 교대 및 사대의 예비교사 교육과 대학원 과정의 발명과 지식재산 관련 강의 교재, 그리고 다양한 발명과 지식재산 관련 교사 연수 교재로 폭넓게 활용되기를 기대한다.

교사를 위한 발명·지식재산교육의 탐구와 실천은 '발명과 지식재산 내용학'과 '발명과 지식재산 교육학'으로 구분되어 있으며 세부적인 내용 구성은 다음과 같다.

발명과 지식재산 내용학

Ⅰ. 지식재산의 이해

Ⅱ. 지식재산의 창출

Ⅲ. 지식재산의 권리화

Ⅳ. 지식재산의 보호

Ⅴ. 지식재산의 활용

발명과 지식재산 교육학

Ⅰ. 발명과 지식재산 교육과정의 이해

Ⅱ. 발명과 지식재산 교사의 전문성

Ⅲ. 발명과 지식재산 교육의 실제

Ⅳ. 발명영재교육의 이해

이 책은 내용의 이해를 돕기 위하여 다음과 같은 체제로 집필되었다.

먼저 대단원별로 성취기준과 단원열기, 단원 교수·학습 유의사항, 마무리 퀴즈를 단원의 앞뒤에 배치하였다. 그리고 중단원별로 학습목표와 관련 키워드, 주제를 여는 질문과 활동, 주제 관련 지식, 세상을 리드하는 지식재산 스토리 창, 교과서를 품은 활동, 주제를 닫는 토론으로 내용을 구성하였다.

끝으로, 이 교재가 다양한 목적으로 활용되기를 바라며 그 과정에서 활발한 생산적인 피드백이 있기를 기대한다. 대부분의 교육이 그러하듯 완벽한 교재는 없다. 기술과 사회, 교육의 패러다임을 반영한 교재가 지속적으로 수정되고 발전하기를 희망한다. 이는 독자들의 긍정적인 시선과 애정 어린 관심으로 가능할 것이다.

이 책이 출판될 수 있도록 아낌없는 지원과 도움을 주신 특허청과 한국발명진흥회 관계자분들께 감사의 말씀을 전한다. 그리고 바쁜 가운데 연구와 집필에 애써주신 집필 위원과 현장에서 전문적으로 내용 검토를 해 주신 검토·자문위원의 노고에 감사드린다.

발명과 지식재산 교육의 성과는 우리 아이들의 미래에 꽃을 피운다. 부디 이 교재가 그 꽃을 피우는 데 중요한 교사의 지식, 사고, 태도를 성장시키고 전문성을 증진하는 데 도움이 되었으면 한다.

2022년 5월

연구집필 책임자 최유현

Contents

발명과 지식재산 내용학

발명과 지식재산 교육학

특허청 캐릭터 키키와 포포

키키
KiKi

포포
PoPo

'키키(KIKI)'와 '포포(POPO)'는 특허청의 영문 명칭인
'KIPO(Korean Intellectual Property Office)'에서
유래한 이름으로 국민들이 기억하기 쉽고 친근하게
느낄 수 있도록 개발되었다.

발명과 지식재산 내용학

"The most important of my discoveries have been suggested to me by my failures."
— Humphry Davy
나의 발견들 중에서 가장 중요한 것은 나의 실패로부터 배운 것이다.

I 지식재산의 이해

출처 ▶ 특허정보넷(키프리스), 의자가 부착된 책상(디자인 도면)

성취 기준
Achievement
Criteria

1. 지식재산의 개념과 가치를 예를 들어 설명할 수 있다.

2. 지식재산권의 종류와 범위를 예를 들어 말할 수 있다.

3. 직무 발명 제도의 필요성을 이해하고, 직무 발명 요건 및 승계 절차를 설명할 수 있다.

산업재산권 법령 체계도

포포야! 산업재산권과 관련된 법에는 어떤 것들이 있어?

특허법, 실용신안법 등 관련 법령이 마련되어 있어. 자세한 내용은 QR코드를 참고해.

법률	대통령령	부령
특허법	• 특허법 시행령 • 특허권 등의 등록령 • 특허권의 수용·실시 등에 관한 규정	• 특허법 시행규칙 • 특허권 등의 등록령 시행규칙 • 특허료 등의 징수규칙 • 특허심판원 국선대리인의 선임 및 운영에 관한 규칙
실용신안법	• 실용신안법 시행령 • 특허권 등의 등록령	• 실용신안법 시행규칙 • 특허권 등의 등록령 시행규칙
디자인보호법	• 디자인보호법 시행령 • 특허권 등의 등록령	• 디자인보호법 시행규칙 • 특허권 등의 등록령 시행규칙
상표법	• 상표법 시행령 • 특허권 등의 등록령	• 상표법 시행규칙 • 특허권 등의 등록령 시행규칙
발명진흥법	• 발명진흥법 시행령 • 공무원 직무 발명의 처분·관리 및 보상 등에 관한 규정	공무원 직무 발명의 처분·관리 및 보상 등에 관한 규정 시행규칙
부정경쟁방지 및 영업비밀보호에 관한 법률	부정경쟁방지 및 영업비밀보호에 관한 법률 시행령	
반도체집적회로의 배치설계에 관한 법률	반도체집적회로의 배치설계에 관한 법률 시행령	반도체집적회로의 배치설계에 관한 법률 시행규칙
변리사법	변리사법 시행령	변리사법 시행규칙
발명교육의 활성화 및 지원에 관한 법률	발명교육의 활성화 및 지원에 관한 법률 시행령	
정부조직법	특허청과 그 소속 기관 직제	특허청과 그 소속 기관 직제 시행규칙

+ 야구선수의 변화구 그립에도 지식재산권이 있을까?

대한민국 헌법 제22조 제2항에는 "저작자 · 발명가 · 과학기술자와 예술가의 권리는 법률로써 보호한다."라고 명시하고 있다. 여기서 말하는 '권리'가 바로 지식재산권이다. 저작자, 발명가, 과학기술자와 예술가라고 한정한 까닭은 무엇일까?

어떤 야구선수가 세계에서 최초로 정말 신비로운 변화구를 던지는 방법을 개발했다. 이 변화구를 던지는 방법은 야구선수의 피나는 노력의 결과이며, 이는 법적으로 보호 받아야 하는 개인만의 창작물이 아닐까? 만약 변화구가 보호받을 수 있다면 어떤 일이 생길까? 아마도 그 야구선수 이외에 어떤 사람도 그 변화구를 일정 기간 사용할 수 없을 것이다. 대신 누가 던지더라도 변화구를 던질 수 있는 방법에 대한 권리를 등록해 지식재산권으로 인정받아야만 한다. 과연 보통의 사람들이 그 방법을 활용하여 변화구를 던질 수 있을까? 이렇게 권리를 인정하는 것이 변화구를 개발하는 데 도움을 줄 수 있을까? 여러 가지 꼬리에 꼬리를 무는 의문이 생긴다. 아마도 그래서 저작자, 발명가, 과학기술자와 예술가에 '운동선수'를 넣지 않은 것이 아닐까?

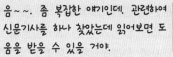

포포야! 야구선수들이 새로운 공을 던지는 법을 개발한 경우 지식재산권을 인정받을 수 있을까?

음~~. 좀 복잡한 얘기인데, 관련하여 신문기사를 하나 찾았는데 읽어보면 도움을 받을 수 있을 거야.

"Every child is an artist. The problem is how to remain an artist once you grow up."
— Pablo Picasso

아이들은 누구나 예술가다. 문제는 어른이 돼도, 예술가로 있을 수 있는가 여부다.

01 지식재산이란?

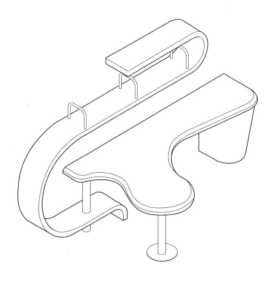

출처 ▶ 특허정보넷(키프리스), 책꽂이가 구비된 책상(디자인 도면)

학습목표
Objectives

1. 지식재산권과 관련된 법을 조사하고 의미를 설명할 수 있다.
2. 지식재산권의 정의를 발명과 관련지어 설명할 수 있다.
3. 지식재산권의 역사를 사례를 들어 설명할 수 있다.

키워드
Keyword

지식재산　　# 지식재산권　　# 발명　　# 지식재산권의 역사

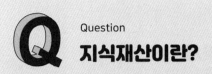

Question
지식재산이란?

Q1 지식재산의 의미는 무엇인가?

Q2 발명의 어원에 포함된 두 가지 중요한 의미는 무엇인가?

발명의 정의
(위키백과사전)

Q3 헌법에서는 지식재산권과 관련하여 어떻게 명시하고 있는가?

대한민국헌법
(국가법령정보센터)

발명톡 Talk

"Originality is nothing
but judicious imitation."
— Voltaire
독창성이란 신중한 모방에
지나지 않는다.

Think

발명에 관한 다양한 정의를 바탕으로 나만의 정의를 내려 본다면?

Q Question
지식재산 및 지식재산권의 역사

특허 제도와 국가 발전
(특허청)

특허가 뭐예요(EBS)

Q1 근대적인 의미를 가진 특허 제도의 시초는?

Q2 현재 특허 제도의 기초가 된 최초의 성문화된 특허법은?

Q3 최초의 성문화된 특허법에서의 'Patent'의 어원은?

Think
우리나라와 세계의 특허 제도 역사를 통해 배울 수 있는 교훈은?

① 발명과 지식재산권의 정의

(1) 발명의 의미

'발명'이라고 번역되는 영어 'Invention'의 어원은 라틴어 'Inventio'이며 '생각이 떠오르다'를 뜻한다. 그리고 독일어 'Erfindung'은 '발견하다'라는 의미를 포함한다. 따라서 발명은 '생각이 떠오르다'라는 의미와 '발견하다'라는 의미를 모두 포함한다고 볼 수 있다. 발명은 과학과 기술을 발전시키는 한 요소로서 발견과 함께 쓰이는 말이지만, 물질적 창조라는 점에서 인식과 관련되는 발견과는 구별된다. 오늘날 발명은 특허제도(特許制度)라는 법체계 속에서 그 소유자의 권리가 사회적으로 인정되고 있다(두산백과사전의 내용을 일부 참고하여 일부 수정).

우리나라 특허법(제2조)에서는 '발명'이란 자연법칙을 이용한 기술적 사상의 창작으로서 고도(高度)한 것으로, 특허를 받은 발명을 지칭하는 '특허 발명'과 구분하여 정의하고 있다. 또한 발명진흥법(제2조)에서는 '발명'이란 특허법·실용신안법 또는 디자인보호법에 따라 보호 대상이 되는 발명, 고안 및 창작으로 정의하고 있다.

최유현(2014)은 발명의 개념을 발명의 목적, 발명의 행위, 발명의 방법으로 범주화하여 다음과 같이 정의하고 있다.

"발명은 사회적 가치의 실현 및 지식재산의 가치 창출을 위하여(목적) 존재하지 않은 물건, 방법을 창조하거나 기존의 존재하는 물건이나 방법을 개선시키는(행위) 인간의 혁신적 문제 해결 활동(방법)이다."

> **📋 용어**
>
> **발명의 정의**
> 발명은 연구나 실험을 통해 이전에 존재하지 않았던 제품, 시스템, 과정을 창조하는 것
> (A new product, system, or process that has never existed before, created by study and experimentation)
> ─ 출처 ITEA의 발명의 정의를 최유현(2014)에서 재인용

발명과 특허의 정의
(YTN 라이프)

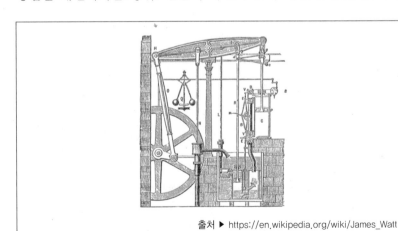

출처 ▶ https://en.wikipedia.org/wiki/James_Watt

○ 제임스 와트 증기기관 도면(1784년)

[YTN 스페셜]
창조의 힘! 지식재산
1부(YTN)

지식재산권의 정의
(위키백과)

정보 속으로

WIPO Convention
Establishing the World
Intellectual Property
Organization Article 2
(viii)
"intellectual property" shall
include the rights relating
to:
• literary, artistic and
scientific works,
• performances of
performing artists,
phonograms, and
broadcasts,
• inventions in all fields
of human endeavor,
• scientific discoveries,
• industrial designs,
• trademarks, service
marks, and commercial
names and designations,
• protection against unfair
competition,
and all other rights resulting
from intellectual activity in
the industrial, scientific,
literary or artistic fields.

(2) 지식재산권의 의미

사람이 소유하고 있는 재산권에는 실체를 볼 수 있는 유형의 재산권과 그 실체를 볼 수 없는 무형의 재산권이 있다. 유형의 재산권은 실생활에서 흔히 들을 수 있고 볼 수 있는 부동산, 현금, 유가증권 등과 같은 것이고, 무형의 재산권에는 기업 등의 영업활동을 영위할 수 있는 영업권, 영업 비밀 등과 사람의 지적 창작의 결과물인 저작권, 산업재산권과 같은 지식재산권이 있다(특허청, & 한국발명진흥회, 2007).

지식재산 기본법(제3조)에서 '지식재산'이란 인간의 창조적 활동 또는 경험 등에 의하여 창출되거나 발견된 지식·정보·기술, 사상이나 감정의 표현, 영업이나 물건의 표시, 생물의 품종이나 유전자원(遺傳資源), 그밖에 무형적인 것으로서 재산적 가치가 실현될 수 있는 것으로 정의하고 있다. '지식재산권'은 법령 또는 조약 등에 따라 인정되거나 보호되는 지식재산에 관한 권리를 말한다.

1967년에 설립된 세계지식재산권기구(WIPO: World Intellectual Property Organization)는 지식재산을 '문예·미술 및 학술저작물, 실연가의 레코드 및 방송, 인간 활동과 관련된 모든 분야에서의 발명, 과학적인 발견, 공업 디자인, 상표·서비스표시 및 상호, 기타 상업상의 표시로서 부정경쟁을 방지함으로써 보호되어야 할 권리 또는 산업·학술·문예 및 미술 분야에 있어서의 지적활동으로부터 생기는 권리'로 정의하여 지식재산의 대상 범위를 광범위하게 정하고 있다.

우리 헌법(제22조 2항)에서도 "저작자·발명가·과학기술자와 예술가의 권리는 법률로써 보호한다."라고 명시해 지식재산권에 대한 헌법적 근거를 제공하고 있다.

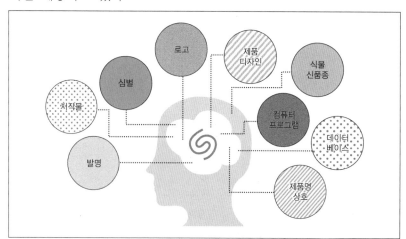

○ 지식재산권의 대상 범위

② 지식재산 및 지식재산권의 역사

(1) 지식재산의 역사

특허 제도의 역사는 특허권의 상위 개념인 지식재산권의 기원에서 비롯한다고 볼 수 있다. 근대적인 의미의 특허 제도는 15세기 초 베니스 공화국에 의해 처음 정착되었다. 그리고 그 이후 현재 특허 제도의 기초가 된 최초의 성문화된 특허법인 전매조례(The Statute of Monopolies)가 1624년 영국에서 탄생하였다. 이 전매조례에서는 최초의 진실한 발명자에게 주어지는 14년간의 특허 이외에는 독점을 금지하는 내용이 포함되어 있다. 여기서 특허로 번역된 'Patent'의 어원은 '공개된 것(Be Opened)'을 뜻하는 라틴어 'patēre'에서 유래되었고, 전매조례에서는 공개장이라는 의미로 'Letter of Patent'가 사용되었다. 한편, 미국에서는 18세기 이후 특허 제도에서 처음으로 특허를 재산권의 개념으로 인식하기 시작했고 현대적인 의미의 특허 제도가 오늘날까지 발전해왔다(특허청, & 한국발명진흥회, 2007).

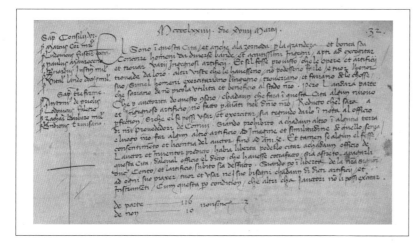

○ 베네치아 특허법(Venetian Patent Statute)

특허 제도의 기원

역사 속 발명의 힘
(YTN 사이언스)

세상을 바꾼 발명
(IP Story Center)

(2) 지식재산권의 역사 연표

지식재산 및 지식재산권의 역사를 세계 주요국과 우리나라로 구분하여 주요한 사건을 중심으로 비교해 보면 다음과 같다.

○ 세계와 우리나라의 지식재산권 역사

시기	세계 주요국	우리나라
1474	베니스에서 최초로 특허법 제정	
1624	영국, 세계 최초 성문특허법 전매조례(Statute of Monopolies) 제정	
1790	미국 특허법 제정	
1791	프랑스 특허법 제정	
1877	독일 특허법 제정	
1883	파리조약(Paris Convention) 체결	
1885	일본 특허법 제정	
1908		한국 특허령 공포
1946		한국 특허법 제정
1967	세계지적재산권기구 협약(WIPO Convention) 체결	
1970	특허협력조약(Patent Cooperation Treaty) 체결	
1971	국제 특허 분류(International Patent Classification) 제정	
1973	유럽특허협약(European Patent Convention) 체결	
1976	아프리카 지역 산업재산권기구 설립	
1977		특허청 개청
1979		WIPO 가입
1980		파리조약 가입
1984		특허협력조약 가입
1986	우루과이라운드/지식재산권에 관한 무역협정(UR/TRIPs) 협상	
1995	UR/TRIPs 발효(1995. 1. 1.)	
2000	특허법 조약(Patent Law Treaty) 체결	

출처 ▶ 특허청, & 한국발명진흥회(2007) 및 특허청 홈페이지를 참고하여 재구성

┌────🖺 용어 ────┐

파리조약
정식 명칭은 '공업소유권 보호를 위한 파리협약'으로 1883년 파리에서 채택되었다. 그 뒤 1900년 브뤼셀, 1911년 워싱턴, 1925년 헤이그에서 개정되었고, 다시 1934년 런던에서 개정되었다.

ㅡ출처 한국민족문화대백과

특허청~!
그곳이 알고 싶다!
(특허청)

특허청~!
그곳이 알고 싶다!
2탄!(특허청)

🧩 Leading IP Story

우리나라의 지식재산 국제 경쟁력은?

I

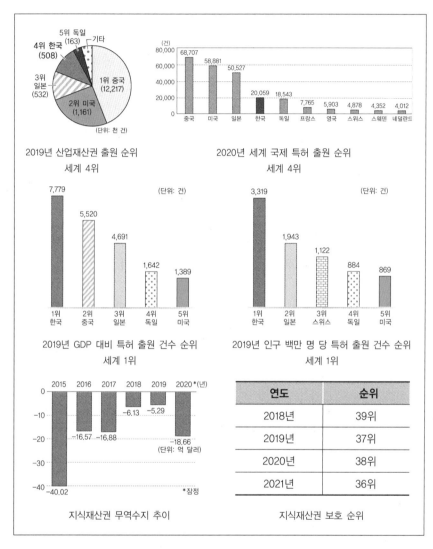

2019년 산업재산권 출원 순위 세계 4위

2020년 세계 국제 특허 출원 순위 세계 4위

2019년 GDP 대비 특허 출원 건수 순위 세계 1위

2019년 인구 백만 명 당 특허 출원 건수 순위 세계 1위

지식재산권 무역수지 추이

지식재산권 보호 순위

연도	순위
2018년	39위
2019년	37위
2020년	38위
2021년	36위

출처 ▶ 2020 지식재산 백서(특허청), 2020 지식재산 통계연보(특허청), 정책브리핑(www.korea.kr), 한국은행, 스위스 국제 경영 연구소(https://www.imd.org)

🔍 현재 우리나라 분야별 지식재산 경쟁력 순위는 어떻게 변하고 있을까?

지식재산 통계서비스
(특허청)

💬 Think
지식재산 국제 경쟁력 순위를 통해 얻을 수 있는 교훈은?

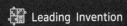 **Leading Invention**

토니 퍼델의 디자인 강의

토니 퍼델(Tony Fadell)은 미국의 발명가이자 기업가로, 애플(Apple)에서 아이팟(iPod) 부문 수석부사장으로 근무하며, 아이팟의 출시에 기여한 인물이다. 그는 2014년 미국 타임지 선정 세계에서 가장 영향력 있는 인물 100인에 이름을 올리기도 했다.

2010년에 그는 애플에서 나와 애플의 동료들과 함께 네스트 랩스(NEST Labs)를 설립해 최고경영자직을 맡았다. 네스트 랩스는 2011년에 첫 제품으로 가정용 자동 보일러 온도 조절 장치인 '네스트 러닝 써모스탯(Nest Learning Thermostat, 학습형 온도조절기)'를 내놓으면서 홈 오토메이션, 커넥티드 홈, 사물인터넷(IoT) 분야에서 두각을 나타냈다. 2014년에 네스트 랩스가 구글에 엄청난 액수로 인수되면서 토니 퍼델은 또 다시 세계의 주목을 받게 된다. 구글이 유튜브(Youtube)를 16.5억 달러에 인수한 데 비해, 네스트 랩스는 무려 32억 달러에 인수했기 때문이다.

토니 퍼델은 지금의 자신은 스티브 잡스(Steve Jobs)의 영향을 받았다고 말하며, TED 강연에서 다음과 같이 말했다.

> "제가 애플에서 일하는 동안 스티브 잡스는 매일 사무실로 와서 제품을 (　　　)으로 보도록 요구했습니다. … 그는 그것을 '초심에 머물기(Staying beginners)'라고 불렀고, 우리가 아주 작은 부분에 초점을 맞춰서 빠르고 쉽게 새로운 고객에게 접근하도록 주문했습니다."

토니 퍼델의
TED 강연 영상

Think

괄호 안에 들어갈 말이 무엇일지 생각해보고, TED 영상을 찾아서 시청해 보자.

02 지식재산권의 종류

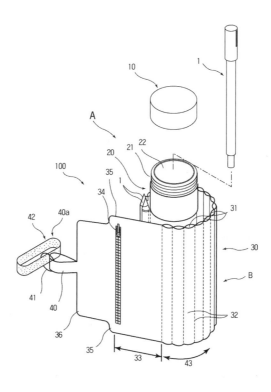

출처 ▶ 특허정보넷(키프리스), 두루마리형 필통(특허·실용신안 도면)

학습목표
Objectives

1. 지식재산권의 종류를 특징에 따라 설명할 수 있다.
2. 산업재산권의 종류를 사례를 들어 설명할 수 있다.
3. 저작권과 신지식재산권의 특징을 사례를 들어 설명할 수 있다.

키워드
Keyword

# 지식재산권	# 산업재산권	# 저작권	# 신지식재산권
# 특허	# 실용신안	# 디자인권	# 상표권

Q 지식재산권 너의 정체는?

Q1 지식재산의 종류를 찾아서 적어 보자.

국가법령정보센터
홈페이지
— 지식재산 기본법
제3조(정의)

Q2 지식재산권은 왜 필요한가?

Q3 특허와 실용신안을 구분하여 설명해 보자.

특허와 실용신안의
구별(법제처)

발명톡 Talk

"A person who has never made a mistake has never tried anything new."

— Albert Einstein

한 번도 실수한 적이 없는 사람은 한 번도 새로운 일을 시도하지 않은 사람이다.

Think

산업재산권에서 상표와 다른 재산권의 존속 기간은 어떤 차이가 있을까?

① 지식재산권

(1) 지식재산권의 종류

지식재산권은 실체를 눈으로 볼 수 없는 지식재산을 독점적으로 이용할 수 있는 재산권이며 지식재산을 보호하는 목적에 따라 산업재산권, 저작권, 신지식재산권으로 구분한다. 산업재산권(Industrial Property Right)은 산업 발전에 이바지하는 창작물을 보호하는 권리로 발명을 보호하는 특허권, 고안을 보호하는 실용신안권, 디자인을 보호하는 디자인권, 표장을 보호하는 상표권이 포함된다.

인간의 문화생활 향상에 이바지하는 창작물을 보호하기 위해 저작권(Copyright)은 저작자의 권리와 저작인접권자의 권리도 법으로 보호하고 있다. 신지식재산은 경제·사회 또는 문화의 변화나 과학 기술의 발전에 따라 새로운 분야에서 출현하는 지식재산을 말한다. 신지식재산권은 산업재산권, 저작권과 같은 기존의 지식재산권 이외의 새로운 형태의 지식 창작물에 대한 재산적인 권리로, 데이터베이스, 반도체 집적 회로의 배치 설계, 식물 신품종뿐 아니라 영업 비밀, 유전자원, 전통 지식 등의 다양한 분야의 지식재산권이 이에 포함된다. 이와 같이 지식재산권이라도 그 보호의 목적과 특징에 따라 보호 대상 및 권리의 발생 요건에는 차이가 있게 된다. 최근에는 기술과 문화의 융합에 따라 아이디어가 제품이나 서비스로 구현되는 과정에서 다양한 지식재산이 창출되고 있으며 이를 보호하기 위한 방법들도 점차 다양해지고 있다.

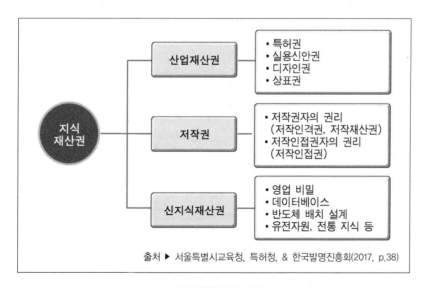

출처 ▶ 서울특별시교육청, 특허청, & 한국발명진흥회(2017, p.38)

o 지식재산권의 분류

📑 용어

지식재산 기본법
지식재산의 창출·보호 및 활용을 촉진하고 그 기반을 조성하기 위한 정부의 기본 정책과 추진 체계를 마련하여 우리 사회에서 지식재산의 가치가 최대한 발휘될 수 있도록 함으로써 국가의 경제·사회 및 문화 등의 발전과 국민의 삶의 질 향상에 이바지하는 것을 목적으로 만들어진 법률(2011. 5. 19. 제정)
– 출처 국가법령정보센터

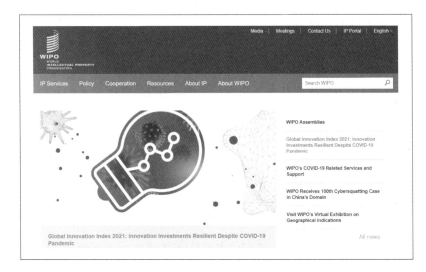

ㅇ 세계지식재산권기구(WIPO) 홈페이지(www.wipo.int)

┌------ 🗐 용어 ------┐
세계지식재산권기구
(WIPO: World
Intellectual Property)
유엔의 특별기구 16개 중
하나로, 1967년 설립돼 창조
활동을 증진하고 지식재산
권을 전 세계적으로 보장하
자는 취지에서 출범했다. 본
부는 스위스 제네바에 있으
며 2021년 193개국을 회원
국으로 갖고 있다. 대한민
국은 1979년 3월 정식 가입
하였으며, 2007년 9월 28일
에는 한국어를 PCT 국제 출
원 공개어로 채택하였다.

(2) 지식재산권의 필요성

지식재산권 제도는 시장에서의 독점적 지위를 확보하여 분쟁을 미연에
예방함으로써 발명가의 권리를 보호한다. 이를 통해서 발명가는 연구·
개발에 투자한 비용을 회수하고 나아가 추가적인 기술 개발에 투자할
수 있다. 또한 정부는 각종 정책 자금 및 세제 혜택 등으로 지식재산
권을 지원한다.

(1) 시장에서 독점적 지위 확보 특허 등 지식재산권은 독점배타적인 무체재산권으로 신용 창출, 소비자의 신뢰도 향상 및 기술 판매를 통한 로열티 수입 가능	(2) 분쟁예방 및 권리보호 자신의 발명 및 개발기술을 적시에 출원 및 권리화함으로써 타인과의 분쟁을 사전 예방하고, 타인이 자신의 권리를 무단 사용할 시 적극적으로 대응하여 법적 보호 가능
	지식재산권	
(3) R&D 투자비 회수 및 향후 추가 기술 개발의 원천 막대한 기술개발 투자비를 회수할 수 있는 확실한 수단이며 확보된 권리를 바탕으로 타인과 분쟁 없이 추가 응용 기술개발 가능	(4) 정부의 각종 정책자금 및 세제지원 혜택 특허권 등 지식재산권을 보유하고 있는 경우 특허기술사업화 자금지원, 우수발명품시작품 제작지원을 비롯하여 각종 정부자금 활용과 세제지원 혜택

출처 ▶ 특허청, & 한국발명진흥회(2007)

② 산업재산권

(1) 산업재산권의 특징

산업발전을 목적으로 하는 산업재산권은 다른 지식재산권과 다르게 특허청에 출원과 설정 등록이라는 과정을 통해 권리가 발생한다. 산업재산권의 출원은 보호의 대상인 발명, 고안, 디자인 또는 상표에 대하여 권리를 획득하기를 원하는 사람이 일정 서식과 요건을 갖추어 설정 등록 여부를 판단하여 줄 것을 요청하는 절차이다. 산업재산권은 보호 대상에 따라 특허권, 실용신안권, 디자인권, 상표권으로 구분되며, 권리별로 보호 법률, 보호 대상, 보호 기간에 차이가 있다.

산업재산권
법령 체계도
(특허청)

(2) 특허권

특허권의 보호 대상인 발명은 '자연법칙을 이용한 기술적 사상의 창작으로서 고도한 것'이어야 한다. 특허권은 재산권과 같은 독점적인 효력이 있기 때문에 모든 아이디어를 특허로 보호할 수 있는 것은 아니며, 특허로 보호 받기 위해서는 아이디어가 특허법에서 요구하는 발명에 해당하여야 하고 특허 등록 요건을 만족해야 한다.

특허 등록을 받기 위해서는 출원된 발명이 발명의 성립성, 산업상 이용가능성, 신규성, 진보성의 특허 등록 요건이 있어야 하며 동일한 발명보다 먼저 출원되어야 하는 선출원 요건, 명세서 작성 요건도 만족해야 한다.

> **📑 용어**
> **자연법칙의 이용**
> 자연법칙은 가속도의 법칙, 열역학의 법칙과 같은 과학의 법칙 이외에 물이 높은 곳에서 낮은 곳으로 흐르거나 나무가 물에 뜨는 것과 같은 경험칙도 포함된다. 발명은 자연법칙을 이용해야 하기 때문에 자연법칙 자체가 발명이 될 수는 없다. 발명자가 반드시 자연법칙에 대해 정확하고 완전하게 이해하고 있을 필요는 없으며, 발명자가 자연법칙을 결과로서 이용하여 경험상 그가 의도하는 기술적인 실현가능성에 대한 인식만 있으면 충분하다.

	Yes	No
1. 자연법칙을 이용한 기술적 사상의 창작으로 고도한 발명인가?	☐	☐
2. 산업상 이용가능성이 있는 발명인가?	☐	☐
3. 신규성이 있는 발명인가?	☐	☐
4. 종래 기술보다 진보성이 있는 발명인가?	☐	☐
5. 동일한 발명보다 먼저 출원되었는가?	☐	☐
6. 명세서에 발명이 구체적으로 기재되고 청구범위는 명확한가?	☐	☐

○ 특허 등록 요건

(3) 실용신안권

실용신안권은 특허권과 유사하게 발명을 보호하기 위한 제도이지만, 발명 중에서도 고안을 보호 대상으로 하고 있다. '고안'이란 '자연법칙을 이용한 기술적 사상의 창작'을 의미한다. 특허권과 실용신안권은 기술에 대한 아이디어를 보호한다는 점에서는 동일하지만 특허권의 보호 대상인 발명과 비교하여 고도성에서 차이가 있다. 실용신안권은 특허권과 다르게 물품의 형상, 구조 및 조합에 관한 고안만을 보호 대상으로 하기 때문에 방법이나 소프트웨어, 물질 등과 관련된 기술은 실용신안권의 보호 대상은 아니며 특허 출원을 통해서 보호할 수 있다.

(4) 디자인권

디자인권은 물품의 형상, 모양, 색채 또는 이들을 결합한 것으로써 시각을 통해서 미감을 일으키게 하는 디자인을 그 보호 대상으로 하고 있다. 디자인은 공개되면 모방이 되기 쉽고 출원 전 잠깐의 공개로도 신규성이 상실될 가능성이 크기 때문에 반드시 제품 출시 전에 디자인 출원을 하여 디자인을 보호할 필요가 있다.

디자인권의 권리 범위는 디자인 출원서에 첨부된 도면에 기재된 모습에 의해서 특정되므로 디자인 출원 시 도면은 필수 제출 사항이다. 또한 출원 시 기재한 디자인의 대상이 되는 물품, 디자인의 설명 내용은 디자인의 권리 범위를 정함에 있어서 중요한 판단 요소가 된다. 디자인 도면은 선 도면, 사진 도면, 3D(모델링) 이미지 캡처 도면, 3D(모델링) 파일 도면 중 하나의 방식을 선택하여 작성한 후 파일 형식을 선택하여 제출할 수 있다.

> **디자인의 대상이 되는 물품**
> 공기청정기
>
> **디자인의 설명**
> 1. 재질은 합성수지 및 금속재임.
> 2. 실선으로 표현된 부분이 부분디자인으로 디자인등록을 받고자 하는 부분임.
>
> 도면 1.1
>
>

○ 디자인의 설명과 도면

정보 속으로

디자인 등록 요건
디자인 출원 후 등록받기 위해서는 디자인의 성립 요건을 충족해야 하며, 출원된 디자인이 공업상 이용 가능성, 신규성, 창작성, 선출원주의 등을 만족하여야 한다. 창작성은 디자인 출원 이전에 공개된 디자인으로부터 쉽게 창작할 수 없는 것을 의미한다.

(5) 상표권

상표권은 상품을 생산·가공·증명 또는 판매하기 위해 타인의 상품과 식별되도록 사용하는 표장으로서, 기호·문자·도형·입체적 형상·색채·홀로그램·동작 또는 이들을 결합한 것 또는 그밖에 시각적으로 인식할 수 있는 상표를 보호 대상으로 하고 있다. 상표는 등록 요건으로 신규성을 요구하지 않아 상표 출원 전에 상표를 사용한 경우라도 상표 출원이 가능하다. 그러나 선출원주의에 따라서 먼저 출원한 상표가 등록받기 때문에 사용하고자 하는 상표는 등록 후 사용하는 것이 분쟁을 방지할 수 있다.

구분	특허	실용신안	디자인	상표
정의	자연법칙을 이용한 기술적 사상의 창작으로서 발명 수준이 고도화된 것(대발명)	자연법칙을 이용한 기술적 사상의 창작으로서 물품의 형상·구조·조합에 관한 실용 있는 고안(소발명)	물품의 형상·모양·색채 또는 이들을 결합한 것으로서 시각을 통하여 미감을 느끼게 하는 것	타인의 상품과 식별하기 위하여 사용되는 기호·문자·도형·입체적 형상·색채·홀로그램·동작 또는 이들을 결합한 것
보기 (전화기)	벨이 전자를 응용하여 처음으로 전화기를 생각해낸 것	분리된 송수화기를 하나로 하여 편리하게 한 것	탁상전화기를 반구형이나 네모꼴로 한 것	전화기 제조회사가 제품이나 포장 등에 표시하는 상호·마크
존속 기간	설정등록일로부터 출원일 후 20년까지	설정등록일로부터 출원일 후 10년까지	설정등록일로부터 20년까지	설정등록일로부터 10년(10년마다 갱신 가능. 반영구적 권리)

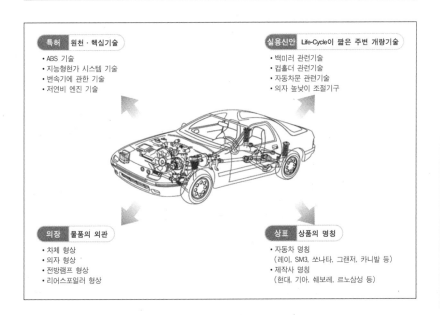

特許 원천·핵심기술
• ABS 기술
• 지능형현가 시스템 기술
• 변속기에 관한 기술
• 저연비 엔진 기술

실용신안 Life-Cycle이 짧은 주변 개량기술
• 백미러 관련기술
• 컵홀더 관련기술
• 자동차문 관련기술
• 의자 높낮이 조절기구

의장 물품의 외관
• 차체 형상
• 의자 형상
• 전방램프 형상
• 리어스포일러 형상

상표 상품의 명칭
• 자동차 명칭
 (레이, SM3, 쏘나타, 그랜저, 카니발 등)
• 제작사 명칭
 (현대, 기아, 쉐보레, 르노삼성 등)

정보 속으로

상표의 출원
상표 등록 출원 시 출원서에 사용하고자 하는 상품 또는 서비스를 지정하여 등록 대상으로 기재하고 사용하고자 하는 상표 견본을 첨부한다. 상품의 분류는 국제분류(NICE) 제11판을 기준으로 하며, 여러 개의 상품을 함께 지정할 수 있으며 서비스업도 함께 지정이 가능하다.

선행 상표 조사
상표는 갱신 신청이 가능하여 등록된 상표가 많기 때문에 출원하고자 하는 상표와 유사 상표가 존재할 가능성이 높다. 따라서 출원 전에 사용하고자 하는 상표의 유형을 정하고 동일, 유사한 상표가 내가 사용하고자 하는 지정 상품에 등록되어 있는지 여부를 먼저 조사하여 등록 가능성을 높일 필요가 있다.

상표의 이해(특허청)

③ 저작권과 저작인접권

(1) 저작권

저작권의 보호 대상인 저작물은 인간의 사상이나 감정을 표현한 창작물이며 저작권은 저작물에 대해서 창작자가 갖는 권리이다. 저작권은 산업재산권과 달리 저작자가 창작을 함과 동시에 권리를 갖게 되며 별도의 등록 절차나 방식을 필수적으로 요구하지 않는다.

저작권은 문화 예술 활동과 밀접한 관련이 있으며, 문화 콘텐츠 산업이 점차 발달해 감에 따라 저작권에 대한 중요성이 높아지고 있다.

저작물이 되기 위해서는 창작성이 있어야 하며, 아이디어가 아닌 표현에 창작성이 있어야 한다. 창작성이란 높은 수준의 독창성을 말하는 것은 아니며 어떠한 작품이 남의 것을 모방한 것이 아니고 작자 자신의 독자적인 사상 또는 감정의 표현을 담고 있다면 창작성이 인정된다.

(2) 저작자의 권리

저작물을 창작한 저작자는 저작물을 경제적으로 이용할 수 있는 권리인 저작재산권과 인격적인 권리인 저작인격권을 갖는다.

구분	저작재산권	저작인격권
정의	저작물을 일정한 방식으로 이용하는 것으로부터 발생하는 경제적인 이익을 보호하기 위한 권리	정신적인 노력의 산물로 만들어 낸 저작물에 대해 저작자가 인격적으로 갖는 권리
권리의 종류	소설가가 소설 작품을 창작한 경우에 원고 그대로 출판·배포할 수 있는 복제·배포권과 함께 그 소설을 영화나 번역물 등과 같이 다른 형태로 저작할 수 있는 2차 저작물 작성권, 연극 등으로 공연할 수 있는 공연권, 전시권, 방송권 등	• 저작자가 자신의 저작물을 공표할 것인가, 만약 공표한다면 언제 어떤 방법으로 공표할 것인가를 선택할 수 있는 공표권 • 저작자임을 표시할 수 있는 성명표시권 • 자신의 저작물이 창작한 본래의 모습대로 활용되도록 할 동일성유지권
보호기간	• 사람이 저작자인 경우에는 저작물을 창작한 때로부터 시작되어 저작자가 살아 있는 동안과 죽은 다음 해부터 70년간 • 법인이나 단체가 저작자인 경우는 공표한 다음 해부터 70년간	저작자에게만 인정되며 다른 사람에게 양도되거나 상속되지 않음

정보 속으로

2차적 저작물 작성권

원저작물을 번역·편곡·변형·각색·영상제작 그 밖의 방법으로 작성한 창작물을 2차적 저작물이라고 하는데, 원저작물의 저작자는 자신의 저작물을 원저작물로 하는 2차적 저작물을 작성할 권리와 작성된 2차적 저작물을 이용할 권리를 가진다. 원저작자의 이러한 권리를 2차적 저작물 작성권이라 한다. 즉, 자신의 저작물을 원저작물로 하는 2차적 저작물을 작성할 권리는 원저작자의 배타적 권리이므로 원저작자의 허락 없이 2차적 저작물을 작성하였다면 원저작자의 2차적 저작물 작성권을 침해한 것이다.

— 출처 한국저작권위원회

⑶ 저작인접권

저작인접권은 저작물을 직접적으로 창작하는 것은 아니지만 저작물의 해설자, 매개자, 전달자로서 역할을 하는 자에게 부여되는 권리이다. 실연자, 음반제작자, 방송을 업으로 하는 방송 사업자가 저작인접권자에 해당된다. 실연자는 저작물을 연기·무용·연주·가창·구연·낭독 그 밖의 예능적 방법으로 표현하거나 저작물이 아닌 것을 이와 유사한 방법으로 표현하는 실연을 하는 자를 말하며, 실연을 지휘, 연출 또는 감독하는 자를 포함한다.

저작권이란 무엇인가?
(한국저작권위원회)

④ 신지식재산권

신지식재산권은 전통적인 산업재산권, 저작권의 범주에 속하지 않으면서 경제의 발전 및 변화와 함께 그 보호의 필요성이 대두된 새로운 지식재산권을 말한다. 최근에는 기술과 문화의 융합에 따라 아이디어가 제품이나 서비스로 구현되는 과정에서 다양한 지식재산이 창출되고 있으며 이를 보호하기 위한 방법들도 점차 다양해지고 있다.

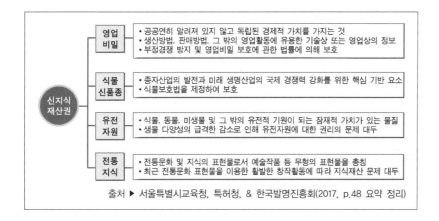

출처 ▶ 서울특별시교육청, 특허청, & 한국발명진흥회(2017, p.48 요약 정리)

신지식재산권과
지식재산권
뭐가 다르길래?
(윕스 네이버 블로그)

지식재산권의 특징은?

Q1 한 가지 물건을 선정해 특허, 실용신안, 디자인, 상표에 대해서 예를 들어 설명해 보자.

지식재산권(위키백과)

Q2 저작권과 산업재산권의 가장 큰 차이점은 무엇인가?

저작권법
(국가법령정보센터)

 발명톡 Talk

"Take calculated risks. That is quite different from being rash."
— George S. Patton
계산된 위험은 감수하라. 이는 단순히 무모한 것과는 완전히 다른 것이다.

Q3 신지식재산권이 출현한 이유는?

Think

지식재산권의 존속 및 보호 기간에 차이를 두는 이유는 무엇일까?

I

🧩 Leading IP Story

동계올림픽 속에 숨어있는 지식재산

출처 ▶ 특허청 공식 블로그의 웹툰 '요철발명왕' 제18화(평창동계올림픽 편, 2017. 5. 23.)

⊕ 특허청 웹툰을 찾아보고 동계올림픽에 숨겨져 있는 지식재산권에 대해서 새롭게
알게 된 사실을 적어보자.

요철발명왕
제18화
평창동계올림픽 편

💬 Think

웹툰에 제시된 정보 이외의 지식재산에는 어떤 것이 있을까?

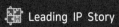 **Leading IP Story**

AI가 한 발명

미국의 AI 개발자인 스티븐 테일러(출원인)가 AI를 발명자로 표시한 국제 특허출원(PCT 출원)을 국내에 출원(진입)하면서 우리 역사상 최초로 AI가 발명자가 될 수 있는지에 대한 첫 특허심사 사례가 발생했다. 2021년 5월 27일 특허청은 AI가 발명했다고 주장하는 특허출원 심사 결과, '자연인이 아닌 AI를 발명자로 적은 것은 특허법에 위배되므로 자연인으로 발명자를 수정하라'는 보정요구서를 통지했다. AI 발명가라고 주장하는 AI 프로그램의 이름은 '다부스(DABUS)'이며, 출원인은 이 발명과 관련된 지식이 없고, 자신이 개발한 '다부스'가 일반적인 지식에 대한 학습 후 식품 용기 등 2개의 서로 다른 발명을 스스로 창작했다고 주장하고 있다.

- 출원인 : 테일러 스티븐 엘. ← AI 개발자(자연인)
- 발명자 : 다부스(본 발명은 인공지능에 의해 자체적으로 생성됨) ← AI
- 영문 : DABUS, The invention was autonomously generated by an artificial intelligence
- 발명의 명칭 : 식품 용기 및 개선된 주의를 끌기 위한 장치
- PCT 국제출원일 : 2019. 9. 17.
- 국내 출원 완료[1차 심사 개시] : 2021. 5. 17.

구분	제1 발명	제2 발명
명칭	식품 용기	개선된 주의를 끌기 위한 신경 자극 램프
대표도		
발명내용	용기의 내외부에 오목부와 볼록부를 갖는 프랙탈 구조의 식품 용기	신경 동작 패턴을 모방하여 눈에 잘 띄는 깜빡임 빛을 내는 램프
효과	용기의 결합이 쉽고, 높은 열전달 효율과 손으로 잡기 쉬움	램프의 동작 패턴으로 관심 집중 개선

현재까지는 AI를 단순한 도구로 보는 것이 국내외 대다수 의견이지만, 향후 기술 발전으로 AI가 사람처럼 발명을 창작하는 상황이 벌어질 경우, 발명자를 누구로 인정해야 하는지 여부에 대해 관련된 논의가 활발해지고 있다.

출처 ▶ 특허청 보도자료(2021)

AI가 특허법상 발명자가
될 수 있을까?
(특허뉴스)

Think

AI를 발명자로 인정하는 경우와 하지 않는 경우 어떤 문제점이 예상될까?

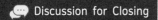 Discussion for Closing

주제를 닫는 토론

메타버스(Metaverse)는 1992년 미국의 SF소설가 닐 스티븐슨(Neal Stephenson)의 소설에 등장했던 개념으로, 아바타를 통해 새로운 3D 공간에서 삶을 살아간다는 내용을 담고 있다. 메타버스는 초월을 뜻하는 '메타(meta)'와 현실 세계를 의미하는 '유니버스(Universe)'의 합성어로, 개인을 표현하는 아바타들이 놀이, 업무, 소비, 소통 등 소셜과 각종 활동을 할 수 있는 플랫폼이다.

메타버스는 게임 업계와 엔터테인먼트 산업에서 가장 활발하게 언급되는 플랫폼으로 2020년에는 BTS가 신곡 '다이너마이트(Dynamite)'를 발표하면서 메타버스를 활용했고, 블랙핑크도 가상 팬사인회를 열면서 이목을 끌었다.

○ 네이버제트(Z)의 메타버스 플랫폼 '제페토(ZEPETO)'

또한 패션 등 쇼핑 업체들도 가상공간을 적극 활용하고 있다. 많은 명품 브랜드에서는 모바일 게임이나 아케이드 게임을 활용해 적극적인 마케팅을 펼치고 있으며 이 현상이 가상공간으로 자연스럽게 옮겨지고 있다. 특히 코로나19 발생 이후 비대면 전환이 가속화되면서 생활양식과 산업현장이 언택트화를 넘어 3차원 가상공간인 메타버스화로 빠르게 변화하고 있다. 메타버스 서비스들은 현실과의 경제적, 사회적, 문화적 연결성이 매우 높기 때문에 메타버스 안에서 거래되는 물품들은 단순히 디지털 화상이 아닌 새로운 가치가 더해질 수 있으며 이들에 대한 디자인 보호는 중요해질 것으로 예측되고 있으며 이러한 화상 디자인은 디자인보호법으로도 보호가 가능하다(2021년 4월 20일 개정).

출처 ▶ 특허청 블로그(2021)

메타버스란 무엇인가
(특허청 블로그)

Think

메타버스에서 보호해야 할 지식재산은 어떤 것이 있을까?

03 직무 발명과 보상

출처 ▶ 특허정보넷(키프리스), 자전거 거치대가 부설된 벤치(디자인 도면)

학습목표
Objectives

1. 직무 발명 제도의 개념과 요건을 설명할 수 있다.
2. 직무 발명 제도 신고 및 승계 절차, 보상 규정과 종류를 조사할 수 있다.
3. 직무 발명 보상 규정을 이해하고, 적용 사례를 제시할 수 있다.

키워드
Keyword

\# 직무 발명   \# 종업원   \# 사용자   \# 업무

Question
직무 발명의 의미를 생각해 보자.

Q1 회사의 연구 개발 시설을 이용하여 종업원이 자신의 직무에 대해 발명을 하였을 때, 종업원이 한 발명은 누구에게 귀속되는 것이 정당한가를 생각해 보자.

Q2 종업원이 한 발명을 모두 회사로 귀속하는 것이 부당하다면, 어떠한 발명이 직무 발명의 대상이 되는지 생각해 보자.

직무 발명 제도
(한국발명진흥회)

Q3 반도체 장비 회사의 종업원이 자전거에 관한 발명을 하였다고 하자. 이 자전거에 관한 발명이 직무 발명에 해당하는지 생각해 보자.

발명톡 Talk

"To live a creative life, we must lose our fear of being wrong."
— Joseph Chilton Pearce
창조적인 삶을 살기 위해 우리는 잘못되는 것에 대한 두려움을 버려야 한다.

Think
발명진흥법에서 직무 발명 제도를 운영하도록 하는 이유는?

Question

직무 발명의 요건에 대해서 살펴보자.

Q1 A사 연구소에서 근무하던 종업원이 A사 재직 당시 발명을 완성하고 나서 B사로 이직하여 특허 출원을 하였다. 종업원이 한 발명은 어느 회사의 직무 발명에 해당하는가?

Q2 종업원이 직무 발명을 하여 바로 회사에 직무 발명 신고를 하였으나, 회사에서는 4개월이 지난 후에도 특허 출원을 진행하지 않았다. 이 경우 종업원은 어떤 대응을 할 수 있는지 생각해 보자.

Q3 종업원이 직무 발명을 하고, 회사에서는 이 직무 발명을 특허 등록한 후 제품에 적용하여 수익을 창출하고 있다. 종업원은 회사에게 어떠한 항목으로 보상을 요구할 수 있는지 생각해 보자.

직무 발명 제도
자주 묻는 질문
(한국발명진흥회)

Think

직무 발명 보상금에 대한 불만은 어떻게 조정할 수 있을까?

① 직무 발명 제도

직무 발명이란 종업원, 법인의 임원 또는 공무원이 그 직무에 관하여 발명한 것이 성질상 사용자·법인 또는 국가나 지방자치단체의 업무 범위에 속하고 그 발명을 하게 된 행위가 종업원 등의 현재 또는 과거의 직무에 속하는 발명으로 직무 발명 제도의 대상이 되는 것을 말한다.

직무 발명 제도는 실제 아이디어를 창출하여 발명을 한 직원과 이 직원이 발명을 할 수 있도록 시설, 장비 등을 제공한 회사와의 관계에서 발명으로 인하여 창출되는 이익을 합리적으로 배분하고 권리 관계를 조정하기 위한 제도이다.

기업뿐 아니라 국가 간에도 기술 경쟁이 치열해지면서 기술 경쟁력의 확보 여부는 기업과 국가의 생존·발전에 중대한 요소가 되었다. 특히 핵심 기술을 확보하기 위해 많은 기업과 국가가 경쟁하고 있는데, 산업의 고도화와 기술의 복잡 다양성으로 인해 이런 핵심 기술은 조직화되고 체계화된 기업 또는 연구 기관이 대부분 개발하고 있다.

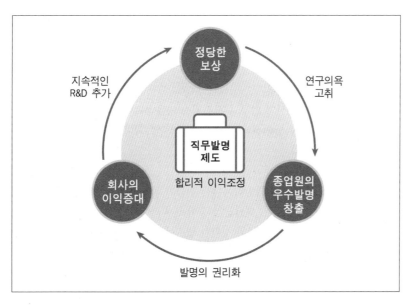

ㅇ 직무 발명 제도 선순환 구조

종업원 등이 할 수 있는 발명에는 ① 직무 발명 외에 ② 종업원 등의 직무와는 무관하지만 사용자 등의 업무와는 관련성이 있는 발명인 '업무 발명'과 ③ 종업원 등의 직무 및 사용자 등의 업무와 무관한 발명인 '자유 발명'이 있는데, 업무 발명과 자유 발명에 해당할 경우에는 직무 발명 제도에 의해서 규율되지 않는다.

② 직무 발명의 요건

직무 발명이 성립되기 위해서는 종업원에 의해 발명한 것이어야 하며, 종업원의 발명이 사용자의 업무 범위에 속해야 하고, 그 발명한 행위가 종업원의 현재 또는 과거의 직무에 속해야 한다.

(1) 종업원의 발명일 것

종업원은 고용 계약에 의해 타인의 사업에 종사하는 자로 종업원, 법인의 임원, 공무원을 지칭한다. 상근, 비상근을 구분하지 않으며 촉탁 직원이나 임시 직원도 포함하는 고용 관계는 반드시 있어야 한다. 일반적으로 연구원이 기술을 개발하는 경우가 많지만, 연구원이 아닌 경우에도 자신의 업무와 관련하여 발명하는 경우 직무 발명이 될 수 있다.

예시 1

종업원이 공무원인 경우
공무원의 경우도 자신의 업무와 관련된 발명을 하는 경우 직무 발명이 될 수 있다. 공무원의 직무 발명은 국가에 특허권이 귀속되며 발명자인 공무원에게는 보상금이 주어진다.

"토지 관련 등록 업무를 담당하는 공무원들이 측량 장비를 개발하여 특허까지 출원해 화제가 되고 있다. 해남군청 종합 민원과 국토정보팀은 지난 6월 29일 '지역측지계를 세계측지계로의 정확한 변환을 위한 측량 장치 및 이를 이용한 측량 방법'으로 특허 등록을 받았다." 　　　　　출처 ▶ 아시아경제(2016. 7. 18.)

특허청,
직무 발명 제도
YTN 스페셜 국내편
(특허청)

예시 2

종업원이 대학 교수인 경우
대학 교수가 자신의 전공과 관련하여 발명을 하게 된 경우, 직무 발명에 해당
되어 대학의 기술 이전 조직 또는 산학 협력 기관이 권리를 승계한다.

⑵ 종업원의 발명이 성질상 사용자 등의 업무 범위에 속할 것

사용자는 타인을 고용하는 개인, 법인, 국가나 지방자치단체를 지칭
한다. 업무 범위는 사용자가 수행하는 사업 범위로서 법인의 경우 정
관을 기초로 판단한다.

예시

반도체 제조 회사에서 근무하는 연구원이 반도체 검사 장비에 관한 발명을
한 경우는 직무 발명이나, 자전거에 대하여 발명을 한 것은 자유 발명이다.

⑶ 발명을 하게 된 행위가 종업원 등의 현재 또는 과거의 직무에 속할 것

종업원의 직무의 경우 발명의 의도 여부와 관계없이 직무 발명의 성
립은 인정되나 발명을 하는 것이 종업원의 직무가 아닌 경우에는 직무
발명이 아니다.
종업원의 직무는 현재의 직무뿐만 아니라 해당 기업 내에서 과거에
수행한 직무도 포함된다.

예시

A사의 연구소에서 근무하던 김 대리가 발명을 완성하고 나서 B사로 이직하
여 특허 출원을 하는 경우에도 이 발명이 과거 A사 근무 시의 직무에 해당된
다면 이 발명은 A사의 직무 발명이 될 수 있다.

특허청,
직무 발명 제도
YTN 스페셜 해외편
(특허청)

나의 발명도
보상이 되나요?
(특허청)

③ 직무 발명의 신고 및 승계 절차

직무 발명에 대한 권리는 원칙적으로 종업원에게 귀속하며, 사용자는 종업원으로부터 그 권리를 양도받을 수 있도록 귀속 체계가 마련되어 있다. 따라서 발명자는 직무 발명을 완성한 경우에는 지체 없이 그 사실을 회사에 문서로 알려야 한다. 발명자가 직무 발명 완성 사실을 통지하면, 그 통지를 받은 회사는 통지를 받은 날부터 4개월 이내에 그 발명에 대한 권리를 승계할 것인지 여부를 직원에게 문서로 알려야 한다. 만일 회사가 4개월 이내에 승계 여부를 알리지 아니한 경우에는 회사가 그 발명에 대한 권리의 승계를 포기한 것으로 간주된다.

종업원이 한 직무 발명에 대하여 미리 사용자에게 특허 등을 받을 수 있는 권리를 승계시키는 계약이나 근무 규정이 있는 경우에는 직무 발명이 완성된 때에 사용자가 직무 발명에 대한 권리를 승계한 것으로 본다. 사용자가 직무 발명을 승계한 경우 발명자인 종업원에게 정당한 보상을 해야 한다.

④ 직무 발명에 대한 권리와 의무

(1) 종업원의 권리와 의무

직무 발명에 대해 특허를 받을 수 있는 권리는 발명자인 종업원이 갖게 된다. 사용자는 계약, 근무 규정, 기타 약정 등을 통해서 종업원으로부터 특허를 받을 수 있는 권리를 이전받을 수 있으며, 권리 이전 시 그에 따른 보상을 하여야 한다. 발명에 대한 권리가 이전되더라도 발명자는 해당 발명의 특허 출원서, 특허 공개 공보, 특허 등록 공보에 발명자로서 자신의 이름이 게재되어 발명자의 명예를 빛낼 수 있다.

직무 발명에 대하여 특허를 받을 수 있는 권리 또는 특허권을 회사가 양도받은 경우 발명자는 특허 출원, 등록, 발명의 실시 등에 있어서 협력할 의무가 있다. 또한 사용자가 직무 발명을 출원할 때까지 그 발명의 내용에 관한 비밀을 유지하여야 한다. 만일 발명자가 특허 출원 전 발명을 공개하는 경우 특허 등록 요건 중 신규성 규정에 위반되어 등록을 받을 수 없게 된다.

종업원의 권리	종업원의 의무
• 특허를 받을 수 있는 권리 • 발명자 게재권 • 정당한 보상을 받을 권리 (사용자에게 권리 승계 시)	• 협력 의무 • 비밀 유지 의무 • 직무 발명 완성 사실의 통지 의무

기업과 함께하는
직무 발명 프로그램
전시회(경기도교육청)

(2) 사용자의 권리와 의무

발명자가 특허를 등록받아 특허권자가 되는 경우 다른 사람이 이 기술을 사용하기 위해서는 특허권자에게 실시 허락을 받아야 한다. 그러나 직무 발명으로 인정된다면 사용자인 회사는 그 특허권에 대하여 사용할 수 있는 무상의 통상실시권을 갖게 된다. 회사는 계약이나 근무 규정상의 사전 예약 승계 규정 등을 근거로 직원 등의 직무 발명에 대하여 특허를 받을 수 있는 권리 또는 특허권을 승계 취득할 수 있으며, 종업원 등이 특허권 등을 취득한 경우 독점적으로 실시할 수 있는 전용실시권의 설정도 가능하다.

회사가 직무 발명에 대하여 특허 등을 받을 수 있는 권리나 특허권 등을 계약이나 근무 규정에 따라 승계하거나 전용실시권을 설정한 경우 발명자인 종업원에게 반드시 정당한 보상을 하여야 한다. 보상액을 결정할 때에는 그 발명으로 인해 사용자 등이 얻을 이익과 그 발명의 완성에 사용자 등과 종업원 등이 공헌한 정도를 고려하여야 하며, 보상 규정 제정 시에는 종업원과 협의하여 통지하여야 한다.

사용자의 권리	사용자의 의무

• 무상의 통상실시권을 받을 수 있는 권리
• 승계 취득 또는 전용실시권을 설정할 권리
  ⇨ 계약이나 근무 규정상의 사전 예약 승계
    규정 등이 있는 경우
	• 승계 여부 통지 의무
	• 보상 의무
	• 보상 규정의 제정 및 시행에 있어서 종업원과 협의, 통지 등을 해야 하는 의무

⑤ 직무 발명의 보상 제도

(1) 직무 발명의 보상금 규정

직무 발명에 대한 보상이 합리적인 경우 연구원들은 새로운 발명과 연구 개발에 대한 의욕을 가지게 되고 나아가 회사에 대한 자부심까지 갖게 된다. 또한 회사는 직무 발명에 대한 안정적인 권리를 확보할 수 있고 분쟁의 위험에서 벗어나게 되며, 유능한 인재 유출을 막게 되므로 기술 개발에 있어 경쟁력을 갖게 된다.

기업이나 연구소마다 규모나 실정이 달라 일반화된 보상 규정을 적용할 수 없다. 따라서 각 기관의 특수성을 반영하여, 종업원과 사용자 협의를 통해 직무 발명 보상의 종류, 보상액의 결정 기준이나 산정 방법 등 구체적인 내용을 규정하게 된다.

(2) 직무 발명의 보상금 종류

일반적으로 기업에서 실시하고 있는 직무 발명 보상은 금전적 보상과 비금전적 보상(해외 연수·유학, 안식년, 학위 과정 지원 등)이 있다. 직무 발명 보상금은 각 보상금의 액수보다는 전체 보상받은 금액이 중요하며 해당 발명과 관련하여 정당한 보상인지의 여부가 중요하다.

ㅇ 직무 발명의 금전적 보상 종류 예시

보상의 종류	보상 내용
출원 보상	직무 발명이 출원되었을 때 지급하는 보상금
등록 보상	직무 발명이 등록되었을 때 지급하는 보상금
실시, 처분 보상	직무 발명을 기업이 직접 실시하거나, 제3자에게 권리를 양도하거나 실시 허락을 한 경우의 보상금
출원 유보 보상	직무 발명을 승계했으나 출원을 하지 않은 경우의 보상금

대기업 '소송 남발'
직무 발명 보상 …
정부 가이드라인 나온다
(News1)

I

Leading IP Story

직무 발명 인증제

특허청과 한국발명진흥회는 직무 발명 보상 제도의 도입 촉진과 발명자에 대한 정당한 보상을 통해 창조적인 기술 개발을 유도하고 기업 경쟁력을 강화하기 위해 직무 발명 보상을 모범적으로 실시하는 중소 · 중견기업을 대상으로 '직무 발명 보상 우수기업 인증제'를 시행하고 있다.

인증 절차

신청기업	전담기관	특허청	특허청
인증신청	접수 및 심의	인증서 발급	인센티브 부여

○ 인증서 발급 절차

정보 속으로

• 인증 여부의 통지 : 신청 마감일로부터 60일 이내 (자료의 보완이 요구된 경우에는 그 보완이 완료된 날부터 60일 이내)
• 인증 여부에 이의가 있는 경우, 통지를 받은 날로부터 15일 이내에 재심의 신청 가능

직무 발명 제도
(한국발명진흥회)

인증 기업에 대한 인센티브(2022년 1월 기준)

1. 특허, 실용신안, 디자인 우선 심사 대상

직무 발명 보상 우수인증기업(중소, 중견기업)은 인증서로 우선 심사를 신청할 수 있는 대상이 됨. 인증을 받지 않은 일반 중소, 중견기업이 우선 심사를 신청하기 위해 (선행기술조사기관을 통해 받는) 선행기술조사 수수료 대략 50만 원 정도를 절감할 수 있음

2. 특허, 실용신안, 디자인 4~9년차 등록료 20% 추가 감면(2022년 3월 변경 예정)

직무 발명 보상 우수인증기업은 발명진흥법 제11조의2 규정에 의거하여 인증 유효기간(2년) 동안, 보유한 등록권리의 4년, 5년, 6년, 7년, 8년, 9년차 등록료 납부 시 인증서 첨부를 통하여, 중소기업의 경우 등록료의 70%, 중견기업의 경우 등록료의 50%까지 감면받을 수 있음

3. 특허청 등 정부지원사업 선정 인센티브 – 우대 가점 부여

• 특허청 : 사업화연계 지식재산평가지원사업, 우수발명품 우선구매추천사업, IP 제품 혁신 지원사업, 지재권 연계 연구개발(IP R&D) 전략지원사업, 중소기업 IP 바로지원 사업, 우수특허기반 혁신제품 지원사업
• 과학기술정보통신부 : 글로벌SW전문기업 육성 사업
※ 가점 부여 정부지원사업은 각 부처의 사업 운영 상황에 따라 축소 변경될 수 있음

4. SGI서울보증 혜택 부여

보증한도 확대(등급별 최대 30억 원), 보험료 10% 할인, 신용관리 컨설팅 무상제공, 중소기업 임직원 교육플랫폼(SGI Edu-Partner) 지원

Think

정부가 직무 발명 제도를 널리 알리려고 하는 이유는 무엇일까?

Leading Invention

청색 LED 발명자 나카무라 슈지

고휘도 청색 LED를 발명하여 2014년 노벨 물리학상을 수상한 나카무라 슈지 교수는 1993년 일본 니치아 화학공업사 재직 시 청색 발광다이오드를 발명하였다. 중소기업이던 니치아사는 청색 LED 개발로 당시 연 10억 달러의 매출을 올리는 대기업으로 급성장했으나 발명자였던 슈지 교수에게는 2만 엔(당시 약 16만 원)의 보상만이 이루어졌다.

○ 청색 LED 개발로 2014년도
노벨 물리학상을 받은
나카무라 슈지

미국의 산타바바라대학(UC Santa Barbara) 교수로 전직한 그는 니치아 화학공업을 상대로 200억 엔의 부당이득 반환소송을 청구하였다. 2004년 1월, 1심의 도쿄지방법원은 니치아 화학공업이 나카무라 슈지에게 200억 엔을 지급하라고 판결하였다. 그러나 전 세계 사람들을 깜짝 놀라게 만든 1심의 판결과는 달리, 2심의 항소법원에서는 금액이 크게 줄어들어 결국 8억 4000만 엔을 니치아 화학공업이 지급하고 화해하는 것으로 소송은 마무리되었다. 이에 크게 실망한 그는 "기술자들이여, 일본을 떠나라"라는 말을 남긴 것으로 유명하다.

이들 거액의 청구소송이 큰 화제를 모으면서 국내외에서 직무 발명 제도에 대한 관심이 집중되었고, 독일·일본 등에서 이 제도의 개선이 뒤따랐다. 우리나라에서도 이 제도를 손질하여 직무 발명 관련 조항을 개정된 발명진흥법으로 일원화했다.

노벨상 수상자
나카무라 슈지
"지식재산권이
국가경쟁력"(YTN)

Think

우리 주변에 간단하지만 특허 등록을 받아 성공한 제품을 찾아보자.

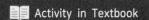 Activity in Textbook

교과서를 품은 활동

더 알아보기 특허권은 누구에게?

A전자는 차세대 통신 기술 개발을 위해 몇 년 전부터 연구 개발을 진행하고 있다. A전자는 핵심 연구 인력을 기술 제휴하는 해외 연구소에 파견을 보내고, 국내 대학과 공동 연구를 진행하는 등 기술 개발에 많은 투자를 아끼지 않았다. 그런데 제품 개발이 완료될 무렵 개발팀의 박 팀장이 회사를 퇴직하였고, 자신의 이름으로 B회사를 설립하였다. 또한 기술에 대하여 자신의 이름으로 출원한 후 등록을 받았다.

1. 이러한 경우에 박 팀장이 출원한 발명은 A 또는 B사의 직무 발명에 해당하는가?
   A 또는 B사의 직무 발명이라고 생각한 이유는 무엇인지 설명해 보자.

2. 누가 이 기술에 대한 권리를 갖게 될지 생각해 보고, 그 이유를 설명해 보자.

⊕ 직무 발명의 사례를 통해서 배울 수 있는 교훈은?

직무 발명 활성화 사업
(KIPA)

Think

직무 발명이 분쟁의 원인이 되는 까닭은 무엇일까?

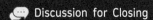 Discussion for Closing

주제를 닫는 토론

직무 발명 보상금에 대한 세제 혜택(정부 세액공제)

1. 종업원(발명자)

직무 발명 보상금에 대하여 비과세 혜택

[소득세법 제12조 제3호 어목]

제12조(비과세소득) 다음 각 호의 소득에 대해서는 소득세를 과세하지 아니한다.

3. 근로소득과 퇴직소득 중 다음 각 목의 어느 하나에 해당하는 소득

어. 「발명진흥법」 제2조 제2호에 따른 직무발명으로 받는 다음의 보상금 (이하 "직무발명보상금"이라 한다)으로서 대통령령으로 정하는 금액

1) 「발명진흥법」 제2조 제2호에 따른 종업원등(이하 이 조, 제20조 및 제21조에서 "종업원등"이라 한다)이 같은 호에 따른 사용자등으로 부터 받는 보상금

2) 대학의 교직원 또는 대학과 고용관계가 있는 학생이 소속 대학에 설치된 「산업교육진흥 및 산학연협력촉진에 관한 법률」 제25조에 따른 산학협력단(이하 이 조에서 "산학협력단"이라 한다)으로부터 같은 법 제32조 제1항 제4호에 따라 받는 보상금

2. 사용자(기업)

직무 발명 보상 지급액에 대하여 세액 공제(근거)

[조세특례제한법 제10조 - 연구 · 인력 개발비에 대한 세액 공제]

[조세특례제한법 시행령 제9조 관련 별표6]

해당 기업이 그 종업원 또는 종업원 외의 자에게 직무발명 보상금으로 지출한 금액

⊕ 직무 발명에 대해서 발명자와 사용자의 기여도는 어떻게 결정되는가?

⊕ 직무 발명에 대한 보상금 산정은 어떻게 이루어지는가?

기업직무발명 보상규정
표준모델(특허청)

 Think

직무 발명에 대한 보상금 지급의 사례를 통해 배울 수 있는 교훈은?

Notice

단원 교수 · 학습 유의사항

1. 지식재산권의 유사 개념(발명, 특허 등)과의 차이점을 구별하여 인식할
   수 있도록 관련 개념과 함께 이해할 수 있게 유도한다.

2. 지식재산의 역사가 왜 그렇게 변화하는지의 과정을 알고, 더 나아가
   이를 살피면서 교훈을 발견할 수 있도록 지도하는 것이 중요하다.

3. 직무 발명, 업무 발명 및 자유 발명의 개념을 명확히 알 수 있도록 지도
   한다.

4. 직무 발명 제도의 이해를 통해 학생들이 향후 취직하여 직무 발명을
   수행하고 이를 통해 수익이 창출된 경우 회사에게 보상금을 청구할
   수 있다는 점을 전달한다.

Quiz

I   단원 마무리 퀴즈

01   영어 'Invention'의 어원인 라틴어의 'Inventio'는 [　　　　　]을/를 뜻하며, 독일어의 'Erfindung'은
[　　　　　](이)라는 의미를 포함한다.

02   우리나라 특허법(제2조)에서는 '발명'이란 [　　　　　]을/를 이용한 기술적 사상의 창작으로서
고도(高度)한 것으로 정의하고 있다.

03   우리 헌법(제22조 제2항)에서는 "저작자 · [　　　　　] · 과학기술자와 예술가의 권리는 법률
로써 보호한다."라고 명시되어 있다.

04   전매조례는 1624년 영국에서 탄생하였고, 14년간의 특허 이외에는 [　　　　　]을/를 금지하는
내용이 포함되어 있다.

05   산업재산권(Industrial Property Right)은 산업 발전에 이바지하는 창작물을 보호하는 권리로 발명을
보호하는 [　　　　　], 고안을 보호하는 실용신안권, 디자인을 보호하는 디자인권, 표장을 보
호하는 [　　　　　]이/가 포함된다.

06   디자인권은 물품의 형상, 모양, 색채 또는 이들을 결합한 것으로써 시각을 통해서 미감을 일으키게
하는 [　　　　　]을/를 그 보호 대상으로 하고 있다.

07   저작권의 보호 대상인 저작물은 인간의 [　　　　　](이)나 [　　　　　]을/를 표현한 창
작물이다.

08   [　　　　　]은/는 저작물을 직접적으로 창작하는 것은 아니지만 저작물의 해설자, 매개자, 전
달자로서 역할을 하는 자에게 부여되는 권리이다.

09   [　　　　　](이)란 고용계약에 의해 회사([　　　　　])에서 일하는 종업원([　　　　　])
이/가 자신의 직무수행과정에서 개발한 발명한 것이, 근무하는 회사의 업무 범위에 속하는 발명을
말한다.

10   직무 발명이 되기 위해서는 [　　　　　]이/가 한 발명이어야 하는데, [　　　　　]은/는
회사에 고용된 사람을 의미한다. 고용의 형태와는 무관하기 때문에 회사의 임원이나 단기근무자도
직원에 포함된다.

11   직무 발명이 되기 위해서는 사용자인 회사의 [　　　　　]에 포함되어야 한다. 발명의 성격이
사용자인 회사의 [　　　　　]에 속하는지 여부는 실제 회사가 하는 업무를 파악하여 판단한다.

12 직무 발명자인 종업원은 그 발명에 대하여 특허를 받을 수 있는 권리를 갖게 되므로 회사에 직무 발명에 대한 권리를 이전하는 경우 회사로부터 정당한 ☐☐☐☐☐☐☐☐☐ 을/를 받을 권리를 갖게 된다.

13 발명자는 비록 그 발명에 대한 권리가 누구에게 이전되든지 해당 발명에 대한 발명자로서 특허 출원서, 특허 공개 공보, 특허 등록 공보에 자신의 ☐☐☐☐☐☐☐☐☐ 이/가 등록된다.

14 계약이나 근무 규정상의 규정 등에 따라 직원인 종업원의 직무 발명에 대하여 특허를 받을 수 있는 권리 또는 특허권을 회사에 양도하기로 정하였다면, 직무 발명자인 직원은 이에 ☐☐☐☐☐☐ 하여야 할 의무가 있다.

15 발명자인 직원은 직무 발명 완성 사실의 ☐☐☐☐☐☐☐☐ 의무가 있으므로, 직무 발명을 완성한 경우에는 지체 없이 그 사실을 회사에 문서로 알려야 한다.

⊘**해답**

01. 생각이 떠오르다/발견하다	**02.** 자연법칙	**03.** 발명가
04. 독점	**05.** 특허권/상표권	**06.** 디자인
07. 사상/감정	**08.** 저작인접권	**09.** 직무 발명/사용자/발명자
10. 종업원/종업원	**11.** 업무 범위/업무 범위	**12.** 보상
13. 이름	**14.** 협력	**15.** 통지

참고문헌

서울특별시교육청, 특허청, & 한국발명진흥회. (2017). 지식재산일반. 서울특별시교육청.

최유현. (2014). 발명교육학 연구. 형설출판사.

특허청, & 한국발명진흥회. (2007). 지식재산권 입문. 특허청 정보기획팀.

특허청. (2021). 2020 지식재산 백서.

특허청. (2021). 2020 지식재산 통계연보.

네이버 지식백과. (2022). 두산백과사전. 발명.
　　Retrieved from https://terms.naver.com/entry.nhn?docId=1099052
　　&cid=40942&categoryId=32335

네이버 지식백과. (2022). 한국민족문화대백과. 공업소유권협정.
　　Retrieved from https://terms.naver.com/entry.nhn?docId=523601&
　　cid=46627&categoryId=46627

법제처. (2022). 국가법령정보센터. Retrieved from http://www.law.go.kr

스위스 국제 경영 연구소. (2021). Retrieved from www.imd.org

아시아경제. (2016). 해남군 지적측량 장비 발명 특허 획득.
　　Retrieved from http://www.asiae.co.kr/news/

위키미디어. (2022). 위키백과사전. Retrieved from https://ko.wikipedia.org

정책브리핑. Retrieved from https://www.korea.kr

특허정보원. (2022). 특허정보넷 키프리스.
　　Retrieved from http://www.kipris.or.kr

특허청. (2022). Retrieved from http://www.kipo.go.kr

한국발명진흥회. (2022). 직무발명제도.
　　Retrieved from http://www.kipa.org/ip-job/intro/intro02.jsp

한국저작권위원회. (2021). 저작권 용어.
　　Retrieved from https://www.copyright.or.kr

WIPO. (2021). Retrieved from https://www.wipo.int

┌─ **추천도서** ─┐

박문각 IPAT연구소. (2022). 지식재산능력시험 예상문제집. 박문각.

II 지식재산의 창출

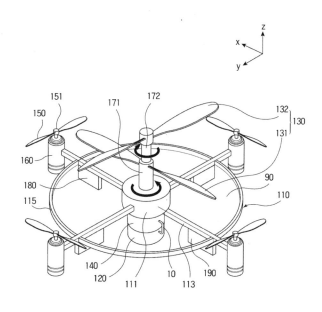

출처 ▶ 특허정보넷(키프리스), 드론(특허·실용신안 도면)

성취 기준
Achievement
Criteria

1. 발명 문제 해결 과정을 이해하고 적용할 수 있다.

2. 발명 문제를 확인하고 아이디어를 창출, 선정, 구체화할 수 있다.

3. 특허 정보를 검색하고 활용할 수 있다.

아이들의 아이디어가 발명품으로!

/ 사례 1 /

영국의 디자이너 도미닉 월콕스(Dominic Wilcox)는 어린 아이들의 상상력에 대한 기대를 바탕으로 'Little Inventors' 프로젝트를 수행하였다. 이 프로젝트는 4살부터 12살까지의 어린이 450명이 자신과 관련된 발명문제를 해결하는 아이디어를 그림으로 그려보도록 하였다. 이를 통해 총 600점이 넘는 아이디어가 도출되었고, 그 중 60점을 선정하여 지역 업체를 통하여 아이들의 아이디어를 실제 발명품으로 제작하였다. 이 프로젝트는 (1) 발명 아이디어 그리기 (2) 관련 양식지 스캔하기 (3) 홈페이지에 업로드하기의 과정을 거쳐 아이디어를 탑재하면, 그 아이디어를 본 전문가들이 관련 아이디어가 실현될 수 있도록 자원하도록 하여 아이디어를 실현하는 과정을 거치게 된다. 'Little Inventors' 프로젝트 웹사이트 (www.littleinventors.org)에 접속하여 아이들의 아이디어가 발명품으로 탄생된 사례를 살펴보자.

/ 사례 2 /

우리나라에서도 미래의 기술 혁신을 주도하는 창의적 발명인재 육성 프로그램이 운영되고 있다. 특허청의 'YIP(Young Inventors Program) 청소년 발명가 프로그램'이 그것이다. 특허청과 한국발명진흥회가 주관하는 이 프로그램은 발명 경험을 가진 청소년을 대상으로, 맞춤 특허교육 및 창업 컨설팅 등을 통해 아이디어의 지속적인 개선을 거쳐 특허 출원에 이르는 과정을 지원한다. 나아가 창출된 아이디어의 활용을 위한 창업 멘토링 프로그램을 통해 나만의 창업 모델을 확보할 수 있도록 하고 있다. 발명교육 포털사이트 청소년 발명가 프로그램 웹사이트(www.ip-edu.net/yip)에 접속하면 프로그램에 대한 자세한 정보를 얻을 수 있다.

✛지식재산의 범주 속 지식재산 창출

국가지식재산위원회(2011)는 제1차 국가지식재산 기본계획에서 5대 정책 방향을 지식재산 창출 체계 촉진, 지식재산의 신속한 권리화 및 국내외의 보호체계 정비, 지식재산 활용 확산 및 공정한 거래질서 구현, 지식재산 친화적 사회기반 조성, 신지식재산 보호·육성 체계정립으로 설정하면서 지식재산의 창출·보호·활용에 대한 선순환 체계를 구축하고자 노력하였다.

한국지식재산연구원(2013)은 2013년도 지식재산활동 실태조사에서 조사항목을 지식재산 창출, 지식재산 보호, 지식재산 활용 활동과 지식재산권 침해에 관한 사항으로 구분하였으며 이규녀, 박기문(2013)은 지식재산 이러닝에서의 지식재산의 영역을 '지식재산 창출, 지식재산 권리화, 지식재산 보호, 지식재산 활용, 지식재산 경영'으로 구분하여 제시하였다.

특허청은 국민의 창의성과 과학기술, 정보통신기술(ICT)의 융합을 바탕으로 새로운 부가가치 창출을 할 수 있도록 온라인 교류·협력의 장인 창조경제타운을 만들었다. 그리고 국민 누구나 쉽게 이해하고 사용할 수 있도록 아이디어의 창출에서부터 보호, 활용에 이르기까지 단계별로 필요한 주요 정보를 제공하는 '아이디어 내비게이터'를 구축하였다.

연구에 따라 지식재산의 범주에 약간의 차이가 있기는 하지만 넓은 의미에서 지식재산의 침해와 권리화는 지식재산의 보호의 범주에 속하며, 지식재산의 경영은 지식재산의 활용의 범주에 속한다. 따라서 이상의 내용을 정리하였을 때 지식재산이 크게 '지식재산 창출', '지식재산 보호', '지식재산 활용'의 세 가지가 범주로 나누어진다는 것을 확인할 수 있다.

출처 ▶ 정영석(2016, pp.6~7) 재인용

지식재산 창출   지식재산 보호   지식재산 활용

◦ 지식재산의 세 가지 범주 : 창출, 보호, 활용

"Believe in yourself! Have faith in your abilities! Without a humble but reasonable confidence in your own powers you cannot be successful or happy."
— Norman Vincent Peale
자신을 믿어라. 자신의 능력을 신뢰하라. 겸손하지만 합리적인 자신감 없이는 성공할 수도 행복할 수도 없다.

01 발명 문제 해결의 과정

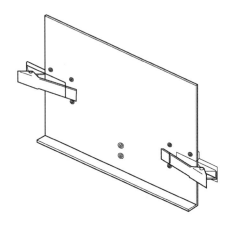

출처 ▶ 특허정보넷(키프리스), 독서대(디자인 도면)

학습목표
Objectives

1. 발명과 기술적 문제 해결의 관계를 이해한다.
2. 발명 문제 해결 과정을 적용하여 발명 교수·학습을 진행할 수 있다.
3. 발명 문제 해결을 통해 창의적 사고를 생활화하는 태도를 갖는다.

키워드
Keyword

발명   # 디자인 사고   # 기술적 문제 해결   # 발명 문제 해결 과정

Question
발명이란?

Q1 발명의 개념을 정의해 보자.

Q2 발명과 발견은 어떤 관계가 있을까?

Q3 발명과 기술은 어떤 관계가 있을까?

Think 발명이 기술에 포함되는 것일까? 기술이 발명에 포함되는 것일까?

정보 속으로

특허 제도에서의 발명은 기술적 사상의 창작으로 고도한 것을 의미하며 실용신안 제도에서의 발명은 고안으로서 고도성이 낮은 것을 의미한다.

정보 속으로

세계지식재산권기구는 발명을 '기술적 문제를 해결한 새로운 제품이나 과정'으로 설명하고 있다(WIPO, 2010). 기술적 문제를 해결함으로써 새로운 발명이 이루어지며, 지속적인 발명은 기술 발달에 기여한다.

발명톡 Talk

모두가 비슷한 생각을 한다는 것은, 아무도 생각하고 있지 않다는 말이다.
— Albert Einstein

Question

발명 문제를 해결하는 지름길은?

Q1 발명 문제를 가장 효율적으로 해결할 수 있는 지름길은 존재할까?

🔆 **발명가 Inventor**

> 토머스 앨바 에디슨
세계에서 가장 영향력 있는 발명가 중 한 명이다. 그가 남긴 발명은 1,093개로 백열전구, 축음기, 3극 진공관 등 생활 속에서 매우 유용한 것들이다. 이러한 에디슨은 제너럴 일렉트릭을 설립하며 지속적인 발명 활동을 했다.

Q2 발명왕 에디슨은 발명 문제를 어떻게 해결했을까?

Q3 발명 문제를 해결하기 위한 일반적인 절차나 단계를 생각하여 제시해 보자.

Think

수학적 문제를 해결하는 것과 발명 문제를 해결하는 것의 차이점은 무엇일까?

① 발명과 기술적 문제 해결

세계지식재산권기구(World Intellectual Property Organization)는 발명을 '기술적 문제를 해결한 새로운 산출물 또는 과정'으로 정의하였다(WIPO, 2010, p.5). 이 정의는 발명을 문제 해결의 결과 및 과정과 관련지어 해석하였다는 특징이 있다. 교육방법으로서 문제 해결을 적용하는 접근은 듀이(John Dewey)의 반성적 사고(Reflective Thought)에 그 바탕을 두고 전개되고 있다. 그는 문제 해결의 과정 모형을 문제의 제기, 문제의 정의, 가능성 있는 해결안이나 해석의 도출, 아이디어의 합리적 구체화, 아이디어의 확충 및 결론적 신념의 공식화의 다섯 단계로 제시하였다(Dewey, 1910).

교과교육자들은 반성적 사고의 정신을 교육방법 철학으로서 교수·학습 상황에 적용하려는 노력을 통해 문제 해결법을 전개해 왔다. 기술교육에서는 전통적으로 문제 해결 능력을 중시해 왔으며, 1996년 국제기술교육협회(International Technology Education Association)에서 수행한 '모든 미국인을 위한 기술 프로젝트(Technology for all Americans Project)'에서는 기술적 문제를 해결하는 것이 기술교육의 핵심임을 천명하였다. Winek & Borchers(1993)는 기술적 문제 해결을 통해 학생들은 고등 사고 능력을 기를 수 있으므로 기술교육에 있어서 기술적 문제 해결이 기본 요소가 되어야 한다고 주장하였다.

Custer(1995)는 문제를 사회·대인적 문제(Social·Interpersonal Problems), 자연·생태적 문제(Natural·ecological Problems), 기술적 문제(Technological Problem)로 구분하였다. 그리고 기술적 문제의 두드러진 특징으로서 목표 성취와 실제적인 가공품을 창작하는 요소에 역점을 두었다. 그는 기술적 문제를 발명(Invention), 설계(Design), 고장 해결(Trouble Shooting), 절차(Procedures)와 같은 네 개의 개념적 틀로 구분하였으며, 이는 발명을 기술적 문제의 하나로 인식하고 기술적 문제 해결 방법으로 접근할 수 있는 이론적 근거가 된다.

세계지식재산권기구

📑 용어

WIPO(World Intellectual Property Organization)
지식재산권을 관장하는 UN 전문기구로서, 국제법 및 공동 네트워크 구축 등의 국제적 보호 시스템을 통해 경제·사회·문화 발전을 이끄는 지식재산권의 개발을 촉진하는 역할을 한다.

② 발명 문제 해결 과정

(1) 발명 문제 확인하기

발명 문제를 해결하는 데 있어 가장 중요한 첫 단계는 문제를 정확하게 확인하는 것이다. 평소에 주변의 사물과 사건들을 자세하게 관찰하는 습관을 바탕으로 생활 속의 불편한 점을 찾아내고, 특성 요인도법, Why-Why 기법, 압축과 확장 기법 등을 적용하여 발명 문제를 확인할 수 있다. 스탠포드 대학교 디자인 스쿨의 디자인 사고 5단계 모형의 '공감하기'와 '정의하기'를 적용하는 것도 발명 문제를 확인하는 데 도움이 된다.

(2) 발명 아이디어 창출하기

발명 아이디어를 창출하기 위해서는 폭넓은 지식과 다양한 경험이 요구되며, 정보 검색을 통해 유사한 문제를 해결한 사례를 검색하는 것도 필요하다. 또한 최대한 많은 아이디어를 다양하게 생성하기 위한 확산적 사고 기법을 적용하는 것도 유용하다. 일반적으로 많이 사용하고 있는 확산적 사고 기법에는 마인드맵, 브레인스토밍, 브레인 라이팅, 카드 브레인 라이팅, 강제 결합법, 스캠퍼(SCAMPER), 희망 사항 열거법, 결점 열거법 등이 있다. 최근에는 창의적 문제 해결 이론(TRIZ) 및 이를 재구조화한 ASIT 등도 널리 사용된다.

📋 **용어**

ASIT(Advanced Systematic Inventive Thinking)
TRIZ를 활용하기 쉽게 단순화한 사고 기법으로 다음과 같은 5가지 원리로 구성된다.
• 용도 변경
• 복제
• 분리
• 대칭 파괴
• 제거

특허정보넷 키프리스

(3) 특허 정보 검색하기

한국특허정보원(www.kipris.or.kr)에서 제공하는 특허 정보 검색 서비스를 이용하면 각자 생각한 발명 아이디어가 기존에 이미 발명된 것인지, 비슷한 것이 있는지, 어떤 아이디어에 차이가 있는지 등을 확인할 수 있다.

(4) 발명 아이디어 평가 및 구체화하기

여러 가지 발명 아이디어 중에서 최적의 아이디어를 선택하기 위해서는 적합한 기준을 설정하여 평가하는 것이 중요하다. 발명 아이디어 평가를 위해 수렴적 사고 기법이 적용되며, 대표적인 수렴적 사고 기법에는 PMI(Plus Minus Interesting), ALU(Advantage Limitation and Unique Qualities), 평가행렬표, 쌍비교분석법, 스크리닝 매트릭스(Screening Matrix) 등이 있다.

③ 발명 문제 해결과 디자인 사고

디자인 사고(Design Thinking)라는 말은 Rowe(1987)가 자신의 저서 제목으로 처음 사용한 이후 다양한 분야에서 문제 해결 방법론으로 적용, 확산되었다. 디자인 사고의 과정은 발명 문제 해결 과정과 유사하므로 이와 접목하여 적용해 보는 것도 가능하다.

(1) 디자이너의 문제 해결 과정(IDEO사)

IDEO사(www.ideo.com)는 디자이너의 문제 해결 과정을 '발견하기 − 해석하기 − 아이디어 창출하기 − 실험하기 − 개선하기'의 5단계로 제시하였다.

① **발견하기(Discovery)** : 도전 과제에 대한 이해를 바탕으로 기회를 찾는 과정으로, 아이디어를 발견하는 바탕이 된다.

② **해석하기(Interpretation)** : 이전 단계에서 학습하고 발견한 것들을 의미 있는 통찰로 변환시키는 과정으로, 대상에 대한 이해를 공유하며 영감을 얻고 행동 가능한 기회로 바꿀 수 있다.

③ **아이디어 창출하기(Ideation)** : 다양한 가능성을 찾으며 브레인스토밍을 통해 풍성한 아이디어를 생성한다.

④ **실험하기(Experimentation)** : 아이디어의 실체를 만드는 단계로 프로토타입을 만드는 과정을 포함한다.

⑤ **개선하기(Evolution)** : 디자인 사고의 마지막 단계이며 도전했던 아이디어를 보다 발전시키는 단계로 사람들과의 아이디어에 대한 의사소통, 과정의 문서기록 등을 포함한다.

(2) 디자인 사고 5단계 모형(스탠포드 대학교 디자인 스쿨)

스탠포드 대학교의 디자인 스쿨(dschool.stanford.edu)은 디자인 사고 5단계 모형을 통해 문제 해결 과정을 공감하기(Empathize), 정의하기(Define), 아이디어 발상하기(Ideate), 시제품 만들기(Prototype), 평가하기(Test)의 5단계로 제시하였다.

용어

IDEO
세계적인 디자인 기업이며, 단순히 디자인 기업으로의 브랜드 파워를 가지고 있는 것이 아니라, '이노베이션'으로 표현되는 기업브랜드 파워를 가진 기업이다.

정보 속으로

스탠포드 대학교 내에 있는 디자인 스쿨은 디자인싱킹을 적용해 인간 중심의 관점에서 다양한 문제를 해결하고 있다. 이러한 스탠포드 대학교의 교육법을 적용한 국내 대학 사례로는 단국대학교가 있다. 단국대는 디자인싱킹 부트캠프를 해마다 개최하며 저출산 문제, 정치 갈등 등 다양한 문제의 해결 방법을 창의적으로 탐색하고 있다.

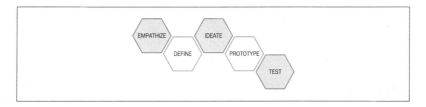

o 스탠포드 대학교 디자인 스쿨의 Design Thinking 5단계 모형

Leading IP Story

무지개 식판, 음식물 쓰레기를 줄이다.

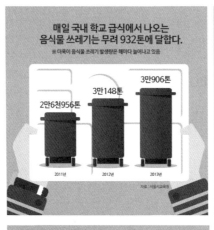

매일 국내 학교 급식에서 나오는
음식물 쓰레기는 무려 932톤에 달한다.

※ 더욱이 음식물 쓰레기 발생량은 해마다 늘어나고 있음

2만6천956톤 3만148톤 3만906톤

2011년 2012년 2013년

자료 : 서울시교육청

급식 과정을 살펴보던 팀원들은 얼마 지나지 않아
남는 음식 대부분이 식판으로 음식량을 조절하기
어렵다는 점을 발견했습니다.

그래서 식판 바닥에 줄을 그었습니다.

목동잔반프로젝트 팀은 표준 식사량 섭취를 돕고, 식판에 담은 음식량과
먹을 수 있는 음식량 사이 오차를 줄일 수 있도록 특별한 식판을 만들었습니다.

단순한 선하나, 실제로 학교에서 10일간
'무지개 식판'의 프로토타입을 테스트한 결과,

일반 식판으로 식사했을 때와 비교해
무려 70% 잔반이 줄었습니다.

70% 감소

출처 ▶ 특허청 공식 블로그

정보 속으로

무지개 식판은 중학생이 발
명한 아이디어로 삼성 투모
로우 솔루션 공모전에서 최
우수상을 수상했다. 삼성 투
모로우 솔루션은 생활 속 문
제를 해결할 수 있는 창의
적인 아이디어를 발굴하고
이를 실제로 사회에 적용하
는 프로젝트이다.

당신의 아이디어
– 무지개 식판
(특허청 공식 블로그)

먹은 만큼 남김 없이
깨끗하게 잔반 줄이기
무지개 식판(KTV)

⊕ 무지개 식판을 발명하게 된 과정을 보다 자세히 알아보고, 앞서 배운 발명 문제
해결 과정과 비교해 보자.

Think

음식물 쓰레기를 줄일 수 있는 또 다른 아이디어를 생각해 보자.

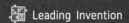 Leading Invention

먹는 물 캡슐, 오호!(Ooho!)

물이나 음료를 담은 페트병은 플라스틱 공해가 전 세계적인 이슈로 부각되면서 퇴출 대상에 오른 것 가운데 하나이다. 페트병 가운데 가장 널리 쓰이는 게 생수를 담은 물병이다. 미국에서만 한 해 소비되는 생수병이 무려 500억 개에 이른다고 한다. 이 가운데 재활용되는 것은 20% 남짓에 불과하며, 나머지는 모두 버려져 환경 오염원이 되고 있다. 이에 따라 미국 샌프란시스코 등 일부 지역에선 공공건물이나 행사 등에서 생수병 판매나 사용을 금지하고 있기도 하다.

그런데 이런 생수병 고민을 씻어줄 수 있는 제품이 곧 나올 모양이다. 이른바 먹을 수 있는 물병이다. 비눗방울처럼 생긴 이 캡슐형 물병의 이름은 '오호(Ooho)'. 얇은 막 안에 생수가 들어있는데, 통째로 입안에 넣어 삼키면 된다. 식용 해조류에서 추출한 물질로 만들었기 때문에 먹어도 안전하다. 물론 물만 들이마시고, 막은 뱉어내도 된다. 버려진 막은 4~6주 후 자연 분해된다.

3년 전 영국 왕립예술학교 산업디자인과 학생 3명이 페트병의 대체품으로 개발한 이 '먹는 물 캡슐'이 마침내 출시를 앞두고 있다고 한다. '먹는 물 캡슐' 개발 아이디어는 달걀노른자를 감싸고 있는 얇은 막에서 얻었다고 한다.

출처 ▶ 곽노필(2017. 4. 17.) "먹는 물 캡슐, 페트병의 대안이 될까", 한겨레신문

Ooho The Edible
'Bottle' Could Change
The Way We
Drink Water
(Indian Fitness Mantra)

┌ 정보 속으로

국내 스타트업 기업인 스타스테크는 기존에 부식 문제를 안고 있던 제설제를 대체할 수 있는 친환경 제설제(ECO-ST1)를 발명했다. 친환경 제설제는 어민들에게 피해를 주는 불가사리를 이용해서 만들어졌다. 이 제설제는 부식 문제와 어민들에게 피해를 주는 불가사리 문제를 동시에 해결하며 높은 기술력을 인정받았다. 앞으로는 먹는 물 캡슐, 친환경 제설제처럼 환경 문제를 해결하는 기업에 대한 관심이 더욱 높아질 것이다.

Think

먹는 물 캡슐을 상용화할 경우 예상되는 문제점은 무엇일까?

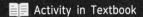 Activity in Textbook

교과서를 품은 활동

창의력을 자극하는 질문

• 샤프펜슬을 누를 때마다 어떻게 연필심이 일정량만큼 나올까?
• 날개 없는 선풍기는 어떻게 바람을 만들어 낼까?

발명 문제 분석하기

🖉 평소에 사용하는 학용품 또는 생활용품 중 불편한 점을 개선하고 싶은 것 하나를 선정하고, 다음 요소를 확인하여 분석해 보자.

선정한 학용품 또는 생활용품			

제품의 확인 요소	내용	불편한 점	개선이 필요한 내용
목적과 기능			
구조와 원리			
모양과 형태			
크기와 무게			
재료			
사용 방법			

⊕ 문제에 대해 분석하는 과정을 통해 느낀 점은?

Think

해결하고 싶은 발명 문제는 무엇인지 생각해 보자.

II

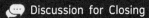 **Discussion for Closing**

주제를 닫는 토론

✎ 학생들에게 '발명 문제 해결 과정'을 설명하려고 한다. 담당하고 있는 학급별로 학생 수준을 고려하여 '발명 문제 해결 과정'을 어떻게 제시하는 것이 좋을지 생각해 보자.

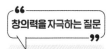
창의력을 자극하는 질문

· 초등학생과 고등학생의 발명 문제 해결 과정에는 어떠한 차이가 있을까?

· 학생과 전문 발명가의 발명 문제 해결 과정에는 어떠한 차이가 있을까?

 쉼터

전광판이 된 옷, 브로드캐스트 웨어

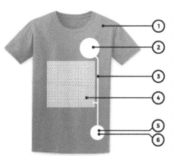

The T-shirt is paired with a smart phone. Whatever the user types or draws in the app will be displayed on the LED panel on the T-shirt. The LED panel is connected to the bluetooth chip and battery.

① T-SHIRT
② CAPACITIVE TOUCH SENSOR
③ WIRE
④ LED DISPLAY PANEL
⑤ BLUETOOOTH SOC
⑥ BATTERY

출처 ▶ http://www.broadcastwear.com/t-shirt

인도 하이데라바드(Hyderabad)에 기반을 두고 있는 스타트업 브로드캐스트 웨어어블스(Broadcast Wearables)에서 개발한 브로드캐스트 웨어(Broadcast Wear)는 스마트폰을 이용해 LED로 원하는 슬로건이나 이미지를 표시해주는 디지털 티셔츠다. 스마트폰 애플리케이션으로 티셔츠 전면부에 보이는 이미지를 원할 때마다 변환할 수 있고 상의 왼쪽에는 터치 센서가 있다. 인디고고에서 2016년 7월 목표 금액의 430%인 11만 달러를 모금하며 주목을 모았다. SNS를 통한 실시간 소통과 즉각적인 반응이 특징인 현 시대에 걸맞은 스마트 의류인 듯하다.

출처 ▶ 특허청 공식 블로그

Think

발명 문제 해결을 위한 지름길을 찾아보자.

02 발명 아이디어 창작

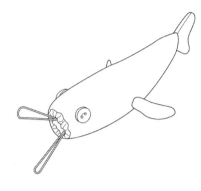

출처 ▶ 특허정보넷(키프리스), 재활용 양말을 이용한 고등어 모양 필통(디자인 도면)

학습목표
Objectives

1. 발명 문제 확인 기법을 이해하고 발명 수업에 적용할 수 있다.
2. 발명 아이디어 창출 기법을 이해하고, 발명 수업에 적용할 수 있다.

키워드
Keyword

발명 문제 확인　　　　# 압축과 확장　　　　# 디자인 사고
발명 아이디어 창출　　# 희망 사항 열거법　　# 결점 열거법
연꽃기법　　　　　　　# TRIZ

Question

발명 문제를 확인하는 방법은?

Q1 관찰하는 습관을 통해 발명 문제를 확인한 사례를 찾아보자.

정보 속으로

에디슨은 남들이 쉽게 지나칠만한 부분도 캐치해내는 뛰어난 관찰력을 가지고 있었다. 그는 사소한 모든 것에 관심을 갖고 자세히 살피는 능력을 바탕으로 사고 기능의 기초를 형성하는 능력을 지녔다고 할 수 있다.

— 출처 하정욱·문대영
(2013)

Q2 다른 사람의 고민을 해결해 주고 싶은 마음에서 발명 문제를 확인한 사례를 찾아보자.

Q3 발명 문제를 해결하는 데 적용할 수 있는 기법들을 찾아보자.

발명툭 Talk

"Know where to find the information and how to use it — That's the secret of success."
— Albert Einstein
어디서 정보를 찾고, 어떻게 활용할 것인지 아는 것. 그것이 성공의 비밀이다.

Think

기록하는 습관과 발명 문제를 확인하는 능력은 관계가 있을까?

발명 아이디어를 창출하려면?

Q1 "양이 질을 낳는다."라는 말은 좋은 아이디어를 생각해 내기 위해서는 일단 많은 아이디어를 생각해 내는 것이 필요하다는 뜻으로 해석할 수 있다. 발명 아이디어 창출 과정에서 "양이 질을 낳는다."라는 말에 동의하는가?

┌────── 📋 용어 ──────┐

TRIZ
'창의적 문제 해결 이론'을 뜻하는 러시아어(Теория Решения Изобретатель ских Задач)의 영어식 읽 기 표현(Teoriya Reshniya Izobretatelskikh Zadatch) 의 머리글자를 딴 용어

프리핸드 스케치 (Freehand Sketch)
제도기를 사용하지 않고 빠 르고 간략하게 사물의 모양 과 특징을 표현하는 기법

Q2 TRIZ는 러시아에서 개발된 창의적 문제 해결 이론이다. TRIZ가 어떻게 우 리나라까지 전파되었을까?

Q3 발명 아이디어를 창출하는 데 적용할 수 있는 기법들을 찾아보자.

Think

프리핸드 스케치는 발명 아이디어를 창출하는 데 어떤 도움이 될까?

① 발명 문제 해결

문제를 찾기 위해 주변 사물과 사건에 끊임없이 관심을 갖고 관찰하며 기록하는 습관은 발명 문제를 확인하는 데 있어서 매우 중요하다. 뛰어난 성과를 내고 있는 발명가들의 공통점은 평소에 주변의 사물과 사건들을 자세하게 관찰하는 습관, 아무리 사소한 것이라도 기록하는 습관을 갖고 있다는 것이다. 아울러 다음과 같은 기법들을 익히면 발명 문제를 확인하는 데 있어 도움이 된다. 발명 문제를 해결하는 데 있어 가장 중요한 첫 단계는 문제를 정확하게 확인하는 것이기 때문이다.

정보 속으로

가장 획기적이고 필요로 하는 혁신은 가장 흔히 사용하고 많이 접하는 우리 주변에서 나오는 법이며, 이를 위해 관찰하고, 기록하고, 물어보아야 한다.

— 출처 Jan Chipchase, & Simon Steinhardt

(1) 압축과 확장 기법

문제 확인을 위한 기법 중 '압축과 확장 기법(Squeeze and Stretch)'은 문제를 좀 더 깊이 있게 분석하도록 도와준다.

압축(Squeeze)은 문제의 기본적인 구성 요소를 발견하는 것을 도와준다. 압축은 연쇄적으로 계속해서 질문을 해 나가는 방식을 취하고 있는데 이때 '왜(Why)'라는 단어로 질문을 시작한다. 이러한 과정은 문제를 충분히 깊게 이해할 수 있을 때까지 계속해 나가면 된다.

확장(Stretch)은 문제의 범위에 대해서 살펴보는 것을 도와주는 기법이다. 또한 확장 기법은 문제와 관련되어 있는 사실이 무엇인지를 볼 수 있도록 도와준다. 다음은 압축 기법(Squeeze)과 확장 기법(Stretch)의 사례이다.

압축 기법은(Squeeze)은 다음 예시와 같이 문제에 대해 '왜(Why)'로 시작하는 질문을 연쇄적으로 해 나가면 된다.

예시

- 미세먼지는 왜 생길까?
- 미세먼지는 왜 예방할 수 없을까?
- 미세먼지의 원천은 왜 제거할 수 없을까?
- 공기청정기 사용은 왜 한계가 있을까?
- 미세먼지가 체내에 흡수되는 것은 왜 막을 수 없을까?

확장 기법(Stretch)은 다음 예시와 같이 문제에 대해 '무엇을(What)' 으로 시작하는 질문을 연쇄적으로 해 나가면 된다.

예시

- 미세먼지를 예방하려면 무엇을 해야 할까?
- 미세먼지의 원천을 제거하려면 무엇을 해야 할까?
- 공기청정기 성능을 강화하려면 무엇이 필요할까?
- 미세먼지를 들이마시지 않으려면 무엇을 이용하면 될까?

(2) 디자인 사고

용어

디자인 사고
(Design Thinking)
로저 마틴(Roger Martin)이 처음 사용한 것으로서, 그는 '직관'과 '분석'이 통합된 사고 방법을 강조하였다.

스탠포드 대학교 디자인 스쿨(dschool.stanford.edu)의 디자인 사고 5단계 모형을 살펴보면 다음과 같다. 이 중에서 1단계 공감하기와 2단계 정의하기를 적용하면 발명 문제를 확인하는 데 큰 도움이 된다.

① **공감하기(Empathize)** : 공감을 통해 사용자 '요구'를 파악하고 정해진 대상자의 요구가 무엇인지 인터뷰와 관찰을 한다. 대상자는 학생, 교사, 경영자, 소비자, 아이부터 노인까지 모두 해당이 된다. 요구를 효과적으로 알기 위해 올바른 질문이 필요하다. 인터뷰는 명사가 아닌 동사로 하여 여러 대답, 다양한 정답을 유도할 수 있다. 'What', 'Why', 'How' 등의 질문으로 세밀하게 준비한다. 좋은 것 보다는 가장 적합한 것이 무엇인지 우선으로 하여 결정한다.

② **정의하기(Define)** : 정의 단계에서는 문제를 인식하고 명확히 하기 위해서 공감하기 단계에서 확인한 조사 결과를 종합한다. 'Why'로 질문하여 갈등의 원인을 관찰하고 문제를 정의한다. 이때 통찰력이 요구된다.

③ **아이디어 발상하기(Ideate)** : 정해진 시간 안에 정해진 해결 방법을 생각해 노트나 포스트잇에 쓰거나 그린다. 브레인스토밍 기법을 활용하여 많은 아이디어를 수집하고, 이렇게 수집된 모든 아이디어는 가치가 있음을 알려 용기를 준다.

④ **시제품 만들기(Prototype)** : 아이디어 도출에서 나왔던 생각을 손으로 직접 만든다. 아이디어가 수정, 보완을 거쳐 더 구체화되어 해결 방법도 빨라지게 된다.

⑤ **평가하기(Test)** : 사용자들로부터 테스트를 받는 과정을 거친다. 피드백을 주고받으며 수정, 보완하여 최종 해결책을 도출한다.

스탠포드 대학교 디자인 스쿨에서 제공하는 다음과 같은 워크시트를
참고하여 활용하면 발명 문제를 확인하는 데 도움이 된다.

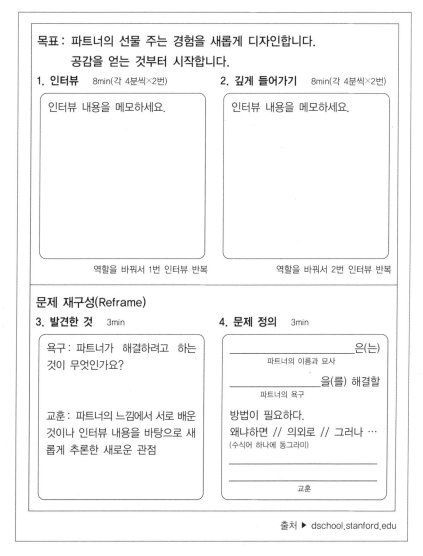

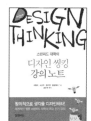

리팅이(李亭儀) 외 (2014). 스
탠퍼드 대학의 디자인 씽킹
강의 노트. 인서트.

o 디자인 스쿨의 디자인 씽킹 워크시트

② 발명 아이디어 창출

발명 문제를 확인한 후에는 다양한 정보를 수집하고 창의적인 해결 방안을 찾는 과정이 필요하다. 창의적인 발명 아이디어를 도출하는 데 있어서 다음과 같은 기법을 적용하는 것은 큰 도움이 된다.

(1) 희망 사항 열거법과 결점 열거법

희망 사항 열거법과 결점 열거법은 브레인스토밍을 확장한 기법이며, 미국의 '핫 포인트'라는 회사에서 고안한 기법이다. 희망 사항 열거법과 결점 열거법은 혼자 할 수도 있지만 5~6명에서 10명 이하의 팀 활동으로 진행하는 것이 좋다. 시간은 1회당 1시간 정도, 길어도 2시간 이내에 끝내는 것이 좋다(조경덕 역, 2003).

① **희망 사항 열거법** : 희망 사항 열거법은 "이렇게 되었으면 좋겠다."라는 요구를 통해 문제의 해결 방안과 개선 방안을 찾는 기법이다. 희망 사항 열거법의 진행 단계는 다음과 같다.
- ㉠ 주제를 제시한다.
- ㉡ 희망 사항 열거 브레인스토밍을 실시한다.
- ㉢ 중점 평가를 실시하여 핵심적인 희망 사항을 선별한다.
- ㉣ 선별된 희망 사항의 개선을 위한 브레인스토밍을 실시한다.

② **결점 열거법** : 결점 열거법은 우선 결점 사항을 분석한 후, 각 결점마다 구체적인 대안을 찾는 기법이다. 결점 열거법의 진행 단계는 다음과 같다.
- ㉠ 주제를 제시한다.
- ㉡ 결점 열거 브레인스토밍을 실시한다.
- ㉢ 중점 평가를 실시하여 핵심적인 결점을 선별한다.
- ㉣ 선별된 결점을 개선할 방안을 찾기 위한 브레인스토밍을 실시한다.

(2) 연꽃 기법

연꽃 기법은 일본의 마츠무라 야스오(Matsumura Yasuo)가 연꽃을 보면서 착안한 기법으로서 'MY 기법'이라고도 한다. 이 기법은 브레인스토밍을 확장하여 하나의 주제에 대한 하위 주제를 설정하고 아이디어를 확산하는 데 도움이 된다. 연꽃 기법의 진행 단계는 다음과 같다.

① 3×3칸으로 된 사각형을 가로 3, 세로 3으로 배치하여 총 9개를 제시한다.

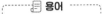

용어

브레인스토밍 (Brainstorming)
특정한 주제에 대하여 뇌에서 폭풍이 휘몰아치듯이 생각나는 아이디어를 짧은 시간에 많이 밖으로 내놓는 방법이다.
여러 사람이 함께 아이디어를 내는 집단 사고 기법이며, 효과적인 브레인스토밍을 위해서는 다음과 같은 네 가지 규칙을 지켜야 한다.
① 다른 친구의 아이디어를 비판하지 않는다.
② 자유분방한 아이디어를 환영한다. 엉뚱한 아이디어도 좋다.
③ 아이디어의 질보다는 양을 중시한다.
④ 다른 친구의 아이디어를 받아들이고 발전시킨다.

지식재산 스토리
페스티벌과 함께 하는
세바시 특집 강연회
The Spirit of Invention

② 중앙에 있는 사각형의 가운데에 해결하고자 하는 발명 주제를 적는다(예 우산).

③ 제시한 주제의 하위 주제 8개를 적는다(예 A, B, C, D, E, F, G, H).

④ 중앙에 있는 사각형 주변에 있는 8개 사각형의 중심에 하위 주제 8개를 옮겨 적는다.

⑤ 8개의 하위 주제에 대하여 8개씩의 아이디어를 생각하여 칸을 채운다.

⑥ 총 64개의 아이디어 중 주제별로 최선의 아이디어를 조합하면서 발명 문제 해결을 위한 아이디어를 창출한다.

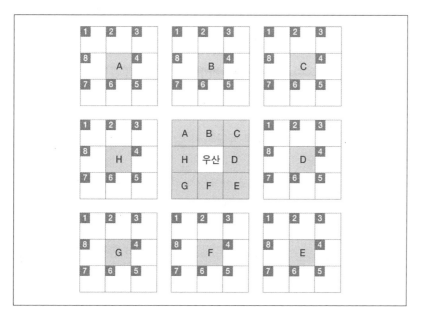

○ 연꽃 기법의 기본 틀

(3) TRIZ

① 개요 : TRIZ는 '창의적 문제 해결 이론'을 뜻하는 러시아어(Теория Решения Изобретательских Задач)의 영어식 읽기 표현(Teoriya Reshniya Izobretatelskikh Zadatch)의 앞 글자를 딴 용어로서, 기술, 발명, 혁신 분야의 창의적 문제 해결을 돕는 강력한 구조적 접근법이다.

TRIZ에서 추구하고자 하는 문제 해결 방법은 시행착오를 통해서 해결책을 찾아내는 것이 아니라 문제를 표준 문제로 바꾸고 이 문제의 표준 해결책을 TRIZ의 도구를 통해서 찾아낸 다음 일반적인 해결책을 도출하는 것이다.

📖 추천도서

정종진. (2006). 브레인 스트레칭. 웅진윙스.

신정호. (2017). 트리즈씽킹. 와우팩토리.

⌐ 정보 속으로

**알트슐러(G. Altshuller)의
일생**
• 1926년 구 소련 타슈켄트
  지역에서 탄생
• 9학년 때 수중 다이빙 장
  치에 대한 특허 등록
• 1946년 해군의 특허 부서
  근무 시작
• 1950년 스탈린에게 보낸
  편지로 인해 투옥되고, 감
  옥에서 트리즈 이론 구상
• 1956년 「발명 창의성의
  심리학」이라는 논문을 출
  판하며 트리즈 이론 정립
• 1968년 최초의 트리즈
  세미나 개최
• 1989년 러시아 트리즈
  협회 설립
• 1998년 사망

러시아의 알트슐러(G. Altshuller, 1926~1998)에 의해 1946년부터 연구되기 시작한 TRIZ는 오늘날까지 매우 많은 발전을 거듭하고 있으며, 미국과 유럽으로 전파된 이후 전 세계적으로 많은 관심을 끌게 되었다. 우리나라에서는 1990년대 말 일부 기업에서 그 잠재력을 높게 평가하고 기술 혁신을 위해 활용하고 있다.

TRIZ는 선진국의 주요 기업체와 대학 등에서 광범위하게 적용되고 있으며, 러시아, 동유럽, 이스라엘, 오스트레일리아 등의 국가에서는 초·중등학교 과정에서도 TRIZ를 다루고 있다. 특히, TRIZ의 메카라 할 수 있는 러시아에서는 초등학교뿐만 아니라 유치원 과정에서 창의력과 문제 해결 능력을 향상시키기 위해 TRIZ를 교육과정에 담고 있다(박영택·박수동, 1999; 김효준·정진하·권정휘, 2004).

TRIZ의 핵심 기능은 ⅰ) 미지의 복잡한 문제를 이미 알고 있는 단순한 문제로 변환하는 과정, ⅱ) 달성해야 하는 요구 조건 사이의 모순을 극복하는 과정, ⅲ) 가장 이상적인 해결안을 설정하는 과정, ⅳ) 심리적·경험적 관성으로 인한 오류를 극복하는 과정의 4개 과정으로 설명할 수 있다.

TRIZ는 기술 분야에만 국한되지 않고 비기술 분야에서도 활발하게 논의되고 있다. Zlotin 등(2001)은 TRIZ를 비기술적 분야에 적용하기 위한 이론적, 실천적 방안을 마련하는 연구를 수행하였다. TRIZ의 적용 분야는 매우 다양하며, 발명교육에도 적용 가능성이 크다고 할 수 있다. 여기서는 초·중등 발명교육에 적용할 수 있는 것으로서 분리의 원리와 40가지 원리를 살펴보고자 한다.

② **분리의 원리**: 모순이란 두 개의 요구 조건이 서로 상충되는 경우 또는 문제를 해결하는 과정에서 상반되는 요구를 동시에 만족시켜야 하는 경우를 말한다. 모순은 TRIZ의 가장 중요한 개념으로서, 알트슐러(Altshuller)는 모순을 기술적 모순(TC: Technical Contradiction)과 물리적 모순(PC: Physical Contradiction)으로 구분했다.

TRIZ는 문제를 해결하는 데 있어서 이러한 모순들과 타협하거나 절충하는 것이 아니라, 모순의 근원적인 해결을 추구하고 있다. 즉, TRIZ는 주어진 문제의 가장 이상적인 결과를 얻어내는 데 관건이 되는 모순을 찾아내고 이를 극복함으로써 문제를 혁신적으로 해결할 수 있게 해주는 방법론이다.

㉠ 기술적 모순: 기술적 모순은 시스템의 어느 한 특성을 개선하고자 할 때 그 시스템의 다른 특성이 악화되는 상황을 말한다. 예를 들어 자동차의 가속 성능을 높이기 위해서는 연료 소모가 증가하므로, 가속 성능과 연비 사이에는 기술적 모순이 내포되어 있다.

ⓛ 물리적 모순 : 물리적 모순은 시스템의 어느 한 특성이 높아야
함과 동시에 낮아야 하고, 존재해야 함과 동시에 존재하지 말
아야 하는 상황을 말한다. 예를 들어 면도기의 날은 면도 성능을
높이기 위해서는 날카로워야 하고, 피부가 손상되는 것을 방지
하기 위해서는 무뎌야 하는 상황이다. 이러한 물리적 모순을 해
결하기 위해서 TRIZ는 다음과 같은 4가지 분리의 원리(Separation
Principle)를 이용한다.

시간적 분리	하나의 속성이 시간의 경과에 따라 어떤 때는 높고, 어떤 때는 낮게 한다. 혹은 하나의 속성이 어떤 때는 존재하고, 어떤 때는 존재하지 않게 한다. 즉, 필요한 때만 기능을 살리고, 불필요한 경우는 없앤다. 전투기의 날개는 물리적 모순을 시간적 분리로 해결한 예이다. 전투기가 이착륙을 할 때에는 날개를 넓게 펴지만, 비행 중에는 날개를 접는다.
공간적 분리	하나의 속성이 한쪽에서는 높고, 다른 쪽에서는 낮게 한다. 혹은 하나의 속성이 한쪽에서는 존재하고, 다른 쪽에서는 존재하지 않게 한다. 즉, 공간을 나누어 필요한 기능을 별도로 제공한다. 노인들이 주로 사용하는 초점이 두 개인 다초점 안경이 대표적인 예라고 할 수 있다.
부분과 전체를 분리	하나의 속성이 전체 시스템의 수준에서는 어떤 하나의 값을 갖고, 부품 수준에서는 다른 값을 갖게 한다. 혹은 하나의 속성이 시스템 수준에서는 존재하지만, 부품 수준에서는 존재하지 않게 한다. 즉, 하나의 속성이 전체 시스템과 부분 시스템에서 각각 다른 특성을 갖게 한다. 예를 들어, 자전거의 체인은 부분적으로는 단단하지만, 전체적인 힘의 전달 측면에서는 유연하다.
조건에 따른 분리	하나의 속성이 어떤 조건에서는 높고, 다른 조건에서는 낮다. 혹은 하나의 속성이 어떤 조건에서는 존재하고, 다른 조건에서는 존재하지 않는다. 즉, 조건에 따라 각각 다른 속성을 갖게 한다. 예를 들어, 가는 체의 틈새로 물은 통과되지만 곡물은 통과되지 않는다.

➕ 더 알아보기

다음 문제 상황을 '분리의 원리'를 적용하여 해결해 보자.
- 문제 상황 1 : 비행기 바퀴는 이착륙 시에는 있어야 하지만, 비행 중에는 공기저항을 최소화하기 위해서 없어야 한다.
- 문제 상황 2 : 근시용 안경으로는 신문을 읽을 수 없고, 원시용 안경으로는 먼 곳을 볼 수가 없다.
- 문제 상황 3 : 면도를 깔끔하게 잘 하기 위해서는 면도날이 예리해야 하지만, 피부 손상을 줄이기 위해서는 면도날이 예리해서는 안 된다.

정보 속으로

시간적 분리
- 보이스피싱을 방지하기 위해 입금 후 30분이 지나고 인출되는 지연인출제도
- 특정 시간에 대형 선박이 이동할 수 있도록 교량이 열리는 도개교

공간적 분리
- 짜장면과 짬뽕 모두 먹을 수 있는 짬짜면
- 버스와 일반 차로를 분리한 버스 전용 차선

부분과 전체를 분리
- 하나의 작은 블록이 모여서 완성되는 레고
- 철로에서 회전 가능하도록 여러 칸으로 완성한 기차

조건에 따른 분리
- 자외선의 양에 따라 색이 변하는 변색렌즈
- 움직임을 감지해서 작동하는 동작 감지 CCTV

정보 속으로

트리즈 닥터
카드놀이를 통해 트리즈 분리의 원리와 40가지 발명 원리를 학습할 수 있도록 하였다.

용어

국부적 특성
전체 중에서 일부만 변경해서 문제를 해결할 수 있게 해주는 원리로 주름빨대와 버스 전용 차선 등이 있다.

포개기
서로 다른 요소를 하나로 겹쳐서 문제를 해결할 수 있게 해주는 원리로 마트에서 사용하는 쇼핑카트, 사다리차 등이 있다.

곡선화
직선을 곡선으로 변경하거나 평면을 곡면으로 변경해서 문제를 해결할 수 있게 해주는 원리로 회전문, 회전 교차로 등이 있다.

기계적 진동
진동을 통해 문제를 해결할 수 있게 해주는 원리로 커피 전문점에서 사용하는 진동벨, 초음파 가습기 등이 있다.

해로운 것을 이로운 것으로 전환
해롭거나 필요 없는 것을 새로운 방식으로 이용해서 문제를 해결할 수 있게 해주는 원리로 독성 물질인 보톡스, 쓰레기 소각 발전소 등이 있다.

③ 40가지 원리

㉠ 개요 : TRIZ의 주요 도구 중 하나인 '40가지 원리'는 기술적 모순을 해결하는 강력한 도구이며, TRIZ를 접하는 초보자가 비교적 쉽게 접근할 수 있다. 40가지 원리는 표와 같이 정리할 수 있다.

○ 40가지 원리 명칭

1	Segmentation(분할, 나누기)	21	Rushing Through(빠른 통과)
2	Extraction(추출, 제거)	22	Convert Harm into Benefit (해로운 것을 이로운 것으로 전환)
3	Local Quality(국부적 특성)	23	Feedback(피드백, 자동 조정)
4	Asymmetry(비대칭)	24	Mediator(매개체 사용)
5	Consolidation(병합, 동시 수행)	25	Self Service(자체 해결)
6	Universality(다용도, 범용성)	26	Copying(복사, 대체)
7	Counterweight(균형 유지)	27	Dispose (값싼 물체로 대체, 일회용)
8	Nesting(포개기, 안에 넣기)	28	Replacement of Mechanical System(기계 시스템의 대체)
9	Prior Counteraction (사전 반대 조치)	29	Pneumatic or Hydraulic Construction(공압 또는 수압)
10	Prior Action(사전 조치)	30	Flexible Membranes or Thin Films(유연하고 얇은 막 사용)
11	Cushion in Advance(사전 예방)	31	Changing the Color(색상 변화)
12	Equipotentiality (경사, 기울기, 바퀴 이용)	32	Homogeneity(동질성)
13	Do It in Reverse(반대 조치)	33	Rejecting and Regenerating Parts(폐기와 재생)
14	Spheroidality(곡선화)	34	Porous Material(다공성 소재 사용)
15	Dynamicity(자유도 증가)	35	Transformation of Properties (특성 변화)
16	Partial or Excessive Action (조금 덜 또는 조금 더)	36	Phase Transition(상태 전이)
17	Transition into a New Dimension (차원 변화)	37	Thermal Expansion(열팽창)
18	Mechanical Vibration(기계적 진동)	38	Accelerated Oxidation(산화 촉진)
19	Periodic Action(주기적 조치)	39	Inert Environment(불활성 환경)
20	Continuity of Useful Action (유용한 조치의 지속)	40	Composite Materials(복합 재료)

문대영(2006), 김희필(2007) 등은 TRIZ 40가지 원리 중에서 초·중등 수준에 적용 가능한 적합성을 조사하여 제시하였다. 여기서는 TRIZ 40가지 원리 중에서 초·중등 수준에 적용 가능한 것 중 몇 가지의 원리를 쉬운 사례 중심으로 살펴보도록 한다.

o 40가지 원리 중 초·중등 수준에 적용 가능한 원리 설명

원리 명칭	원리 설명
Segmentation (분할, 나누기)	• 물체를 독립된 부분으로 나눈다. • 물체를 조립과 분해가 쉽게 만든다. • 물체의 분할 정도를 높인다. (사례) 천장 마감재나 바닥 타일을 여러 조각으로 나누어 일부가 파손되면 파손된 부분만 교체한다.
Local Quality (국부적 특성)	• 물체의 구조나 외부 환경의 동질성을 이질성으로 바꾼다. • 물체의 각 부분이 각기 다른 기능을 수행하도록 한다. • 물체의 각 부분을 작동하는 데 최적의 상태로 한다. (사례) 환경 미화원의 옷 일부분에 X자 형태로 형광 소재를 사용하면 눈에 쉽게 띄어 교통사고를 예방할 수 있다.
Consolidation (병합, 동시 수행)	(공간) 동일한 물체, 연속적인 작동을 병합한다. (시간) 연속적으로 또는 동시에 작동되도록 한다. (사례) 머리를 빗는 동시에 머리를 말릴 수 있다.
Universality (다용도, 범용성)	하나의 요소가 여러 가지 다른 기능을 수행할 수 있도록 하여, 다른 요소를 제거할 수 있다. (사례) 비행기 날개에 연료 보관을 하여 별도의 연료 보관 공간을 만들지 않아도 된다.
Do It in Reverse (반대 조치)	• 문제 상황에서 파악된 조치의 반대 조치를 취한다. • 움직이는 부분은 고정시키고, 고정된 부분은 움직이게 한다. • 물체의 위치나 공정의 순서를 거꾸로 한다. (사례) 밑에서 가열하면서 위에서도 가열하여 조리를 보다 쉽고 빨리 할 수 있다.
Dispose (값싼 물체로 대체, 일회용)	(수명 등의 특성을 손상하더라도) 값비싼 물체를 값싼 물체로 대체한다. (사례) 일회용 카메라
Flexible Membranes or Thin Films (유연하고 얇은 막 사용)	• 유연하고 얇은 막을 이용하여 기존의 구조물을 대체한다. • 유연하고 얇은 막을 이용하여 외부 환경으로부터 물체를 차단한다. (사례) 전구 표면에 얇은 막을 입히면 충격에 잘 견딘다.
Homogeneity (동질성)	본체와 상호 작용하는 주변 물체는 본체와 같은 재료 또는 유사한 특성을 갖는 재료로 만든다. (사례) 시원한 음료수 맛을 유지하기 위해서 얼린 컵을 사용한다.

용어

공압 또는 수압
공기나 물의 압력을 이용해서 문제를 해결할 수 있게 해주는 원리로 물건을 포장하는 뽁뽁이, 공기 타이어 등이 있다.

색상 변화
요소의 색을 변경해서 문제를 해결할 수 있게 해주는 원리로 흰색을 노란색으로 변경한 바나나 우유, 색상 변화를 통해 충전 상태를 알려 주는 충전 LED 등이 있다.

폐기와 재생
버리는 것을 재활용할 수 있게 만들어서 문제를 해결할 수 있게 해주는 원리로 스페이스X의 재활용 로켓, 2차 전지 등이 있다.

다공성 소재 사용
요소에 많은 구멍을 가공해서 문제를 해결하는 원리로 세척을 위해 사용하는 스펀지, 정수기 필터 등이 있다.

특성 변화
요소의 물리적 상태를 변화시켜 문제를 해결할 수 있게 해주는 원리로 액체 상태의 우유를 분말 가루로 변형한 분유, 기체를 액체로 변환시킨 액체 수소 등이 있다.

ⓛ 40가지 원리의 지도법 : TRIZ에서 기술적 문제 해결은 모순과 타협하여 최적의 답을 찾는 것이 아니라 모순을 극복하는 것이다. 40가지 원리는 모순 상황을 극복할 수 있는 강력한 도구가 되며, 다양한 기술적 문제 해결을 위한 실마리를 제공한다는 측면에서 초 · 중등 발명교육에 적용 가능성이 높다고 여겨진다. 40가지 원리는 개념 중심으로 설명하는 것보다는 관련 예시 사례와 함께 설명하는 것이 이해하는 데 도움이 된다. TRIZ 40가지 원리를 발명교육에 적용하는 단계의 예시는 다음과 같다.

• 원리의 개념을 간단하게 설명하기(교사 활동)
• 원리를 쉽게 설명할 수 있는 사례 제시하기(교사 활동)
• 해당 원리를 설명할 수 있는 또 다른 사례 찾아보기(학생 활동)
• [선택] 해당 원리를 적용할 수 있는 문제 상황 제시하기(교사 활동)
• [선택] 해당 원리를 적용하여 문제 해결하기(학생 활동)

TRIZ 40가지 원리 중에서 13번 원리 'Do It in Reverse'의 적용 사례를 살펴보면 다음 표와 같다.

o 'Do It in Reverse'의 발명교육 적용 사례

개념 설명	• 문제 상황에서 파악된 조치의 반대 조치를 취한다. • 움직이는 부분은 고정시키고, 고정된 부분은 움직이게 한다. • 물체의 위치나 공정의 순서를 거꾸로 한다.
사례 제시	• 사람이 제자리에 있고 장치가 이동하도록 하여 좁은 공간에서 운동할 수 있도록 한다(러닝머신, 실내 스키장, 실내 수영장). • 화장품 용기를 거꾸로 세워 적은 양이 남아도 쉽게 사용하도록 한다.
사례 찾기	이 원리를 설명할 수 있는 또 다른 사례를 찾아 그림으로 표현해 보자.

＋더 알아보기) TRIZ 원리의 적용

TRIZ 40가지 원리를 적용하여 다음 문제 상황을 해결해 보자. 문제 해결 방안을 간단한 글과 그림으로 표현해 보자.

[문제 상황]

범수네 동네에는 A와 B주유소가 있다. A주유소에서는 주유를 마친 자동차가 7m 의 터널을 지나가면서 세차를 하도록 하는 자동 세차기를 설치하여 손님을 끌고 있다. B주유소에서도 자동 세차기를 설치하려 하는데, B주유소는 5m의 공간밖 에 확보하지 못하였다. B주유소에서는 이 문제를 어떻게 해결하면 좋을까?

[문제 해결 방안]

착한 발명, 드림 볼 프로젝트

아프리카의 빈곤층 지역을 비롯한 개발도상국의 아이들은 공을 살만한 형편이 안 되기 때문에 헝겊 뭉치나 비닐, 빈 깡통 등으로 축구를 한다. 하지만 맨발로 딱딱하고 제대로 굴러가지도 않는 공을 차다 보니 많이 다친다. 한국의 디자인 회사인 '언플러그 디자인(Unplug Design)'에서 진행한 '드림볼 프로젝트(The Dream Ball Project)'는 개발도상국 아이들이 안전하게 놀 수 있는 축구공을 전달하고자 한 프로젝트이다. 공장에서 만들어진 축구공을 기부하는 것이 아니라, 구호품 박스를 이용해 아프리카 아이들이 직접 공을 제작하여 놀 수 있도록 한 것이 특징이다.

드림볼 프로젝트의 구호품 박스는 원기둥 형태이며, 공놀이에 적합하도록 튼튼하고 탄성이 강한 특수 소재를 사용해 만들어 진다. 구호품 박스에 나 있는 절취선을 따라 종이 조각을 떼어내 설명서를 보며 이리저리 끼워 맞추면 공이 만들어진다. 결합 방법에 따라 공의 크기를 조절할 수 있기 때문에 축구공 이외에도 야구공, 핸드볼공 등을 만들 수 있다.

국제연합(UN)이나 적십자 등의 단체에서 이러한 구호품 박스를 개발도상국에 공급하면, 개발도상국에서는 박스 안에 들어 있는 구호품을 꺼내 사용하고 구호품 박스는 아이들이 가지고 놀 수 있는 공이 된다. 다 쓴 공은 재활용돼 구호품 박스를 만드는 데 쓰인다.

아프리카 아이들에게
희망을 전하는
적정기술,
The Dream Ball Project
(힐링히어로즈
네이버 블로그)

따뜻한 발명,
적정기술을
만나다(특허청)

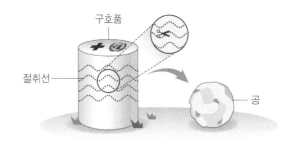

구호품

절취선

공

Think

아프리카 아이들이 축구를 즐길 수 있도록 하는 또 다른 아이디어를 생각해 보자.

🧩 Leading Invention

허리를 보호하는 건강 보조기구

II

앉아 있는 시간이 늘어난 현대인은 각종 허리 질환에 시달리고 있다. 허리 질환을 예방하고 완화하기 위한 건강 보조기구의 발명도 점차 늘어나고 있는 추세이다.

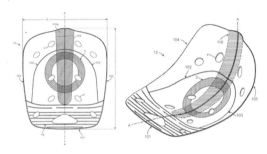

출처 ▶ 특허정보넷(키프리스)

인체공학적으로 설계된 곡면 디자인을 적용해 허리에 가해지는 압력과 긴장을 줄여 허리 통증을 완화시키는 좌식 의자이다. 탄성과 내구성을 지닌 특수 소재를 이용하였다.

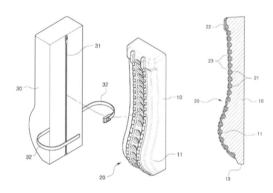

출처 ▶ 특허정보넷(키프리스)

의자에 앉을 때 척추 전체를 받침으로써 척추의 커브가 정상적으로 유지될 수 있도록 한 등 쿠션이다. 사람이 앉은 자세의 각도를 연구하여 요추, 흉추, 경추의 각도를 고려하여 설계하여 바른 자세를 유지할 수 있도록 돕는다.

디스크를
예방, 교정해주는
건강보조 아이템
(특허청 네이버 블로그)

💬 Think

바른 자세를 유지할 수 있도록 돕는 다양한 의자의 모양을 생각해 보자.

교과서를 품은 활동

🔖 '책상'을 주제로 하여 스캠퍼 기법을 적용해 보자. 또, 연꽃 기법을 적용하여 더욱 다양한 발명 아이디어를 찾아보자.

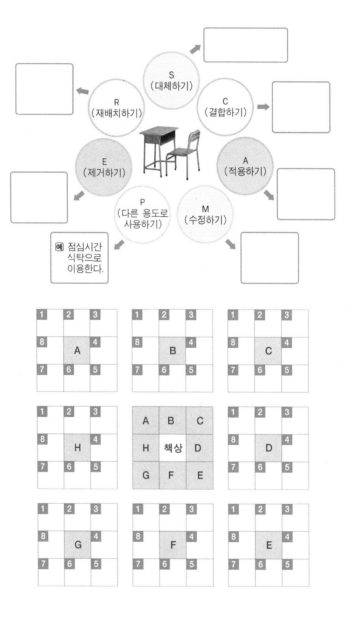

> **"창의력을 자극하는 질문"**
> - 책상의 재료를 바꿔 볼까?
> - 책상에 다른 기능을 붙여볼까?
> - 공부에 집중할 수 있는 책상을 만들어 볼까?

📑 용어

스캠퍼(SCAMPER)
사고의 출발점 또는 문제 해결의 착안점을 미리 정해 놓고 그에 따라 다각적인 사고를 전개해 봄으로써 능률적으로 아이디어를 얻는 아이디어 촉진 질문법

Think
어떤 책상을 만들고 싶은지 생각해 보자.

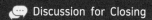 Discussion for Closing

주제를 닫는 토론

⊕ 스탠포드 대학교 디자인 스쿨(2010)의 디자인 사고 5단계 모형 중 1단계 공감하기와 2단계 정의하기를 적용하면 발명 문제를 확인하는 데 큰 도움이 된다. 발명 문제 확인을 위해 스탠포드 대학교 디자인 스쿨에서 제공하는 워크시트를 재구성하려 한다. 어떻게 재구성하는 것이 좋을까?

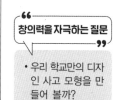

창의력을 자극하는 질문

• 우리 학교만의 디자인 사고 모형을 만들어 볼까?
• 41번째 트리즈 발명 원리를 만들어 볼까?

⊕ TRIZ 40가지 원리 중에서 현재 담당하고 있는 학생들의 수준에 적합한 원리를 선정하려고 한다. 어떤 원리가 적합할지 3가지를 선택하고, 그 원리를 설명하기 위한 사례를 제시해 보자.

Think

디자인 사고 5단계 모형과 TRIZ 이론을 수업에 어떻게 적용하는 것이 효과적일까?

03 발명 특허 정보 검색

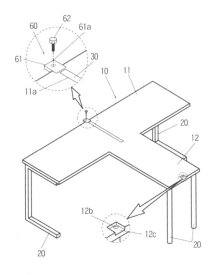

출처 ▶ 특허정보넷(키프리스), 책상(특허·실용신안 도면)

학습목표
Objectives

1. 특허 정보 검색의 필요성을 이해한다.
2. 특허 정보 조사를 통해 확인할 수 있는 요소가 무엇인지 설명할 수 있다.
3. 특허 정보 검색 방법을 알고 적용할 수 있다.
4. 특허 정보 검색의 중요성에 대한 긍정적 자세를 갖는다.

키워드
Keyword

특허 정보   # 특허 정보 검색   # KIPRIS   # 검색연산자

Question
특허 정보 검색의 필요성을 생각해 보자.

Q1 특허 정보란 무엇일까?

Q2 특허 정보를 검색해야 하는 이유는 무엇일까?

Q3 내가 발명한 아이디어가 이미 특허 정보에서 검색이 되었다면 향후 어떻게 할 것인가?

Think 특허 정보 검색을 위해서 우리가 알아야 할 것은 무엇일까?

📑 용어

청구 범위
특허를 통하여 법적으로 보호받고자 하는 기술적 내용

특허정보넷(특허청)

발명톡 Talk

"A lot of times, people don't know what they want until you show it to them."
— Steve Jobs
많은 경우 사람들은 원하는 것을 보여주기 전까지는 무엇을 원하는지도 모른다.

Question

효과적인 특허 정보 검색

특허실용신안 검색법
(특허청)

Q1 특허 정보에 대한 인터넷 검색 방법은 무엇일까?

Q2 특허 정보를 손쉽게 이해하려면 어떻게 해야 할까?

Q3 중복되는 특허는 어떻게 구별해야 할까?

Think

특허를 효율적으로 찾는 방법은 무엇일까?

① 특허 정보의 이해

(1) 특허 정보의 개념

특허 정보란 공보의 형태로 출원 공개 시 공개되는 정보를 말한다. 특허 정보에는 특허의 권리자, 발명자, 출원 일자, 등록 일자, 특허의 명칭 등이 포함되는 '권리 정보'와 기술 분야, 배경 기술, 발명의 내용, 그리고 청구 범위 등의 기술적인 내용인 '기술 정보'를 포함한다.

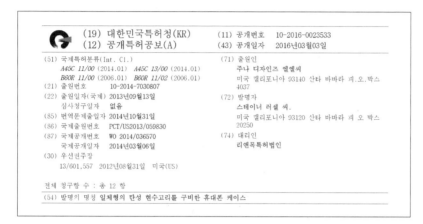

o 특허 정보의 예시

(2) 특허 정보의 중요성

특허 정보를 조사하고 분석하는 것은 기업을 운영하는 데 있어서 매우 중요한 일이다. 특허 정보의 조사는 광의의 개념과 협의의 개념으로 접근할 수 있다. 광의의 개념에서 특허 정보 조사는 기업이 새로운 기술을 개발할 때 이미 출원된 특허 기술에 대한 중복 투자를 예방해서 시간과 경제적인 낭비를 줄여 준다. 그리고 공개된 특허 문서를 통해 기술을 빠르게 분석할 수 있기 때문에 연구개발(R&D)에 있어서 효율성을 높여 준다. 협의의 개념으로는 선행기술에 대해 간단히 조사하여 서지사항이나 기술 내용을 파악하는 것을 의미한다.

이러한 특허 정보 조사는 기술을 개발할 때 종래의 기술이 지닌 문제점을 파악할 수 있게 해주며 특허맵을 통해 관련 분야의 기술 동향 파악, 경쟁사의 기술 현황을 체계적으로 확인할 수 있게 해준다. 다음으로는 특허를 출원할 때 청구 범위를 분석해서 명세서 작성을 용이하게 해주며, 청구 범위의 등록 가능성을 파악할 수 있게 해준다. 마지막으로 특허 분쟁이 발생했을 때 특허권의 소멸 여부를 판단해서 침해 여부를 파악할 수 있게 해주고 더 나아가서는 회피설계, 특허 무효화 등을 통해 분쟁을 효율적으로 해결할 수 있게 해준다.

정보 속으로

특허.공보의 종류

구분	공개공보	등록공보
발행 시기	출원 후 1년 6개월	등록 후
문헌 성격	기술문헌	권리서
표기	A	B

정보 속으로

표현의 다양성
특허에서 사용되는 용어는 발명가에 따라 다양하게 표현된다. 따라서 특허 정보 조사 시 다양한 상황과 조건을 반영해서 많은 시간을 투자해야 한다.

② 특허 정보의 종류

(1) 가공형태별 분류

① **1차 정보** : 공개특허공보, 등록특허공보 등과 같이 특허청에서 처음으로 외부에 공개하는 자료를 1차 정보라고 한다. 공보에는 서지사항, 명세서, 청구 범위 등 발명과 관련된 모든 내용이 담겨 있다. 공개특허공보는 특허 출원 후 1년 6개월(조기 공개 신청은 예외)이 지나면 의무적으로 공개되는 정보이다. 공개특허공보는 심사 결과와는 상관이 없고 심사 과정에서 내용이 변경될 수 있다. 등록특허공보는 출원한 발명에 대한 모든 심사를 마치고 최종적으로 설정등록 된 서지사항과 특허 명세서이다.

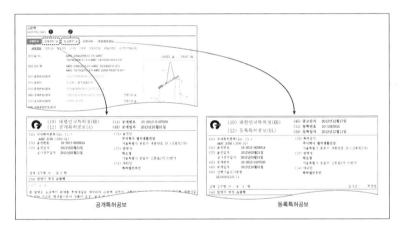

ㅇ1차 정보

② **2차 정보** : 2차 정보는 1차 정보에 기록되어 있는 서지사항, 요약서, 대표도면 등을 추출해서 요약 작성한 초록을 의미한다. 2차 정보는 키프리스 검색을 통해 쉽게 확인이 가능하며 특허 정보를 빠르게 확인할 수 있는 장점이 있다. 2차 정보에는 한국특허영문초록, 미국특허초록 등이 있다.

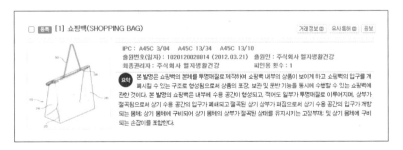

ㅇ2차 정보

③ **3차 정보** : 보조적인 성격의 정보로 서지사항을 이용해서 제작한다. 번호별, 출원인별, 분류별 색인 등이 3차 정보에 해당한다.

(2) 내용별 분류

① **서지사항** : 발명의 명칭, 출원번호, 출원인, 공개번호, 등록번호, 발명자 등과 같은 정보이며 특허 명세서의 가장 상단에 제공된다.

② **초록** : 발명을 쉽게 이해할 수 있도록 특허 명세서를 요약한 정보이다.

③ **청구 범위** : 출원 발명에 대해 실질적으로 보호받을 수 있는 권리 범위를 기재한 것이다.

④ **전문** : 서지사항, 초록, 청구 범위, 발명의 설명 등 특허 명세서와 관련된 모든 문서를 의미하며 기술 및 권리 정보가 모두 포함된다.

③ 특허 정보 조사

(1) 특허 분류 체계

매년 발간되는 수많은 특허 공보 속에서 효율적인 정보 검색을 위해서는 특허 분류 체계를 이해하는 것이 요구된다. 이러한 필요 속에서 국제 특허 분류(IPC : International Patent Classification)가 세계적인 특허 분류의 표준이 되었다.

IPC 코드는 크게 '섹션', '클래스', '서브클래스', '메인그룹', '서브그룹'으로 구분된다.

구분	섹션	클래스	서브클래스	메인그룹	서브그룹
표기	A-H	숫자 (2자리)	알파벳 대문자 (1개)	숫자 (1~3개)	숫자 (2자리 이상)
개수	8	120	623	6,923	67,634

┌─────🗐 용어 ─────┐
국제 특허 분류(IPC)
국제적으로 동일하게 통일시킨 특허 분류 체계로 100개국이 넘는 나라에서 사용하고 있다.

국가 코드
국가별로 발행하는 공보에는 국가 코드가 이용된다. 한국은 KR, 미국은 US, 유럽은 EP, 일본은 JP를 사용한다.

섹션	내용
A	생활필수품
B	처리조작, 운수
C	화학, 야금
D	섬유, 종이
E	고정구조물
F	기계공학, 조명, 가열, 무기, 폭파
G	물리학
H	전기

G 02 B 6 / 44

섹션: 물리학
클래스: 광학
서브클래스: 광학요소
메인그룹: 광도파관
서브그룹: 광섬유케이블

출처 ▶ 주한중(2014, p.33)

○IPC의 기호 체계

IPC 구조	내용
섹션	특허 발명에 관한 전체 기술 분야를 8개로 구분함
클래스	서브섹션을 세분화하여 아이템별로 묶은 것으로 2자리 숫자를 붙여 표시함
서브클래스	클래스를 다시 세분화하여 유형별로 묶은 것으로 1자리 영문 대문지를 붙여 표시함
메인그룹	서브클래스 내의 기술을 다시 세분화하여 제시한 것임
서브그룹	메인그룹을 다시 세분화 한 것으로 사선(/)을 긋고 서브그룹을 작성함

분류코드조회 —

· CPC 및 IPC 분류코드
· 한국형 혁신분류체계(KPC)
· 4차 산업혁명 관련 新특허분류 체계
· 상품분류코드 +
· 디자인분류코드
· 산업(KSIC)-특허(IPC) 연계표
· 기술-품목-특허 연계표

─ 출처 특허청 웹사이트
  분류 코드 조회 화면

특허 전쟁 시대!
생존의 조건은?
(YTN 사이언스)

이러한 IPC 분류 체계는 특허청 사이트의 '지식재산제도 > 분류 코드 조회'를 통해 검색할 수 있다.

특허 정보 검색의 전문가들의 경우에는 IPC 분류 체계를 활용하여 관련 분야의 전문 특허 정보를 쉽게 검색한다. 일반인들도 자신의 관심 분야에 대한 IPC 분류 체계를 몇 가지 기억해 두면 보다 효과적으로 정보를 검색할 수 있다.

⑵ 특허 정보 조사의 절차

① **목적의 명확화** : 서지사항을 알기 위한 조사인지, 어떤 기술인지 상세한 설명을 분석하기 위한 기술 정보로서 문헌을 조사할 것인지, 또는 특허권의 유무, 특허 무효 등을 위한 권리 정보로서 문헌을 조사할 것인지 등 조사에 대한 목적을 명확히 한다.

○ 특허 정보 조사 목적 및 내용

조사 목적	조사 내용
주제 조사	특정 분야와 주제에 대한 조사로서 새로운 연구 개발을 위해 중복 연구 방지, 산업재산권 침해 예방 등의 기능을 한다.
기업 동향 조사	제품 개발 동향 파악 및 경쟁사의 출원 및 등록 조사를 실시하는 것을 말한다.
출원 심사 경과 조사	특허 관리를 위해 정보 제공, 이의 신청, 무효심판청구를 위한 준비 및 심사 청구, 정보 제공, 제3자에 의한 이의 신청 등에 대하여 조사하는 것을 말한다.
권리 상황 조사	등록되어 있는 특허의 존속 여부, 무효심판, 상속, 실시권 설정 여부 등 특정 특허권의 현재 상황을 파악하는 것을 말한다.
대응 특허 조사	하나의 특허에 대하여 각 나라별로 특허 여부를 조사하는 것을 말한다.

출처 ▶ 특허청(2006, pp.273~274) 내용을 표로 재구성

② **기술 요지 파악** : 어떤 기술인지 발명의 특징을 명확히 분석하고 파악한다. 발명의 특징을 정확히 파악해야 특허 정보 조사를 정확히 실시할 수 있다.

③ **조사 범위의 결정** : 특허 명세서에는 광범위한 정보가 담겨져 있다. 따라서 목적을 효율적으로 달성할 수 있도록 조사 대상 국가, 출원 기간, 행정 상태 등을 결정한다.

④ **검색식 작성** : 파악한 기술 요지를 바탕으로 특허정보넷 '키프리스(KIPRIS)'에서 제공하는 검색 연산자를 응용해서 검색식을 작성한다.

⑤ **관련 문헌 추출** : 검색 결과를 분석해서 목적에 적합한 문헌을 분류하고 추출한다. 검색 결과는 검색식에 따라 불필요한 정보나 누락되는 정보가 있을 수 있기 때문에 여러 번의 조사를 통해 정확도를 높여준다.

정보 속으로

국제 특허 분류의 역사
미국, 일본, 유럽 등 국가마다 다른 분류 체계를 사용했으나 통일된 분류 체계의 필요성으로 1968년에 국제 특허 분류(IPC)가 도입되었다. 국제 특허 분류는 기술 분야 별로 통계를 용이하게 낼 수 있고 정보를 선택해서 편리하게 이용할 수 있는 장점을 지닌다.

④ 특허 정보 검색

효과적인 특허 정보를 찾기 위해서는 원하는 정보를 빠르고 정확하게 찾는 것이 중요하다. 이를 위해서는 먼저 특허 정보를 쉽게 구할 수 있는 신뢰도 높은 데이터베이스를 알아두는 것이 필요하다.

(1) 특허 정보 검색 DB

① **특허정보넷 '키프리스(KIPRIS)'** : 특허청이 보유한 특허 정보를 한국특허정보원을 통하여 제공하고 있는 특허 정보 데이터베이스이다. 키프리스는 국내외의 지식재산권 관련 정보를 누구나 무료로 검색 및 열람할 수 있는 지식재산권 정보 검색 서비스이다.

○ 키프리스 웹사이트 화면

② **WIPS** : 기업들이 원하는 특허 정보를 전문적으로 제공하는 대표적인 유료 특허 정보 검색 데이터베이스는 'WIPS'이다. 특히 기업의 경쟁력 제고를 위하여 관련 테마 검색을 비롯하여, 관심 특허군의 동향 및 심층 분석 등에 대한 서비스를 제공한다.

(2) 특허 정보 검색 방법

① **단어 검색** : 가장 기본적인 검색으로 특정 키워드를 포함한 문헌을 검색한다. 키프리스는 기본적으로 형태소분석 결과를 제공한다.

② **논리연산 검색**

ㄱ AND연산 : 복합연산이라고 하며 선정한 키워드 A와 B를 동시에 포함하는 문헌을 검색한다. 연산자는 '*'을 사용한다.

ㄴ OR연산 : 병렬연산이라고 하며 선정한 키워드 A와 B 중에 어느 하나라도 포함하는 문헌을 검색한다. AND연산에 비해 검색 결과가 더 다양하다. 연산자는 '+'를 사용한다.

ㄷ NOT연산 : 선정한 키워드 중에서 NOT연산자 뒤에 오는 키워드가 들어간 문헌을 제외하고 검색한다. 연산자는 '!'를 사용한다.

ㄹ NEAR연산 : A와 B 키워드 사이에 숫자 이하만큼의 단어가 떨어진 문헌을 검색한다. 연산자는 '^'를 사용한다.

정보 속으로

유료 특허 정보 검색 데이터베이스
• WIPS
(www.wipson.com)
• 한국특허정보원
(www.kipi.or.kr)

특허실용신안
검색 방법 매뉴얼
(특허정보넷)

③ **구문 검색** : 키워드 A와 B가 순서대로 인접하여 나열되어 있는 특허·실용신안 문헌을 검색하며, " " 사이에 구문을 넣어서 검색한다. 초보자가 쉽게 이용할 수 있다.

o **검색연산자 사례와 의미**

유형	키프리스 예시	의미
and	전기*자동차	두 개의 키워드를 모두 포함
or	전기+자동차	두 개의 키워드 중 어느 하나 이상을 포함
not	전기!자동차	'전기'를 포함하고, '자동차'를 포함하지 않음
near	전기^2자동차	두 개의 키워드 사이가 2개의 단어 이하로 떨어진 문헌을 검색한다.
구문	"전기 자동차"	전기 자동차가 순서대로 나열된 문헌을 검색한다.

④ **IPC 코드 활용** : 특허 문헌에 익숙한 경우, 기술 및 권리 정보의 분류 체계인 국제 특허 분류(IPC)를 활용하는 것이 효과적이다. 키프리스의 스마트 검색창을 누르면 IPC 검색란이 나타나며, 여기에 해당 IPC를 입력하면 된다.

(3) 검색식 작성 순서

① **기술 특징 파악** : 검색식을 작성하기 위해서는 기술의 특징을 명확히 파악하는 것이 중요하다. 요즘 기술들은 전기, 전자, 통신, 기계 기술이 융합되는 형태로 발전하기 때문에 검색하고자 하는 기술을 명확히 하고 이에 대한 특징을 정확히 분석해서 검색을 실시해야 한다. 그렇지 않을 경우 검색 결과가 전혀 다른 내용이 나오게 된다. 결국 다시 처음부터 검색 작업을 실시해야 하는 상황이 오게 된다.

② **핵심 키워드 선정** : 기술의 특징을 파악했으면 검색식을 작성하기 위한 키워드를 선정해야 한다. 키워드는 발명을 구성하는 요소를 중심으로 선정한다.

③ **확장 키워드 선정** : 일반적으로 사물은 나라, 문화, 지역 등에 따라 서로 다르게 부른다. 예를 들면 '사과'는 미국에서 'Apple'이라고 부른다. 또한, 'Apple'을 한글로 표기하면 '애플'이 된다. 새로운 기술의 경우에는 기술자의 관점에 따라 더 다양하게 표현된다. 따라서 다양한 상황을 고려해서 유사한 키워드를 확장하거나 축소해서 검색할 필요가 있다.

정보 속으로

각국 특허청 사이트
• 한국 특허청
  https://www.kipo.go.kr
• 중국 특허청
  https://english.cnipa.gov.cn
• 일본 특허청
  https://www.jpo.go.jp/e/
• 미국 특허청
  https://www.uspto.gov
• 유럽 특허청
  https://www.epo.org

④ **검색식 작성** : 핵심 키워드와 확장 키워드를 이용해서 검색 시스템에서 지원하는 연산자를 응용해서 검색식을 작성한다.

⑤ **검색 결과 검토** : 검색 결과를 검토하고 불필요한 정보가 많거나 정확하지 않은 정보가 검색되었다면 검색식을 수정해서 반복 검색한다.

o 키프리스 검색식 작성 절차 및 예시

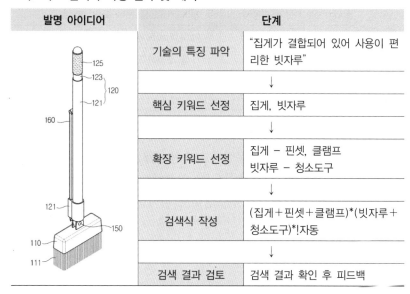

발명 아이디어	단계	
	기술의 특징 파악	"집게가 결합되어 있어 사용이 편리한 빗자루"
	↓	
	핵심 키워드 선정	집게, 빗자루
	↓	
	확장 키워드 선정	집게 – 핀셋, 클램프 빗자루 – 청소도구
	↓	
	검색식 작성	(집게+핀셋+클램프)*(빗자루+청소도구)*!자동
	↓	
	검색 결과 검토	검색 결과 확인 후 피드백

⑤ 특허맵

(1) 개요

특허맵(Patent Map)은 특허 출원일, 등록일, 출원번호 등과 같은 서지 사항과 발명의 설명, 청구 범위 등과 같은 기술 및 권리 사항과 같은 특허 정보를 가공해서 시각적으로 쉽게 이해할 수 있도록 도표, 그래프 등을 이용해서 제작한 지도의 일종이다.

┌ **정보 속으로**

특허맵의 역사
특허맵은 다른 말로 특허 분석 또는 특허 포트폴리오라고 한다. 1960년대 말 일본에서 사용하기 시작하면서 우리나라로 도입되었다.

동영상으로 배우는
특허검색 서비스
(특허정보넷)

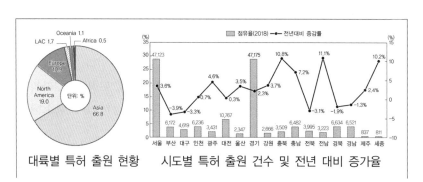

대륙별 특허 출원 현황   시도별 특허 출원 건수 및 전년 대비 증가율

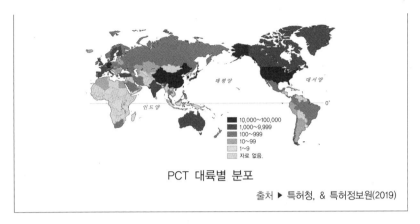

PCT 대륙별 분포

출처 ▶ 특허청, & 특허정보원(2019)

○ **특허맵 예시**

(2) 특허 정보의 분석기법

① **정량분석**: 동일한 범주에 속하는 기술의 출원건수, 등록건수, 출원인, 발명자, 기술분류 등과 관련된 정보를 수집하고 이를 수량으로 분석하는 기법이다. 정량분석을 통해 가공한 자료는 수치 비교를 통해 객관적이고 빠르게 비교할 수 있다.

② **정성분석**: 관련 분야의 청구 범위, 출원인 정보, 발명의 설명 등을 종합해서 발명의 특징, 권리 범위, 기술 간의 상호관계 등을 분석하는 기법이다. 주요 기술의 흐름 파악, 기술개발 방향 예측 등에 활용한다.

> **용어**
>
> **패밀리 특허**
> 특허 제도는 속지주의 원칙을 따르고 있다. 따라서 나라별로 동일하거나 유사한 특허를 각각 출원해야 한다. 이때 이들 특허를 패밀리 특허라고 한다.

(3) 특허맵 작성 과정

단계	절차	수행 내용
1	분석 범위 확정	• 분석 대상 기술의 이해 • 분석 목적을 정의하고, 조사 범위 및 특허검색 DB 확정
2	기술분류표 작성	• 데이터 분석을 위한 체계 수립 • 분석 목적에 부합하는 기술분류표 작성
3	검색식 작성	• 핵심 키워드를 중심으로 한 검색식 작성
4	데이터 입수 및 처리	• 기초 데이터 입수 • 노이즈 제거 및 기술분류표에 따른 기술분류 수행
5	정량분석	• 특정 데이터 항목을 추출하여 테이블로 만든 후 그래프화 • 시계열 분석, 점유율 분석, 매트릭스 분석 등 수행
6	정성분석	• 주요 출원인별, 세부기술별 기술발전 흐름 분석 • 주요 출원인별 세부기술별 특허 포트폴리오 분석 • 원천특허, 핵심특허, 장벽특허 분석 및 대응방안 도출 • 주요 특허에 대한 요지 리스트 작성

출처 ▶ 한국발명진흥회(2014, p.157)

정보 속으로

특허맵종류
- 랭킹맵
- 점유맵
- 시계열맵
- 레이더맵
- 매트릭스맵
- 상관맵
- 기술발전맵

(4) 특허맵의 활용목적과 용도

특허맵을 활용하는 목적은 크게 세 가지로 구분할 수 있다. 첫째는 연구개발 전략 수립을 위한 목적을 지닌다. 기술 동향 파악, 주요 특허 현황 분석, 기술 분야 체계 확인, 자사의 기술 수준 설정이 여기에 해당한다. 둘째는 경영 전략을 수립하기 위해서 작성한다. 특허맵은 경쟁 업체의 기술에 대해 파악할 수 있게 해주고 시장 동향과 제품의 유행에 대해 분석할 수 있게 한다. 그리고 새로 시작하는 사업의 방향을 명확히 해주고 보유하고 있는 특허 기술을 매각하거나 부족한 기술에 대한 특허를 매입할 때 유용하게 활용할 수 있다. 셋째는 특허 전략 수립이다. 이는 경쟁사의 특허에 대해 이의신청, 무효 심판 등을 진행할 때 활용 가능하며 제품을 실제로 판매할 때 경쟁업체들로부터 진입장벽을 높일 수 있는 강력한 특허권을 확보할 수 있게 한다.

🧩 Leading IP Story

학술논문과 특허문헌의 비교

연구에 활용할 수 있는 자료에는 학술논문과 특허문헌이 있다. 두 가지 자료의 공통점은 모두 1차 정보라는 것이다. 학술논문에서의 2차 정보는 1차 정보를 이용해서 제작한 교과서, 책이 해당하며 특허문헌에서의 2차 자료는 서지사항, 요약서, 대표도면를 가공해서 제작한 초록이 해당한다. 이처럼 두 가지 정보는 연구를 위해 활용한다는 점에서 유사한 점이 있으나 다음과 같은 차이점이 존재한다.

발행기관 목록	
전체　가│나│다│라│마│바│사│아│자│차│카│타│파│하│A~Z	
발행기관 = "전체" 발행기관 수 = 875	
발행기관명	**간행물종수**
(사)참누리 반공문제연구소 (null)	2
(사)한국식물생명공학회 (Korean Society for Plant Biotechnology)	4
(주)문학동네	1
21세기사회복지학회 (Academy Of 21century Social Welfare)	1
4차산업혁명융합법학회 (Fourth Industrial Revolution Convergence Law Association)	1
J-INSTITUTE	10

○ 학술논문 발행 기관 목록

출처 ▶ 교보문고 스콜라

첫째, 특허문헌의 경우 학술논문과 달리 정보를 발행하는 기관이 특허청으로 일원화 되어 있다. 따라서 정보를 수집하는 데 있어서 매우 빠르고 편리하게 수집할 수 있다. 둘째, 특허문헌은 작성 양식이 법으로 규정되어 있어서 서로 다른 특허문헌을 조사해도 형식면에서 파악하기가 수월하다. 셋째, 기술에 대한 설명을 구체적으로 작성하도록 법으로 의무화하고 있어서 내용이 명확하고 구체적이다. 넷째, 출원된 모든 정보는 1년 6개월이 지나면 공개하도록 되어 있어서 특허청에서 제공하는 자료만 검색하면 모든 자료를 검색할 수 있다. 또한, 취하, 거절, 포기 등 심사요건을 만족하지 못한 문헌들도 모두 공개하기 때문에 학술논문에 비해 중복연구의 가능성을 더욱 낮게 한다. 마지막으로 우리나라의 경우 선출원주의 제도를 운영하고 있어서 학술논문으로 연구 결과를 발표하기에 앞서 특허문헌으로 먼저 출원하기 때문에 학술논문에 비해 정보를 더 빠르게 얻을 수 있다는 것이다.

신기술 특허맵
구축 필요
(디지털타임즈)

Think

특허문헌 양식과 학술논문 양식을 비교해 보자.

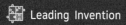 Leading Invention

휴대폰의 탄생 이야기

휴대폰은 전화의 발명과 역사를 함께한다. 1876년 그레이엄 벨이 전화기를 발명한 이후 97년 뒤인 1973년 모토로라의 마틴 쿠퍼 박사가 최초의 휴대 전화기를 발명하였고, 1979년 일본에서는 휴대 전화 상용 서비스를 세계 최초로 시작하게 된다. 스마트폰은 1992년 IBM이 개발하였지만, 이때까지는 스마트폰이라는 용어는 없었고, 주소록, e-메일, 계산기 등의 단순 기능을 제공하였다. 현재의 스마트폰 형태는 1996년 노키아가 '스마트폰'이라는 이름을 달고 전자사전 형태로 출시한 제품이 시초이다. 같은 해 MS는 모바일용 OS인 윈도우 CE를 개발하였으며, 2000년에는 이 소프트웨어가 장착된 PDA폰들이 탄생하게 되었다.

최초의 휴대전화기
(모토로라)

최초의 스마트폰
(IBM)

스마트폰 명칭
최초 사용(노키아)

o 휴대폰 발전 과정 예시

⊕ 휴대 전화기가 발명되지 않았다면 스마트폰은 발명될 수 있었을까?

⊕ 스마트폰이 우리 삶에 주는 긍정적인 영향과 부정적인 영향을 이야기해 보자.

휴대폰 변천사(14F)

Think
스마트폰처럼 짧은 시간에 우리의 삶의 변화시킨 발명품을 찾아보자.

04 발명 아이디어 선정과 구체화

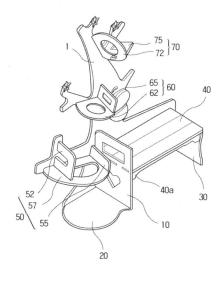

출처 ▶ 특허정보넷(키프리스), 친환경 독서대 겸용 의자(특허·실용신안 도면)

학습목표
Objectives

1. 발명 아이디어를 평가하는 기법을 알고 적용할 수 있다.
2. 발명 아이디어를 시각화하는 방법을 알고 구체적으로 표현할 수 있다.
3. 발명 아이디어를 평가하여 개선할 수 있다.
4. 발명 아이디어를 글로 요약하며 구체화할 수 있다.

키워드
Keyword

아이디어 평가　　# 아이디어 시각화　　# 도면　　# 개선

Question

아이디어 시각화의 필요성을 생각해 보자.

┌─────── 📋 **용어** ───────┐

아이디어 = 발상 = 사고
- 발상: 어떤 생각을 해냄
- 구상: 앞으로 이루려는 일에 대하여 그 일의 내용이나 규모, 실현 방법 따위를 어떻게 정할 것 인지 생각하는 것

Q1 아이디어의 특성은 무엇일까?

Q2 좋은 아이디어란 무엇일까?

Q3 아이디어를 시각화한다는 것은 무엇일까?

비주얼 씽킹(Scriberia)

 Talk

"Be an opener of doors."
— Ralph Waldo Emerson
문을 여는 사람이 되어라.

Think

아이디어를 효과적으로 전달하기 위해서는 어떤 능력을 길러야 할까?

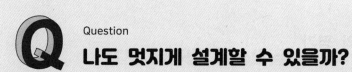

Q Question
나도 멋지게 설계할 수 있을까?

Q1 컴퓨터로 멋지게 설계하는 소프트웨어는 없을까?

Q2 소프트웨어를 통해서 제작도 할 수 있을까?

Q3 모든 아이디어를 그려야 할까?

스케치업(트림블)

Think

순간적으로 번뜩이는 아이디어를 그림으로 그리려면 어떤 노력이 필요할까?

① 아이디의 평가

발명 문제를 해결하는 방법은 많지만 경제성과 효율성을 고려할 때 최선의 아이디어를 선택하는 것이 바람직하다. 이를 위해서는 '발명 아이디어 평가'를 통하여 산출 아이디어 가운데 최선의 아이디어를 선택한 다음, 이를 구체화하고 발전시키는 과정이 요구된다. 이러한 방법에는 히트 기법, ALU 기법, 평가행렬법, 쌍비교분석법 등이 있다.

(1) 히트 기법

히트 기법은 가장 쉬운 평가 방법으로, 평가의 목적(준거)을 설정하고 이 목적에 맞는지 확인하여 ∨표시를 한다.

○ 히트 기법의 예시

■ **주제**: 사용하기 편리한 연필통   ■ **목적**: 휴대성

순서	발명 아이디어	히트(∨) 표시	참고
1	연필 꽂는 구멍이 나 있는 연필통		
2	꽃꽂이용 스펀지를 활용한 연필통		
3	가지고 다닐 수 있도록 말아서 사용하는 연필통	∨	

(2) ALU 기법

ALU 기법은 장점(Advantage), 제한점(Limitation), 독특한 특성(Unique Qualities)을 의미하는 세 단어의 앞 글자를 딴 것이다. 여러 가지 아이디어를 분석 및 평가하고, 이를 바탕으로 아이디어를 개선 및 발전시킬 때 사용한다.

○ ALU 기법의 평가 예시

구분	평가 관점	아이디어 1	아이디어 2	아이디어 3	아이디어 4
A	아이디어의 장점과 긍정적인 면은 무엇인가?				
L	아이디어의 약점과 제한점은 무엇인가?				
U	아이디어의 독특한 점과 기능성은 무엇인가?				

미래 생활과
창의성 개발
(한국방송통신대학교)

(3) 평가행렬법

평가행렬법(Evaluation Matrix)은 아이디어를 미리 정해 놓은 준거에 따라 체계적으로 평가하는 방법이다. 아이디어를 먼저 세로축에 나열하고, 평가 준거를 가로축에 적어 행렬표를 만든 후 아이디어를 평가의 준거에 따라 점수를 매긴다. 이 방법은 해결 대안 평가 외에 문제해결의 어떤 단계에서도 사용이 가능한 특징이 있다.

○ 평가행렬표의 예시

평가 준거 / 아이디어	비용	적용 가능성	활용 자원	시간	사용 공간
1					
2					
3					

(4) 쌍비교분석법

쌍비교분석법(PCA : Paired Comparison Analysis)은 여러 가지 아이디어를 서로 비교 및 평가하여 중요한 것의 우선순위를 정하는 방법이다. 이 기법은 모든 아이디어를 서로 한 번씩 쌍을 지어 상대적으로 비교해 봄으로써 아이디어의 중요성과 가치를 결정한다. 다만 관점에 따라 모든 아이디어를 비교해야 하므로 시간과 노력이 요구된다. PCA의 절차는 다음과 같다.

첫째, PCA표에 아이디어를 나열한다.
둘째, 아이디어를 한 쌍씩 차례로 비교한다. 이때 더 좋은 정도를 숫자로 표현한다. (3: 매우 더 좋다. 2: 상당히 좋다. 1: 약간 좋다.)
셋째, 모든 비교가 끝나면 각 아이디어별로 총점을 계산한다.
넷째, 총점에 따라 우선순위를 정한다.

[관점 : 창의성]

○ 쌍비교분석표의 예시

구분	A	B	C	D	점수 합산
A		A2	A1	D2	A = 3
B	−		B2	D2	B = 2
C	−	−		C1	C = 1
D	−	−	−		D = 4

창의적 사고 기법
(전북도민일보)

② 아이디어 시각화

발명 활동과 같이 특정한 목적을 두고 마음의 눈으로 구체적인 이미지를 미리 그려보는 것을 시각적 사고(Visual Thinking)라고 한다. 그리고 상상과 표현을 통하여 생각, 아이디어, 개념, 이미지 등을 하나의 구체적인 것으로 발전시켜 내는 과정을 시각화(Visualizing) 과정이라고 한다. 아이디어의 시각화는 추상적인 아이디어를 실제적이고 구체적으로 나타내는 과정으로 의사소통의 수단, 제품 설계의 초안, 제품 제작의 도면 그리고 개선해야 할 대상이 되기도 한다. 아이디어의 시각화에는 손으로 직접 표현하는 방법과 컴퓨터 등의 시각화 도구를 활용하는 방법이 있다.

(1) 스케치를 활용한 시각화

스케치란 오직 형태 묘사에서 필요한 기본적인 선들로만 이루어진 것을 말한다. 스케치는 드로잉과 같이 사물의 정확한 묘사보다는 풍부한 상상력과 함께 이루어진 여러 생각을 효과적으로 발전시켜 새로운 해결안의 형태로 제시할 수 있기 때문에 아이디어를 시각적으로 표현하는 데 가장 효과적이다.

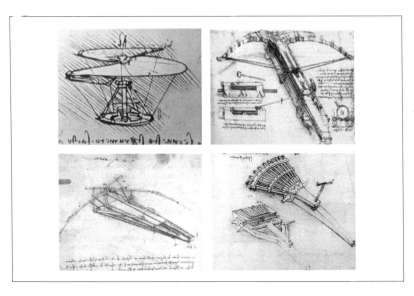

o 다빈치의 스케치 예시

o 스케치의 의의

스케치의 의의	내용
이미지의 포착	순간적으로 떠오르는 불확실한 아이디어의 이미지를 잡아 고정시켜 구체화시키는 과정

제품 아이디어 스케치
(유튜브)

이미지의 발전	여러 가지 스케치를 바탕으로 이미지를 종합하고 검토하여 부분에서 전체, 단위에서 복합적 조립 등으로 재구성하고 재작성하는 과정
이미지의 평가	아이디어의 전개 과정에서의 판단 및 제3자에게 설명하여 아이디어를 평가 및 보완

일반적으로 아이디어 스케치는 섬네일 스케치(Thumbnail Sketch), 러프 스케치(Rough Sketch), 스타일 스케치(Style Sketch)로 나누어진다. 각각의 특징을 살펴보면 다음과 같다.

o 아이디어 스케치의 종류와 특징

종류	특징
섬네일 스케치	자기 아이디어를 처음으로 시각화하는 첫 단계로, 통상 실제 크기의 4분의 1로 거칠고 작게 드로잉하는 것을 말한다. 따라서 섬네일 스케치는 많으면 많을수록 좋다.
러프 스케치	투시도법에 의해 그려지는 것이 보통이며, 일반적으로 아이디어 스케치 중에서 가장 많이 쓰이는 기법이다. 섬네일 스케치에서 몇 개의 안을 선정하여 개발하고자 하는 제품의 구성 요소를 유기적으로 조합하는 단계를 말한다.
스타일 스케치	투시적·투영적으로 표현하여 가장 구체적이며, 스케치 중 가장 정밀한 스케치이다. 목적에 따라 전체 및 부분의 형태, 재질, 패턴의 색채 등에 대한 정확한 스케치가 요구되어 비례의 정확성과 투시, 작도에 의한 외형의 변화 과정이 적절한 색채 처리에 의해서 구체화된다.

(2) 컴퓨터를 활용한 시각화

컴퓨터를 활용한 시각화는 엄밀히 말하면 컴퓨터 소프트웨어를 활용하는 것을 말한다. 컴퓨터 소프트웨어는 개념도를 작성하기 위한 소프트웨어, 스케치 목적의 소프트웨어, 도면 제작을 위한 소프트웨어, 3차원 출력을 위한 소프트웨어 등으로 다양하다.

일반적으로 컴퓨터를 활용한 시각화는 2차원 또는 3차원의 렌더링을 말한다. 렌더링이란 평면인 그림에 형태, 위치, 조명 등의 외부의 정보에 따라 다르게 나타나는 그림자, 색상, 농도 등을 고려하면서 실감나는 3차원 이미지를 만들어내는 과정 또는 기법을 말한다. 즉, 평면적인 요소에 입체감을 부여하는 컴퓨터 그래픽상의 과정을 의미한다. 이는 기본적인 스케치가 완성된 이후에 더욱 정교한 형태로 도면을 작성할 때 사용하는 것으로 보다 전문적인 영역이라 할 수 있다. 대표적인 소프트웨어에는 오토캐드(Autocad), 3D Max, Rhino 3D, Sketchup 등이 있다.

정보 속으로

스케치의 종류
1. 섬네일 스케치

2. 러프 스케치

3. 스타일 스케치

― 출처 특허청, &
한국발명진흥회(2011b)

2D 렌더링된 제품 이미지　　3D 렌더링된 제품 이미지

출처 ▶ 특허청, & 한국발명진흥회(2011)

ㅇ 렌더링의 활용 예시

하지만 최근에는 쉽게 활용할 수 있는 소프트웨어가 많이 등장하고 있기 때문에 누구나 교육을 통하여 쉽게 적용할 수 있다.

(3) 특허 출원을 위한 도면의 작성

특허 명세서를 작성하는 데 있어서 도면은 명세서와 함께 첨부되어야 하고, 이는 특허법 시행 규칙에 따라 작성되어야 한다.

일반적으로 명세서에는 '도면의 간단한 설명'과 함께 도면의 주요 부분들에 대한 설명으로 '부호의 설명'을 작성해야 한다. 따라서 발명 아이디어를 작성하는 데 있어서 최종적인 형태는 발명 아이디어의 설명과 함께 도면이 포함되어야 한다. 이를 위하여 발명 아이디어의 시각화의 종결점은 '도면'으로 볼 수 있다.

「특허법 시행규칙」에 따라 도면의 작성과 관련된 기재 요령을 살펴보면 다음과 같다.

도면 작성 방법

1. 제도법에 의한 작도, 흑백 도면, 사진 대용 등
   - 제도법에 따라 평면도 또는 입면도를 흑백으로 선명하게 도시하며, 필요한 경우에는 사시도 및 단면도를 사용할 수 있음
   - 다만, 발명의 내용을 표현하기 위하여 불가피한 경우에만 그레이스케일 또는 칼라 이미지의 도면을 사용할 수 있음
   - 예 발명의 효과를 표현하기 위하여 필수적인 조직 표본의 현미경 사진, 특수 섬유 등의 직조 상태를 설명하기 위한 그레이스케일 이미지 등

스케치업 작품
감상하기

II

2. 도면 부호 및 인출선의 사용
- '도면' 내용의 설명에 사용되는 부호(도면 부호)는 아라비아 숫자 등을 사용하고 크기는 가로 3mm×세로 3mm 이상으로 하며 다른 선과 명확히 구별할 수 있도록 인출선을 그어야 함
- 같은 부분에 대하여 2 이상의 '도면'에 부호가 표기될 경우에는 같은 부호를 사용함
- 발명의 상세한 설명에 부호가 적혀 있는 경우에는 반드시 도면에도 해당 부호가 표시되어야 하며, 반대의 경우에도 같음

3. 선의 굵기
선의 굵기는 실선은 0.4mm 이상(인출선의 경우에는 0.2mm 이상), 점선 및 쇄선은 0.2mm 이상으로 표시함

4. 절단 부분의 표시
'도면' 내용 중 특정 부분의 절단면을 도시할 경우에는 하나의 쇄선으로 절단 부분을 표시하고, 그 하나의 쇄선의 양단에 부호를 붙이며, 화살표로써 절단면을 도시한 방향을 표시함

5. 절단면의 표시(해칭)
절단면에서는 평행사선을 긋고 그 절단면 중 다른 부분을 표시하는 절단면에는 방향을 달리하는 평행사선을 긋고, 그것으로 구분이 되지 아니할 때에는 간격이 다른 평행사선을 그음

6. 요철 및 음영의 표시
요철(凹凸)을 표시할 경우에는 절단양면 또는 사시도를 그리고 음영을 나타낼 필요가 있을 때에는 0.2mm 이상의 실선으로 선명하게 표시함

7. 도면에 관한 설명의 기재
'도면'에 관한 설명은 '도면' 내용 중에 적을 수 없으며, 명세서에 적음. 다만, 도표, 선, 도면 등에 꼭 필요한 표시, 골조도, 배선도, 공정도 등의 특수한 '도면'에 있어서 그 부분 명칭이나 절단면을 표시하는 것은 무방함

8. 도면의 배치 및 크기
'도면'은 가로로 하나의 '도면'만을 배치할 수 있으며, 식별 항목을 제외한 '도면' 내용의 크기는 가로 165mm×세로 222mm를 초과할 수 없고, '도면' 내용 주위에 테두리선을 사용할 수 없음

9. 도면 내의 비율
'도면' 내용의 각 요소는 다른 비율을 사용하는 것이 그 '도면' 내용을 이해하기 위하여 꼭 필요한 경우 외에는 '도면' 내용 중의 다른 요소와 같은 비율로 도시함

10. 2 이상의 용지로 하나의 도면을 작성하는 경우
2 이상의 용지를 사용하여 하나의 '도면'을 작성하는 경우에는 이들을 하나로 합쳤을 때 '도면' 중의 일부분이라도 서로 겹치지 않고 완전한 '도면'을 구성할 수 있도록 작성함

출처 ▶ 「특허법 시행규칙」 제21조 제2항의 [별지 제17호 서식]

스케치업을 활용한
가구 도면 그리기
(유튜브)

스케치업으로
아이폰 그리기
(유튜브)

그 외에 도면 번호를 기입할 때에는 되도록 부품에 번호를 붙이는 것이 좋고, 연속되는 번호를 사용하지 않는 것이 바람직하다. 특히 같은 종류의 부품은 묶어서 번호를 사용하는 것이 편의상 도움이 된다.

③ 아이디어의 개선

아이디어 평가 기법을 통하여 최선의 해결 방안이 마련되었다고 하더라도 실제 발명 아이디어가 성공적으로 만들어지기 위해서는 개념적 판단을 넘어, 공학적인 판단 및 실제적인 제한 요소를 확인해야 한다.

(1) 공학적 테스트

공학적 테스트란 실제 제품이나 구성품 같은 하드웨어적 요소를 실제로 만드는 것과 관련된다. 이를 위해서는 제작 능력이 있는지, 제품의 내구성은 어떠한지, 재료가 갖는 특성은 어떠한지 등을 구체적으로 확인하는 과정이 필요하다. 이를 위하여 목업(Mock-up)이라 불리는 실물 모형이나 시제품(Prototype)을 만들어보는 것이 좋다.

① **목업** : 제품 디자인 평가 및 실제 제품을 개발할 때 제작에 앞서 실제적인 검토를 위하여 나무 또는 이와 비슷한 것으로 실물 크기의 모형을 만드는 것을 목업이라고 한다.

목업을 제작하는 목적을 구체적으로 살펴보면 다음과 같다.

> 첫째, 양산 실물과 동일한 제품으로 형상·기능성·생산성 등의 사전 검토용
> 둘째, 소비자 반응을 측정하기 위한 시장 조사용
> 셋째, 선주문(Pre-Order) 창출을 위한 전시용
> 넷째, 금형 또는 생산 라인의 손실 비용을 최소화하기 위함
> 다섯째, 특허(발명·실용신안·의장)등록 등의 필요성

목업은 외형만을 판단하기 위해 만드는 디자인 목업과 내부 구성품 간의 결합도를 알 수 있는 워킹 목업 등으로 구분한다.

용어

프로토타입

프로토타입(Prototype)은 원래의 형태 또는 전형적인 예, 기초 또는 표준이다. 시제품이 나오기 전의 제품의 원형으로 개발 검증과 양산 검증을 거쳐야 시제품이 될 수 있다. 또한 프로토타입은 '정보시스템의 미완성 버전 또는 중요한 기능들이 포함되어 있는 시스템의 초기모델'이다. 이 프로토타입은 사용자의 모든 요구사항이 정확하게 반영할 때까지 계속해서 개선/보완 된다. 실제로 많은 애플리케이션들이 지속적인 프로토타입의 확장과 보강을 통해 최종 설계가 승인된다.
프로토타입이라는 낱말은 원초적 형태라는 뜻의 그리스어 낱말 πρωτότυπον(프로토타이폰)에서 왔다. 이는 원초적이라는 뜻의 πρωτότυπος(프로토타이포스)의 중간 음에서 온 것으로, 더 들어가서 '최초의'라는 뜻의 πρῶτος(프로토스)와 '인상'이라는 뜻의 τύπος(타이포스)에서 비롯된 것이다.
─ 출처 위키백과사전

o **목업의 종류와 내용**

구분	내용
디자인 목업	• 디자인 도면을 바탕으로 주로 외형 디자인을 보기 위한 작업으로, 2차원 및 3차원 데이터를 실제로 형상화하여 제품디자인을 완성한 후 의도하는 대로 디자인이 나왔는지를 판단하는 시제품이다. • 외부 형태만을 가공하므로 가공 비용이 저렴하다.
워킹 목업	• 워킹 목업은 디자인 목업 제작 과정을 거쳐 확정된 외형에 제품의 기능성을 점검하기 위해 제작한다. • 실제 제품과 같이 제작하여 기능 테스트가 가능하기 때문에 개발 제품 비용의 투자를 감소시키고, 오류의 수정에 의해 개발 기간을 단축시켜 준다. • 단, 외부 및 내부를 전부 가공하므로 가공비가 디자인 목업보다 많이 든다.

최근에는 다양한 가격대의 3D 프린터가 출시됨으로써 전문가뿐만 아니라 비전문가도 자신이 설계한 디자인이나 제품을 출력하여 아이디어 차원에서 확인하지 못했던 문제점을 찾아 개선할 수 있다.

② **시제품**: 상품화를 목적으로 개발 중인 기기, 프로그램, 시스템 등의 성능을 검증하고 개선하기 위하여 실제 판매 이전에 제작하는 것을 시제품이라 한다. 시제품은 대량 생산에 앞서 제품의 완성된 상태를 최종적으로 확인해 보고, 개발자 간, 개발자와 사용자 간의 의사소통의 도구로 활용하기도 한다.

(2) 실제적 제한 요소의 확인

공학적으로 검증된 제품이라 하더라도 해당 제품이 시장에서 그 가치를 인정받을 수 있는가는 다른 차원의 중요한 문제이다. 또한 해당 제품이 사용자에게 안전한가, 신뢰성이 있는가, 사회적인 영향은 어떠한가, 아름다운가 등의 여러 가지 요소들을 고려할 필요가 있다. 그중 제품에 대한 안전성 평가는 품목별로 국가에서 인증한 기관에 심사를 의뢰하여 공인받는 것이 가장 바람직하다. 국가에서 인증한 제품은 통합인증마크(KC)를 부여받게 된다. 단, 해당 품목별로 인증기관이 다르기 때문에 구분하여 의뢰해야 한다.

특히 법정의무인증제도가 도입된 분야의 제품은 반드시 국가통합인증을 받아야만 제품을 판매할 수 있다.

📋 용어

목업

실물 모형(實物模型) 또는 목업(Mockup)은 제조업과 디자인 분야에서 디자인이나 장치의 스케일 모델 또는 풀사이즈 모델을 가리키며, 교육·시연·설계 평가·프로모션 등의 목적을 위해 사용된다. 적어도 시스템의 기능 중 일부를 제공하고 설계 테스트가 가능할 경우에 목업은 프로토타입으로 부를 수 있다.

목업은 주로 사용자들로부터의 피드백을 습득하기 위해 디자이너들에 의해 사용된다.

– 출처 위키백과사전

④ 아이디어의 문서화

발명 아이디어에 대한 평가와 개선이 마무리되면, 최종 형태의 발명 아이디어를 보고서 형태로 정리하는 것이 요구된다. 이는 특허 및 실용신안 등의 명세서 작성의 초안으로 활용하게 되며, 지식재산에 관한 권리를 출원하기에 앞서 누락된 요소가 없는지 확인하는 마지막 절차이다.

발명 아이디어의 정리는 다음과 같은 항목에 따라 정리하는 것이 좋다.

(1) 발명의 명칭

국문과 영문 명칭을 정할 것

(2) 발명에 관한 개요

발명품의 목적과 내용에 대한 요약문

(3) 발명 아이디어의 독창성

① 기존의 유사 발명과의 차별성

② 본 발명의 독창적 특성

(4) 발명의 유용성

① **실용성**: 기존 제품에 대한 대체 효과 등

② **실현 가능성**: 제작과 구현의 가능성 등

아이디어로 승부한다,
톡톡 튀는 청소년
발명품(YTN)

II

3D 프린터, 한계는 어디일까?

3D 프린팅은 빠른 시간에 모양을 만든다는 의미의 '쾌속 조형 기술(Rapid Prototyping)'을 말하는 것으로, 일반적으로는 적층 가공 기술이라는 개념으로 제조 분야에서 활용되고 있다. 3D 프린팅을 아이디어 수준의 모델링 검토 방안으로 활용할 경우, 비용 대비 효과가 크기 때문에 이에 대한 관심이 증가하고 있다. 특히 3D 프린터에 관한 특허가 오픈되면서 관련 기술과 활용법이 폭발적으로 늘어나고 있다.

초기에는 플라스틱 재료에 국한되었으나, 최근에는 유리와 금속 분야로도 확대되고 있다. 재료의 형태로는 액체, 분말, 고체의 형태로 활용되고 있다.

활용 분야에 따라서는 자동차의 대시보드와 바디패널을 넘어 시제품 자동차를 만들 수 있고, 의료 분야에서는 인공 치아나 인공뼈, 인공 관절을 만들 수 있다. 항공 우주 분야에서는 무인 정찰기와 연료 분사 장치 관련 부품을, 엔터테인먼트 분야에서는 영화용 캐릭터를 만들 수 있다. 건축 분야에서는 건축 모형을 넘어 실제 주거 공간을 제작하는 것이 가능하다. 3D 프린터가 앞으로 어느 정도까지 발전할 수 있을지 생각해 보자.

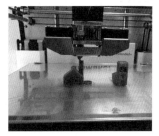

3D 프린터기의 활용
(국가과학기술연구회)

Think

우리 주변에서 3D 프린터를 활용한 다른 사례를 찾아보자.

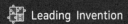 Leading Invention

CAD의 탄생 이야기

컴퓨터를 이용한 설계를 CAD라고 한다. CAD는 설계를 위한 소프트웨어로서 컴퓨터의 역사와 함께 발전해 왔다. CAD라는 용어는 더글러스 T. 로스에 의해 만들어졌으나 실제 CAD의 아버지라 불리는 사람은 패트릭 J. 핸래티 박사다.

1971년 핸래티 박사는 'Automated Drafting and Machinery'라는 소프트웨어를 만들었다. 이 소프트웨어가 현재 사용되는 소프트웨어 90%의 뿌리가 된다. 1977년 독점적 전용 하드웨어용 소프트웨어인 CATIA가 출시되었고, 1982년 Autodesk사의 설립으로 개인용 컴퓨터에서 사용 가능한 AutoCAD 프로그램이 발표되었다. 현재는 웹 기반의 모바일 버전까지 개발되어 디자이너가 언제 어디서든 작업할 수 있도록 지원하고 있다.

| 초기 CAD 형태 | 1980년대 AUTOCAD 프로그램 | 모바일 버전 |

○ CAD의 발전 형태

⊕ 컴퓨터를 활용한 설계 소프트웨어가 없다면 어땠을까?

⊕ CAD를 통하여 발명 아이디어를 어떻게 발전시킬 수 있을까?

오토캐드(AutoCAD)

Think

AutoCAD 이외에 설계 소프트웨어로는 무엇이 있는지 찾아보자.

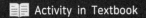 **Activity in Textbook**

교과서를 품은 활동

평가행렬법을 통한 발명 아이디어 선정

1. 준비 방법

① 행렬표를 준비한다. 아이디어나 준거의 순서 없이 아이디어는 세로축에, 준거는 가로축에 나열한다.
② 평정 척도에 따라 행렬표에 점수를 부여한다.
③ 결과를 해석한다. 결과는 아이디어의 강점과 약점을 확인하여 보완하는 데 사용한다.

창의력을 자극하는 질문

평가행렬표의 준거는 어떻게 만드는 것이 좋을까?

2. 주제: 학교에서의 휴대 전화 보관 방안

아이디어	평가 준거			
	가능성(10)	안전성(10)	경제성(10)	총계
예 등교 후 보관했다가 하교 시 되돌려준다.	9	7	8	24/30
				/30
				/30

- 가능성: 일이 이루어지거나 실현될 수 있음
- 안전성: 휴대 전화를 분실하거나 고장이 생길 염려가 없음
- 경제성: 노력, 시간의 소비에 비해 이점이 있는 성질

⊕ 평가행렬법을 사용하면서 느낀 점은?

Think 선정되지 않은 아이디어는 어떻게 활용할 수 있을까?

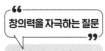 Activity in Textbook

교과서를 품은 활동

창의력을 자극하는 질문

흥미로운 면을 찾기 위해서는 어떤 노력을 기울여야 할까?

용어

PMI
(Plus, Minus, Interesting)
확산적 사고 기법을 통해 제안된 아이디어의 좋은 점(P)이나 좋아하는 이유, 아이디어의 나쁜 점(M)이나 싫어하는 이유, 그리고 흥미롭게(I) 생각되는 점을 따져 본 후 그 아이디어를 평가하는 방법

PMI 기법을 적용한 발명 아이디어 선정

🔗 가정에서 반려견을 기를 때의 P, M, I를 적어 보자.

(1) P : 긍정적인 면

(2) M : 부정적인 면

(3) I : 흥미로운 면

🔍 PMI 기법을 사용하면서 느낀 점은?

Think

PMI를 통해 얻어진 부정적인 면은 어떻게 해결할 수 있을까?

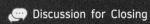 Discussion for Closing | **주제를 닫는 토론**

II

⊕ 발명 아이디어를 평가하는 과정에서 우리에게 필요한 능력은 무엇인가?

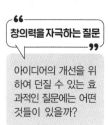

창의력을 자극하는 질문

아이디어의 개선을 위하여 던질 수 있는 효과적인 질문에는 어떤 것들이 있을까?

⊕ 발명 아이디어의 평가와 개선 과정에서 우리는 컴퓨터를 어떻게 활용해야 하는가?

Think

창의적인 사고에 도움이 되는 비판적 사고 훈련은 무엇일까?

발명가 Inventor

> 우장춘 박사
1935년에 '종의 합성 이론'을 발표하여 씨 없는 수박을 만드는 기초 원리를 규명하였다. 일본의 기하라 히토시 박사는 이 이론을 바탕으로 세계 최초로 씨 없는 수박을 만들었다.

Notice

단원 교수 · 학습 유의사항

1. 발명은 기술적 문제의 한 유형임을 설명하고, 발명과 기술적 문제 해결의 관계를 강조한다.

2. 발명 문제 해결 과정을 기술적 문제 해결 과정의 맥락에서 이해할 수 있도록 한다.

3. 초등학교, 중학교, 고등학교 학교급별 수준을 고려하여 발명 문제 해결 과정의 적용 방안을 탐색하고 결정할 수 있도록 한다.

4. 최근 강조되고 있는 디자인 사고(Design Thinking)의 접근 방법을 파악하고, 발명 문제 해결에 접목할 수 있도록 한다.

5. 발명 문제 확인은 실제적인 발명 문제 해결 맥락에서 불편한 점 찾기, 개선할 점 찾기를 통해 접근하는 것이 바람직하다.

6. 스탠포드 대학교 디자인 스쿨(Stanford d. school)의 워크시트를 활용할 때는 발명 문제 해결 상황에 맞게 재구성하여 제공하는 것이 바람직하다.

7. 희망 사항 열거법과 결점 열거법을 적용할 때는 6명 이상의 팀을 구성하여 상호 작용이 활성화되도록 분위기를 유도한다.

8. TRIZ 40가지 원리를 적용할 때는, 학교급별 및 학생 수준의 특성을 고려하여 적합한 원리를 선정하고, 적절한 사례를 제공하는 것이 중요하다.

9. 특허 정보를 통해 얻을 수 있는 내용이 무엇인지 설명한다.

10. 특허 정보 검색이 필요한 이유를 연구 개발 및 지식재산 관리 측면에서 설명한다.

11. 특허 정보 조사의 일반적 과정을 설명한다.

12. 특허 분류 체계를 이해하고, 특허 정보 검색에 활용한다.

13. 특허 정보 검색을 위한 데이터베이스 주소와 그 특징을 설명한다.

14. 단어 검색, 구문 검색, 검색 연산자 및 IPC 코드를 활용한 특허 정보 검색 방법을 설명한다.

15. 특허 정보 분석기법에 대해 설명한다.

16. 특허맵의 작성 단계와 내용을 설명한다.

17. 원하는 특허 정보를 실제 특허 정보 검색 방법에 따라 검색하여 보도록 한다.

18. 발명 아이디어 평가 기법을 설명한다.

19. 평가 기법을 활용하여 아이디어를 어떻게 평가하고 개선해야 할지를 찾도록 한다.

20. 아이디어 시각화 방법을 설명한다.

21. 아이디어 시각화 방법을 적용하여 이미지를 구체화하도록 한다.

22. 특허 도면 작성 방법을 설명한다.

23. 아이디어 개선의 목적과 필요성을 설명한다.

24. 아이디어를 개선하기 위한 방안으로서 목업과 시제품의 필요성을 설명한다.

25. 아이디어 시각화를 위한 소프트웨어의 종류와 특징을 설명한다.

26. 아이디어 문서화의 필요성과 내용을 설명한다.

27. 제시된 내용에 따라 아이디어를 평가하고 개선하도록 안내한다.

II 단원 마무리 퀴즈

01 국제지식재산권기구는 발명을 [   ]을/를 해결한 새로운 산출물 또는 과정으로 정의하였다.

02 교육방법으로서 문제 해결을 적용하는 접근은 듀이의 [   ]에 그 바탕을 두고 전개되고 있다.

03 Custer(1995)는 기술적 문제를 [   ], 설계, 고장 해결, 절차와 같은 네 개의 개념적 틀로 구분하였으며, 이는 [   ]을/를 기술적 문제의 하나로 인식하고 기술적 문제 해결 방법으로 접근할 수 있는 근거가 된다.

04 여러 가지 발명 아이디어 중에서 최적의 아이디어를 선택하기 위해서는 적합한 기준을 설정하여 평가하는 것이 중요하며, 발명 아이디어를 평가하기 위해서 [   ]이/가 적용된다.

05 TRIZ 40가지 원리 중에서 [   ]은/는 물체를 독립된 부분으로 나누기, 물체를 조립과 분해가 쉽게 만들기, 물체의 분할 정도를 높이기 등을 통해 문제를 해결한다.

06 특허 공보에는 [   ]와/과 [   ]이/가 있다.

07 특허 정보는 특허의 권리자, 발명자, 출원 일자, 등록 일자, 특허의 명칭 등이 포함되는 [   ]와/과 기술 분야, 배경 기술, 발명의 내용, 그리고 청구범위 등의 기술적인 내용인 [   ]을/를 포함한다.

08 수많은 특허 공보 속에서 효율적인 정보 검색을 위하여 만들어진 것이 [   ]이다.

09 특허청이 보유한 특허 정보를 한국특허정보원을 통하여 제공하고 있는 데이터베이스를 [   ](이)라고 한다.

10 특허 정보 검색 방법에는 [   ], [   ], [   ] 사용, IPC코드 활용 등의 방법이 있다.

11 논리적 연산을 바탕으로 검색연산자를 활용하는 데 있어서 AND 검색의 연산자는 [   ]이고, OR 검색의 연산자는 [   ]이다.

12 [   ]은/는 특허 정보를 시각적으로 쉽게 이해할 수 있도록 정리한 형태로, 특허분석 자료, 특허포트폴리오라고도 한다.

13 특허 정보의 분석은 그 목적에 따라 [   ] 분석, [   ] 분석으로 나눌 수 있다.

14 발명 아이디어 [   ] 과정을 통하여 산출한 아이디어 가운데 최선의 아이디어를 선택하고 이를 구체화 및 발전시킨다.

15 아이디어를 평가하고 개선하는 방법에는 [   ] 기법, [   ] 기법, [   ] 법, [   ] 법 등이 있다.

16 발명 활동과 같이 특정한 목적을 두고 마음의 눈으로 구체적인 이미지를 미리 그려보는 것을 [   ] (이)라고 한다.

17 [   ] 은/는 드로잉과 같이 사물의 정확한 묘사보다는 풍부한 상상력과 함께 이루어진 여러 생각을 효과적으로 발전시켜 새로운 해결안의 형태로 제시할 수 있기 때문에 아이디어를 시각적으로 표현하는 데 가장 효과적이다.

18 일반적으로 컴퓨터를 활용한 시각화는 2차원 또는 3차원의 [   ] 을/를 말한다.

19 일반적으로 명세서에는 도면의 [   ] 와/과 함께 도면의 주요 부분들에 대한 설명으로 [   ] 의 설명란을 작성해야 한다.

20 제품 디자인 평가 및 실제 제품을 개발할 때 제작에 앞서 실제적인 검토를 위하여 나무 또는 이와 비슷한 것으로 실물 크기의 모형을 만드는 것을 [   ] (이)라고 한다.

21 상품화를 목적으로 개발 중인 기기, 프로그램, 시스템 등의 성능을 검증하고 개선하기 위하여 실제 판매 이전에 제작하는 것을 [   ] (이)라 한다.

22 발명 아이디어를 정리하는 데 있어 필요한 항목은 발명의 [   ], [   ], [   ], 유용성 등이 있다.

⊘해답

01. 기술적 문제	02. 반성적 사고	03. 발명/발명
04. 수렴적 사고 기법	05. 분할(나누기)	06. 공개공보/등록공보
07. 권리 정보/기술 정보	08. 국제 특허 분류	09. 키프리스
10. 단어 검색/논리연산 검색/구문검색	11. */ +	12. 특허맵
13. 정량/정성	14. 평가	15. 히트/ALU/평가행렬/쌍비교분석
16. 시각적 사고	17. 스케치	18. 렌더링
19. 간단한 설명/부호	20. 목업	21. 시제품
22. 명칭/개요/독창성		

참고
문헌

📖 추천도서

조경덕 역. (2003). 창조력
사전. 매일경제신문사.
▶ 다양한 창의적 아이디어
발상기법과 아이디어 수렴
기법을 체계적으로 정리하
여 소개한 책

국가지식재산위원회. (2011). 제1차 국가지식재산 기본계획(안)(2012-2016). 국가지식재산위원회.

김효준·정진하·권정휘. (2004). 생각의 창의성 TRIZ. 지혜.

김희필. (2007). TRIZ 기법을 적용한 발명교육 절차 모형 구안 및 타당도 검증. 한국실과 교육학회지, 20(1), pp.61~84.

문대영. (2006). 기술과 교육에서 TRIZ(창의적 문제 해결 이론)의 적용 방안 탐색. 대한공업 교육학회지, 31(2), pp.155~176.

박영택·박수동. (1999). 발명특허의 과학. 현실과 미래.

이규녀, 박기문. (2013). 지식재산 전문인력의 인식에 기반한 지식재산 이러닝 발전방안. 지식재산연구, 8(2), pp.91~120.

정영석. (2016). 놀이중심 지식재산 교육프로그램의 적용이 초등학생의 지식재산 태도에 미치는 영향. 충남대학교 석사학위 논문

조경덕 역. (2003). 창조력 사전. 매일경제신문사.

주한중. (2014). 2014 캠퍼스 특허전략 유니버시아드 특허 정보 조사의 이해. 로하스특허법률사무소.

특허청. (2006). 발명과 특허 － 산업재산정책국, 4부 특허검색(박자철). 특허청.

특허청. (2007). 중소기업 특허경영 매뉴얼. 특허청.

특허청, & 특허정보원. (2019). 2019 통계로 보는 특허동향. 특허청.

특허청, & 한국발명진흥회. (2011a). 고등학교 특허 정보 조사 분석. 계영 디자인북스.

특허청, & 한국발명진흥회. (2011b). 고등학교 발명과 디자인. 계영디 자인북스.

하정욱·문대영. (2013). 에디슨의 발명영재성 요인. 한국실과교육학회지, 26(2), pp.119~139.

한국지식재산연구원. (2013). 2013년도 지식재산활동 실태조사. 특허청, 무역위원회.

한국발명진흥회. (2005). 과학기술자를 위한 특허정보 핸드북. 특허청.

한국발명진흥회. (2014). 지식재산의 정석. 박문각.

한국전자산업진흥회. (2004). 국제특허분쟁 대응 표준. 한국전자산업진흥회.

한국특허전략개발원. (2017). 특허기술동향조사 가이드북. 특허청.

한국특허정보원. (2015). 특허정보검색. 특허청

Custer, R. L. (1995). Examining the dimension of technology. International Journal of Technology and Design Education, 5(3), pp.219~244.

Dewey, J. (1910). How we think. D. C. Heath & CO., Publisers. Rowe, P. G. (1987). Design Thinking. MIT Press.

Rowe, P. G. (1987). Design Thinking. MIT Press.

Jan Chipchase, & Simon Steinhardt. (2013). 관찰의 힘, 평범한 일상 속에서 미래를 보다. 위너스북.

Winek, G., & Borchers, R. (1993). Technological problem solving demonstrated. The Technology Teacher, 52(5), pp.23~25.

World Intellectual Property Organization. (2010). Learn from the past, create the future : Invention and patents. WIPO Publication No.925E. September 2010 edition.

Zlotin, B., Zusman, A., Kaplan, L., Visnepolschi, S., Proseanic, V. & Malkin, S. (2001). TRIZ beyond technology : The theory and practice of applying TRIZ to non-technical areas. The Triz Journal, 2001. 1. [online available http://www.triz-journal.com]

곽노필. (2017). 먹는 물캡슐, 페트병의 대안이 될까.
    Retrieved from http://www.hani.co.kr/

법제처. (2022). 국가법령정보센터. Retrieved from http://www.law.go.kr

위키백과사전. (2017). 프로토타입.
    Retrieved from https://ko.wikipedia.org/wiki/%ED%94%84%EB%A1%9C%ED%86%A0%ED%83%80%EC%9E%85

위키백과사전. (2017). 목업.
    Retrieved from https://ko.wikipedia.org/wiki/%EC%8B%A4%EB%AC%BC_%EB%AA%A8%ED%98%95

특허청. (2022a). 특허청 홈페이지. Retrieved from http://www.kipo.go.kr

특허청. (2022b). 특허청 공식 블로그.
    Retrieved from https://blog.naver.com/kipoworld2

특허청, & 특허정보원. (2022). 특허정보넷 키프리스.
    Retrieved from http://www.kipris.or.kr/

추천도서

Steve Parker. (2013). 발명 콘서트. 베이직북스.
▶ 세상에 존재하는 모든 기계의 작동 원리와 기능을 이해해 지구촌의 온갖 비밀과 우리의 미래를 알아볼 수 있도록 구성한 책

Exploration and Practice of
Invention and Intellectual
Property Education

III 지식재산의 권리화

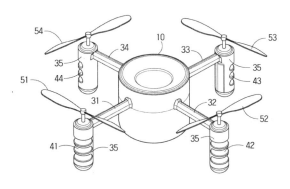

출처 ▶ 특허정보넷(키프리스), 적외선 충격센서를 장착한 드론(특허·실용신안 도면)

성취 기준
Achievement
Criteria

1. 특허 출원의 중요성 및 절차를 이해하고, 특허 출원서를 작성한다.
2. 특허 명세서의 구성을 이해하고, 자신의 발명에 대하여 특허 명세서를 작성한다.
3. 특허 등록을 받기 위한 요건을 이해하고, 심사관의 거절 이유에 대하여 분석한다.

특허 출원 VS 특허 등록

일반 사람들은 '특허 출원'과 '특허 등록'의 의미를 명확히 구분하지 못하는 경우가 있는데, 이를 악용하여 특허 출원만 이루어졌을 뿐이고 아직 특허 등록을 받지 못한 상태임에도 '특허 제10-2017-○○○○○○호'라고 기재하여 마치 특허 받은 제품으로 착각을 일으키도록 마케팅을 하는 경우가 있다. 그러나 이러한 표기 행위는 명백한 특허 허위 표시에 해당하여 일정한 처벌을 받을 수 있으므로, '특허 출원', '특허 등록'의 의미를 잘 이해할 필요가 있다.

특허 허위 표시 유형

- 특허 출원 중인 물품을 출원번호 표기도 없이 단순히 특허 제품이라고 표기
- 특허출원번호를 등록번호인 것처럼 표기
- 거절된 것을 특허 제○○○호 또는 특허 출원 제○○○호 등으로 표기
- 권리가 소멸된 것을 특허 제○○○호라고 표기
- 특허 출원한 사실조차 없는데도 등록 또는 출원한 것으로 표기

'특허 출원'이라 함은 출원 서류를 특허청에 제출(신청)한 후 최종 특허 등록 여부가 결정되지 않은 상태를 의미하며, 사전 검토 없이 출원할 경우 상당수의 특허 출원들이 심사 과정에서 거절 결정을 받게 된다.

반면, '특허 등록'이라 함은 출원 후 심사 과정에서 특허 요건을 갖춘 것으로 인정받아 특허권을 획득한 것을 의미한다. 만약 제3자가 특허권자의 허락 없이 임의로 특허 발명을 실시할 경우 특허 침해의 문제가 발생할 수 있음을 유의하여야 한다.

+세계에서 가장 특허 출원을 많이 하는 나라는?

2020년을 기준으로, 중국 특허청에 출원된 특허는 총 1,497,159건이었으며, 이는 미국 특허청에 출원된 특허 597,175건보다 2.5배 정도 많다. 그 다음으로 일본 288,472건, 한국 226,759건 순이다.

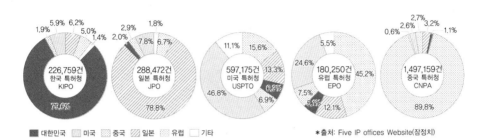

○ 2020년 IP5 특허 출원(국가별)

출처 ▶ 특허청(2021)

세계에서 특허 출원을 가장 많이 한 선진 5개국을 'IP5'라고 하며, 여기에는 우리나라를 비롯하여 미국, 일본, 중국, 유럽이 속해 있다. 매년 IP5에 출원되는 특허 건수가 전 세계 특허 출원의 90%를 차지할 만큼 그 영향력이 상당하므로, IP5 해당 국가들은 세계 특허 제도의 통일 및 개혁을 위해 다양한 노력을 추진하고 있다.

"If we all did the things we are capable of doing, we would literally astound ourselves."
– Thomas A. Edison
할 수 있는 일을 해낸다면, 우리 자신이 가장 놀라게 될 것이다.

01 내 손으로 지식재산 출원하기

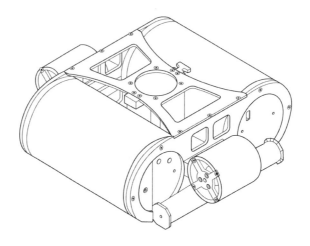

출처 ▶ 특허정보넷(키프리스), 수중용 드론(디자인 도면)

학습목표
Objectives

1. 특허 출원의 의미를 이해한다.
2. 특허 출원하는 방법과 절차를 이해한다.

키워드
Keyword

특허 출원   # 전자 출원   # 특허로   # 해외 출원

Question
특허 출원의 의미를 생각해 보자.

Q1 좋은 아이디어를 보호하는 방법에 대해서 생각해 보자.

Q2 특허권은 독점권이다. 기발한 발명에 대해 동시에 출원이 이루어졌을 때 누구에게 특허권을 허여해야 할까?

특허의 정의
(위키백과사전)

Q3 한국에서 특허 출원하여 특허권을 획득하였는데, 다른 나라에서도 동일한 발명에 대해 보호를 받고 싶다면 어떻게 해야 하는가?

발명톡 Talk

"Everyone is a genius at least once a year. The real geniuses simply have their bright ideas closer together."
— Georg Christoph Lichtenberg

누구나 적어도 1년에 한 번은 천재이다. 진정한 천재는 기발한 생각을 보다 자주 떠올릴 뿐이다.

Think
해외 출원을 진행할 때 해외 출원국을 어떻게 선정할지 생각해 보자.

Question

특허 출원의 절차에 대해 알아보자.

Q1 특허 출원 시 필요한 서류에는 무엇이 있는지 알아보자.

Q2 특허 출원의 방법은 오프라인에서 서류를 통한 서면 출원과 온라인을 통한 전자 출원이 있다. 특허로(www.patent.go.kr) 시스템에 접속하여 전자 출원 절차에 대해 조사해 보자.

전자출원 따라하기
(특허로)

Q3 전자 출원의 장점에 대해 이야기를 나누어 보자.

Think
수출형 기업일 경우에는 해외에도 특허 출원을 해야 하는 이유가 무엇인가?

① 특허 출원의 개념

(1) 특허 출원의 개념

'특허'는 많은 시간과 비용을 들여서 발명한 것을 다른 사람이 무단으로
사용하는 것을 방지하고, 권리자가 독점적으로 사용할 수 있도록 하는
법적인 권리 보호 장치이다. 따라서 발명자가 자신이 창안해 낸 발명에
대해 보호를 받기 위해서는 특허청에 특허를 출원하고, 심사를 통해
특허 요건을 인정받아 등록을 마침으로써 독점·배타적인 권리를 확
보하는 것이 중요하다.

특허 출원이란 특허를 받고자 하는 사람이 발명을 공개하는 대가로 국
가에 대하여 특허권의 부여를 요구하는 행위를 말한다. 특허 출원이
이루어지면 특허청에서는 특허 출원된 발명에 대하여 특허 요건에
맞는지에 대한 '특허 심사'를 진행하고, 특허 심사에 따라 특허 결정이
되면 특허 출원인은 '특허 등록'을 거쳐 특허권을 획득하게 된다. 특허
등록이 이루어지면 다른 사람에게 영향을 미칠 수 있는 독점·배타적인
권리가 형성되기 때문에 특허 출원은 엄격한 절차와 방식에 따라 이
루어져야 한다.

(2) 선발명주의와 선출원주의

특허권은 독점·배타적인 권리이기 때문에 동일한 발명에 대해서는
하나의 특허만을 부여해야 한다. 따라서 동일한 발명에 대해 2개 이
상의 특허 출원이 이루어진 경우에는 어느 발명에 대해 특허를 줄 것
인지가 문제가 된다.

이에 대해서 누가 먼저 출원했는지와 무관하게 먼저 발명한 자에게
특허를 허여하는 제도를 '선발명주의'라 하고, 누가 발명을 먼저 했는지
여부에 관계없이 먼저 출원한 자에게 특허를 부여하는 제도를 '선출
원주의'라 한다. 진정한 발명자를 보호한다는 측면에서 선발명주의가
특허 제도의 이상에 부합되지만 발명의 빠른 공개를 통한 사회이익을
취하고 권리의 법적 안정성을 꾀한다는 측면에서 우리나라와 대부분의
국가는 선출원주의를 채택하고 있다. 따라서, 선출원주의하에서 새롭고
기발한 발명을 한 경우 특허 출원을 통한 빠른 출원일의 확보가 중요
하다.

> **용어**
>
> **미국의 선발명주의**
> 미국은 220년 동안 고수해
> 온 특허 제도 원칙인 선발
> 명주의를 폐기하고 2011년
> 에 선출원주의를 채택하는
> 개정안을 통과시켰다.

② 특허 출원의 방법

특허 출원의 방법으로는 오프라인에서 이루어지는 '서면 출원'과 온라인에서 이루어지는 '전자 출원'이 있다. 서면 출원은 서면으로 작성한 서류를 특허청에 직접 또는 우편으로 제출하는 출원 방식이고, 전자 출원은 특허청에서 제공한 소프트웨어를 이용하여 작성된 전자 문서를 온라인으로 제출하는 것을 말한다.

전자 출원은 서면 출원에 비해 편리할 뿐만 아니라, 전자 출원을 하는 자에게 일정액의 출원료를 감면해 주는 인센티브 출원료제를 운영하고 있기 때문에 경제적이다. 그리고 온라인상에서 출원 서류가 실시간으로 접수되기 때문에 서류의 도달 여부를 바로 확인할 수 있어, 대부분의 특허 사무소에서는 온라인을 통한 전자 출원을 이용하여 출원 및 각종 서류를 처리하고 있다.

(1) 특허 출원 서류

특허를 받고자 하는 사람은 소정의 사항을 기재하는 특허 출원서에 명세서, 도면 및 요약서를 첨부하여 특허청에 제출하여야 한다.

① **특허 출원서**: 발명자 및 출원인에 대한 인적 사항이나 특허 출원을 하는 데 필요한 기초적 사항, 그리고 특허법상 제도의 적용을 받기 위한 각종 취지를 기재한 서면을 말한다. 특허 출원서에는 특허 출원인의 성명 및 주소, 대리인이 있는 경우 대리인의 성명 및 주소, 발명의 명칭, 발명자의 성명 및 주소 등을 기재하여야 한다.

② **명세서**: 발명의 기술적인 내용을 문장을 통해 명확하고 상세하게 기재한 서면으로서 발명의 설명, 청구범위가 기재되어 있다.

③ **필요한 도면**: 발명의 기술적인 내용의 이해를 돕기 위해 필요한 경우 제출되는 도면이다.

④ **요약서**: 발명의 내용을 요약 정리한 것으로 기술 정보로 활용된다.

⑤ **기타 구비 서류(해당자에 한함)**
   ㉠ 대리인의 경우 대리권 증명 서류 1통
   ㉡ 미성년자 등 무능력자가 법정대리인에 의하여 출원하는 경우 주민등록 등본 또는 가족관계증명서 1통
   ㉢ 특허료, 등록료 및 수수료 면제 또는 감면 사유기재 및 이를 증명하는 서류 1통

국내출원 절차
(특허로)

(2) 전자 출원

전자 출원은 특허청에서 제공하는 소프트웨어를 이용하여 작성된 전자 문서 형태의 특허 출원서 및 관련 서류를 온라인으로 제출하는 것을 말한다.

① **전자 출원용 특허로(www.patent.go.kr) 시스템** : 특허로 시스템은 특허 행정 업무 처리를 전산화한 통합 전산 시스템으로서, 특허로 시스템을 통해 온라인 전자 출원을 진행할 수 있다.

특허로

○ 특허로(www.patent.go.kr) 메인 화면

② **전자 출원 절차** : 전자 출원 절차를 진행하고자 하는 경우 사전에 특허고객번호 부여 신청을 하여 사용자 등록을 하고, 본인의 공인 인증서를 등록하여 인증서 사용 등록을 하여야 한다. 이후에는 전자 출원 S/W를 통해 서식을 작성하고 제출한다.

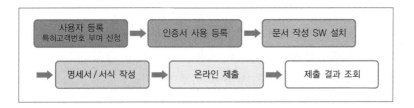

STEP 1. 사용자 등록

전자 출원을 하기 위해서는 출원인은 반드시 사용자 등록 신청(특허고객번호 부여 신청)을 하여야 한다. 특허고객번호는 주민등록번호와 같이 특허청에서 발급하는 출원인 고유의 식별코드로서, 한 번만 발급받으면 평생 사용할 수 있다. 미성년자는 특허고객번호를 신청하기 전에 미리 법정대리인인 부모의 특허고객번호를 먼저 신청받아 두어 미성년자의 사용자 등록 신청 시 법정대리인의 특허고객번호를 기재하도록 한다. 온라인으로 특허고객번호 부여 신청을 하는 경우 미리 인감 또는 서명의 JPG 파일을 준비하여 둔다.

STEP 2. 인증서 사용 등록

전자 출원을 이용하기 위해 본인 확인을 하는 절차로서, 특허고객번호부여 신청 후 부여받은 특허고객번호를 이용하여 로그인 후 인증서를 등록한다. 등록 가능한 공동인증서는 i) 인증기관에서 발급한 전자거래범용 공동인증서, ii) 인증기관에서 발급한 은행용 공동인증서, iii) 한국무역정보통신에서 발급한 특허청 전용 공동인증서가 있다. 미성년자의 경우에는 법정대리인인 부모의 공동인증서를 등록한다.

STEP 3. 문서 작성 S/W 설치

특허 출원서 작성 전에 특허 문서(명세서, 보정서, 의견서) 작성과 첨부문서(위임장, 증명 등)의 변환을 위하여 필요한 문서 작성 S/W를 다운받아 PC에 설치한다.

STEP 4. 명세서 및 서식 작성

명세서 등 특허 문서는 통합 명세서 작성기(NK-Editor)를 이용하여 작성하고, 특허 출원서 등 서식은 서식 작성기(KEAPS) 또는 통합 서식 작성기(PKEAPS)를 이용하여 작성한다. 필요에 따라 PC에 설치된 첨부서류입력기를 실행하여 출원서 제출 시 필요한 위임장, 증명서 등을 스캔 및 변환하여 첨부한다.

출원절차 한눈에 보기
(특허청)

STEP 5. 온라인 제출

작성된 전자 문서를 서식 작성기(KEAPS) 또는 통합 서식 작성기(PKEAPS)를 이용하여 특허청에 온라인으로 제출한다. 온라인 제출 과정 시 위에서 등록한 공동인증서로 전자 서명이 이루어진다.

STEP 6. 제출 결과 조회

특허청에 제출한 문서에 대해서 그 처리 결과 및 진행 상태를 특허로에서 바로 조회할 수 있다.

특허출원서

【출원 구분】 특허 출원

【출원인】

   【명칭】 주식회사 이에스지유

   【출원인 코드】 1-2009-050271-1

【대리인】

   【명칭】 특허법인 제나

   【대리인코드】 9-2014-100001-2

   【지정된 변리사】 백동훈

   【포괄위임 등록번호】 2014-077719-6

【발명의 국문 명칭】

【발명의 영문 명칭】 Multi-layer glazing for window

【발명자】

   【성명의 국문 표기】

   【성명의 영문 표기】

   【주민등록번호】

   【우편번호】 138-795

   【주소】

   【국적】 KR

【출원 언어】 국어

【심사 청구】 청구

위와 같이 특허청장에게 제출합니다.

   대리인 특허법인 제나　　　　　　　　　　　(서명 또는 인)

【수수료】

○ 특허 출원서 예시

③ 특허 출원 후 등록까지의 과정

출원인에 의해 특허 출원이 이루어지면 특허청에서는 출원된 발명이 특허 요건을 만족하는 여부를 심사하게 되는데 이를 '특허 심사'라 한다. 심사 결과에 따라서 특허청에서는 특허 결정을 하거나 특허 거절 결정을 하는데, 특허 결정 후 출원인이 특허 등록을 하여야 비로소 출원인이 특허권을 획득하게 된다.

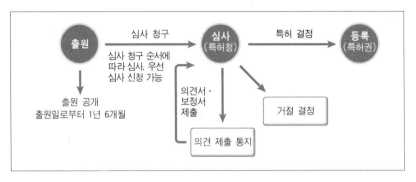

o 특허권 취득 절차

(1) 출원

특허 출원이 이루어지면 특허청은 제출된 서류가 특허법이 정하는 방식에 적합한지 여부를 점검하는 방식 심사를 한다. 한편, 특허 출원 후 출원일로부터 1년 6개월이 경과하면 기술 내용을 공개하는 출원 공개가 이루어진다. 이는 새로운 발명을 공개함으로써 기술 개발을 촉진하고 중복 연구 및 중복 투자를 방지하기 위한 것이다.

(2) 심사

우리나라는 출원과 심사를 분리하여 출원 후 3년 이내에 심사 청구된 특허에 대해서만 심사를 진행하는 '심사 청구 제도'를 운영하고 있는데, 특허청 심사관은 심사 청구된 순서에 따라 출원된 발명이 특허 요건을 만족하는지 여부를 심사한다. 심사 과정에서 거절 이유를 발견하면 그 이유를 출원인에게 통보하고 기간을 정하여 출원인이 의견을 제출할 수 있도록 하고, 거절 이유를 발견할 수 없을 때에는 특허(등록) 결정을 하게 된다.

(3) 등록

특허 결정이 되면 출원인은 최초 3년분의 특허료를 납부하여 특허권을 설정 등록하고, 설정 등록 이후부터 권리를 갖게 된다. 특허청은 등록된 특허 출원 내용을 등록 공고로 발행하여 일반인에게 공표한다.

④ 특허 출원 · 심사 · 등록까지의 부여되는 특허번호

(1) 특허출원번호

특허 출원이 이루어지면 최초로 부여되는 번호가 '특허출원번호'이다. 특허출원번호는 '권리구분번호－연도－일련번호'의 형태를 갖는다. 권리구분번호는 생략 가능하며, 10 : 특허, 20 : 실용신안, 30 : 디자인, 40 : 상표를 의미하는데 이는 특허공개번호, 특허등록번호도 마찬가지이다.

출원번호로 검색하기
노하우(키프리스)

예) 특허출원번호 제10-2016-0012345호
특허출원번호 제2016-0012345호
실용신안등록출원번호 제20-2016-0021234호
디자인등록출원번호 제30-2016-0031234호
상표출원번호 제40-2016-0041235호

(2) 특허공개번호

특허 출원 후 일정 기간이 지나 출원 공개가 이루어지면 부여되는 번호가 '특허공개번호'이다. 특허공개번호도 특허출원번호와 동일한 번호 체계를 갖는다.

예) 특허공개번호 제10-2016-0000123호
특허공개번호 제2016-0412536호
실용신안등록공개번호 제20-2016-0231564호

(3) 특허등록번호

특허 결정이 되어 설정등록이 이루어지면 부여되는 번호가 '특허등록번호'이다. 특허등록번호는 '권리구분번호-일련번호'의 형태를 갖는다.

예) 특허등록번호 제10-0001234호
특허등록번호 제0001234호
실용신안등록번호 제20-0045456호
디자인등록번호 제30-0002314호
상표등록번호 제40-0012345호

⑤ 해외 출원

(1) 해외 출원의 필요성

A가 한국에서 특허 출원을 하여 특허권을 획득하였는데 중국에서 B가 동일한 특허 발명을 사용한다고 했을 때 A는 한국의 특허권을 근거로 중국에서 B에게 특허 침해에 따른 책임을 물을 수 있을까? 답은 '책임을 물을 수 없다'이다.

각국 특허 독립의 원칙(속지주의)상 특허권을 획득한 나라에서만 특허권의 효력이 발생하기 때문이다. 따라서 한국에서 특허권을 획득하였더라도 다른 나라에서 권리를 취득하지 못하면 그 나라에서는 독점 배타적인 권리를 행사할 수가 없다. A가 B에게 특허 침해의 책임을 묻기 위해서는 중국에서도 동일한 발명에 대하여 특허권을 획득하여야 한다. 이러한 각국 특허 독립의 원칙상 필요 시 해외의 다른 나라에도 해외 출원을 진행할 필요가 있다.

> ·········· 🔖 용어 ··········
> **속지주의**
> 국가의 입법·사법·집행관
> 할권을 자국의 영역 내에서
> 만 행사한다고 하는 주의
> — 출처 21세기 정치학대사전

(2) 해외 출원의 방법

① **전통적인 출원 방법(Traditional Patent System)**: 특허 획득을 원하는 모든 나라에 각각 개별적으로 특허 출원하는 방법으로 '파리 조약에 기초한 해외 출원'이라고도 한다. 다만, 선(先)출원에 대한 우선권을 주장하여 출원하는 경우 선출원의 출원일로부터 12개월 이내에 해당 국가에 출원하여야 우선권을 인정받을 수 있다.

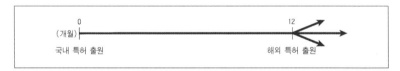

② **PCT에 의한 출원 방법(Patent Cooperation Treaty System)**: 국적이 있는 나라 또는 거주국의 특허청(수리 관청)에 하나의 PCT 출원서를 제출하고, 그로부터 정해진 기간 이내에 특허 획득을 원하는 국가[지정(선택) 국가]로의 국내 단계에 진입할 수 있는 제도로 PCT 국제 출원의 출원일이 지정 국가에서 출원일로 인정받을 수 있다. 다만, 선(先)출원에 대한 우선권을 주장하여 출원하는 경우 선출원의 출원일로부터 12개월 이내에 PCT 국제 출원을 하여야 우선권 주장을 인정받을 수 있다.

내 손으로 지키는
지식재산 – 국제출원
(IP Story Center)

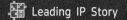 Leading IP Story

변리사 이야기

변리사는 참신한 아이디어나 기술 등을 특허권으로 만들어 보호받게 해 주거나 이를 활용하는 데 도움을 주는 전문가다.

변리사의 업무는 크게 산업재산권 출원 대리 업무와 산업재산권 분쟁에 관한 심판 및 소송 대리로 구분할 수 있다. 최근에는 경영 상담·자문 등 지식재산 전문가로서의 역할도 확대되고 있다.

변리사가 되려면?

변리사가 되는 방법은 크게 2가지다. 첫째, 특허청에서 시행하는 변리사 시험에 합격하는 방법과 둘째, 변호사 시험에 합격해 변리사로 등록하는 방법이 있다.

변리사 시험은 만 20세 이상이면 학력·성별·나이의 제한 없이 누구나 응시할 수 있다. 하지만 대부분의 변리사는 이과 출신이 많다. 특허가 되는 기술들이 대개 이공계 관련 산업이기 때문이다. 대학에서 전자·기계·화학·물리·생명공학 등 이공계 전공을 한 사람들이 많다.

시험은 1차와 2차로 나눠진다. 산업재산권법, 민법개론, 자연과학개론, 특허법, 상표법, 민사소송법 등의 과목을 시험 본다. 이는 지식재산권과 관련된 전문 분야의 업무를 수행하는 만큼 관련 법규는 물론이고 생물·화학·전자·기계 등 특허 대상 분야에 대한 해박한 지식도 요구됨에 따른 것이다.

변리사 시험
(한국산업인력공단)

Think

변호사와 변리사의 차이점을 생각해 보자.

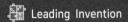 Leading Invention

영화 속 지식재산권 이야기

「플래시 오브 지니어스(Flash Of Genius)」(2008)는 개인 발명가와 거대 자동차 회사인 포드의 특허권을 둘러싼 법정소송을 다룬 영화로서, 실화를 바탕으로 제작되었다. 영화의 제목인 'Flash of Genius'는 '천재적 발상의 순간'을 뜻한다.

주인공인 밥 컨즈 박사는 비가 오는 양에 따라 움직이는 속도를 조절할 수 있는 와이퍼를 발명하고 특허권까지 획득하였으나, 거대 자동차 회사인 포드와 법적 분쟁에 휘말리게 된다. 컨즈 박사는 자신의 자동차에 와이퍼를 장착하고 시연한 후 납품 계약을 하자는 포드사 임원의 말만 믿고 있다가 자신의 특허가 도용된 것을 알고 포드와의 특허소송을 진행하게 된다. 12년간에 걸친 지루한 소송은 컨즈 박사의 승리로 끝났지만, 컨즈 박사는 부인과의 이혼 등 개인적으로 엄청난 시련을 겪어야 했다.

영화에서는 거대 대기업의 기술 탈취를 다루는 듯하나, 다른 측면에서는 발명에 대해 특허권을 획득하더라도 법직인 보호가 안정적이지 않다는 것을 보여주고 있다. 이는 특허권이 무체재산권, 즉 형태가 없는 재산권이라는 특징에서 기인한다고 볼 수 있다.

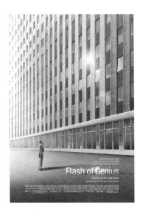

o 「플래시 오브 지니어스(Flash Of Genius)」(2008)

영화
「플래시 오브 지니어스」
홍보 영상

Think

특허권은 무체재산권이라고 하는데, 그 이유를 생각해 보자.

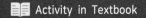 Activity in Textbook

교과서를 품은 활동

특허고객번호 신청하기

특허청에 특허뿐만 아니라 디자인 등록, 상표 등록을 하기 위해서는 특허고객번호가 반드시 필요하다. 특허고객번호는 주민등록번호와 같이 특허청에서 부여한 출원인의 식별코드로서 한 번 부여받으면 평생 사용하게 된다.

특허고객번호는 아래의 서류를 준비하고 특허로 사이트(www.patent.go.kr)에 접속하여 절차에 따라 쉽게 신청할 수 있다.

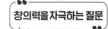

창의력을 자극하는 질문

- 왜 특허 제도의 역사를 공부할까?
- 왜 그 시기에 그 나라에서 특허 제도가 시작되었을까?

○ **특허고객번호 신청 시 필요 파일 및 서류 안내**

파일 및 첨부 서류	포맷	필수 여부
인감 또는 서명	JPG 파일(사이즈 4cm x 4cm, 파일 용량 100KB 이하) (스캔 없이 휴대폰 카메라로 촬영된 이미지도 첨부 가능)	필수
주민등록등본, 주민등록초본, 가족관계등록부 증명서 중 택 1(국내 자연인)	JPG 파일, Tif 파일, Att 파일	선택 (행정정보사용 동의 여부에 동의하지 않을 경우 필수)
법인등기사항전부증명서, 사업자등록증(국내 법인)	JPG 파일, Tif 파일, Att 파일	선택 (행정정보사용 동의 여부에 동의하지 않을 경우 필수)

 **용어**

자연인
법률 행위의 주체가 될 수 있는 자 중 법인이 아닌 개인을 의미(나이와 무관)

○ **미성년자의 경우**

- 만 19세 미만의 미성년자는 부모 등의 법정대리인에 의하지 아니하면 특허에 관한 출원·청구 기타의 절차를 밟을 수 없다. 따라서 미성년자는 법정대리인에 의하여 특허고객번호를 부여받을 수 있다.
- 법정대리인의 특허고객번호를 기재하면 법정대리인의 인감 또는 서명을 제출한 것으로 갈음할 수 있다.
- 미성년자인 경우 '미성년자 본인의 인감 또는 서명'을 제출하고, '단독출원가능여부'를 '불가능'으로 선택하고 '불가능사유'에 '미성년자'를 선택한다. 미성년자인 경우 법정대리인과 동거여부에 따라 아래의 서류를 제출하여야 한다.
  ⅰ) 법정대리인과 동거 중: 주민등록등본(뒷자리 표기 발급)
  ⅱ) 법정대리인과 별거 중: 주민등록등본(뒷자리 표기 발급), 가족관계증명서 (미성년자 중심으로 발급)

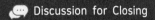
주제를 닫는 토론

2012년에 KBS 2TV에서 방영되었던 '이기적인 특허소'라는 개그 프로그램이 있다. 삼성전자와 애플 사이에 벌어진 특허 소송전을 모티브로 삼았다. 한쪽에서 먼저 자신의 아이디어에 대한 특허를 신청해 청중들의 반응이 좋지 않아 거절되면, 다른 쪽에서 앞서 제시된 아이디어에 적절한 말을 더해서 특허를 획득하는 식으로 전개된다. 가운데 앉아 있는 재판관은 양쪽에서 쉴 새 없이 제안되는 새로운 특허들이 웃기고 기발하기만 하면 "특허 인정합니다."라고 하면서 특허를 수여해 준다.

⊕ 개그 프로그램에서 소재가 된 특허! 그만큼 특허가 사람들의 관심의 대상이 되었기 때문이 아닐까? 왜 기발하고 새로운 것이 특허의 대상이 될까?

 Think

왜 기발하고 새로운 것에 대해 특허를 획득하고 싶은지 생각해 보자.

02 내 손으로 명세서 작성하기

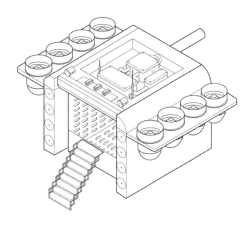

출처 ▶ 특허정보넷(키프리스), 인명 구조용 드론(디자인 도면)

학습목표
Objectives

1. 특허 명세서의 구성 요소를 제시할 수 있다.
2. 특허 명세서를 구성 요소에 맞게 작성할 수 있다.

키워드
Keyword

특허 청구 범위   # 특허 명세서   # 구성 요소   # 선행 기술

특허 명세서의 구성을 알아보자.

Q1 특허 명세서와 논문의 차이점에 대해 생각해 보자.

Q2 형체가 없는 발명은 문장으로서 특허 명세서에 작성되어야 한다. 특허 명세서에는 어떤 내용이 들어가야 할지 생각해 보자.

Q3 특허 청구 범위의 역할에 대해서 생각해 보자.

공익변리사
특허상담센터

발명톡 Talk

"Our greatest weakness lies in giving up. The most certain way to succeed is always to try just one more time."
— Thomas A. Edison
우리의 가장 큰 약점은 포기하는 것에 있다. 성공할 수 있는 가장 확실한 방법은 항상 한 번 더 시도해 보는 것이다.

Think ──────

특허 출원 시 시제품을 제출하지 않는데 그 이유를 생각해 보자.

특허 명세서의 작성에 대해 알아보자.

Q1 특허 명세서는 발명에 대한 발명의 설명, 그리고 권리를 받고자 하는 사항을 기재한 청구 범위로 나뉜다. 특허 명세서를 작성한다면 어떤 것부터 작성할지 생각해 보자.

Q2 청구 범위는 특허 출원 시에는 권리 요구서로서, 특허 등록 후에는 권리서로서 역할을 수행한다. 청구 범위 작성 시 유의 사항을 권리적인 측면에서 생각해 보자.

Q3 특허 명세서에서 도면의 작성은 꼭 필요한가?

Think

특허 명세서에서 발명의 설명과 청구 범위를 나눠서 작성하는 이유는?

① 특허 명세서의 이해

┌┄┄┄┄┄ 📑 용어 ┄┄┄┄┄┐

무체재산권
무체재산권은 무체물(無體物)을 대상으로 한다는 점에서 물권(物權)이 유체물(有體物)을 대상으로 하는 것에 대응한다. 그러나 무체재산권도 배타적 이익을 향유할 수 있는 권리라는 점에서 물권에 준하며, 성질이 허용하는 범위 내에서 물권의 규정이 유추 적용될 수 있다.

특허는 무형의 기술적 사상인 발명에 부여되는 권리이기 때문에, 무형의 발명을 문장을 통해 서면으로 작성하는 것은 매우 중요하다. 특허 제도는 발명을 한 자에게 그 발명에 대하여 일정 기간 독점권을 부여하고, 그 독점권의 대가로 발명을 공개하도록 한 제도이므로, 출원인은 특허 명세서에 자신의 발명의 내용을 상세히 기재하여야 하고, 그 발명에 대하여 보호받고자 하는 사항을 명확하게 기재해야 한다.

'특허 명세서(Specification)'는 특허를 받고자 하는 발명의 기술적인 내용을 문장을 통해 명확하고 상세하게 기재한 서면으로서, 특허 명세서에는 크게 발명의 기술적인 내용을 상세히 설명하는 '발명의 설명'과, 그 발명의 내용 중 특허권으로 보호받고자 하는 사항을 기재한 '청구 범위'가 있다.

특허 명세서는 출원 공개가 이루어지면 일반 공중에게는 발명의 내용을 공개하는 기술 문헌으로서의 역할을 하고, 등록된 이후에는 특허권의 보호 대상과 범위를 특정하는 권리서로서의 역할을 한다.

② 특허 명세서의 구성

(I) 특허 명세서의 구성 체계

특허 명세서는 체계적이고 효과적으로 발명의 내용을 상세하게 작성하도록 특허청에서 그 구성 체계를 제시하고 있다. 특허 명세서의 구성 체계를 보면 '발명의 설명', '청구 범위', '요약서' 및 '도면'을 상위 카테고리로 하여, '발명의 설명' 부분에 '발명의 명칭', '기술 분야', '발명의 배경이 되는 기술', '발명의 내용', '발명의 구체적인 실시 내용(도면의 간단한 설명, 발명을 실시하기 위한 구체적인 내용, 부호의 설명)'을 기재하도록 하고, 이러한 발명에 관한 설명 중 특허를 받고자 하는 사항은 다시 '청구 범위'에 명확히 기재하도록 구성되었다.

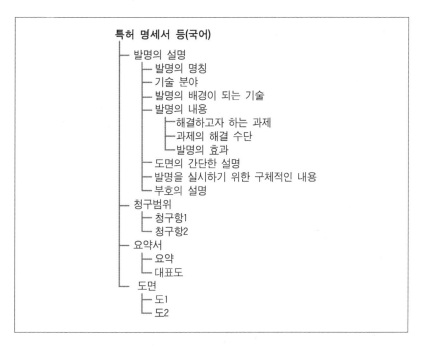

○ 특허 명세서의 구성

(2) 발명의 설명

발명의 설명은 제3자에게 기술 문헌으로서의 역할을 하는 부분으로서, 그 발명이 속하는 기술 분야에서 통상의 지식을 가진 자(통상의 기술자)가 쉽게 실시할 수 있을 정도로 명확하고 상세하게 기재되어야 한다. 따라서 막연히 추상적으로 발명을 설명하거나 단순한 아이디어 정도만을 기재하는 경우에는 통상의 기술자가 용이하게 실시할 수 없는 기재에 해당되기 때문에 특허를 받을 수 없다.

(3) 청구 범위

특허는 무형의 기술적 사상인 발명에 부여되는 것이기 때문에 그 권리 범위가 어디까지 미치는지를 결정하는 일은 매우 중요하고 어려운 일이다. 청구 범위는 이러한 권리 범위를 특정하는 매우 중요한 부분으로서, 특허 등록되었을 때 특허권의 보호 범위를 결정하는 역할을 한다.

한편, 많은 사람들이 특허권의 보호 범위가 발명의 설명이나 도면에 기재된 내용에 의해 결정되는 것으로 알고 있는데 이는 잘못 알고 있는 것이다. 발명의 설명에 기재된 발명이라도 청구 범위에 기재되지 않으면 보호받지 못한다.

청구 범위에 기재된 사항은 특허법이 정한 청구 범위의 기재 방법에 따라 발명의 설명에 개시한 발명 중 출원인 스스로의 의사로 특허권으로 보호를 받고자 하는 사항으로 선택하여 기재한 사항이다. 따라서 발명의 설명에 기재된 발명이라도 청구 범위에 기재되지 않으면 보호받지 못한다.

청구 범위는 특허 출원 시에는 권리 요구서로서, 특허 등록 후에는 권리서로서 역할을 수행하는데, 특허 등록 후 특허 침해 판단 방법에 따라 권리 범위가 정해지므로 청구 범위 작성 시 이와 같은 사항을 염두에 두고 작성하여야 한다.

③ 특허 명세서의 작성 방법

(1) 발명의 설명

① **발명의 명칭** : 발명의 표제로서 발명을 분류하여 기술 분야를 특정하고 정리 및 검색을 용이하도록 하기 위해 기재된다. 발명의 내용을 고려하여 범주(Category)가 구분되도록 간단하고 명료하게 기재한다. 실무직으로는 발명의 명칭은 청구 범위에 기재된 청구항의 말미와 대응되게 작성한다. 국문 발명의 명칭 다음 괄호 { }에 영문 명칭도 함께 기재한다.

> **【발명의 명칭】**
> 박스로 변형이 가능한 바닥 매트{Floor mat capable of being deformed into box}

② **기술 분야** : 특허를 받고자 하는 발명의 기술 분야를 기재하는 곳으로서, 발명의 명칭을 참고하여 그 발명이 속하는 기술 분야를 명확하고 간결하게 기재한다.

> **【기술 분야】**
> 본 발명은 박스로 변형이 가능한 바닥 매트에 관한 것이다. 보다 상세하게는, 판상의 바닥 매트를 박스 형태로 변형하여 장난감이나 물건 등을 수납하고 운반할 수 있는, 박스로 변형이 가능한 바닥 매트에 관한 것이다.

③ **발명의 배경이 되는 기술** : 발명에 이르게 된 배경이 되는 기술을 기재하여 발명의 기술상의 의의를 이해하는 데 도움되도록 작성한다.

> 【발명의 배경이 되는 기술】
> 　바닥 매트는 야외, 가정, 놀이방 등에서 바닥에 펼쳐 놓고 그 위에 사람이 앉거나 누울 수 있도록 쿠션을 갖도록 제작된 매트이다. 바닥 매트를 펼쳐 놓고 그 위에서 장난감을 가지고 놀다가 장난감 놀이가 끝난 경우, 장난감을 완구상자에 집어 넣어 정리하고 바닥 매트를 정리하게 되는데 완구 상자와 바닥 매트가 별도로 되어 있어 좁은 실내 공간의 활용도가 떨어지게 된다.

④ **발명의 내용**

　㉠ 해결하고자 하는 과제 : 종래 기술의 문제점으로부터 도출되는 발명이 해결하고자 하는 기술적 과제를 기재한다.

> 【발명의 내용】
>
> 【해결하고자 하는 과제】
> 　본 발명은 판상의 바닥 매트를 박스 형태로 변형하여 장난감이나 물건 등을 수납하고 운반할 수 있는, 박스로 변형이 가능한 바닥 매트를 제공하는 것이다.

　㉡ 과제의 해결 수단 : 어떤 해결 수단에 의해서 해당 과제가 해결되었는지를 기재한다. 일반적으로는 청구 범위에 적혀 있는 발명 그 자체가 해결 수단이 되므로 청구 범위에 적혀 있는 발명을 기재한다.

> 【과제의 해결 수단】
> 　본 발명의 일 측면에 따르면, 내부에 수납공간이 마련되는 박스로 변형이 가능한 바닥 매트로서, 상기 박스의 전개도에 상응하는 전개 영역과 상기 전개 영역 이외의 접착 영역으로 구획되는 매트 본체와 ; 상기 박스가 형성되도록 상기 전개도의 절곡선을 따라 상기 매트 본체를 절곡할 때 상기 접착 영역의 서로 마주하는 면에 형성되며, 서로 탈착이 가능한 접합 부재를 포함하는, 박스로 변형이 가능한 바닥 매트가 제공된다.

특허 명세서
작성 방법
(IP Story Center)

특허검색
방법 매뉴얼
(키프리스)

ⓒ 발명의 효과 : 특허를 받고자 하는 발명이 종래 기술과 대비하여 우수하다고 인정되는 특유의 효과를 기재한다.

> 【발명의 효과】
> 본 발명의 실시 예에 따르면, 판상의 바닥 매트를 박스 형태로 변형하여 장난감이나 물건 등을 수납하고 운반할 수 있다.
> 또한, 어린이가 평면상의 바닥 매트 위에서 장난감을 가지고 놀다가 바닥 매트를 박스 형태로 변형하여 장난감을 용이하게 수납할 수 있다.
> 또한, 물건을 운반할 때 판상의 바닥 매트를 박스 형태로 변형하여 물건 등을 수납하여 물건을 용이하게 운반할 수 있다.

⑤ **도면의 간단한 설명** : 도면 각각에 대하여 각 도면이 무엇을 표시하는가를 기재한다.

> 【도면의 간단한 설명】
> 도 1은 본 발명의 일 실시 예에 따른 박스로 변형이 가능한 바닥 매트의 평면도
> 도 2 및 도 3은 본 발명의 일 실시 예에 따른 박스로 변형이 가능한 바닥 매트를 박스로 변경하는 과정을 설명하기 위한 도면

⑥ **발명을 실시하기 위한 구체적인 내용** : 그 발명이 속하는 기술 분야의 통상의 기술자가 발명의 내용을 재현할 수 있도록 발명의 실시를 위한 구체적인 내용을 적어도 하나 이상, 가급적 여러 형태로 기재한다. 발명을 실시하기 위한 구체적 내용을 작성할 때에는 미리 작성된 도면을 인용하면서 해당 구성 요소에 괄호 ( )로 도면번호를 부기하여 발명의 내용을 쉽게 파악할 수 있도록 한다.

> 【발명을 실시하기 위한 구체적인 내용】
> 본 발명은 다양한 변환을 가할 수 있고 여러 가지 실시 예를 가질 수 있는바, 특정 실시 예들을 도면에 예시하고 상세한 설명에 상세하게 설명하고자 한다.
> 그러나 이는 본 발명을 특정한 실시 형태에 대해 한정하려는 것이 아니며, 본 발명의 사상 및 기술 범위에 포함되는 모든 변환, 균등물 내지 대체물을 포함하는 것으로 이해되어야 한다. 본 발명을 설명함에 있어서 관련된 공지 기술에 대한 구체적인 설명이 본 발명의 요지를 흐릴 수 있다고 판단되는 경우 그 상세한 설명을 생략한다.
> 이하, 본 발명에 따른 박스로 변형이 가능한 바닥 매트의 실시 예를 첨부 도면 …(중략)…

특허와 명세서
IP 리더 과정
(전문성)

[KOTERA TV]
특허로 사이트를
활용한 특허 출원 방법
(한국기술개발협회)

기업 성장의 비결 특허
(YTN)

본 실시예에 따른 박스로 변형이 가능한 바닥 매트는, 내부에 수납공간 (11)이 마련되는 박스로 변형이 가능한 바닥 매트로서, 상기 박스의 전개도에 상응하는 전개영역(14)과 상기 전개영역(14) 이외의 접착영역(16)으로 구획되는 매트 본체(12)와; 상기 박스가 형성되도록 상기 전개도의 절곡선(18)을 따라 상기 매트 본체(12)를 절곡할 때 상기 접착영역(16)의 서로 마주하는 면에 형성되며, 서로 탈착이 가능한 접합부재를 포함하여, 판 상의 바닥 매트를 박스 형태로 변형하여 장난감이나 물건 등을 수납하고 운반할 수 있다.

⑦ **요약서** : 기술 정보의 용도로서 사용하기 위해 제출을 의무화한 것으로서, 요약서에는 발명의 내용을 쉽게 파악할 수 있도록 ⅰ) 기술 분야, ⅱ) 해결하려는 과제, ⅲ) 과제의 해결 수단, ⅳ) 효과 등을 가능한 한 간결하게 400자 이내로 적는다. 단 영어로 번역한 경우 50단어 이상 150단어 이내로 기재한다.

【요약서】

【요약】

박스로 변형이 가능한 바닥 매트가 개시된다. 내부에 수납 공간이 마련되는 박스로 변형이 가능한 바닥 매트로서, 상기 박스의 전개도에 상응하는 전개 영역과 상기 전개 영역 이외의 접착 영역으로 구획되는 매트 본체와; 상기 박스가 형성되도록 상기 전개도의 절곡선을 따라 상기 매트 본체를 절곡할 때 상기 접착 영역의 서로 마주하는 면에 형성되며, 서로 탈착이 가능한 접합 부재를 포함하는 박스로 변형이 가능한 바닥 매트는, 판상의 바닥 매트를 박스 형태로 변형하여 장난감이나 물건 등을 수납하고 운반할 수 있다.

【대표도】

도 1

(2) 청구 범위

청구 범위에는 보호받으려는 사항을 적은 항(이하 '청구항'이라 한다)이 하나 이상 있어야 하며, 그 청구항은 ⅰ) 발명의 설명에 의하여 뒷받침될 것, ⅱ) 발명이 명확하고 간결하게 적혀 있을 것 등이 모두 충족하여야 한다. 또한, 청구 범위에는 보호받으려는 사항을 명확히 할 수 있도록 발명을 특정하는 데 필요하다고 인정되는 구조·방법·기능·물질 또는 이들의 결합 관계 등을 적어야 한다.

【청구 범위】

【청구항 1】

　내부에 수납 공간이 마련되는 박스로 변형이 가능한 바닥 매트로서, 상기 박스의 전개도에 상응하는 전개 영역과 상기 전개 영역 이외의 접착 영역으로 구획되는 매트 본체와 ;

　상기 박스가 형성되도록 상기 전개도의 절곡선을 따라 상기 매트 본체를 절곡할 때 상기 접착 영역의 서로 마주하는 면에 형성되며, 서로 탈착이 가능한 접합 부재를 포함하는, 박스로 변형이 가능한 바닥 매트.

(3) 도면 작성

특허 명세서에는 그 발명이 속하는 기술 분야에서 통상의 지식을 가진 자(통상의 기술자)가 그 발명의 내용을 재현할 수 있도록 그 발명의 실시를 위한 구체적인 내용을 작성하여야 하는데, '도면'을 인용하여 발명의 구체적인 실시예를 작성하게 된다.

따라서, 발명의 구체적인 실시예를 잘 설명할 수 있는 형태이면 도면의 작성 형식에는 특별한 제한이 없다. 다만, 도면에 작성된 각 구성 요소에서 도면 부호를 기재하면서 도면을 작성하여야 한다.

도면을 작성할 때는 단순히 도면만 그리는 것이 아니라 구성 요소나 특징에 해당하는 부분에 도면 부호를 기재하는데 이때 다음 사항을 참조해서 작성한다.

- 발명을 가장 잘 설명할 수 있도록 도면을 작성한다.
- 도면 부호는 아라비아 숫자로 기재한다.
- 필요에 따라 알파벳을 사용할 수 있다.
- 설명이 필요 없는 부분은 부호를 생략할 수 있다.
- 지시선은 발명의 실선으로 오해하지 않도록 곡선을 사용한다.
- 발명의 전체를 표시할 때는 밑줄을 긋거나 지시선을 멀리 떨어뜨려 화살표가 있는 지시선을 사용한다.
- 두 자릿수 이상을 사용해서 세부 구성 요소까지 표현하기 용이하게 한다.

[스타트업과 특허]
특허출원서, 명세서 및
특허 청구항
(크리에이티브팩토리)

④ 특허 명세서 작성 순서

일반적으로 특허 명세서를 작성하는 순서는 다음의 그림과 같다.

○ 특허 명세서의 일반적인 작성 순서

발명의 특징 파악	발명 신고서의 내용과 발명자와의 면담을 통하여 종래 기술, 종래 기술 대비 개선된 사항, 구체적인 실시예 등 발명의 특징을 명확히 파악한다.

↓

특허 청구 범위의 작성	청구 범위는 명세서의 근간이 되는 것으로 청구 범위를 먼저 작성하면 발명의 설명 작성에 도움이 되고, 발명의 설명과 청구범위 간의 용어의 불일치를 피할 수 있으며, 도면을 미리 준비할 수 있다는 장점이 있다.

↓

도면 작성, 도면 부호 지정	청구 범위를 참고하여 청구 범위의 구성 요소가 포함될 수 있도록 도면을 작성하고 도면 부호를 지정한다.

↓

발명의 설명 작성	청구 범위 및 도면을 참고하여 발명의 설명을 작성한다. 발명의 특징이 나타날 수 있는 다양한 실시예를 기재하는 것이 좋다.

↓

최종 리뷰(Review)	청구 범위의 적절성, 명세서의 논리적 일관성, 기술적(수치 등) 정확성, 도면 부호의 일치, 용어의 일치 등을 검토한다.

↓

발명의 요약 작성	발명의 설명을 요약하여 기재한다.

위의 순서는 일반적인 순서를 제시한 경우이며 청구 범위보다 도면을 먼저 작성하거나 발명의 설명을 먼저 작성하는 경우도 있고, 청구 범위를 작성하면서 도면을 같이 작성하는 경우도 있다.

⑤ 특허 명세서 작성 실습

특허실용 명세서 샘플

특허 명세서 작성 순서를 생각하면서 아래의 발명 예제에 대해서 특허 명세서를 간략히 작성해 보자.

발명 예제

스마트폰을 이용하여 동영상을 시청할 때 스마트폰이 거치할 곳이 마땅치 않아서 스마트폰 시청하기 편리한 각도로 거치하면 좋겠다는 생각을 하다가, 음료를 마시기 위해 늘 가까운 곳에 소지하고 있는 컵의 손잡이에 거치홈을 두고 스마트폰을 안착시킬 수 있는 발명을 생각하였다.

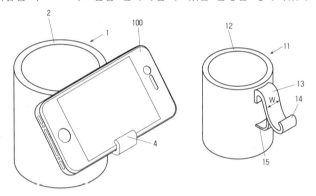

그리고, 발명을 보다 구체화하여 손잡이의 아래쪽이 열린 경우 음료 등을 먹기 위해 손잡이를 잡으면 미끄러질 우려가 있어 아래의 [도면 1]에 도시된 바와 같이 손잡이가 용기 측면에 폐합된 형태를 생각하였다.
또한, 스마트폰을 거치부에 거치하였을 때 스마트폰의 무게에 의해 컵이 넘어지는 것이 염려되어 [도면 2]와 같이 손잡이의 거치부를 바닥까지 연장하여 넘어지지 않도록 하는 아이디어를 도출하였으며, 이와 다른 방안으로 [도면 3]과 같이 용기의 측면에서 연장되어 바닥에 지지되는 보조 지지부를 더 두어 넘어지는 것을 방지하는 아이디어를 생각하였다.

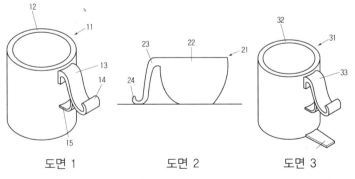

도면 1   도면 2   도면 3

출처 ▶ 한국공개특허공보 제10-2016-0053882호 참조

(1) 발명의 특징 파악

발명을 기술적 과제의 문제 해결의 과정으로 본다면, 발명의 주 특징 (핵심적인 특징)은 i) 종래 기술의 문제점을 파악하고, ii) 종래 기술의 문제점으로부터 발명이 해결하고자 하는 과제가 무엇인가를 파악한 후, iii) 해결하고자 하는 과제를 해결하는 데 필요한 기술적 수단(구성 요소)이 무엇인지 추출해봄으로써 파악할 수 있다.

발명의 주 특징과 더불어 발명의 목적을 보다 효과적으로 달성하기 위해 발명을 보다 구체화하는 추가적인 기술적 수단이 있는 경우 이를 발명의 부 특징이라 할 수 있다. 이러한 발명의 부 특징은 주 특징을 구성하는 기술적 수단을 '한정'하거나, 새로운 기술적 수단을 '부가'하는 형태로 나타난다.

앞의 도면을 참고하면서, 발명 예제의 주 특징과 부 특징을 작성해 보자.

발명의 특징

1. 앞의 발명 예제에서 발명의 특징을 파악해 보면, i) 스마트폰을 이용하여 동영상을 시청할 때 스마트폰은 거치할 곳이 마땅치 않아서 (종래 기술의 문제점), ii) 스마트폰 시청하기 편리한 각도로 거치하면 좋겠다는 생각을 했고(해결하고자 하는 과제), iii) 음료를 마시기 위해 늘 가까운 곳에 소지하고 있는 컵의 손잡이에 거치홈을 두고 스마트폰을 안착하도록 하는 것을 발명의 가장 주된 특징, 즉 주 특징으로 파악할 수 있다.

2. 발명의 부 특징은 발명의 주 특징과 더불어 발명을 보다 구체화하는 추가적인 특징으로서 다음과 같다.

   ① 손잡이 '한정'

   손잡이의 아래쪽이 열린 경우 음료 등을 먹기 위해 손으로 손잡이를 잡을 경우 미끄러질 우려가 있어 손잡이가 용기 측면에 폐합된 형태로 결합된다.

   ② 거치부 '한정'

   스마트폰을 거치부에 거치하였을 때 스마트폰의 무게에 의해 컵이 넘어지는 것이 염려되어 거치부를 바닥까지 연장하여 넘어지지 않도록 하였다.

   ③ 보조 지지부 '부가'

   스마트폰을 거치부에 거치하였을 때 스마트폰의 무게에 의해 컵이 넘어지는 것이 염려되어 용기의 측면에서 연장되어 바닥에 지지되는 보조 지지부를 더 두어 넘어지는 것을 방지하였다.

모범 특허 명세서의
사례(특허로)

(2) 발명의 구성 요소(Element) 추출

발명의 과제를 해결하기 위한 기술적 수단을 발명의 구성이라고 하고, 기술적 수단을 구성하는 개별적인 요소를 발명의 '구성 요소'라 한다. 청구 범위는 이러한 발명의 구성 요소들을 문장을 통해 명확하게 기재하는 것이라고 할 수 있다. 이러한 발명의 구성 요소는 발명의 특징을 명확히 파악함으로써 쉽게 도출할 수 있다.

다음의 그림을 보면서 '스마트폰이 거치될 수 있는 컵'의 구성 요소를 나누어 보고, 구성 요소에 명칭을 붙이면서 그에 대해 간략히 설명해 보자. 이때 발명의 특징을 나타내는 데 불필요한 설명은 작성하지 않도록 한다. 예를 들어, 용기는 "원통형으로 되어 있다."라는 설명은 본 발명의 특징으로 나타내는 데 불필요한 설명이다.

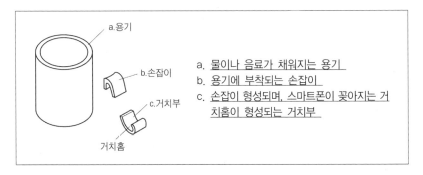

a. 물이나 음료가 채워지는 용기
b. 용기에 부착되는 손잡이
c. 손잡이 형성되며, 스마트폰이 꽂아지는 거치홈이 형성되는 거치부

ㅇ 스마트폰이 거치될 수 있는 컵의 구성 요소

발명 예제에서, 발명의 주 특징의 기술적 수단은 '컵의 손잡이에 거치부를 두고 스마트폰을 안착하도록 하는 것'인데, 이로부터 구성 요소를 구체적으로 도출해 보면, 컵을 구성하는 '음료가 채워지는 용기'와 '용기에 부착된 손잡이' 및 '손잡이에 형성되며, 스마트폰이 거치되는 거치홈이 형성되는 거치부'를 구성 요소로 도출할 수 있다.

(3) 구성 요소의 계층구조

발명의 구성은 특허 명세서의 청구 범위에서 독립항 및 종속항을 통해 계층적으로 작성되는데, 도출된 구성 요소 간의 '한정' 및 '부가' 관계를 이해하면서 구성 요소의 계층구조를 미리 작성해 보면 청구 범위를 작성하는 데 도움이 된다. 위 발명 예제의 구성 요소의 계층구조를 도시하면 다음과 같다.

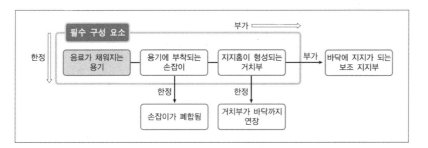

o 발명 사례의 구성 요소의 계층구조

(4) 청구 범위의 작성

① **청구항의 작성**: 청구 범위는 발명의 구성 요소를 문장을 통해 체계적이면서 명확하게 기재하는 것이라고 할 수 있다. 이때 구성 요소를 단순히 나열해서는 안 되고 그 구성 요소들 간의 유기적 결합 관계가 나타나도록 청구항의 형태로 작성한다. '상기'는 영어의 'the'에 해당되는 어구로서 지시하는 바를 명확히 하기 위해 사용된다.

o 유기적 결합 관계(×)

> **【청구항 1】**
> 물이나 음료가 채워지는 용기와;
> 사용자가 쥐는 손잡이와;
> 스마트폰이 꽂아지는 홈이 형성되는 거치부를 포함하는, 스마트폰이 거치되는 컵

o 유기적 결합 관계(○)

> **【청구항 1】**
> 물이나 음료가 채워지는 용기와;
> 상기 용기에 부착되어 사용자가 쥐는 손잡이와;
> 상기 손잡이에 형성되며 스마트폰이 꽂아지는 홈이 형성되는 거치부를 포함하는 스마트폰이 거치되는 컵

② **독립항과 종속항의 작성**: 청구 범위는 독립항과 종속항의 형태로 기재되는데, 종속항은 독립항이나 다른 종속항을 '한정'하거나 '부가'하여 구체화하는 항을 말한다. 발명의 주 특징에 따른 구성 요소는 독립항을 구성하게 되고 발명의 부 특징에 따른 한정적·부가적 구성 요소는 종속항을 구성하게 된다. 발명 예제의 독립항과 종속항으로 작성하면 다음과 같다.

독립항	[청구항 1] 물이나 음료가 채워지는 용기와; 상기 용기에 부착되어 사용자가 쥐는 손잡이와; 상기 손잡이에 형성되며 스마트폰의 꽂아지는 홈이 형성되는 거치부를 포함하는 스마트폰이 거치되는 컵
종속항 (한정)	[청구항 2] <u>제1항에 있어서,</u> 상기 손잡이는, 일단과 타단이 상기 용기에 부착되어 폐합된 것을 특징으로 하는 스마 트폰이 거치되는 컵
종속항 (한정)	[청구항 3] <u>제1항에 있어서,</u> 상기 손잡이는, 바닥까지 연장되는 것을 특징으로 하는 스마트폰이 거치되는 컵
종속항 (부가)	[청구항 4] <u>제1항에 있어서,</u> 바닥에 지지되도록 상기 용기에서 연장되는 보조 지지부를 더 포함하는 스마트폰이 거치되는 컵

⑸ 도면의 작성

발명이 실시에 따른 구성 요소가 나타나도록 도면을 작성한다. 도면은 명세서에 기재된 발명의 구성을 보다 잘 이해할 수 있도록 보충하여 주는 기능을 하는 것으로, 도면에 작성된 발명의 구성에 도면 부호를 기재하면서 도면을 작성한다. 도면 부호는 발명의 설명 작성 시 발명의 각 구성에 부기되어 발명을 용이하게 파악할 수 있도록 한다.

⑹ 발명의 설명 작성

청구 범위가 발명 중 보호받고자 하는 사항을 기재한 부분이라면, 발명의 설명은 발명의 기술적 내용을 문장을 통하여 명백하고 상세하게 기재하는 부분이다.

발명의 설명은 청구 범위를 보다 구체적으로 기재하게 되는데 통상의 기술자가 그 발명을 재현할 수 있도록 발명의 구성을 구체화한 실시 형태를 기재한다.

청구 범위 작성 시 구성 요소 간에 유기적 결합 관계가 나타나도록 작성되기 때문에 일반적으로 구성 요소를 순차적으로 구체적으로 설명하면 된다.

발명의 설명 예시

용기는 음료와 같은 액체를 수용하는 공간이 내측에 구비된 원통의 형상이다. 그러나 용기는 꼭 원통형으로 형상일 필요는 없으며 사각기둥, 삼각기둥 등과 같이 다양한 형상으로 형성될 수 있다.

손잡이는 용기의 외측에 형성되어 사용자가 컵을 쥘 수 있도록 한다. 손잡이는 닫힌 구조일 수도 있고, 도면 1과 같이 닫히지 않은 구조일 수 있다.
거치부는 손잡이에 형성되는데 손잡이와 일체로 형성되거나 별도로 제작되어 손잡이에 부착될 수 있다. 거치부에는 스마트폰이 꽂힐 수 있는 홈이 있다.

컵의 재질은 스마트폰이 거치되었을 때 넘어지지 않도록 일정 수준 이상의 중량을 갖는 것이 좋다. 통상적으로 머그컵과 같이 세라믹 재질이나 유리 재질 등으로 만들어질 수 있다. 그러나 반드시 세라믹 재질이나 유리 재질로 한정될 필요는 없으며 일정량의 중량을 가지는 재질이면 다른 재질로 형성되어도 좋다.

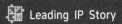 Leading IP Story

특허 사무소에서 하는 일은?

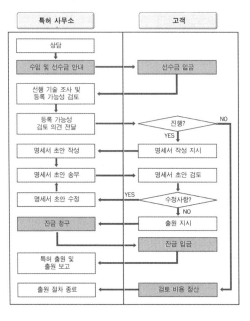

특허 출원을 위하여 특허 사무소를 방문하면 일반적으로 왼쪽의 도표와 같은 절차에 따라 특허 출원이 이루어진다.

특허 출원을 위한 발명 상담이 이루어지면 해당 사건에 대한 수임처리와 함께 선수금(착수금) 안내가 이루어지고, 선수금이 입금되면 사무소에서는 해당 발명의 특허 등록 가능성을 판단하기 위한 선행 기술 조사를 수행하고 그 결과를 고객에게 전달한다. 선행 기술 조사 결과 특허 등록이 어렵다고 판단되어 특허 출원을 포기하면 사무소에서는 선행 기술 조사 비용을 제외한 나머지 선수금을 환급한다.

선행 기술 조사 결과 특허 등록 가능성이 있으면 고객의 지시에 따라 변리사는 특허 명세서 초안을 작성하고 고객에게 발송한다. 고객은 특허 명세서의 내용을 확인하여 자신의 발명의 내용과 다른 점이 있으면 수정을 요청하고 발명의 내용과 일치되면 출원 지시를 하게 된다. 고객의 출원 지시가 이루어지면 사무소에서는 최종 특허 명세서를 근거로 특허 출원의 대리인 수수료와 특허청에 납입하는 관납료를 산정하고 나머지 잔금을 고객에게 청구하게 된다. 잔금이 입금되면 특허 사무소에서는 전자 출원을 위한 서류로 변환하여 특허청에 출원 서류를 제출하게 된다. 특허 출원의 대리인 수수료는 특허 청구 범위의 청구항의 개수, 명세서의 페이지 수, 도면 수 등에 연동하여 산정하거나 이와 상관없이 일정 금액으로 하는 경우가 있다.

변호사와 변리사의
차이점은?(법률방송)

 Think

변호사와 변리사의 차이점을 생각해 보자.

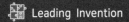 Leading Invention

우리나라를 빛낸 발명품 10선

우리나라를 빛낸 발명품에는 어떤 것이 있을까?

특허청은 발명의 날 52주년을 맞아 '페이스북 친구(페친)들이 뽑은 우리 나라를 빛낸 발명품 10선'을 발표하였다. 발명의 날은 5월 19일인데, 측 우기의 발명일인 1441년(세종 23년) 4월 29일(양력 5월 19일)을 기념하여 발명의 날로 정한 것이다.

페이스북 이용자 570여 명이 참여하였으며, 특허청 전문가들이 선정한 25가지 발명품 중 3가지를 선택 하는 방식으로 진행되었다. 역사상 가장 위대한 발 명품 1위로 훈민정음(약 32.8%)이 선정되었다.

훈민정음 다음으로 2위는 거북선(약 18.8%), 3위는 금속활자(약 14.7%), 4위는 온돌(약 4.7%), 5위는 커피믹스(약 4.7%)가 차지하였다. 뒤를 이어 6위는 이태리 타올(약 3.2%), 7위는 김치냉장고(약 3.1%), 8위는 천지인 한글자판(약 2.8%), 9위는 첨성대(약 2.6%), 10위는 거중기(약 2.6%)가 뽑혔다.

훈민정음은 전체 유효응답의 3분의 1의 압도적인 지 지로 최고의 발명품으로 선정되었는데, 세계에서 유 일하게 만든 사람, 반포일, 글자의 형성 원리까지도 알 수 있는 문자로서 페친들은 1위에 선정된 훈민 정음에 대해 "한국인의 자부심과 긍지가 느껴지는 최고의 발명"이라고 극찬했다.

2위에 선정된 거북선에 대해서는 "너무나 대단한 분의 발명 그리고 엄청난 업적", "지금의 우리가 존재하는 이유"라는 의 견을 냈다.

1위. 훈민정음

2위. 거북선

3위. 금속활자

우리나라를 빛낸
발명품 10선
(특허청 페이스북)

 Think

특허 제도가 발명 창출에 어떠한 영향을 미칠까?

📖 Activity in Textbook

교과서를 품은 활동

📎 비오는 날 우산을 사용하고서 우산을 접어 우산꼭지를 바닥으로 향하게 한 후 벽체에 기대어 세워 두었는데 우산꼭지가 미끄러지면서 우산이 넘어지는 경우가 많았다. 이러한 문제점을 해결하기 위해 우산꼭지에 고무 재질의 미끄럼 방지 캡을 두어 우산이 미끄러져 넘어지지 않도록 하였다. 이러한 발명에 대한 청구 범위를 작성해 보자.

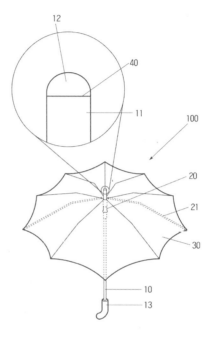

발명톡 Talk

"Creativity is contagious.
Pass It On."
— Albert Einstein
창의성은 전염성이 있습니다. 전파시키세요.

Think

특허 청구 범위를 독립항과 종속항으로 나누어 작성할 때의 장점은?

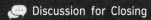

Discussion for Closing 주제를 닫는 토론

특허권 침해 유형

1. 문언 침해

확인 대상 발명이 특허 청구 범위에 기재된 구성 요소 전부를 포함하여 실시하는 경우를 말한다. 문언 침해에 해당하는지 여부는 구성 요소 완비의 원칙(AER : All Elements Rule)에 따라 판단한다.

2. 균등 침해

침해 대상물의 구성 요소의 일부가 특허 발명의 대응되는 구성 요소와 문언상으로는 동일하지 않더라도 균등한 범위 이내의 구성이라면 특허 발명의 침해에 해당한다는 법리이다. 구성 요소 완비의 원칙을 엄격하게 적용하는 경우, 약간의 설계 변경 침해품에 대하여 제재를 가할 수 없는 불합리를 일정 요건하에서 보완할 수 있다.

3. 이용·저촉 침해

특허권과 디자인권, 특허권과 상표권 간에는 이용 또는 저촉 관계가 발생할 수 있으며, 여기서 이용 관계는 일반적 충돌 관계를 말하고, 저촉 관계는 두 개의 권리가 중복되어 어느 쪽을 실시하더라도 타방의 침해가 성립하는 쌍방적 충돌관계를 말한다. 예를 들면, 특허권(A+B+C)을 더욱 개량하여 발명(A+B+C+D+E)을 특허 등록받은 경우, 후출원 발명(A+B+C+D+E)은 선등록 특허권과의 관계에서 이용 관계가 성립하게 되며, 후등록 특허권의 특허권자라고 할지라도 선등록 특허권자의 허락 없이는 스스로 자기의 특허권을 실시할 수 없게 된다.

4. 생략 침해 및 불완전 이용 침해

생략 침해란 특허 발명의 구성 요소 중 비교적 중요성이 낮은 혹은 거의 의미가 없는 구성을 생략하여 특허 발명의 작용 효과와 동일하거나 혹은 더 열악한 작용 효과만을 가지는 것을 말하며, 불완전 이용 침해란 생략 발명에 구성 요소를 더 부가한 발명을 이르는 것이다. 대법원은 구성 요소 완비의 원칙에 따라 생략 발명이나 불완전 이용 침해는 인정되지 않는다는 입장이다.

> **Think**
>
> 구성 요소 완비의 원칙이 확립된 이유에 대해 생각해 보자.

03 특허 심사와 등록

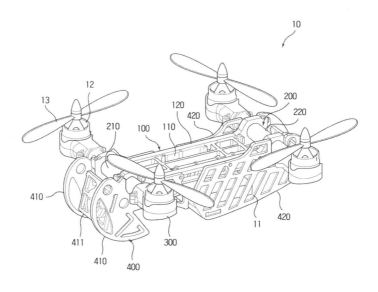

출처 ▶ 특허정보넷(키프리스), 드론(특허·실용신안 도면)

학습목표
Objectives

1. 특허 절차 및 주요 제도를 설명할 수 있다.
2. 출원 발명이 특허를 받을 수 있는지 여부를 판단할 수 있다.
3. 심사관의 거절 이유에 대한 타당성을 분석할 수 있다.

키워드
Keyword

\# 특허 요건   \# 특허 절차   \# 명세서 보정   \# 해외 출원

Question

특허 출원 이후 절차를 살펴보자.

Q1 특허 등록을 받기까지 발생할 수 있는 절차를 나열하고, 그 의미를 설명해 보자.

Q2 기존에 없던 새로운 발명이기만 하면 모두 특허 등록을 받게 된다면, 어떠한 문제점이 발생할지 생각해 보자.

Q3 특허 출원 전에 불가피하게 발명이 공개되었다면 어떠한 조치가 필요한지 알아보자.

Think

특허 출원 후 1년 6개월이 경과하면 출원 발명의 내용을 공개하는 이유에 대해 생각해 보자.

··········🔲 **용어** ··········

신규성
발명 내용이 불특정 다수에게 공개되지 않은 것

진보성
출원 발명이 속하는 기술 분야에서 통상의 지식을 가진 자가 공지 기술로부터 용이하게 발명할 수 없는 것

정보 속으로

지식재산의 이해(박문각, 2018년), 특허 출원 절차 및 특허 요건 부분(pp.50~81) 참조

발명톡 Talk

"The true sign of intelligence is not knowledge but imagination."
— Albert Einstein
진정한 지성의 지표는 지식이 아니라 상상력이다.

Question

출원 발명이 거절되는 경우를 살펴보자.

⌐┈┈┈ 🗐 **용어** ┈┈┈┐

주체적 요건
출원인이 발명자 또는 정당한 승계인인지 여부

객체적 요건
출원 발명이 산업상 이용 가능성, 신규성, 진보성 등을 갖추었는지 여부

절차적 요건
출원서·명세서가 일정한 요건에 맞추어 작성되었는지 여부

특허 요건 개요
(네이버 카페)

Q1 특허청 심사관이 살펴보는 특허 요건을 주체적 요건(출원인 요건), 객체적 요건(출원 발명 요건), 절차적 요건(명세서 기재 요건)으로 구분하여 보자.

Q2 특허청 심사관으로부터 거절 이유를 통지받는다면, 어떻게 대응하여야 하는지 알아보자.

Q3 동일한 발명임에도, 각국마다 심사 결과가 서로 다르게 나올 수 있는 이유는 무엇인지 생각해 보자.

⌐ **정보 속으로**
지식재산의 이해(박문각, 2018년), 특허 출원 절차 및 특허 요건 부분(pp.50~81) 참조

Think
출원 공개 이후 명세서 기재불비로 거절된 발명에 대해 수정하여 다시 특허 출원한다면 특허 받을 가능성은?

① 특허 절차 및 제도

(1) 심사 종류

① 방식 심사

㉠ 출원 서류가 관련 법령에서 정한 방식에 적합한지 여부, 출원인이 단독으로 절차를 진행할 수 있는지 여부, 대리인이 적절한지, 수수료를 납부했는지 등을 심사한다.

㉡ 만약, 방식 심사 결과 흠결이 있는 경우에는 보정명령서를 받게 되고, 그럼에도 흠결이 해결되지 않으면 특허 절차가 무효로 처리될 수 있다.

② 실체 심사

㉠ 모든 특허 출원이 실체 심사의 대상이 되는 것은 아니며, 별도의 심사 청구를 한 특허 출원에 대하여 실체 심사가 이루어진다. 만약 특허 출원 후 3년 이내에 심사 청구를 하지 않으면 특허 출원을 취하한 것으로 본다.

㉡ 심사관은 심사 청구된 순서에 따라, 실체 심사를 하게 되는데, 심사관의 심사는 출원 후 통상 1년 내외 정도 소요된다. 심사관이 출원 발명을 심사하면서 특허법에 명시한 거절 이유(특허 요건의 불충족)를 발견한 경우, 해당 거절 이유를 출원인에게 통지하고(의견 제출 통지서), 기간을 정하여 의견서를 제출할 수 있는 기회를 주어야 한다. 거절 이유를 발견하지 못한 경우에는 특허 결정을 하여야 한다.

㉢ 출원인은 심사관의 거절 이유를 통지받은 경우, 거절 이유가 타당한지 살펴본 후 거절 이유를 극복하기 위한 의견서 또는 보정서를 제출할 수 있다.

㉣ 만약 출원인이 아무런 조치를 취하지 않거나, 의견서·보정서를 제출하였음에도 여전히 거절 이유가 해소되지 않은 경우에는 거절 결정을 받게 된다.

(2) 특허 출원 관련 제도

① 우선심사 제도

㉠ 원칙적으로 실체 심사는 심사 청구된 순서에 따라 이루어지지만, 우선심사 신청이 인정된 경우에는 통상 3~9개월 이내로 심사 결과를 받아볼 수 있다.

용어

흠결(欠缺)
법적으로 하자가 있는 것

취하
신청하였던 서류 등을 없었던 것으로 취소하는 것

특허 출원 심사절차
(네이버 블로그)

우선심사 제도(특허청)

ⓒ 우선심사 신청이 받아들여지기 위해서는 법령에서 정한 우선 심사 사유에 해당하여야 하며, 대표적인 예는 다음과 같다.

> • 출원 공개 후 특허 출원인이 아닌 자가 업(業)으로서 특허 출원된 발명을 실시하고 있다고 인정되는 경우
> • 출원인이 특허 출원 발명을 실시하거나 실시 준비 중인 경우
> • 자체 선행기술조사를 수행하여 특허청에 제출한 경우로서 일정 요건에 따른 긴급처리가 필요한 출원
> • 특허청이 지정한 전문 기관에 선행 기술 조사를 의뢰한 경우

② 출원 공개 제도

　ㄱ 특허 출원한 발명은 특허 등록 여부와 상관없이 특허 출원 후 1년 6개월이 경과되면 출원 시 첨부한 명세서에 기재된 발명의 내용이 공개된다.

　ㄴ 출원 발명의 공개를 통해 제3자는 새로운 기술 정보를 이용할 수 있으며, 이를 통해 산업 발전에 이바지할 수 있다. 다만, 출원 후 1년 6개월 이내에 특허 출원이 등록·거절되거나, 취하·무효된 경우에는 공개되지 아니한다.

③ 공지 예외 주장

　ㄱ 특허 출원 전에 이미 발명이 공지된 경우에는 신규성이 상실되어 특허 받을 수 없는 것이 원칙이다.

　ㄴ 그러나 예외 없이 이러한 원칙을 적용하면 출원인에게 가혹할 수 있으므로, '공지 예외 주장' 제도를 통해 일정한 조건을 만족하는 경우 출원인에 대하여 해당 공지 행위가 없었던 것으로 간주한다.

② 특허 요건

(1) 주체적 요건

① 특허 출원인이 '특허 받을 수 있는 권리'를 가졌는지에 대한 요건으로, 발명자에게 '특허 받을 수 있는 권리'가 귀속되는 것이 원칙이나, 발명자로부터 적법하게 승계받은 자도 출원인이 될 수 있다.

② 주체적 요건을 갖추지 못한 대표적인 경우는 다음과 같다.

　ㄱ 출원인이 발명자 또는 정당한 승계인이 아닌 경우

　ㄴ 공동 발명임에도 공동 발명자 전원을 출원인으로 하지 않은 경우

📋 용어

업(業)
통상 사업의 개념으로서, 개인적 실험적 학술적으로 이용하는 경우는 제외된다.

공지 예외 주장 제도
(특허청)

(2) 객체적 요건

출원 발명 자체가 지녀야 할 요건으로, 대부분의 거절 이유가 객체적 요건의 흠결에 의하여 발생한다. 대표적인 객체적 요건은 다음과 같다.

산업상 이용 가능성	현실적으로 명백하게 실시할 수 없는 발명이거나, 인간을 대상으로 하는 진단 · 치료 · 수술 방법은 산업상 이용 가능성이 없음
신규성	출원 전 국내 또는 국외에서 공지 발명과 동일한 경우, 신규성이 없음
진보성	출원 전 공지 발명으로부터 해당 기술 분야에서 통상의 지식을 가진 자가 용이하게 발명할 수 있는 경우, 진보성이 없음

(3) 절차적 요건

특허 출원이 관련 법령에서 정한 절차 및 방식을 만족하는지에 대한 것으로 대표적인 사례는 다음과 같다.

① 명세서 및 청구 범위 기재 방법이 적절한지 여부

② 1특허 출원(1발명 1출원)에 해당하는지 여부

③ 보정 제도

(1) 의의

'보정'이라 함은 특허 출원서 및 명세서 등에 기재된 사항에 불비한 것을 치유하기 위하여 수정하는 것을 의미한다.

명세서 보정
(네이버 블로그)

(2) 종류

① **절차 보정**: 법령에서 정한 방식을 위반한 경우 보정 명령을 받게 되며, 이를 치유하기 위하여 취하는 절차를 의미한다.

② **실체 보정**: 특허 출원서 · 명세서 또는 도면에 기재 내용을 수정하는 것으로서, 통상적으로 심사관의 거절 이유를 해소하기 위하여 제출한다.

(3) 실체 보정의 범위

① 특허 출원서에 최초로 첨부한 명세서 또는 도면에 기재된 사항의 범위 내에서 명세서 또는 도면을 변경할 수 있다.

② 만약, 최초 제출한 명세서 또는 도면에 기재된 내용을 벗어나 새로운 내용(신규 사항)을 추가한 보정은 부적합하여 거절 이유가 통지된다.

(4) 실체 보정의 시기

원칙적으로 특허 결정의 등본을 송달하기 전까지는 명세서 보정이 임의로 가능하나, 거절 이유 통지를 받은 후에는 다음 기간에만 보정이 가능하다.

① 거절 이유 통지에 따른 의견서 제출 기간(2개월, 연장 가능)

② 거절 결정 불복을 위한 재심사 청구 시

🧩 Leading IP Story

3D 프린팅 기술, 특허 전쟁 뜨겁다.

최근 이슈가 되고 있는 신기술 분야 중 하나가 바로 '3D 프린터'이다. 이러한 3D 프린터 기술은 이미 30년 전에 특허 출원된 기술이다. 이렇게 30여 년 전 개발된 기술이 최근에 와서 크게 주목받는 이유는 4차 산업혁명과 더불어 새로운 제조업 시장이 열리기 때문이지만, 또 다른 중요한 이유는 3D 프린터 관련 원천 특허들이 2009년경부터 소멸되기 시작하여 3D 프린터 개발 시 필요한 핵심 기술을 보다 편하게 사용할 수 있게 되었기 때문이다. 최근에는 제작 단가가 낮아지면서 학교나 공공장소에도 보급되는 등 그야말로 3D 프린터 전성시대가 도래하게 되었다.

그렇다고 3D 프린터 기술이 특허 장벽으로부터 완전히 자유로운 것은 아니다. 1980년부터 2013년도까지 3D 프린터 관련 특허는 총 4,000건 정도인 것으로 파악되고 있으며, 이중 가장 많이 특허 등록된 국가는 미국이다. 최근 3D 프린터 시장이 날로 커져 가면서 관련 특허 출원도 급속도로 증가하는 추세이며, 그에 따라 3D 프린터에 관한 특허분 쟁도 점차 증가하고 있다. 3D 프린터 관련 첫 특허 소송은 2000년도에 발생하였으며, 그 이후 매년 수십 건의 소송이 발생하고 있고 있다. 이러한 3D 프린터 관련 소송은 아직까지는 글로벌 기업 간에 벌어지고 있지만, 향후에는 국내 3D 프린터 시장이 커져감에 따라 국내 기업들도 특허 소송에 휘말릴 가능성이 높을 것으로 보고 있다. 따라서, 관련 업체들은 특허 분쟁에 대비하기 위한 특허 조사는 물론 기술 개발을 통한 특허권 확보가 매우 중요한 시점이다.

3D 프린팅 기술
특허 전쟁 뜨겁다
(한국과학창의재단
네이버 블로그)

Think

향후 각 가정마다 3D 프린터가 보급된다면, 인터넷 플랫폼(온라인 쇼핑몰)을 통해 어떠한 사업이 가능할지 생각해 보자.

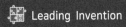 Leading Invention

가장 수입을 많이 올린 발명품

미국에서 가난한 대장장이의 아들로 태어난 13세 목동 조셉은 자기 양들이 이웃 농장으로 넘어가는 것을 막기 위해 철사 두 가닥을 꼬아 연결한 가시철조망을 발명하였다. 그는 이 발명품의 특허를 취득한 후 '더 위너(The Winner)'라는 상품명으로 판매하였고, 서부시대 목축 붐에 힘입어 이 제품의 판매량은 매년 증가하였다. 이후 이 제품은 남북전쟁 및 1차 세계대전 때에는 군사용으로까지 사용되었다. 결국 조셉은 미국 최고의 갑부가 되었고, 특허권 만료까지 벌어들인 돈은 공인회계사 11명이 1년간 계산해도 끝내지 못할 정도였다고 한다.

⊕ 조셉이 철조망을 발명한 시기에 다른 많은 철조망이 있었음에도, 조셉의 발명품이 널리 사용될 수 있었던 이유는 무엇일까?

예) 조셉의 철조망은 단순하면서도 제작 비용이 저렴해 다른 형태의 철조망에 비해 대량 생산이 용이하였음

⊕ 철조망에 어떠한 기능을 더할 수 있는지 생각해 보자.

예) 센서를 부착하여, 일정한 흔들림이 있거나 철조망이 절단되면 알람음 발생 등

가장 많은 수입을
올린 발명
(한국과학창의재단
네이버 블로그)

💬 Think

우리 주변에 간단하지만 특허 등록을 받아 성공한 제품을 찾아보자.

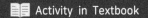 **Activity in Textbook**

교과서를 품은 활동

III

1. 개관

발명은 특허 출원되었더라도 특허의 요건이 충족되지 않으면 등록을 받지 못할 수 있다. 특허의 요건에는 발명의 성립성, 산업상 이용 가능성, 신규성, 진보성 등을 들 수 있다. 제시된 특허 출원 사례를 특허의 요건과 연계하여 토론을 통해 등록받지 못한 이유를 유추할 수 있도록 안내한다.

> 66
> **창의력을 자극하는 질문**
> 99
>
> • 컴퓨터 프로그램도 특허로 보호받을 수 있을까?
> • 저작권은 심사 없이 권리가 발생하는데, 특허권은 왜 심사가 필요할까?

2. 유의점

① 제시된 특허 출원 사례는 모두 등록받지 못한 사례로 특허의 요건과 관련이 있으므로 학생들이 특허의 요건과 연계하여 생각할 수 있도록 안내한다.

② 올바른 토론 자세에 대해 설명하고 토론 활동 시 정확한 자료와 근거를 바탕으로 토론할 수 있도록 지도한다.

예시 K시는 재활용품의 수거율을 높이기 위해 배출자에게 신상 정보가 입력된 바코드 스티커를 배포하고 바코드가 부착된 규정 쓰레기봉투에 쓰레기를 배출하도록 요청하였다. 또한 수거자는 요일별로 정확하게 분리수거하여 처리 과정을 거치고, 잘못 분류된 경우 배출자에게 시정 명령을 지시하는 새로운 재활용 종합 관리 방법을 만들어 특허 출원을 하였다.

거절 이유 | 출원된 재활용 종합 관리 방법은 자연법칙을 이용한 기술적 사상이 아닌 배출자와 수거자 간의 약속 등에 의해 이루어지는 인위적인 결정으로 발명의 성립성이 없음

보충 설명 | BM 특허의 경우, 사람의 인위적인 행위가 구성 요소에 포함되어 있어 발명의 성립성을 인정받을 수 없다. 참고로, 온라인상에서 시스템만으로 구동되도록 예시에 기재된 내용을 수정한다면 발명의 성립성을 인정받는 것이 가능할 수 있다(예 바코드 자동 인식 → 배출자 정보 파악 → 센서를 통한 쓰레기 분류 적절성 판단 → 부적절 시 배출자 단말기로 경고).

사례 1 지진 발생이 잦아지면서 이에 따라 해일에 의한 피해가 늘어가자, A씨는 이를 방지하기 위해 동해안에 3m의 태풍 방지 벽을 세워 해일에 의한 피해를 예방하는 방법을 특허 출원하였다.

**거절
이유**

**보충
설명** 동해안 전체에 걸쳐 3m 높이의 태풍 방지벽을 세우는 것이라면 현실적으로 실현 불가능하기 때문에 산업상 이용 가능성 흠결이라는 거절 이유에 해당할 수 있다. 그 외에도 단순히 방어벽을 세우는 것은 기존에 공지된 기술이므로 신규성 흠결이라는 거절 이유도 가능할 것이다.

사례 2 10년 이상 아이스크림을 제조·판매하던 J사는 아이스크림을 들고 먹는 동안 잘 흘러내리지 않는 새로운 모양의 아이스크림을 개발하였다. 이후 소비자의 반응을 보기 위해 인터넷에서 체험단을 모집하고 체험기를 SNS에 올리도록 한 후 좋은 반응을 얻자 이 아이스크림 제조 방법을 특허 출원하였다.

**거절
이유**

**보충
설명** 체험단 모집 및 SNS 게재를 통해 '잘 흘러내리지 않는 아이스크림 모양'에 대해서는 신규성을 상실하였다. 그러나 이러한 아이스크림 모양이 공지되었다고 해서, 그 제조 방법까지 반드시 공지된 것으로 볼 수는 없기 때문에 사안에 따라 신규성이 상실되지 않을 수도 있다. 아울러, 이 경우 최초 공지일로부터 1년 이내에 출원하면서 '공지 예외 주장'을 하게 되면 신규성을 상실하지 않은 것으로 처리된다.

사례 3 게임 업체인 C사는 웹을 통해 게임을 다운받아 실행하는 웹 게임 서버에 관한 특허 출원을 하였다. C사의 특허 출원은 휴대 전화 제조 업체별, 기종별 보유 CPU의 종류에 따라 게임을 프로그램 코드 및 데이터로 나누어 각각 분리된 영역에서 구분·보유한다는 점에서 기존 발명과는 다소 차이가 있다. 그런데 게임 소프트웨어의 제작에 있어서 프로그램 코드 및 데이터를 분리하거나 결합하는 것은 프로그램 개발자라면 쉽게 사용할 수 있는 기술이다.

창의력을 자극하는 질문

• 출원 발명이 공개 후 거절되면 출원인에게 불리한 이유는?
• 심사관들은 어떻게 선행 기술 조사를 할까?

거절 이유

보충 설명 기존의 발명과 다소 차이가 있다는 것은 기존 발명과 동일하지 않다는 것이므로 신규성은 인정된다. 하지만 해당 기술 분야에서 통상의 지식을 가진 자가 용이하게 발명할 수 있어 진보성 흠결에 따른 거절 이유에 해당할 것이다.

3. 예상 답변

사례 1	사례와 같이 이론적으로는 그 발명을 실시할 수 있더라도 그 실시가 현실적으로 전혀 불가능하다는 사실이 명백한 발명은 심사 시 산업상 이용할 수 있는 발명에 해당하지 않는 것으로 취급한다.
사례 2	특허 출원 전에 타인이 아닌 발명자 자신이 공개했다 하더라도 발명이 비밀 유지 의무가 없는 사람들에게 공개가 되면 신규성을 상실하게 된다.
사례 3	출원된 발명은 웹을 통해 게임을 다운받아 실행하는 웹 게임 서버에 관한 것으로서, 기존 발명과의 구성상 차이는 '게임 프로그램과 게임 데이터를 분리하여 다운로드한다는 점'에만 있다. 출원 당시의 기술 수준을 감안할 때 프로그램 코드와 데이터를 분리하여 다운받는 기술적 특징은 단순히 기존 기술을 결합하는 것에 불과하여 해당 업계에서 어느 정도 일하는 사람은 어렵지 않게 생각해 낼 수 있는 것이므로 진보성이 인정되지 않는다.

Think

사례별 거절 이유에 대하여 생각해 보자.

주제를 닫는 토론

📎 다음의 출원 발명이 선행 발명으로부터 진보성을 인정받을 수 있는지에 대하여 자신의 생각을 이야기해 보자.

> **" 창의력을 자극하는 질문 "**
>
> 창의적인 기능이 구비된 다른 형태의 컵에는 어떤 것이 있을까?

구분	청구항	도면
출원 발명	컵홀더의 제2고리(130)에 끼움홈(131)이 형성되고, 상기 끼움홈(131)에 삽입되어 절첩 가능하도록 끼움돌기(121)가 제1고리(120)에 돌출 형성되는 것을 특징으로 하는 손잡이가 내장된 일회용 컵홀더	
선행 발명	일회용 컵(100)에서 분리하여 제작이 되고 컵의 원추형 경사면에 밀착이 되는 원추형 밴드인 컵 홀더(200), 컵 홀더(200)에 배치거리(201) 양쪽으로 설치되고 컵 홀더에서 컵 손잡이를 구획하는 설난선(220, 320), 컵 홀더(200)의 절단선 끝에 설치되고 손잡이를 일으켜 세울 때 접히는 접는 선(230, 330), 포장 상태에서 컵 홀더(200)에 은폐되고 사용할 때 접는 선에서 접혀 세워지는 손잡이(210, 310)를 가지는 일회용 컵	

Think

선행 발명에 비해 끼움홈과 끼움돌기가 더 있는 출원 발명은 진보성을 인정받을 수 있을까?

◯ **발명가 Inventor**

> **하상남**
우리나라 최초 영화배우 출신 발명가로서, 신물질 특허 30여 건을 획득. 1993년 한국여성발명협회를 설립, 초대 회장을 역임하였다.

III

Notice

단원 교수·학습 유의사항

1. 선발명주의와 선출원주의의 차이점으로부터 특허 출원의 의미를 이해시킨다.

2. 특허 과정에서 사용되는 용어, 즉 특허 출원, 특허 심사, 특허 결정 및 특허 등록의 개념 차이를 이해시킨다.

3. 해외 출원의 의미 및 필요성을 이해시킨다.

4. 청구 범위의 작성은 단순히 발명의 특징을 기술하는 데 그치지 않고, 특허 등록 가능성을 감안하여 작성하여야 한다. 따라서 특허 등록 요건 중 신규성 및 진보성의 의미를 파악하여야 한다.

5. 명세서의 작성 교육은 변리사가 작성한 명세서 또는 공개된 특허 명세서 내용의 이해를 목표로 진행되어야 한다.

6. 발명은 문제를 인식하고 문제를 해결하는 과정이며 이러한 과정은 명세서의 구성에 반영되어 있다. 따라서 명세서 구성의 전체적인 흐름에 대해 설명하여 학습자가 명세서의 구성을 쉽게 이해하도록 설명한다.

7. 특허 출원 이후 특허 등록까지 진행되는 특허 심사 절차를 도표 등을 활용하여 설명한다.

8. 특허 요건의 개념을 이해시키기 위하여, 간단한 구성 요소로 이루어진 발명 사례를 예로 들어 설명한다.

9. 보정서 작성법을 설명하기 위하여, 실제 거절 이유가 기재된 의견 제출 통지서를 제시한 후 특허 등록 가능성을 높이기 위한 보정 방법을 설명한다.

III   단원 마무리 퀴즈

01   출원인이 될 수 있는 자는 〔   〕 또는 특허 받을 수 있는 권리를 〔   〕(으)
로부터 정당하게 승계받은 자이다.

02   특허를 출원하고 등록하는 과정에서 생성되는 특허 관련 번호는 어떤 것이 있는가?

03   발명자가 자기의 발명에 대해 특허권을 받기 위해서 특허 출원 서류를 제출하면서 특허권의 부여를
요구하는 행위를 〔   〕(이)라 하며, 이에 대해 특허청에서 특허 출원된 발명에 대해서 특
허를 허락할 것인지의 여부를 결정하는 과정을 〔   〕(이)라고 한다. 〔   〕에
따라 특허를 허락받아 등록하는 것을 〔   〕(이)라 한다.

04   해외 출원이 필요한 이유는 특허권은 〔   〕 원칙상 해당 국가에서만 효력이 미치기 때
문이다.

05   해외 출원 방법은 〔   〕에 기초한 전통적인 출원 방법과 〔   〕에 의한 출원
방법이 있다.

06   특허 출원 시 특허청에 제출하여야 하는 서류는 무엇이 있는가?

07   〔   〕(이)란 특허를 받고자 하는 발명의 기술적인 내용을 문장을 통해 명확하고 상세하게
기재한 서면을 말한다. 〔   〕에는 발명의 설명 및 청구 범위를 기재하여야 한다.

08   명세서는 출원인이 특허를 받고자 하는 발명에 대한 설명과 청구 범위를 기재하는 것으로서, 출원
공개가 이루어지면 일반 공중에게는 발명의 내용을 공개하는 〔   〕(으)로서의 역할을
하고, 등록된 이후에는 특허권의 보호 대상과 범위를 특정하는 〔   〕(으)로서의 역할을
한다.

09   출원인은 특허 명세서의 〔   〕 및 도면 부분에 발명의 기술적 내용을 명백하고 상세하게
기재해야 하고, 〔   〕 부분에 그 발명에 대하여 보장받고자 하는 독점권의 내용을 명확
하게 정의해야 한다.

10   발명의 과제를 해결하는 데 필요한 기술적 수단을 〔   〕(이)라고 할 수 있다. 예를 들면,
커피나 음료를 마시기 위해 늘 가까운 곳에 소지하고 있는 컵을 스마트폰 거치대로 활용할 방안을
생각하다가 손잡이에 거치홈을 두고 스마트폰을 거치시킬 수 있는 컵을 생각하였다고 했을 때, 컵을
스마트폰 거치대로 활용하는 방안은 '발명의 과제'로 볼 수 있다. 이러한 발명의 과제를 손잡이에 스마
트폰의 거치되는 거치홈을 두어 해결하는 것을 '과제를 해결하는 기술적 수단', 즉 〔   〕
(으)로 볼 수 있다.

11 특허법상 '발명'이라 함은 [   ]을/를 이용한 [   ]적 사상의 창작으로서 고도한 것을 의미한다.

12 출원 전 발명이 이미 공지된 경우 [   ]을/를 상실하게 되어 특허 받을 수 없는 것이 원칙이다. 다만 최초 공지일로부터 1년 이내에 출원하고 [   ]을/를 하는 경우 출원 발명의 신규성 · 진보성 판단 시 해당 공지 행위가 없었던 것으로 본다.

13 출원 전 공지 기술로부터 출원 발명을 용이하게 발명할 수 있다면 [   ]이/가 없어 거절 결정을 받게 된다.

14 특허 출원 후 실체 심사는 [   ]된 순서대로 진행되나, [   ] 신청이 받아들여지면 통상 3~9개월 이내에 심사결과를 통보받을 수 있다.

15 심사관으로부터 거절 이유를 통지받을 경우, 이를 해소하기 위하여 출원인은 [   ] 또는 [   ]을/를 제출하여 출원 발명이 특허를 받을 수 있음을 주장하여야 한다.

⊘ 해답

01. 발명자/발명자	**02.** 특허출원번호, 특허공개번호, 특허등록번호	
03. 특허 출원/특허 심사/특허 심사/특허 등록		**04.** 속지주의
05. 파리조약/PCT	**06.** 특허 출원서, 명세서, 필요한 도면, 요약서	
07. 특허 명세서/특허 명세서	**08.** 기술 문헌/권리서	**09.** 발명의 설명/특허 청구 범위
10. 발명의 구성/발명의 구성	**11.** 자연법칙/기술	**12.** 신규성/공지 예외 주장
13. 진보성	**14.** 심사 청구/우선심사	**15.** 의견서/보정서

참고
문헌

특허청. (2021). 2020 지식재산 통계연보.

특허청, & 한국발명진흥회. (2018). 지식재산의 이해. 박문각.

네이버 지식백과. (2017). 21세기 정치학대사전. 속지주의.

    Retrieved from https://terms.naver.com/entry.nhn?docId=728289&
    cid=42140&categoryId=42140

특허청. (2022). 특허청 홈페이지. Retrieved from www.kipo.go.kr

특허청, & 특허정보원. (2022). 특허정보넷 키프리스.

    Retrieved from http://www.kipris.or.kr/

━┤ 추천도서 ├━

이노베이터의
10가지 얼굴

THE TEN FACES
OF INNOVATION

Kelley, Tom. & Littman,
Jonathan. (2007). 이노베
이터의 10가지 얼굴. 세종
서적.
▶ IDEO의 설립자 겸 회장인
톰 캘리의 저서로 혁신을
위해 갖추어야 할 자세를 소
개하는 책

IV 지식재산의 보호

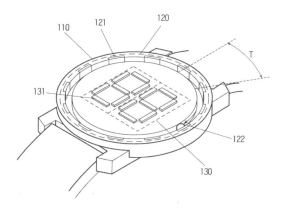

출처 ▶ 특허정보넷(키프리스), 시각장애인용 시계(디자인 도면)

성취 기준
Achievement
Criteria

1. 지식재산의 분쟁, 침해 사례를 찾아 제시한다.
2. 지식재산을 보호하고 예방하는 방법을 계획한다.
3. 지식재산 보호 및 예방 활동을 실천한다.

국가지식재산교육포털

국가지식재산교육포털(http://www.ipacademy.net)은 지식재산 정보와 교육 서비스의 종합 창구로서 정보, 스토리, 학습이 융합된 학습 공간을 제공한다. 국가지식재산교육포털은 전 국민에게 발명 및 지식재산의 중요성을 인식시키기 위해 기업체, 연구소 연구원, 초중고 학생, 발명교사, 대학생, 개인에 이르기까지 지식재산 전 분야의 다양한 콘텐츠와 온라인 교육과정을 무료로 서비스하고 있다. Learning center의 '일반인 지재권 교육' 맞춤교육찾기에서 학습대상, 관심분야, 법제도에 맞는 과정을 추천 받을 수 있다.

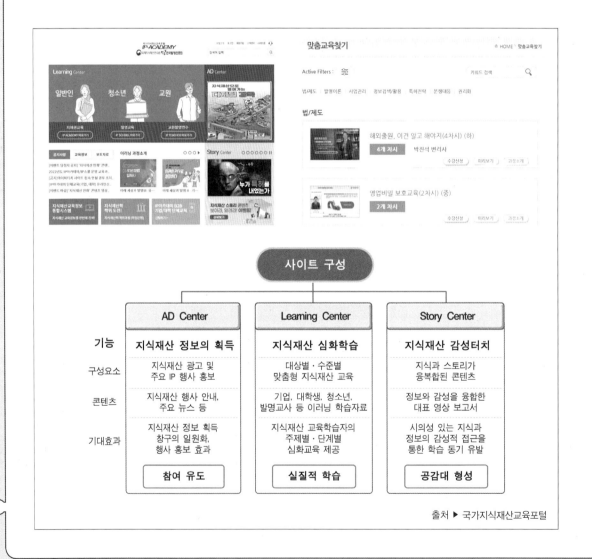

출처 ▶ 국가지식재산교육포털

⁺우리나라의 지식재산권 무역수지

2020년의 기준으로 우리나라의 특허 신청(특허 출원) 수는 세계 4위로 높은 수준에 도달해 있다. 그러나 특허의 사용에 있어서는 어떠할까?

한국은행에 따르면 2020년 지적재산권 무역수지(잠정) 적자는 18억 7천만 달러(약 2조 1천 99억 원)다. 적자 폭이 2019년(5억 3천만 달러 · 확정)보다 13억 3천만 달러나 커졌다.

유형별로 보면 산업재산권 수지가 특허 및 실용신안권(-23억 8천만 달러)을 중심으로 35억 3천만 달러 적자를 기록했다.

하지만 저작권은 K팝 등 한류 콘텐츠 경쟁력이 강화하면서 수출이 늘고 코로나19 확산에 따른 외부 활동 제약으로 외국계 영화사의 수입이 감소하면서 연구개발 및 소프트웨어 저작권(17억 3천만 달러)과 문화예술저작권(1억 6천만 달러) 모두 흑자를 기록했다.

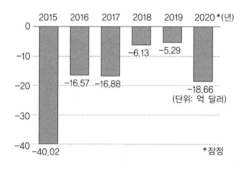

ㅇ 지식재산권 무역수지 추이

출처 ▶ 연합뉴스(2021)

"Many of life's failures are those who didn't know how close they were to success when they gave up."
– Thomas A. Edison
많은 인생의 실패자들은 포기할 때 자신이 성공에서 얼마나 가까이 있었는지 모른다.

01 지식재산 보호와 대응

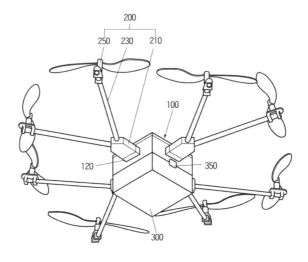

출처 ▶ 특허정보넷(키프리스), 드론(특허 도면)

학습목표
Objectives

1. 지식재산권 침해의 특징을 설명할 수 있다.
2. 지식재산권 심판 및 소송 절차를 설명할 수 있다.
3. 지식재산권 분쟁 시 대응 방법을 사례를 들어 설명할 수 있다.

키워드
Keyword

특허권   # 특허 침해   # 특허 심판   # 특허 소송

Question

특허 심판에 대하여 살펴보자.

Q1 특허청으로부터 거절 결정을 받았을 때 이에 불복할 수 있는 방법에 대하여 생각해 보자.

Q2 특허권을 무효로 하고자 할 경우, 특허 법원에 무효 소송을 바로 청구하면 안 되는 이유는 무엇일까?

Q3 특허 침해에 대해서 손해배상 청구 소송 외에 다른 대응 방법은 어떤 것이 있을까?

Think 특허 침해 소송에서, 해당 특허 발명의 설정 등록을 무효로 한다는 판결을 내릴 수 있을지 생각해 보자.

용어

의견 제출 통지서
심사관이 거절 결정을 하기 전에 출원인에게 거절 이유를 통지하고 의견서를 제출하도록 기회를 부여하는 서류

재심사
거절 결정을 받은 경우, 재차 명세서를 보정한 후 심사관으로부터 심사를 받도록 하는 제도

특허 법원
특허 등을 전문적으로 판단하기 위하여 설립한 고등법원급의 전문 법원

특허 심판(특허심판원)

발명톡 Talk

"A good plan, violently executed now, is better than a perfect plan next week."
— George S. Patton
지금 적극적으로 실행되는 괜찮은 계획이 다음 주의 완벽한 계획보다 낫다.

Question

특허 침해 요건에 대하여 살펴보자.

┌───── 📋 용어 ─────┐

특허 발명 보호 범위
특허권의 효력이 미치는
범위

특허 발명 구성 요소
청구 범위에 기재된 특허 발
명을 구성하는 기술적 요소

구성 요소 완비의 법칙
특허 발명의 구성 요소를
모두 포함하면 그 권리 범
위에 속한다는 이론

특허 침해 판단
어떻게 할까?
(여성신문)

Q1 특허권의 보호 범위(권리 범위)는 무엇을 기준으로 판단하여야 할까?

Q2 특허 발명의 구성 요소를 그대로 포함하면서, 새로운 구성 요소를 추가할
경우, 특허 침해가 성립될까?

Q3 특허 침해 경고장을 받은 경우, 어떻게 대응하여야 하는가?

Think
특허 침해의 종류에 대하여 살펴보자.

① 지식재산권 침해의 특징

(1) 지식재산권 침해의 의미

특허권, 상표권, 디자인권, 저작권 등 지식재산권은 그 권리자가 권리의 대상이 되는 발명, 고안, 상표, 디자인, 저작물 등을 독점적으로 실시 또는 사용하고 타인이 실시하거나 사용하는 것을 배제 할 수 있는 독점 배타권이다. 따라서 다른 사람이 권리자에게 지식재산권을 양도 받거나 이용 허락을 받지 않고 해당 지식재산을 사용하는 것은 지식재산권의 침해가 된다.

(2) 지식재산권 침해의 용이성

지식재산과 같은 무체 재산은 형태가 있는 물건이나 부동산과 달리 여러 사람이 서로 다른 장소에서 동시에 이용하는 것이 가능하다. 이러한 특징으로 권리자는 여러 사람에게 동시에 사용 허락을 할 수 있어 지식재산을 활용한 경제적 이익을 누릴 수 있는 큰 장점이 된다. 한편 권리자가 권리의 대상을 물건이나 부동산처럼 직접 가지고 있는 것이 아니므로 누군가 자신의 권리를 침해하더라도 권리자는 이를 알아내기 쉽지 않다.

(3) 소유권과 비교

지식재산권은 재산권으로서 소유권과 마찬가지로 이를 활용하여 수익을 내고 양도할 수 있다. 그러나 무체재산권의 특징상 존속기간에 제한이 있고 소유권과 달리 침해의 발견이나 입증에 차이가 있다.

구분	대상	사용	침해의 발견
소유권	유체물	물건을 점유하여 사용하므로 동시에 이용 불가능	침해가 일어난 것을 즉시 알 수 있음
지식재산권	무체물	여러 사람이 다른 장소에서 동시에 이용 가능	침해의 발생 여부와 침해를 입증하기가 어려움

② 특허권 침해

(1) 의의

특허권 침해란 정당한 권원이 없는 자가 유효하게 존속 중인 특허권의 청구 범위에 기재된 발명과 동일 또는 균등한 발명을 특허권이 존속하고 있는 국가 내에서 업으로서 실시하는 경우를 의미한다.

(2) 요건

주체적 요건	정당한 권원 없는 자가 업으로 실시
객체적 요건	청구 범위에 기재된 기술과 동일·균등 범위에서 실시
지역적 요건	특허권이 설정 등록된 국가 안에서 실시
시간적 요건	특허권이 유효하게 존속 중일 것

(3) 권리 범위(보호 범위) 해석

① 특허 발명의 보호 범위는 청구 범위에 기재된 사항에 의하여 정하여진다(특허법 제97조).

② 특허 침해 여부를 판단할 때 특허권의 권리 범위(보호 범위)는 청구 범위를 기준으로 판단하여야 하며, 예외적으로 기재 사항이 불명확한 경우에 한하여 발명의 상세한 설명이나 도면 등을 참고할 수 있다.

(4) 구성 요소 완비의 법칙(All Element Rule)

청구 범위의 각 청구항마다 기재된 발명을 구성하는 각각의 요소를 구성 요소라고 한다. 특허 침해 여부를 다투는 발명(이하, 확인 대상 발명)이 청구 범위에 기재된 발명의 모든 구성 요소를 포함하는 경우 해당 특허권의 권리 범위에 속하여 특허권 침해에 해당하는 것으로 판단하며, 이를 '구성 요소 완비의 법칙'이라고 한다.

(5) 특허 침해의 유형

① **직접 침해**: 확인 대상 발명이 청구 범위에 기재된 발명의 구성 요소와 동일하거나 모두 포함하는 경우에 해당한다.

> • 구성 요소가 동일한 경우: 침해 성립(문헌 침해)
>   특허 발명(A+B+C) vs 확인 대상 발명(A+B+C)
> • 구성 요소의 일부가 추가된 경우: 침해 성립(이용 침해)
>   특허 발명(A+B+C) vs 확인 대상 발명(A+B+C+D)
> • 구성 요소의 일부가 생략된 경우: 침해 불성립
>   특허 발명(A+B+C) vs 확인 대상 발명(A+B)

② **균등 침해**: 확인 대상 발명이 청구 범위에 기재된 발명의 구성 요소와 동일하거나 모두 포함하는 직접 침해에 해당하지는 않지만, 구성 요소 일부가 치환되어 사실상 균등관계에 있는 경우에 이를 '균등 침해'라고 한다. 이러한 균등 관계가 인정되기 위해서는, 확인 대상 발명의 일부 구성 요소를 치환하여 실시하더라도 ⅰ) 기술적 사상 내지 과제의 해결원리가 공통하거나 동일하고, ⅱ) 치환된 요소가 특허 발명의 요소와 실질적으로 동일한 작용 효과를 가지며, ⅲ) 이러한 치환이 당업자에게 자명할 것을 요구한다.

균등 침해
(돌봄기술
다음 블로그)

③ **간접 침해**: 확인 대상 발명이 직접 침해에 해당하지는 않지만, 특허 발명에만 적용되는 일부 부품만을 생산·판매하는 행위에 대해서는 직접 침해의 예비 단계로서 침해할 가능성이 높은 것으로 보고 이를 '간접 침해'로 간주한다. 참고로, 특허 받은 레이저 프린터 제품에만 사용 가능한 토너 카트리지의 생산 판매가 간접 침해에 해당하는지 논란이 있었는데, 우리나라 대법원은 특허 발명의 본질적인 구성 요소에 해당하고 다른 용도로는 사용되지 아니하며 쉽게 구할 수 없는 물품으로서, 토너 카트리지 교체가 이미 예정되어 있고 특허 권자가 토너 카트리지를 따로 제조·판매하고 있다면, 이는 간접 침해에 해당한다고 판시한 바 있다(대법원 1996. 11. 27.자 96마 365 결정).

레이저 프린터   토너 카트리지

○ 간접 침해 예(레이저 프린터의 소모품인 토너 카트리지)

③ 상표권 침해

(1) 의의

권원 없는 제3자가 무단으로 등록상표와 동일·유사한 상표를 그 지정 상품과 동일·유사한 상품에 사용하는 경우 '상표권 침해'에 해당한다. 아울러, 등록 상표와 동일·유사한 상표를 교부, 판매, 위조, 소지하는 등의 예비적 행위도 상표권 침해로 본다.

상표 출원하기(특허청)

(2) 상표의 유사 판단

대비되는 두 개의 상표가 서로 동일하지는 않지만, 외관·호칭·관념 중 어느 하나 이상이 유사하여 동일·유사한 상품에 사용할 경우 거래 통념상 상품 출처의 혼동을 일으킬 염려가 있을 때 상표의 유사 관계가 성립된다.

① **외관(外觀)의 유사**: 대비되는 두 상표의 기호·문자·도형·입체적 형상 또는 색체 등의 구성이 유사하여 상품 출처의 혼동을 일으키는 경우이다(시각적 요인).

　例 HOP vs HCP, 白花 vs 百花

② **호칭(呼稱)의 유사**: 대비되는 두 상표의 발음이 유사하여 상품 출처의 혼동을 일으키는 경우이다(청각적 요인).

　例 千年 vs 天年, BOBLI vs BOB LEE

③ **관념(觀念)의 유사**: 대비되는 두 상표의 의미가 유사하여 상품 출처의 혼동을 일으키는 경우이다(지각적 요인).

　例 COACH vs 금마차, 애플 vs 사과

(3) 상표 유사 판단 방법

상표의 유사 여부는 두 개의 상표를 놓고 상표들의 외관·칭호·관념을 전체적, 객관적으로 관찰하며, 때와 장소를 달리하여 두 개의 상표를 접하는 거래자나 일반 수요자가 상품 출처에 관하여 오인 또는 혼동을 일으킬 우려가 있는지 여부를 고려하여 판단한다. 그러므로 두 개의 상표를 비교할 때 외관·칭호·관념 중 어느 요소에 집중하기보다는 각 요소가 거래자나 일반 수요자에게 주는 인상, 기억, 연상 등을 전체적으로 종합하여 상품의 출처에 관하여 오인 또는 혼동을 일으킬 우려가 있는 경우에 두 상표가 서로 유사하다고 판단한다.

(4) 상표권 침해 사례 - 카카오톡 VS 카톡 CARTOK

카카오톡은 2010년 출시된 모바일 메신저 애플리케이션으로서 국내 95% 점유율을 차지하고 있으며, $_{CARTOK}^{카 톡}$은 2014년 차량 구매정보 사이트로 등록하였다. 카카오톡은 사용자가 3천만 명이 넘어선 시점에서 $_{CARTOK}^{카 톡}$ 상표에 대한 출원은 자사의 상표를 모방한 출원이라고 주장하며 등록 무효 청구심판을 청구하였다. 이에 $_{CARTOK}^{카 톡}$은 카카오톡 상표는 출원 시 메신저에만 사용하였고 $_{CARTOK}^{카 톡}$은 운송 정보 제공업이므로 카카오톡 상표의 지정상품과는 무관하다고 주장하였으나, 특허법원은 카카오톡과 $_{CARTOK}^{카 톡}$이 발음이 비슷하며, 카카오톡이 2013년 차량 네비게이션 서비스를 출시하였으므로 이미 운송 정보 제공업과 연계가 가능하므로 두 상표는 유사하다고 판단하였다.

상표 분쟁 사례
(디자인맵)

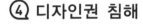

④ 디자인권 침해

(1) 의의

디자인권자는 업으로서 등록디자인 또는 이와 유사한 디자인을 실시할 권리를 독점한다. 디자인권 침해란 디자인에 대한 권리가 없거나 디자인권자에게 허락을 받지 않은 자가 등록된 디자인과 동일하거나 유사한 디자인을 상업적으로 이용하는 것을 의미한다.

(2) 디자인권의 효력

디자인권의 효력은 등록 디자인과 동일한 디자인뿐만 아니라 이와 유사한 디자인에도 미친다.

디자인 유사 판단
(디자인맵)

(3) 디자인 유사 판단

① 디자인의 유사 여부 판단은 디자인의 대상이 되는 물품이 유통 과정에서 일반 수요자를 기준으로 관찰하여 다른 물품과 혼동할 우려가 있는 경우에는 유사한 디자인으로 본다. 또한 혼동할 우려가 있을 정도로 유사하지는 않더라도 그 디자인 분야의 형태적 흐름을 기초로 두 디자인을 관찰하여 창작의 공통성이 인정되는 경우에도 유사한 디자인으로 본다.

② 유사 여부는 전체적으로 관찰하여 종합적으로 판단한다. 여기서, '전체적으로 판단한다'라고 함은 디자인의 여부 판단과 그 비교만으로 디자인의 유사 여부를 판단할 것이 아니라 디자인을 전체 대 전체로서 대비 관찰하여야 한다는 것을 의미한다. 따라서 부분적으로 다른 점이 있더라도 전체적으로 유사하지 아니하면 비유사 디자인으로, 부분적으로 다른 점이 있더라도 전체적으로 유사하면 유사 디자인으로 판단한다.

③ 형상과 모양이 모두 다른 경우 원칙적으로 비유사한 것으로 본다. 모양의 유사 판단은 주제의 표현 방법과 배열, 무늬의 크기 및 색채 등을 종합하여 판단한다.

④ 색채가 모양을 이루지 않는 한 유사로 판단한다.

(4) 디자인 유사 판단 방법

① 디자인의 유사성 여부는 이를 구성하는 각 요소를 부분적으로 볼 것이 아니라 디자인 출원서의 기재 사항 서류에 첨부한 도면의 기재 사항에 표현된 디자인에 의하여 전체 대 전체와의 관계에 있어서 사람의 눈을 자극하고 주의를 환기시키는 결과 여하로 정하여야 한다(대법원 71후39).

② 양 디자인의 전체와 전체의 관계에 있어서 지배적인 특징이 유사하다면 세부적인 특징에 있어서 차이가 있다 하더라도 양 디자인은 유사한 것이다(대법원 78후2).

③ 참신한 디자인일수록 유사의 폭은 넓고 동 종류의 것이 많이 나올수록 유사 폭은 좁게 본다. 잘 보이는 곳 위주로 판단하며, 당연히 있어야 할 부분은 적게 평가한다. 기능, 구조, 내구력 등은 판단 요소가 될 수 없다(대법원 2004후2987).

디자인 분쟁 사례
(디자인맵)

(5) 디자인권 침해 사례 – 코웨이 한 뼘 정수기 VS 동양매직 나노미니 정수기

코웨이는 '한 뼘 정수기'에 대하여 2012년 7월에 디자인권을 확보하였다. 이후 후발 업체인 동양매직에서 'ㄷ'자 모양의 '나노미니 정수기'를 출시하자, 코웨이와 동양매직 간의 디자인권 분쟁이 발생하였다.

등록 디자인   확인 대상 디자인

재판부는 기존에 공개된 정수기 제품들에서 나타나는 일반적인 형상이거나, 당연히 있어야 할 기능적인 부분에 대해서는 유사 판단 시 중요도를 낮게 평가해야 한다고 하면서 양 디자인의 유사를 인정하지 않았다.

⑤ 저작권 침해

(1) 의의

저작권 침해는 법률상 저작권 행사가 제한되는 경우를 제외하고 저작권자의 허락 없이 저작물을 이용하거나 저작자의 인격을 침해하는 방법으로 저작물을 이용하는 것을 의미한다.

(2) 저작권 침해 요건

① 원저작물에 저작권이 발생할 것

② 상대방의 행위가 저작재산권 등의 범위에 포함될 것

③ 원저작물을 이용하였을 것(의거성)

④ 원저작물과 동일성이 인정되거나 종속적 관계, 즉 '실질적 유사성'이 있을 것

보호받지 못하는
저작물과 저작권 제한

히딩크 넥타이
저작권으로
보호받는다
(네이버 블로그)

(3) 저작권 침해 사례

누브티스가 고안한 태극 문양 및 팔괘 모양 도안의 '히딩크 넥타이'를 한국관광공사가 모방해 유사 상품을 제조 · 판매하자, 저작권 침해를 주장하며 소송이 진행되었고, 여기서 핵심은 넥타이 도안이 저작물에 해당하는지 여부였다. 대법원은 '물품과 구분되어 독자성을 인정할 수 있는 응용미술 작품'에 대하여 저작물을 인정하였고, 그에 따라 저작권 침해로 보았다.

누브티스 제작   한국관광공사 모방

⑥ 특허 심판 및 심결 취소 소송

(1) 의의

특허권의 발생 · 변경 · 소멸 및 그 권리 범위에 관한 분쟁을 해결하기 위한 특별 행정 심판을 말하며, 특허 심판은 전문적인 기술 지식과 경험이 필요하기 때문에 전문 기관인 특허심판원에서 담당하고 있다. 특허심판원의 심결은 특허 법원에 앞서 이루어지는 사실상 1심의 준사법적 성격을 가진다. 반면, 특허 침해 민사소송(침해 금지청구, 손해 배상 등)은 일반 민사 법원에서 담당한다.

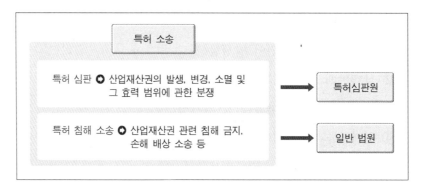

📑 용어

행정 심판
행정청의 부당한 처분으로 권리 및 이익을 침해받은 국민이 법적으로 구제받을 수 있도록 한 행정적 제도

(2) 심판 종류

① **결정계 심판**: 심사관의 거절 결정에 불복하거나(거절결정불복 심판), 설정 등록된 명세서 또는 도면을 정정하고자 할 때(정정 심판), 특허청장을 피청구인으로 하여 제기하는 심판이다.

② **당사자계 심판**: 이미 설정 등록된 특허권에 대한 당사자 간 분쟁을 다투는 심판으로서, 청구인과 피청구인이 대립 구조를 취하는 형태를 취하며 대표적으로는 무효 심판과 권리범위확인 심판이 있다.

무효 심판	설정 등록된 특허 발명에 법적 무효 사유가 존재하는지를 심리한 후 그에 해당하면 설정 등록을 처음부터 없었던 것으로 보아 그 효력을 소급적으로 상실시키는 심판이다.
권리범위확인 심판	확인 대상 발명이 특허 발명의 권리 범위 내에서 실시하는 것인지 여부를 판단하는 심판이다. 그러나 권리범위확인 심판의 확정 심결이 특허 침해 여부를 최종 결정하는 것은 아니며, 특허 침해 소송에서 중요한 판단 근거로 활용될 수 있을 뿐이다.

(3) 심결 취소 소송

특허심판원의 심결 또는 각하 결정에 불복하고자 하는 경우에 특허 법원에 제기하는 소송으로서, 심결 또는 결정의 등본을 송달받은 날부터 30일 이내에 소를 제기하여야 한다.

① 특허 법원의 심결 취소 판결이 확정되면 특허심판원은 그 사건을 다시 심리하여 심결 또는 결정을 하여야 한다. 이 경우 판결에 있어서 취소의 기본이 된 이유는 그 사건에 대해 특허심판원을 기속한다.

② 특허 법원의 판결에 대하여 불복하고자 하는 자는 판결문이 송달된 날로부터 2주일 내에 대법원에 상고할 수 있다.

결정계 심판
(특허심판원)

당사자계 심판
(특허심판원)

📑 용어

기속
법원이나 행정기관이 자기가 한 재판이나 처분에 스스로 구속되어 자유롭게 취소·변경할 수 없는 것

상고
항소심(제2심) 판결에 대하여 대법원에 제기하는 불복 소송

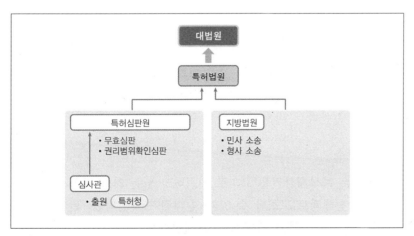

⋯⋯ 📋 **용어** ⋯⋯

내용 증명
개인 간 채권·채무의 이행
등의 득실변경에 관한 부
분을 문서화하는 것

업무방해죄
허위의 사실을 유포하거나
위계 또는 위력으로써 사
람의 업무를 방해함으로써
성립하는 범죄

⑦ 침해 대응 방법

⑴ 경고장 발송

구체적인 대응방안이 수립되면, 특허발명, 상표, 디자인 등을 실시하고 있는 타인에게 산업재산권 등록번호, 현재 지식재산권을 실시 중인 사실, 향후 조치 계획 등의 내용을 포함하는 경고장을 발송한다. 경고장을 발송 받은 후의 실시는 고의적인 실시가 되어 향후 소송에서 입증에 유리하며 상대방이 경고장 접수 후 합의를 원하는 경우 조속한 해결을 이끌어 낼 수 있다.

⑵ 침해금지 및 손해배상 청구

권리자는 침해 또는 침해할 우려가 있는 제3자를 상대로 침해금지청구 소송을 진행할 수 있다. 이 경우 특허권자는 침해행위를 일으킨 물건 및 침해행위에 제공된 설비의 폐기나 제거를 함께 청구할 수 있다. 또한 침해자에게 고의 또는 과실이 인정되는 경우, 손해배상을 함께 청구할 수 있다. 다만 손해배상청구 소송은 그 손해 또는 침해자를 알게 된 날로부터 3년, 침해행위가 있는 날로부터 10년 내에 청구하여야 한다. 지식재산 침해소송 및 특허심판원의 결정에 불복하는 심결취소 소송의 경우는 지식재산권 보호와 전문성 있는 판단을 위해 특허법원이 전담하여 담당하고 있다.

징벌적 손해배상 제도
(지식재산보호원)

⑶ 가처분 신청

권리자 또는 전용실시권자는 침해자의 침해에 대한 증거 인멸을 방지하거나 소송 지연에 따른 불이익을 제거하기 위하여 제3자에게 침해품 생산 중지 또는 판매 중지의 가처분을 신청할 수 있다.

⑷ 적극적 권리범위확인 심판

권리자 또는 전용실시권자는 분쟁을 조기에 해결하고 민사 또는 형사 소송에서 침해 여부에 대한 보다 명확한 판단기준을 제공하기 위하여 제3자가 실시하고 있는 발명, 상표, 디자인이 자신의 지식재산권의 권리 범위에 속한다는 취지의 심결을 구하는 심판을 청구할 수 있다.

⑸ 형사고소

권리자는 지식재산권을 고의로 실시하고 있는 자에 대해서는 관할 경찰서에 침해죄로 고소할 수 있다. 침해죄가 확정되면 7년 이하의 징역 또는 1억 원 이하의 벌금형이 처해진다.

(6) 화해, 중재, 조정

권리자와 지식재산권의 침해 주장을 받은 자는 산업재산권 조정위원회 등을 통해 서로 화해하거나 중재 또는 조정 제도에 의해 간소한 절차로 서로 양보와 합의를 할 수 있다. 이 경우 권리자는 상대방과 라이선스 계약을 하여 경제적 수익을 얻을 수 있다.

⑧ 특허권 침해 주장 시 대응 방법

(1) 경고장 검토

지식재산권 침해 경고장을 받은 경우, 경고장을 발송한 자가 권리자 인지, 유효한 권리인지 등 경고요건 만족 여부를 확인한다. 또한 권리 자가 라이선스 체결을 원하는 경우와 침해의 중단을 원하는 경우 등 권리자의 의도가 무엇인지 여부에 따라 그 대응방법이 달라질 수 있 으므로 권리자가 경쟁업체인지 또는 NPE인지, 개인, 대학 등인지 여 부를 확인하여 경고장을 발송한 의도를 파악하는 것이 중요하다.

개정된 특허법과 부정경쟁방지 및 영업비밀 보호에 관한 법(2019년 7월 9일 시행) 및 상표법과 디자인보호법(2020년 10월 20일 시행)은 특허권, 영업비밀, 상표권, 디자인권을 고의로 침해한 경우 최대 3배의 손해배 상을 배상하도록 하는 '징벌적 손해배상제도'를 규정하고 있으므로 경 고장을 접수한 경우 침해에 해당되는지 여부를 반드시 판단 후 실시 여부를 결정해야 한다.

(2) 침해 여부 분석

확인 대상 발명이 특허 발명의 구성 요소를 포함하여 특허권 침해에 해당하는지 여부를 꼼꼼히 검토한다.

(3) 침해 주장이 타당한 경우

① **실시 중지** : 문제 제품을 실시할수록 손해 배상액이 커지게 되므로, 가급적 문제 제품의 실시를 즉각 중단한다.

② **회피 설계** : 더 이상 특허 침해가 성립되지 않도록 특허 발명의 구성 요소 중 어느 하나를 삭제하거나 다른 것으로 변경하여 특허 발명의 권리 범위 내 실시가 성립되지 않도록 한다.

③ **실시권 설정** : 특허권자와 라이선스 계약을 체결하거나, 해당 특허 권을 매입하는 협상을 추진한다.

용어

NPE(Non-Practicing Entities)
특허를 보유하고 있지만 해 당 특허를 실시하기 위한 활 동, 즉 특허 받은 제품을 생 산하기 위한 제조 활동을 하 지 않는 특허관리 전문 회 사로 보통 특허를 실시하지 않으면서 침해가능성이 있 는 연구 및 생산 조직을 상 태로 특허 소송, 로열티 협 상으로 수익을 창출한다. NPE의 등장은 개인 기술개 발자들에게는 이윤 창출을 위한 수단이 되기도 하고 지 식재산 시장의 활성화 부분 에서는 긍정적인 점이 있으 나 반대로 이들이 제기하는 무분별한 소송은 특허시스 템과 신규 기술개발 그리고 시장에 위협이 되고 있다.

용어

라이선스 계약
특허권을 정당하게 실시할 수 있는 실시권 계약

이해관계인
특정한 사실에 관하여 법률 상의 이해를 가진 자

⑷ 침해 주장이 부당한 경우

① **무효 심판 청구** : 해당 특허권에 무효 사유가 존재하면, 이를 근거로 특허심판원에 무효 심판을 청구한다. 해당 특허권이 무효라고 침해 소송 중 항변으로 주장을 하더라도 해당 특허권은 무효가 되지 않는다.

② **소극적 권리범위확인 심판 청구** : 자신의 확인 대상 발명이 특허 발명의 권리 범위에 속하지 아니한다는 취지의 심결을 구하는 심판으로서, 향후 이 심판의 결과를 침해 소송의 증거로서 제출할 수 있다.

③ **기타 항변** : 침해 제품은 공지 기술이 동일하다는 주장(공지 기술 제외), 침해 제품은 공지 기술로부터 용이하게 발명할 수 있다는 주장(자유 실시 기술의 항변) 등의 항변을 적극적으로 개진한다.

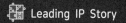 **Leading IP Story** | # 배터리 분쟁

성장 잠재력이 큰 배터리 기술을 둘러싼 국내 대표 그룹인 에스케이(SK)와 엘지(LG) 간의 전투가 마침내 끝났다. 지난 2019년 4월 엘지가 에스케이를 미 국제무역위원회(ITC)에 분쟁을 제기한 지 2년 만이다. 양사는 급변하는 글로벌 배터리 시장에 적기 대응하고, 투자와 사업 불확실성을 해소하기 위해 2조 원의 합의금과 함께 향후 10년간 추가 쟁송도 하지 않

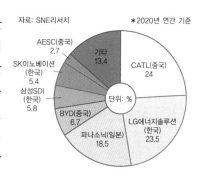

자료: SNE리서치 *2020년 연간 기준

단위: %

○ 전기차 배터리 시장 점유율

기로 했다. 글로벌 전기차 배터리 시장이 파우치 중심에서 각형 및 원통형 배터리 중심으로 재편되는 가운데 양사 소송으로 국내 업체들의 피해가 불가피할 것으로 전망됐다. LG에너지솔루션과 SK이노베이션은 미국 전기차용 파우치 배터리 시장 공략을 위해 이 같은 대승적 합의를 끌어냈던 것으로 전해졌다.

LG에너지솔루션은 2019년 4월 SK이노베이션을 ITC와 미국 델라웨어주 연방지방법원에 각각 제소했다. LG에너지솔루션(당시 LG화학) 직원들이 이직하는 과정에서 핵심 영업비밀을 침해했다고 주장했다. ITC는 이를 받아들여 LG에너지솔루션의 예비판결 승소 판정을 내렸고 지난 2월 최종 판결에서 LG 측 손을 들어줬다. 이번 소송 이해 관계자인 포드 등 미국 완성차 업체들은 대부분 LG와 SK 주력 제품인 파우치 배터리를 사용한다. 이들 업체가 신차 출시 일정을 맞추기 위해선 LG, SK에 니켈·코발트·망간(NCM) 파우치 배터리를 적기 공급받아야 했다. 이에 바이든 행정부는 ITC 판결 이후 전기차 배터리 공급망 구축, 일자리 창출 등 자국 경제 이익 효과를 모두 고려해 물밑서 양사 합의를 중재한 것으로 알려졌다.

> 관련기사 및 뉴스
- 전자신문(https://m.etnews.com/20210411000052)
- 한겨레신문(https://www.hani.co.kr/arti/economy/marketing/990528.html)

배터리 분쟁 극적 타결
(한겨레)

Think

특허 분쟁 또는 영업비밀 분쟁이 기업과 국가에 미치는 영향에 대해서 생각해 보자.

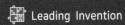 **Leading Invention** | **인간의 유전자는 특허의 대상일까?**

1990년대 중반 미국 유타대의, 마크 스콜닉 교수팀은 유방암 유전자 2개 (BRCA1, BRCA2)를 발견하였고, '미리어드 지네틱스'라는 회사를 세워 이 두 유전자에 대해 특허 등록을 받았다. 그러나 인간의 유전자는 특허 대상이 될 수 없다고 생각하는 연구원 및 시민단체 등에 의해 2009년 두 유전자에 대한 특허무효 소송이 시작되었고, 2013년 6월 13일 대법원 판사 9명 전원은 이 특허가 무효라고 판시하였다. 이 판결을 내린 판사 중 한 명은 "미리어드 회사는 아무것도 창조하지 않았다. 비록, 중요하고 쓸모 있는 유전자를 발견하였지만, 주위 유전 물질에서 유전자를 분리한 게 발명 행위는 되지 못한다."라고 이야기하였다. 다만, 인위적으로 복제한 DNA에 대해서는 제한적인 특허권을 인정하였다.

⊕ 미국 대법원에서 인체 유전자를 특허 대상으로 보지 않은 이유는?

⊕ 유전자 조작에 의해 새로운 기능을 가지는 단백질을 만들었다면 이는 특허권으로 보호받을 수 있을까?

사람의 유전자는
특허 대상인가
(MID 출판사
네이버 블로그)

미 대법원,
'인간 유전자' 특허권
소유 불인정(이데일리)

Think

자연적으로 발생한 DNA가 아닌 인공적으로 복제한 DNA는 특허의 대상으로 보는 이유가 무엇일지 생각해 보자.

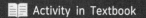 **Activity in Textbook**

교과서를 품은 활동

1. 개별 활동

자신이 알고 있거나, 인터넷을 통해 찾은 지식재산 분쟁 사례에 대하여 그 분쟁 이유가 무엇인지 포스트잇에 기록하도록 한다.

> **66 창의력을 자극하는 질문 99**
>
> • 사람마다 상표의 유사 판단이 다른데 객관적 판단을 어떻게 할까?
> • 외국에서 유명한 상표를 우리나라에서 몰래 등록받을 수 있을까?

2. 모둠 활동

모둠별로 토론을 통해 개별로 작성한 포스트잇 중에서 모둠의 지식재산권 분쟁 사례를 선정하고 기록하도록 한다.

3. 조합 활동

모둠 활동 결과를 발표하고 학급 토론을 통해 지식재산권 분쟁 사례를 선정하도록 한다.

* 위 활동이 순차적으로 이루어지도록 하되 적절한 시간을 분배하여 활동하도록 한다.

4. 활동상의 유의점

① 다양한 지식재산 분쟁 사례를 찾아서 활동에 참고하도록 한다.

② 모둠은 4~6명으로 구성하고, 구성원 모두 토론 활동에 적극적으로 참여할 수 있도록 안내한다.

③ 올바른 토론 자세에 대해 설명하고 토론 활동 시 정확한 자료와 근거를 바탕으로 토론할 수 있도록 지도한다.

④ 자신의 생각을 적극적으로 발표하고 다른 학생의 발표 내용을 잘 들을 수 있도록 지도한다.

- 상표권은 특허권과 달리 10년마다 갱신할 수 있는 걸까?
- 상표에 그려진 그림은 저작권으로 보호받을 수 있을까?
- 전혀 다른 상품에 등록상표를 동일하게 사용하면 법적으로 문제가 되지 않을까?

지식재산 분쟁과 침해 사례 조사하고 발표하기

🖉 다음 사례를 읽고, 지식재산권 분쟁과 침해 사례를 조사하고 발표해 보자.

중국서 제주삼다수 유사 상표 유통 논란

중국 지린성에 소재한 연변천지광천음료유한공사가 '바이산성수이(白山圣水)'란 상표를 부착하여 생수를 판매한 적이 있는데, 문제는 이 제품의 상표가 우리나라의 '제주삼다수' 상표와 유사하다는 것이다.

두 상표를 비교해 보면, 제주삼다수는 한라산 백록담을 연상시키는 그림을, 바이산성수이는 백두산 천지를 연상시키는 그림을 배경으로 하였다. 또한, 뒷면에는 화산암반층에서 뽑은 물이라는 것을 강조하기 위하여 화산 형상의 그림을 부착한 것도 비슷하다. 나아가 상표 배경이 전체적으로 푸른색 바탕이라는 점과 상표 글씨 배치도 중앙에 위치한다는 공통된 점이 있어, 소비자가 얼핏 보면 두 제품을 같은 제품으로 혼동할 가능성이 있다.

활동 방법

① 모둠별로 지식재산 분쟁과 침해 사례 조사하기
② 모둠별로 발표 자료 만들기
③ 발표하기

Think

위 사례에서 중국 상표가 '제주삼다수' 상표권을 침해하였는지 생각해 보자.

'제주삼다수' 상표권 침해 여부에 대한 상반된 의견들

- 앞서 예시로 든 '바이산성수이(白山圣水)'가 과연 우리나라의 '삼다수' 상표권을 침해하였는지에 대해 상반된 의견이 있을 수 있다.
- 상표권 침해를 주장하는 입장에서는 기사의 내용과 같이 "제주삼다수는 한라산 백록담 그림을, 바이산성수이는 백두산 천지 그림을 배경으로 하였고, 화산 암반층에서 뽑아 올린 물로 만들었다는 내용을 싣고 화산 입체 홀로그램을 배치한 이면도 거의 비슷"하므로 상표권 침해라고 주장할 수 있다.
- 반면, 상표권 침해가 아니라고 주장하는 입장에서는 상표의 칭호가 전혀 유사하지 않으며, 백록담과 천지가 매우 유사한 모습이고, 화산 암반층을 강조하다 보면 필연적으로 전체적인 배경 디자인이 유사해질 수밖에 없으므로 이를 상표권 침해로 단정할 수 없다고 반박할 수 있다.
- 결론적으로, 제주도개발공사가 로고의 배경 이미지에 대해 상표 등록을 받지 않았다면, 반드시 이를 상표권 침해라고 단정 지을 수 없다고 판단하는 것이 타당할 것이다.

> 관련기사 및 뉴스

- http://www.fnnews.com/news/201709011633239257(파이낸셜 뉴스, 2017. 9. 4.)
- http://www.mbn.co.kr/pages/vod/programView.mbn?bcastSeqNo=1163525 (MBN 뉴스초점, 해도 너무한 '중국 짝퉁', 2017. 8. 28.)

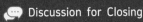

Discussion for Closing

주제를 닫는 토론

🖉 아래 확인 대상 발명이 특허 발명의 권리 범위에 속하는지 여부에 대하여 생각하여 보자.

> **❝ 창의력을 자극하는 질문 ❞**
>
> • 특허권의 존재를 모른 상태에서 무심코 특허 발명을 실시해도 특허 침해에 해당할까?
> • 인공 지능이 특허 침해 판단을 할 수 있을까?

구분	청구 범위	도면
특허 발명	터치 감지 디스플레이를 포함하는 전자 장치를 제어하는 방법으로서, 상기 장치가 사용자 인터페이스 잠금 상태에 있는 동안 상기 터치 감지 디스플레이에의 접촉을 검출하는 단계 ; 상기 접촉에 따라 상기 터치 감지 디스플레이 상의 사전 결정된(Redefined) 표시 경로를 따라 잠금 해제 이미지를 이동시키는 단계 ; 상기 검출된 접촉이 사전 결정된 제스처(Gesture)에 대응하는 경우 상기 장치를 사용자 인터페이스 잠금 해제 상태로 천이시키는 단계 ; 상기 검출된 접촉이 상기 사전 결정된 제스처에 대응하지 않는 경우 상기 장치를 싱기 사용자 인터페이스 잠금 상태로 유지하는 단계를 포함하는 컴퓨터 구현 방법	터치스크린 408 장치 400 표시 경로 404 잠금해제 이미지 402 502 이동 방향 504 메뉴 버튼 410
확인 대상 발명		07 : 37 오전

Think

구성 요소 완비의 법칙에 근거하여 생각해 보자.

02 나부터 실천하는 지식재산 보호

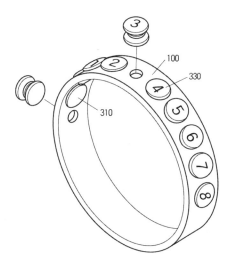

출처 ▶ 특허정보넷(키프리스), 미아방지용팔찌(디자인 도면)

학습목표
Objectives

1. 지식재산을 보호하고 예방하는 활동을 계획하고 실천할 수 있다.
2. 지식재산권의 허위 표시 유형을 알고 신고 절차를 설명할 수 있다.

키워드
Keyword

지식재산 보호   # 정품 사용   # 지식재산권 허위 표시 신고

Q Question

위조 상품 식별 요령을 살펴보자.

Q1 진품과 위조 상품을 외관상으로 비교할 수 있는 방법은 무엇일까?

지식재산보호 공익광고
(한국지식재산보호원)

Q2 그렇다면 실제로 위조 상품을 식별하는 구체적인 방법은 무엇일까?

Main Logo 자수
야크 모양(형상) / 자수 밀도 / 자수 상태 불량

EXTREME PEAK
블랙야크 Side Logo / Logo 모양 상이 / 자수 밀도 불량 /
자수 상태 불량

출처 ▶ 한국지식재산보호원

발명톡 Talk

"Just because
something doesn't do
what you planned it to
do doesn't mean it's
useless."
— Thomas A. Edison
어떤 것이 당신의 계획대로
되지 않는다고 해서 그것이
불필요한 것은 아니다.

Think

한국지식재산보호원 홈페이지에서 이외에도 진품과 구분 지을 수 있는 위조
상품 식별 방법을 더 알아보자.

① 지식재산의 보호

(1) 지식재산권 보호의 필요에 따른 특허청의 정책

최근 수년간 해외에서 우리 기업의 지식재산권 분쟁은 지속적으로 발생하고 있고, 국내 위조 상품의 피해도 심각하다. 국내외 지식재산권 분쟁으로 인한 수출 중단과 소송 비용 증가는 우리 수출 기업의 해외 진출에 큰 장애물로 작용하고 있다. 우리나라는 미국과 일본 등 주요국에 비해 지식재산권 보호 환경이 여전히 취약하고 중국 등 해외로부터 위조 상품의 국내 유입이 증가하는 등 총체적인 위기를 겪고 있다. 이에 따라 2017년부터 특허청은 아이디어 탈취 행위 등 부정 경쟁 행위 규율 대상을 확대하고, 침해 구제의 실효성 제고 및 보호 강화를 위한 제도 개선에 나섰다. 특히 부정 경쟁 행위를 포괄적으로 정의해 제4차 산업혁명 시대에 새롭게 나타날 수 있는 행위 유형을 선제적으로 보호한다는 방침이다.

(2) 상표권 침해에 대한 확인

어떤 사람이 상표를 수년 동안 사용하고 있다가 다른 사람이 본인의 상표라고 전화를 걸어오면 어떻게 할까? 가장 먼저 문제가 된 상표가 확실하게 등록까지 완료되어 있는지 확인해야 한다.
특허정보넷 키프리스(www.kipris.or.kr)에 접속해서 상표명, 권리자 성명, 출원 또는 등록 번호로 상표 등록 상태를 확인해야 한다. 많은 경우에 등록까지 완료되지 않았거나 심지어 상표권은 물론 상표 출원도 해 놓지 않은 채, 자기 상표이니 사용하지 말라는 경고를 하기도 한다. 그러나 상표는 등록하지 않으면 독점권이 생기지 않는다. 또 키프리스에서 조회할 때, 출원 중인 것인지 등록까지 완료된 것인지도 확인해야 한다. 키프리스 항목별 검색에서 상표를 입력하고 해당 상표를 찾았다면 번호 등을 눌러 상세 사항까지 확인해야 한다.

특허정보넷 키프리스

(3) 우리나라의 지식재산권 침해 대처 노력

미국은 철강 등 종래의 기간산업 분야에 있어서 국제 경쟁력이 저하되고, 첨단 기술 분야 또한 일본·EU(유럽연합) 등의 도전과 개발도상국의 진출 확대로 산업 발전의 새 활로를 찾게 되었다. 그 결과 미국은 국제적으로 비교 우위를 점하고 있는 지식재산권 분야를 미국 산업 발전의 관건으로 인식하여 1983년부터 외국 정부에 지식재산권 보호를 요청하는 등 지식재산권 보호 강화에 주력하기 시작하였다.

우리나라는 1980년대 급속한 경제 성장을 이루면서 지식재산에 대한 관심이 고조되었고, 정부 차원에서 지식재산 보호 대처 노력을 하기에 이르렀다.

② 지식재산 보호의 실천

(1) 지식재산 보호 필요성이 증대되는 이유

① 정보통신의 발달로 불법 저작물 유통이 손쉽게 이루어지고 위조 상품의 유통이 증가되는 환경에서 지식재산권의 침해 행위는 개발자, 창작자의 창작 의지를 감소시켜 산업과 문화 발전에 악영향을 준다.

② 지식재산권자가 침해 행위로부터 적절하게 구제받을 수 있도록 하여 후속 지식재산권의 개발과 창조에 기여한다.

③ 무분별한 침해 행위로부터 기업이 보유한 지식재산권을 보호하는 것은 기업의 경쟁력 확보에 중요하다.

(2) 지식재산 보호 및 실천 지식재산 분쟁 방지

타인의 권리가 침해되지 않도록 사전에 특허 정보 검색을 통해 반드시 조사하여 확인해야 한다.

(3) 위조 상품에 대한 지식재산 보호 활동

특허청이 운영 중인 '산업재산 침해 및 부정경쟁행위 신고 센터'를 이용하면, 학생들에게 위조 상품에 대한 다양한 사례들을 가지고 교육을 진행할 수 있어 매우 유용하다. 산업재산 침해 및 부정경쟁행위 신고 센터는 특허청이 상표(위조 상품), 특허, 디자인, 영업 비밀 등의 침해 행위 수사와 상품 형태 모방, 영업 외관 모방, 아이디어 탈취 등의 부정 경쟁 행위를 조사·시정권고하기 위해 운영하는 센터이다. 센터에 접수된 자료는 산업재산 특별사법경찰 수사 및 부정 경쟁 행위 조사 자료로 활용된다.

산업재산 침해 및
부정경쟁행위 신고 센터

(4) 정부의 산업재산권에 대한 권리 보호 강화

① 기본 방향

㉠ 위조 상품 유통 행위에 대한 지속적 단속 강화 및 관계 기관 간 협조 체제 구축

㉡ 산업재산권 보호·관리의 중요성에 대한 교육 및 홍보 강화

㉢ 소기업, 영세민 등 경제적 약자에 대한 특허 법률 구조 사업 지원 강화

② 주요 추진 내용

    ㉠ 산업재산권 침해 행위에 대한 단속 활동 강화, 검찰·경찰·지방자치단체와 정기 및 수시 합동 단속 강화, 일간지와 대중 매체를 통한 허위 표시, 광고 행위 조사·시정 권고 조치, 사이버 지식재산 보호센터 등 침해 행위 상설 신고 센터 운영

    ㉡ 산업재산권 보호를 위한 교육 및 홍보 강화, 기업의 산업재산권 관리 능력 제고를 위한 교육·홍보

③ 지식재산권 허위 표시 유형

⑴ 해당하지 않는 제품에 지식재산권 등록 또는 출원 번호를 표시하거나, 존재하지 않는 지식재산권 등록 또는 출원 번호를 표시하는 행위

⑵ 지식재산권 등록이 거절된 제품인데도 불구하고 지식재산권 표시를 하는 행위

⑶ 존속 기간만료 등으로 권리가 소멸하였음에도 불구하고, 지식재산권 표시를 하는 행위

⑷ 지식재산권 출원 중인 제품에 대해 지식재산권 등록 표시를 하는 행위

⑸ 지식재산권 명칭을 잘못 표기하여 지식재산권 표시를 하는 행위

⑹ 지식재산권 출원 중이 아닌데도 불구하고 지식재산권 표시를 하는 행위

소멸된 특허번호 표시

존재하지 않는 디자인등록출원번호 표시

지식재산권을 등록받지 않았는데도 불구하고, 특허청 로고
(업무표장)를 물건 또는 물건의 용기나 포장에 표시하거나,
제품 광고에 사용하여 소비자들의 오인과 혼동을 유발하는
행위

출처 ▶ 특허청(2020)

④ 지식재산권 허위 표시의 처벌

(1) 형사 처벌

지식재산권 허위 표시를 한 자는 3년 이하의 징역 또는 3000만 원 이
하의 벌금에 처하도록 규정(허위 표시 금지 및 처벌 조항). 특허법 제
228조, 실용신안법 제48조, 상표법 제233조, 디자인보호법 제222조

(2) 행정 처리

정부(특허청)에 지식재산권 허위 표시 사건으로 신고된 경우 행정지
도를 통해 시정 안내하고, 행정지도서 2회 송부 후에도 허위 표시를
시정하지 않는 경우 형사 고발 조치 등 단계적 조치를 실시함

⑤ 지식재산권 허위 표시 신고

(1) 지식재산권 허위 표시 신고 센터

- **주소**: 서울특별시 강남구 테헤란로 131
- **온라인 신고 사이트**: 지식재산보호 종합포털(www.ip-navi.or.kr)

(2) 지식재산권 허위 표시 신고 절차

지식재산보호 종합포털
IP-NAVI

IV

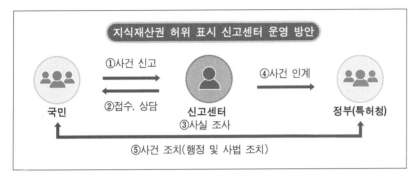

① **접수 상담**: 대표 전화, 이메일 또는 온라인 사이트

② **사실 조사**: 특허 정보 검색 서비스(KIPRIS) 등과의 비교 조사를 통해 신고 사건 허위 표시 여부 확인 및 관련 증거 수집. 허위 표시 기재자에게 지식재산권 표시 위반 사항 안내 후 해당 부분 시정 요청. 미정정 시, 특허청에 사건 인계

③ **사건 인계**: 신고 접수 내용과 증거 자료를 특허청에 제공

④ **사건 조치**: 특허청에서 특허법, 상표법 등 관련 법령 위반 여부를 최종 확인한 후 행정지도서 발송. 행정지도서 1, 2회 발송 후에도 허위 표시가 시정되지 않은 경우에는 형사 고발 등 실효적인 조치를 취함

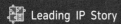

Leading IP Story

지식재산권 허위 표시 Q&A

Ⓠ 거절 결정이 확정된 이후 특허 출원 제품에 특허 출원표시를 하는 것이 허위 표시에 해당하는지요?

Ⓐ 거절 결정된 이후에는 특허 출원 중이 아니므로 허위 표시에 해당됩니다.

Ⓠ 무효심결의 확정, 존속 기간의 만료, 특허료의 불납 등으로 특허권이 소멸된 경우에 특허 표시(특허 제10-0000000호)하는 것은 허위 표시로 볼 수 있는지요?

Ⓐ 어떠한 이유든지 특허권이 소멸된 이후에 특허 표시를 하는 것은 허위 표시에 해당됩니다.

Ⓠ 국내에서 특허 받은 제품에 영어로 특허 표시(PAT No. OOOO)를 하는 것은 허위 표시에 해당하는지요?

Ⓐ 위 제품이 실제로 특허 받은 제품이고 특허번호가 실제로 등록받은 번호인 경우에는 허위 표시에 해당하지는 않습니다.

Ⓠ 국내에 상표등록이 되지 않았으나 외국에서 등록된 상표로서 Ⓡ표시를 제품에 한 경우, 허위 표시에 해당하는지요?

Ⓐ 국내에서 상표로 등록받지 않았음에도 소비자에게 해당 제품이 국내에서 상표로 등록받은 것으로 오인하게 할 수 있는 행위에 해당하므로 허위 표시에 해당할 수 있습니다.

Ⓠ 특허 받은 제품에 특허번호를 생략한 '특허'의 표기는 허위 표시에 해당하는지요?

Ⓐ 특허 받은 제품일 경우에는 허위 표시에 해당되지는 않으나, 정확한 특허 표시 방법은 아닙니다.

출처 ▶ 한국지식재산보호원(2021)

특허청,
성형외과 의료 기관
특허 허위 표시 적발
(쿠키뉴스)

Think

지식재산권 허위 표시 행위가 빈번하게 발생하는 이유는 무엇인지 생각해 보자.

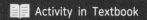 **Activity in Textbook**

교과서를 품은 활동

위조 상품 사용에 대한 지식재산 보호 활동

🖉 모둠별로 지식재산권 허위 표시 사례를 조사해 보자.

사례 1 특허 허위 표시 사례

법원명	사건번호	선고일자	사건명	요약문
서울중앙 지방법원	2013 노4884	2014- 01-24	특허법 위반	• 피고인 주식회사 ○○○은 설계업 등을 목적으로 하는 법인으로 피고인의 업무에 관하여 원고의 특허권을 이용하여 '토목 공사용 말뚝 두부보강 공법'이 특허된 것처럼 허위로 표시함 • 피고인들을 각 벌금 500,000원에 처함
부산 지방법원	2007 고단5644	2008- 01-14	특허법 위반	• 피고인은 2007. 3. 13.부터 같은 해 8. 13.까지 발명특허 제○○○○라고 기재된 상품표시 스티커를 각각의 '니들 실린더' 제품의 포장박스에 부착하여 총 150개, 판매가 합계 4,800만 원 상당의 제품을 판매함 • 특허된 것이 아닌 물건의 포장에 특허 표시를 한 피고인을 벌금 5,000,000원에 처함
광주 지방법원	2007 고정1770	2008- 01-04	특허법 위반	• 피고는 이 사건의 보일러가 실용신안 등록 되었을 뿐 특허 등록이 되지 않은 제품임에도 판매촉진을 위하여, △△신문에 위 '축열식 심야 수관식 화목 연탄 보일러'는 발명특허제품이라고 광고함 • 위 제품을 특허된 것으로 허위 표시를 한 피고인을 벌금 2,000,000원에 처함
대법원	2007 도9291	2007- 12-27	특허법 위반	• 1심에서 피고인이 '○○○○' 제품에 대하여 허위 표시를 했으므로 피고인이 제조·판매하는 이외의 제품들이 특허 출원 중이거나 특허를 받은 바 있다 하더라도 범죄의 성립에 아무런 영향을 미치지 않는다고 판시함 • 범죄사실을 유죄로 인정한 제1심 판결을 그대로 유지한 조치는 정당하다고 판시함

> **❝ 창의력을 자극하는 질문 ❞**
>
> • 공유 사이트, 웹하드 등에서 자료를 주고 받는 것도 저작권 침해인가?
> • 좋아하는 가수 팬클럽 카페에 해당 가수의 음악을 올리는 것도 저작권 침해인가?

IV

사례 2 실용신안 허위 표시 사례

법원명	사건번호	선고일자	사건명	요약문
의정부 지방법원	2013 고정266	2013- 02-14	실용신안법 위반	• 피고인은 사무실에서 투링 붙임머리를 판매하면서 포장에 '출원번호 제○○ ○○○'라는 스티커를 붙여 제3자가 보았을 때 출원 중인 상품인 것처럼 표시하였지만, 사실 피고인은 붙임머리 형태를 출원하였다가 취하하였고, 그럼에도 피고인은 2011. 1. 3.부터 2012. 4. 30.까지 별지 기재와 같이 붙임머리 포장에 허위의 출원번호 스티커를 부착하여 거래처인 미용실을 상대로 총 198개(1개당 100g), 금액 21,471,000원 상당을 판매함 • 피고인을 벌금 5,000,000원에 처함
서울중앙 지방법원	2010 고정348	2010- 03-16	실용신안법 위반	• 피고인은 주식회사 ○○○의 대표이사로 인터넷 ○○○사이트 및 쇼핑몰 사이트인 옥션과 야후 등을 통하여 위 회사의 중국 현지 공장에서 생산되어 국내로 반입된 '○○○배찜질기', '○○○ 황토볼찜질기', '○○○ 뜸질기' 등이 실용신안등록한 것이 아닌 제품임에도 불구하고 위 제품의 용기나 포장에 실용신안등록표시를 하고 이를 위 사이트에 전시하여 판매함으로써 허위 표시를 함 • 실용신안등록된 것이 아닌 물건의 포장에 실용신안등록 표시한 피고인을 벌금 150만 원에 처함
서울중앙 지방법원	2008 고단5679	2008- 10-21	실용신안법 위반	• 피고인은 잡화 수입·판매업체인 ○○○ 무역이라는 회사를 운영하고 있었고, 인터넷쇼핑몰 사이트인 옥션과 지마켓을 통하여, 중국에서 생산되어 국내로 반입되는 차광모자가 실용신안 등록한 물건이 아닌데도, 중국 제조업자가 차광모자의 용기나 포장에 실용신안등록표시를 한 차광모자를 수입한 후, 이를 위 사이트에 전시 판매함 • 피고인을 징역 4월에 처함

Think

위조 상품이 야기하는 문제는 무엇이고 우리가 할 수 있는 일은?

모둠 활동

1. 모둠별로 위조 상품이 우리에게 어떤 문제를 야기할 수 있는지 이야기해 보자.

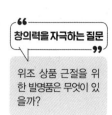

66
창의력을 자극하는 질문
99

위조 상품 근절을 위한 발명품은 무엇이 있을까?

2. 모둠별로 위조 상품 근절을 위해서 내가 할 수 있는 일을 3가지 이상 이야기해 보자.

3. 모둠별로 위조 상품 사례를 조사하여 공익 광고 포스터를 만들어 보자.

Think

위의 사례들을 중심으로 지식재산권 분쟁 모의 법정을 개최해 보자.

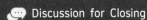 Discussion for Closing

주제를 닫는 토론

위조 상품의 피해

구분	예상되는 피해
상거래 질서	
소비 생활	
국내 산업	
상표권자 피해	
대외 통상	

특허청 동영상보고서 –
특허청 특별사법경찰대
(특허청)

Think

위조 상품으로 인해 예상되는 피해를 살펴보고 나부터 실천할 수 있는 지
식재산 보호 방법을 생각해 보자.

Notice

단원 교수·학습 유의사항

1. 위조 상품 식별 요령을 쉽게 파악할 수 있는 방법을 지도한다.

2. 지식재산을 보호하고 예방하는 활동을 스스로 계획하고 실천할 수 있도록 한다.

3. 지식재산권의 허위 표시 유형과 그 신고 절차를 알 수 있도록 한다.

위조상품 유통 실태와
지식재산권 보호
(한국지식재산보호원)

IV

IV 단원 마무리 퀴즈

01 특허권의 발생·변경·소멸 및 그 권리 범위에 관한 분쟁을 해결하기 위한 특별 행정 심판은?

02 특허심판원의 심결 또는 각하 결정에 불복하고자 하는 경우에 특허법원에 제기하는 소송으로서, 심결 또는 결정의 등본을 송달받은 날부터 30일 이내에 소를 제기해야 하는 것은?

03 특허권 침해 발견 시 대응 방법은?

04 저작권 침해의 요건은?

05 지식재산권 허위 표시를 온라인으로 신고하려면, [   ]에 접속하여 신고 접수하면 된다.

06 지식재산권 허위 표시를 한 자는 [   ] 이하의 징역 또는 [   ] 이하의 벌금에 처하도록 규정하고 있다.

⊘해답

01. 특허 심판   **02.** 심결 취소 소송

03. 경고장 발송, 침해금지 및 손해배상 청구, 가처분 신청, 적극적 권리범위확인 심판, 형사고소

04. 원저작물에 저작권이 발생할 것

상대방의 행위가 저작재산권 등의 범위에 포함될 것

원저작물을 이용하였을 것

원저작물과 동일성이 인정되거나 종속적 관계, 즉 '실질적 유사성'이 있을 것

05. 지식재산보호 종합포털   **06.** 3년/3000만 원

참고문헌

특허청, & 한국발명진흥회. (2018). 지식재산의 이해. 박문각.

특허청, & 한국발명진흥회. (2015). 발명과 지식재산 교육론. 박문각.

특허청. (2015). 지식재산권 표시 가이드라인. 특허청.

특허청. (2020). 지식재산권 표시 가이드라인. 특허청.

특허심판원. (2022). 특허심판원 홈페이지.
Retrieved from http://www.kipo.go.kr/ipt/

특허청. (2022). 산업재산 침해 및 부정경쟁행위 신고 센터.
Retrieved from www.ippolice.go.kr

특허청. (2022). 특허정보넷 키프리스. Retrieved from www.kipris.or.kr

특허청. (2022). 특허청 홈페이지. Retrieved from www.kipo.go.kr

한국지식재산보호원. (2021). 지식재산보호 종합포털.
Retrieved from http://www.ip-navi.or.kr

연합뉴스. (2021). [그래픽] 지식재산권 무역수지 추이.
Retrieved from https://www.yna.co.kr/view/GYH20210323001100044

추천도서

윤여강 · 장민기 · 최정남. (2013). 혼자서도 할 수 있는 지식재산보호 : 농식품분야. 책창고.
▶ 농업인들을 위한 지식재산보호 안내서. 독창적인 기술 개발과 내 지식재산, 권리를 찾을 수 있는 경영 노하우를 알려주는 책

Exploration and Practice of
Invention and Intellectual
Property Education

V 지식재산의 활용

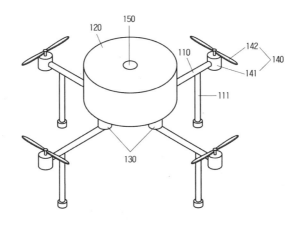

출처 ▶ 특허정보넷(키프리스), 추락사고방지 드론(특허실용신안 도면)

성취 기준
Achievement
Criteria

1. 지식재산 활용에 대한 중요성과 전략을 설명할 수 있다.
2. 기술 경영과 기술 가치 평가의 의미를 설명할 수 있다.
3. 지식재산 비즈니스의 유형과 역할을 설명할 수 있다.

지식재산 전쟁의 승리에 반드시 필요한 무기

호랑이는 죽어서 가죽을 남기고,
사람은 죽어서 이름을 남긴다.
그렇다면 기업은 죽어서 무엇을 남기는가?
그 답은 특허이다.

2011년 7월 캐나다 노텔의 특허 자산은 애플을 중심으로 한 컨소시엄에 45억 달러로 매각되었다. 인수 경쟁사였던 구글은 9억 달러 정도면 노텔의 특허를 손에 넣을 수 있을 것이라고 생각했지만, 애플이 엄청난 금액을 제시했던 것이다.

왜 구글은 노텔의 특허를 9억 달러라는 큰돈을 주고 인수하고자 했으며, 무엇이 애플로 하여금 45억 달러라는 천문학적인 금액을 제시하게 했는가?

전쟁에서는 반드시 승리해야 한다. 기업 간 전쟁이나 지식재산 전쟁에서 마찬가지이다. 지식재산을 확보하는 것은 전쟁에서 무기와 같다. 그 무기의 값이 얼마인지는 중요하지 않다.

노텔의 특허는 구글에게는 9억 달러, 애플에게는 45억 달러의 가치가 있는 것이다. 똑같은 무기라도 누구 손에 있고, 어떻게 쓰이느냐에 따라 가치가 달라진다.

지식재산에 대하여 개인 혹은 기업이 지식재산을 창출하고 보호하는 것도 중요하지만, 지식재산을 사업화하고 경영하는 등의 지식재산을 활용하는 것은 매우 가치 있는 일이다. 이러한 지식재산의 가치와 중요성을 담아 『지식재산 경영의 미래』(고정식, 2011)에서는 "호랑이는 죽어서 가죽을 남기고, 사람은 죽어서 특허를 남긴다."라고 설명하였다.

이처럼 현대 사회에서 지식재산을 기반으로 한 기술 혁신은 매우 중요하다. 지식재산은 제4차 산업혁명 시대에 국가 경쟁력을 측정하는 주요 요소이며, 지식재산 기반 사회의 중요한 원동력이 된다.

이러한 지식재산을 경영하고 사업화하는 것은 매우 중요하다. 지식재산 사업화에 성공한 사례를 살펴보면 공통점이 있다. 특허 기술 사업화 성공 사례집(2003년)을 분석하여 특허 기술 사업화의 공통적인 기술 개발 성공 전략을 제시하면 다음과 같다.

> 첫째, 미래 지향적이고 차별화된 아이템 선정
> 둘째, 자신이 좋아하고 잘할 수 있는 제품군 개발
> 셋째, 한 가지 아이디어 또는 원료를 다양한 아이디어로 재창출
> 넷째, 기존 제품의 약점을 극복한 틈새 제품 개발
> 다섯째, 기술 표준화에 부합되는 제품 개발
> 여섯째, 기술을 이전하고 추가 재개발하여 제품 개발
> 일곱째, 특허 기술을 끊임없이 재가공
>
> 출처 ▶ 특허청, & 한국발명진흥회(2015, p.203)

따라서, 지식재산 경영 및 사업화에 성공하려면 끊임없이 도전하는 기업가 정신과 기존의 제품을 분석하고 참신한 아이디어로 제품을 개발할 수 있는 역량이 필요하다고 할 수 있다.

"Failure is an option here. If things are not failing, you are not innovating enough."
— Elon Reeve Musk
실패는 하나의 옵션이다. 지금 어떠한 것이든 실패하고 있지 않다면, 혁신하고 있지 않은 것이다.

01 ┤ 돈 되는 지식재산

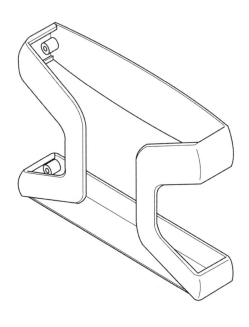

출처 ▶ 특허정보넷(키프리스), 책꽂이(디자인 도면)

학습목표
Objectives

1. 지식재산 활용을 통한 기술 개발 성공 전략을 제시할 수 있다.
2. 지식재산 기본법의 의미를 설명할 수 있다.
3. 지식재산 교육의 필요성을 설명할 수 있다.

키워드
Keyword

지식재산 활용   # 지식재산 기본법   # 지식재산 교육

지식재산 활용의 의미를 생각해 보자.

Q1 지식재산을 활용하는 것이 왜 중요한지 경제적 관점에서 생각해 보자.

Q2 지식재산 기본법이 제정된 이유를 생각해 보자.

Q3 강한 특허를 취득하기 위해서는 무엇이 필요할까?

발명톡 Talk

"Creativity is thinking up new things. Innovation is doing new things."
— Theodore Levitt

창의성은 새로운 것을 고안하는 것이고, 혁신은 새로운 것을 실행하는 것이다.

Think ───────────
지식재산 기본법을 통해 어떻게 지식재산 활용을 촉진하고자 하는가?

① 지식재산의 활용 이해

> 한국, 2021 세계지식재산기구 '글로벌 혁신지수' 5위 달성
>
> 문화체육관광부가 9월 20일 국제연합(UN) 산하 세계지식재산기구(WIPO)가 발표한 '2021 글로벌 혁신지수(GII)'에서 우리나라가 지난해 대비 5단계 상승한 5위를 기록했다고 밝혔다.
> WIPO는 한국의 주목할 만한 상승에 있어 문화·창의서비스 수출과 상표, 세계 브랜드 가치 등의 세부지표가 개선됐다고 밝혔다. 문화산업의 성과와 연관된 '창의적 성과' 분야가 지난해 14위에서 올해 8위로 6단계 상승한 점이 순위 상승에 크게 영향을 미친 것으로 파악된다.
> '창의적 성과' 분야 중에서도 '문화·창의서비스 수출'이 조사에 포함된 세부지표 중 최대 상승폭(전년 대비 13단계 상승)을 기록했다. '엔터테인먼트 및 미디어 시장' 지표의 순위 역시 전년 대비 2단계 상승한 16위를 기록했다.
>
> ···(중략)···
>
> 한편 2021 글로벌 혁신지수에서 스위스가 1위, 스웨덴이 2위, 미국이 3위, 영국이 4위, 싱가포르가 8위, 중국이 12위, 일본이 13위를 차지했다.
>
> 출처 ▶ 문화체육관광부 보도자료(2021. 9. 20.)

개인과 기업이 지식재산을 창출하고 보호하는 활동뿐만 아니라, 지식재산을 사업화하고 경영하는 등의 지식재산을 활용하는 것은 매우 가치 있는 일이며 그 중요성은 날로 증가하고 있다. 세계 경제 패권을 다투는 미국, 중국, 유럽 등에서는 지식재산권(IP) 시장에서도 치열한 경쟁을 벌이고 있다. 세계적으로 지식재산의 중요성이 날로 커지고 있으며, 미국 S&P 500 기업의 무형자산 가치는 2020년 기준으로 21조 달러(2경 4297조 원) 이상으로 총자산의 90%를 차지하기에 이르렀다. 이러한 지식재산 경쟁에 뒤처지지 않기 위해 한국에서는 2011년 지식재산 기본법을 제정하고, 대통령 직속 기관인 국가지식재산위원회(지재위)를 설립하였다. 이를 중심으로 10년간 지식재산 제도 혁신 등을 통해 세계 4위 특허 출원국이라는 쾌거를 이루었으며, 2020년에는 상반기 IP 무역수지에서 첫 흑자를 기록하였다.

이처럼 현대 사회에서는 지식재산을 기반으로 한 기술 혁신은 매우 중요하다. 지식재산은 제4차 산업혁명 시대에 국가 경쟁력을 측정하는 주요 요소이며, 지식재산 기반 사회의 중요한 원동력이 된다.

이러한 지식재산을 창출하고 경영 전략에 반영하는 것은 중요하다. 지식재산 사업화에 성공한 사례를 살펴보면 공통점이 있다. 특허 기술 사업화 성공 사례집(2003년)을 분석하여 특허 기술 사업화의 공통적인 기술 개발 성공 전략을 제시하면 다음과 같다.

첫째, 미래 지향적이고 차별화된 아이템 선정
둘째, 자신이 좋아하고 잘할 수 있는 제품군 개발
셋째, 한 가지 아이디어 또는 원료를 다양한 아이디어로 재창출
넷째, 기존 제품의 약점을 극복한 틈새 제품 개발
다섯째, 기술 표준화에 부합되는 제품 개발
여섯째, 기술을 이전하고 추가 재개발하여 제품 개발
일곱째, 특허 기술을 끊임없이 재가공

출처 ▶ 특허청, & 한국발명진흥회(2015, p.203)

이러한 점에서 2017년 미국 시장조사기관인 CB insight사는 미국 최대 IT기업인 Apple사의 특허 전략을 분석하여 발표하였는데, Apple의 미래를 볼 수 있다.

(주요내용) Apple사는 증강·가상현실(AR/VR), 인공지능(AI), 자율주행자동차 등의 특허에 집중하고 있음
• Apple社의 최다 특허 부분은 2009년 이후 533건의 특허를 보유한 사이버 보안이며, 그 다음으로 AR/VR(253건), 자율주행자동차(72건), AI(22건) 순임
• Apple社는 AR 관련 '상호작용 3D 디스플레이 시스템(Interactive Three-dimensional Display System)'을 2012년 10월 특허출원하여, 교육, 의학 진단 및 생체공학 등의 분야에서 더 큰 사업을 구상하고 있음
• 또한, 최근 Apple社의 M&A 최대 목표는 AR이었으며, 2013년 3D 센서 제조업체인 PrimeSense社를 3.6억 달러에 인수함
• Apple社는 자사의 특허를 적극적으로 보고하고 있으며, 아이폰의 포장, 애플스토어의 쇼핑백과 같은 평범한 것들에 대한 특허도 보유하고 있음

출처 ▶ 한국지식재산연구원(2017)

따라서 지식재산 경영 및 사업화에 성공하려면 끊임없이 도전하는 기업가 정신과 기존의 제품을 분석하고 참신한 아이디어로 제품을 개발하고 활용할 수 있는 역량이 필요하다.

② 지식재산 기본법의 지식재산 활용과 지식재산 교육

2011년 발명, 상표, 도서·음반, 게임물, 반도체 설계, 식물의 품종 등 여러 개별 법률에 근거를 두고 있는 지식재산에 관한 정책이 통일되고 일관된 원칙에 따라 추진될 수 있도록 하기 위하여 지식재산 기본법이 제정되었다. 이를 통해 정부의 지식재산 관련 정책의 기본 원칙과 주요 정책 방향을 법률에서 직접 제시하는 한편, 정부 차원의 국가지식재산 기본계획을 수립하고 관련 정책을 심의·조정하기 위하여 국가지식재산위원회를 설치하는 등 추진 체계를 마련함으로써, 우리 사회에서 지식재산의 가치가 최대한 발휘될 수 있는 사회적 여건과 제도적 기반을 조성하는 것을 목적으로 한다.

이 법은 5장 40조로 구성되었으며, 제3장 제3절 지식재산의 활용 촉진에 4개 조로 지식재산의 활용에 관한 구체적인 내용을 명시하고 있으며, 이를 통해 지식재산의 활용의 범위를 산정할 수 있다.

제3장 제3절 지식재산의 활용 촉진
제25조(지식재산의 활용 촉진)

① 정부는 지식재산의 이전(移轉), 거래, 사업화 등 지식재산의 활용을 촉진히기 위하여 다음 각 호의 사항을 포함하는 시책을 마련하여 추진하여야 한다.

 1. 지식재산을 활용한 창업 활성화 방안
 2. 지식재산의 수요자와 공급자 간의 연계 활성화 방안
 3. 지식재산의 발굴, 수집, 융합, 추가 개발, 권리화 등 지식재산의 가치 증대 및 그에 필요한 자본 조성 방안
 4. 지식재산의 유동화(流動化) 촉진을 위한 제도 정비 방안
 5. 지식재산에 대한 투자, 융자, 신탁, 보증, 보험 등의 활성화 방안
 6. 그 밖에 지식재산 활용 촉진을 위하여 필요한 사항

② 정부는 국가, 지방자치단체 또는 공공연구기관이 보유·관리하는 지식재산의 활용을 촉진하기 위하여 노력하여야 한다.

제26조(지식재산서비스산업의 육성)

① 정부는 지식재산 관련 정보의 분석·제공, 지식재산의 평가·거래·관리, 지식재산 경영전략의 수립·자문 등 지식재산에 관련된 서비스 산업(이하 "지식재산서비스산업"이라 한다)을 육성하여야 한다.
② 정부는 지식재산서비스산업에 대하여 창업 지원, 인력 양성, 정보 제공 등 필요한 지원을 할 수 있다.

지식재산 기본법

③ 정부는 우수한 지식재산 서비스를 제공할 수 있는 역량과 실적을 보유한
사업자 등을 선정하여 포상하고, 관련 정부사업의 참여에 대한 혜택을
제공하는 등 필요한 지원을 할 수 있다.
④ 정부는 지식재산서비스산업에 대한 분류 체계를 마련하고, 관련 통계를
수집·분석하여야 한다.

제27조(지식재산의 가치 평가 체계 확립 등)

① 정부는 지식재산에 대한 객관적인 가치 평가를 촉진하기 위하여 지식재산
가치의 평가 기법 및 평가 체계를 확립하여야 한다.
② 정부는 제1항에 따른 평가 기법 및 평가 체계가 지식재산 관련 거래·금융
등에 활용될 수 있도록 지원하여야 한다.
③ 정부는 지식재산의 가치 평가를 활성화하기 위하여 관련 인력을 양성하
여야 한다.

제28조(지식재산의 공정한 이용 질서 확립)

① 정부는 지식재산의 공정한 이용을 촉진하고, 지식재산권의 남용을 방지
하기 위하여 노력하여야 한다.
② 정부는 공동의 노력으로 창출된 지식재산이 당사자 간에 공정하게 배분될
수 있도록 필요한 조치를 하여야 한다.
③ 정부는 대기업과 중소기업 간의 불공정한 지식재산의 거래를 방지하고
서로 간의 협력을 촉진하여야 한다.

또한 이 법에서는 지식재산 기본법과 지식재산의 교육과의 관계를
제33조(지식재산 교육 강화)와 제34조(지식재산 전문인력 양성)에 명
시하고 있다.

제33조(지식재산 교육 강화)

① 정부는 국민의 지식재산에 대한 인식과 지식재산 창출 및 활용 역량을
높이기 위하여 지식재산에 관한 교육을 강화하여야 한다.
② 정부는 「초·중등교육법」 제2조 및 「고등교육법」 제2조에 따른 학교의
정규 교육과정에 지식재산에 관한 내용이 반영되도록 하여야 한다.
③ 정부는 지식재산에 특성화된 학교를 육성하고, 지식재산 관련 학과나
강좌가 개설될 수 있도록 하여야 한다.
④ 정부는 「평생교육법」 제2조에 따른 평생교육기관의 교육과정에 지식재
산에 관한 이해와 관심을 넓힐 수 있는 내용이 포함될 수 있도록 하여야
한다.

제34조(지식재산 전문인력 양성)

① 정부는 지식재산의 창출·보호 및 활용과 그 기반 조성에 필요한 전문인력을 양성하여야 한다.

② 정부는 여성 지식재산 전문인력의 양성 및 활용방안을 마련하고 여성이 지식재산 부문에서 그 자질과 능력을 충분히 발휘할 수 있도록 하여야 한다.

③ 정부는 지식재산 전문인력을 양성하기 위하여 산업계, 학계, 연구계 및 문화예술계 등과 협력하여야 한다.

④ 정부는 지식재산 전문인력을 양성하기 위하여 공공연구기관이나 사업자 등에 대하여 교육설비, 교재개발, 교육시행 등에 필요한 비용의 전부 또는 일부를 지원할 수 있다.

지식재산 기본법 등에 따라 2015 개정 교육과정에서 교육적 위계성을 고려하여 고등학교 진로 선택 과목으로 '지식 재산 일반' 교과목을 편성하여 운영하고 있으며, 매년 단위학교에서 교과목 선정 수가 증가하고 있다.

이미 선진국에서는 지식재산 창출, 보호를 넘어서 활용 전문인력 양성을 위해 상당한 교육과 실무 및 전문인력 양성 프로그램을 운영하고 있으며, 우리나라는 후발 주자로서 따라가고 있다. 한국의 1인당 특허 출원 건수는 세계 1위 수준이기는 하지만 특허 수준을 가늠하는 피인용 횟수(특정 특허가 다른 특허에 인용되는 횟수)는 약하다는 지적이 나오고 있으며, 이는 실제 사업화에 활용되지 않는 장롱 특허가 많다는 의미로 볼 수 있다.

강한 특허는 시장의 요구에 부합해 많은 매출이나 이익을 가져다주는 특허를 말한다. 외부에서 무효 소송이나 침해 소송을 걸 수 없는 질 높은 특허이기도 하다. 코로나19 진단 키트 업체인 씨젠 사례가 대표적이다. 씨젠은 진단 키트를 내놓으면서 침해 소송이 걸릴 만한 요소를 피했다. 경쟁사 특허를 분석해 회피하는 전략으로 기술 개발에 매진한 결과 코로나19 확산 첫해인 2020년 1조 원의 매출을 기록했다. 전년 대비 930% 증가한 결과다.

특허는 책상에 앉아서 만들 수 있는 것이 아니다. 강한 특허를 만들려면 연구개발(R&D) 전략을 세울 때부터 어떤 특허를 만들지 판단하는 전략이 필요하며, 이러한 학습경험을 어릴 때부터 경험할 필요가 있다.

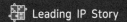 **Leading IP Story**

인생의 가치

청소년들은 앞으로의 진로에 대하여 깊은 고민을 하고 있다. 자신이 좋아하는 것을 하고 싶지만, 대학의 입시는 또 다른 준비와 스펙을 요구한다.
하지만 이○○ 학생은 '나를 나답게 하는 방법'을 통해 이러한 고민을 해결하고 자신의 꿈을 키워나가며 인생을 가치 있게 살아가고 있다. 『발명을 통해 꿈을 꾸고 꿈을 이룬 여대생들』의 저자 문○○ 학생 역시 "너의 꿈은 뭐니?"라는 질문에 고민을 하고 발명을 통해 꿈을 이루고 있는 학생이다.

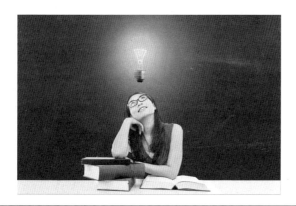

🔍 **이○○ 학생의 나를 나답게 하는 방법은 무엇인가?**

> 예) 자신이 좋아하는 일, 재미있는 일, 꿈을 갖는 일, 포기하고 싶을 때 사랑하는 주위 사람을 생각하기

🔍 **두 학생이 발명을 통해 얻은 삶에서의 가치는 무엇인가?**

> 예) 나를 나답게 하는 방법, 불편함에 맞서는 방법, 책꽂이(천오백만 원), 상금과 상장

세바시 779회,
나를 나답게 하는
3가지 방법

세바시 780회,
불편함에 맞서는 방법

Think

나와 발명, 지식재산은 어떠한 관계가 있는가?

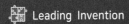 **Leading Invention**

특허청 기술 거래 지원 사업

특허청의 기술 거래 지원 사업(Program for Supporting Technology Transfer)은 중소기업에서 필요로 하는 기술을 찾고자 하는 노력에 비해 효과가 떨어져 관련 전문가가 중소기업에서 원하는 기술을 매칭하고 기술 이전 계약과 사후 관리를 전문적으로 진행하기 위해서 시작되었다.

1. 기술 거래 지원 사업의 필요성

① 신제품 또는 기존 제품 경쟁력 강화를 위해 기술 도입 필요
② 지식 기반형 신사업 구조로 지속적 변화를 통한 국가 경쟁력 강화
③ 미활용 특허의 활용

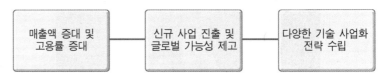

○ 기술 거래 지원 사업의 기대 효과

2. 기술 거래 지원 사업 성공 사례

① 국내 중소기업 C사는 기술 이전을 통해 컴퓨터 유통업에서 보안 기술 (망분리 기술) 업체로 사업 전환을 통해 매출액이 10억 원에서 100억 원으로 10배 상승
② 국내 중소기업 Y사는 손난로 기술 이전과 시제품 제작 지원 사업을 통해 매출액 3억 원에서 50억 원으로 성장
③ 국내 중소기업 F사는 한국전자통신연구원의 기술 도입을 통해 영상 인식기술의 기술 역량을 강화함과 동시에 산업은행으로부터 5억 원의 IP 담보 대출을 받았으며 현재 산업은행과 30억 원 투자 검토를 진행 중에 있음
④ 국내 중소기업 E사는 기술 이전을 통해 기술보증기금의 기술 사업화 자금을 받았으며, 한국전자통신 연구원의 1사(社) 1실(室) 프로그램 지원을 받아 기술 상용화함

출처 ▶ 특허청(2014)

지식재산 활용
네트워크 IP-PLUG

Think

특허청의 지원 사업이 지식재산 경영에 어떠한 도움을 주는가?

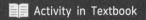 **Activity in Textbook**

교과서를 품은 활동

발명품의 사업적 가치 평가해 보기

✎ 자신의 발명품을 사업적 가치가 있는지 평가해 보고 토론해 보자.

발명품 평가 방법

✎ 점수를 5점 척도로 평가한다.
- 전혀 그렇지 않다 : 1점
- 그렇지 않다 : 2점
- 보통이다 : 3점
- 그렇다 : 4점
- 매우 그렇다 : 5점

[아이디어 스케치]

> **창의력을 자극하는 질문**
> - 또 다른 사업적 가치 평가 요소는 없을까?
> - 내 발명품의 소비자는 누구인가?

평가항목		평가내용	점수				
			1	2	3	4	5
기술성	신규성	발명품이 종래의 것과 다른 차별성이 있는 것인가?					
	제작비용	발명품이 종래의 것보다 싸거나 비싼가?					
	무게	발명품이 종래의 것보다 가볍고 다루기가 쉬운 것인가?					
	크기	발명품이 종래의 것보다 작거나 큰가?					
	안정성	발명품이 보다 안전하며 종래보다 훨씬 건강에 도움이 되는가?					
	속도	발명품이 종래의 것보다 빠르거나 느린가?					
	사용 편리성	발명품이 종래의 것보다 편리하거나 어려운가?					
	외관	발명품이 종래의 것보다 좋은 혹은 나쁜 외관을 갖는가?					
	정밀성	발명품이 종래의 것보다 보다 정밀한가?					
	소음	발명품이 종래의 것보다 작동 시 조용한가?					
	품질	발명품이 종래의 것보다 좋은 품질을 갖는가?					
	긴 수명	발명품이 수십 년간 판매 가능한 것인가?					

시 장 성	시장 경쟁력	몇몇 혹은 아주 많은 경쟁자가 존재하는가?				
	생산 용이성	발명품이 종래의 것보다 생산이 쉽거나 저렴한가?				
	시장 규모성	발명품의 시장이 종래의 것보다 훨씬 넓은 시장을 갖는가?				
	시장 침투성	발명품이 종래에 시장에 알려진 것을 개량한 것인가?				
	시장 수용성	발명품이 만들기가 쉬우면서 소비자가 구입하기 좋은가?				
사 업 성	유지·보수성	발명품이 종래의 것보다 수리가 쉬운가?				
	욕구 만족도	발명품이 소비자가 계속 요구해 오던 것을 만족시키고 있는가?				
	생산성	발명품 생산에 현재의 설비를 이용 가능한가?				
나의 평가 점수			평가 총평하기			

📎 각자 자신의 발명품에 대해 평가해 보고 사업적 가치기 어느 정도인지 그리고 어느 발명품이 가장 시업직 가치가 높은지에 대해 서로 토의해 보자.

대한민국 청소년 창업
경진대회

전국학생과학발명품
경진대회
(국립중앙과학관)

Think

전국 발명대회에서 입상한 발명품의 사업성에 대하여 평가해 보자.

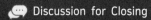 **Discussion for Closing**

주제를 닫는 토론

🖊 특허청은 기업의 특허 · 제품 · 경영 관련 현안 문제를 지식재산 관점에서 해결하고 기업의 제품 및 사업 경쟁력을 강화할 수 있는 전략을 수립해 주는 지식재산 활용 전략 지원 사업을 실시하고 있다. 특허 기술의 다양한 전략적 활용 지원을 살펴보고 사업을 시작했을 때 자신이 가지고 있거나 구상 중인 기술에 대하여 어떠한 지원을 받아야 할지 생각을 이야기해 보자.

> **창의력을 자극하는 질문**
> • 특허 전략이 왜 필요할까?
> • 특허 기술 활용 지원 사업을 어떻게 활용할 수 있을까?

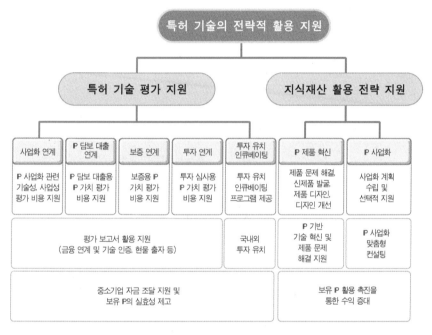

출처 ▶ 특허청(2016, p.7)

Think

지식재산 거래 정보에는 어떠한 것이 있을까?

02 지식재산 CEO 되기

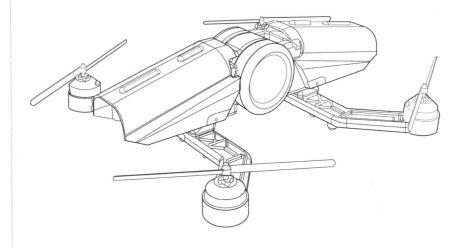

출처 ▶ 특허정보넷(키프리스), 드론(디자인 도면)

학습목표
Objectives

1. 기술 경영을 이해하고 설명할 수 있다.
2. 사업 개념과 비즈니스 모델을 설명할 수 있다.
3. 자신의 발명품을 사업 개념과 비즈니스 모델을 통해 분석할 수 있다.

키워드
Keyword

기술 경영   # 기술 사업화   # 기술 가치 평가   # 지식재산 비즈니스

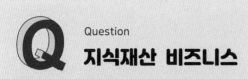

Q Question
지식재산 비즈니스

Q1 지식재산권 거래의 개념은 무엇인가?

Q2 지식재산 비즈니스의 종류에는 어떠한 것들이 있는가?

국가지식재산거래 플랫폼

Q3 지식재산권의 가치 분석은 어떠한 절차로 이루어지는가?

지식재산 활용
네트워크 IP-PLUG

발명특 Talk

"If I have seen further
it is only by standing
upon the shoulders of
giants."
— Isaac Newton
내가 남보다 멀리 보았다면
그것은 내가 거인의 어깨
위에 서 있었기 때문이다.

Think

지식재산의 불공정 거래에 대한 사례 및 법률 등에는 어떠한 것이 있는가?

Question

자신의 제품을 사업화해 보자.

┌─────────────── 용어 ───────────────┐

비즈니스 모델
하나의 사업이 어떻게 가치
를 포착하고 창조하고 전파
하는지에 대한 계획이나 방
법 등의 전략으로서 어떻게
소비자에게 제공하고, 마케
팅하며 수익을 창출할 것인
지에 대한 모델

Q1 자신이 사업화할 제품 혹은 서비스에 대해 설명해 보자.

비즈니스 모델 캔버스
(Strategyzer)

Q2 자신의 사업 아이템에 대하여 비즈니스 모델 캔버스를 작성해 보자.

핵심 파트너	핵심 활동	가치 제안	고객 관계	목표 고객
가치 생성과 핵심 활동을 위한 외부 제휴	사업의 구체적인 활동	목표 고객에게 전달할 가치, 즉 고객이 얻을 수 있는 가치들	고객과 최초로 혹은 지속적으로 관계 구축하는 방법	구체적으로 어떤 고객과 만날 것인가?
	핵심 자원		**유통 채널**	
	사업에 필요한 자원		상품 및 서비스를 전달하는 매개체 혹은 조직들	

비용 구조	수입 흐름
사업을 수행하고 수익을 발생(핵심 자원, 핵심 활동, 파트너십 등)시키기 위해 필요한 비용	수입이 발생하는 구조(수입 발생 계획, 수입 확보 수단, 수입 규모 등)

출처 ▶ Osterwalder & Pigneur(2011)의 내용을 재구성함

Think

우수한 사업이 되기 위하여 사업 개념을 설정하고 객관적인 평가를 통해 사업에 대한 타당성을 확보해 보자.

① 기술 사업화

(1) 기술 경영과 기술 사업화의 개념

기술 경영에 대하여 다양한 정의가 있지만, 가장 근본적으로 '기술 사업화(Commercialization)'라고 정의할 수 있다. 기술은 그 자체로 가치를 가질 수 없으므로 사업화를 통하여 이루어진다. 기술 사업화는 기술을 주요 자원으로 하여 사업화를 전개하는 제반 과정에 사업화가 원활하게 진행되도록 경영의 원리를 접목하여 가치 창출을 극대화하려는 관리 또는 활동을 의미한다.

기술 사업화는 '기술을 이용하여 제품을 개발·생산 및 판매하거나 그 과정의 관련 기술을 향상시키는 것'으로 정의된다(기술의 이전 및 사업화 촉진에 관한 법률 제2조). 일반적으로 기술 사업화는 기술 개발의 결과물인 기술 자산을 활용해 부가가치를 창출하는 활동을 포괄적으로 말하며 기술 자산의 관리(기술 가치 평가, 특허 등 지식재산권, 기술 사업화 전략 등의 활동)와 가치 창출(기술 이전, 기술 판매, 기술 창업)의 분야로 나눌 수 있다(이춘우 외, 2014).

(2) 발명품의 상업적 가치 판단의 기준

발명품을 만들고 특허를 등록받아도 상업적으로 성공하려면 시장성을 갖추어야 한다. 시장성은 기술적인 문제보다 소비자의 입장에서 발명품의 사용에 대한 편이성, 새로운 기능, 새로운 시장 개척 가능성 등을 살펴보아야 한다. 아무리 훌륭한 발명품이라 할지라도 소비자가 발명품을 다루기 어려우면 고객으로부터 외면당하기 쉽다. 또한 기존에 있던 제품과의 차별성이 있어야 하며, 기존에 있던 제품의 시장 선점 등을 고려하여 새로운 시장을 개척할 수 있어야 상업적으로 성공할 수 있다.

(3) 발명품과 지식재산권

발명품에 대한 지식재산권적 가치를 갖기 위해서는 특허권을 등록해야 한다. 이를 통해 시장에서 독점적이고 배타적인 위치를 확보해 많은 이윤을 창출할 수 있다.

(4) 발명품의 사업화 평가

발명품에 대한 사업화 평가 요소로는 발명품의 기술성 평가, 시장성 평가, 사업성 평가가 있으며, 이러한 평가 요소를 통해 발명품의 사업적 가치를 평가할 수 있다.

(5) 기술 사업화의 단계

기술이 사업화되고 가치 창출을 극대화하기 위해서는 일련의 단계를 거치게 된다. 기술이 갖는 의미는 매우 크고 국가 경쟁력을 좌우하므로 이를 단계적인 목표와 활동을 통해 개발 및 관리해야 한다.

기술 사업화의 유형에는 기술 지도, 기술 양도, 합작 사업(Joint Venture), 인수·합병(M&A), 실시권 허락(Licensing), 기술 창업 등이 있다. 기술 창업은 기술 보유자가 발명 등을 인정받아 창업하거나 창업에 참여하는 것을 말한다. 기술 창업은 기술 사업화의 유형 중에 가장 위험도가 높으나 수익을 창출할 가능성이 매우 높으므로 창업가들은 위험을 감수할 수 있는 태도 및 역량이 요구된다.

마크 저커버그(Mark Zuckerberg)는 미국 뉴욕 출신의 프로그래머이며, 페이스북의 설립자이자 최고경영자이다. 2006년 마크 저커버그는 야후로부터 10억 달러의 인수 제안을 받았지만, 이를 거절하였다. 이때, 페이스북 초기 직원들은 거액에 회사를 팔지 못한 것에 실망하며 부자가 될 수 있는 기회를 놓쳤다고 생각하였다. 그러나 설립자인 마크 저커버그는 '가장 큰 위험은 아무 리스크도 감수하지 않는 것이다.'라고 생각했다. 그는 사업의 가치 분석과 평가를 통해 충분한 가치 창출을 할 수 있다는 신념을 버리지 않고, 연구·개발하였으며, 벤처캐피털로부터 2억 5천만 달러를 추가적으로 투자받아 회사를 지속적으로 운영하였다. 2017년에는 페이스북 이용자가 전 세계적으로 20억 명을 넘어섰으며, 현재 기하급수적으로 이용자가 증가하고 있다. 기술 창업을 통한 기술 사업화를 위해서는 위험을 감수하는 태도와 자신의 발명품이나 서비스 등에 대한 명확한 사업 분석 및 개념 설정이 중요하다.

먼저 기술 기획 및 전략 단계는 산업 분석, 신규 개발 도출, 기술 정보 분석, 시장 예측 등의 활동을 통해 새로 개발해야 할 기술의 과제를 도출하는 것이다.

신규 기술 도출 후에는 도출된 기술을 자체적인 연구 개발을 통해 획득하거나 외부 기술을 도입 또는 매입하여 기술을 획득하고 관리하여야 한다. 외부의 기술을 매입하기 위해서는 기술 가치 평가와 기술 거래 등의 활동이 요구된다. 이와 같은 기술 개발 관리 단계의 주요 활동으로는 R&D 기획, 관리 그리고 결과 평가가 있다.

마지막으로 획득된 기술을 바탕으로 기술을 사업화하거나 활용하게 된다. 사업화 및 활용 단계의 주요 활동으로는 매입, 라이선싱과 같은 기술 거래를 통한 이전이 있다.

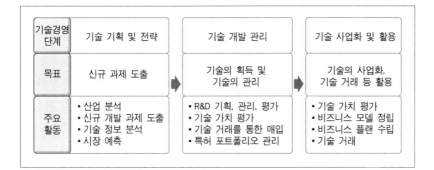

○ 기술 경영의 단계별 목표와 활동

사례

날개 없는 선풍기로 유명한 영국의 가전기업 다이슨(Dyson)의 창립자이자 최고 엔지니어인 제임스 다이슨은 먼지봉투 없는 청소기를 만들기 위해 5,126번의 실패를 겪었다. 제임스 다이슨은 자택을 청소하던 중 사용할수록 먼지봉투에 먼지가 차서 흡입력이 떨어지는 청소기에 불편함을 느껴 먼지봉투 없는 청소기를 개발하기로 마음먹었다. 그는 5년간 프로토타입 5,127개를 제작한 끝에 사이클론 방식을 적용한 먼지봉투 없는 청소기 개발에 성공하였다. 이 제품은 세계 청소기 시장에 큰 변화를 일으켰으며 다이슨사가 세계 최고의 가전제품 회사가 되는 발판이 되었다.

2019년 기준 기업가치가 310억 달러(약 37조 원)에 이르는 세계에서 가장 성공한 전자제품 업체인 다이슨사를 성공으로 이끈 비밀은 무엇일까? 다이슨은 실패가 성공의 열쇠라고 주장한다. 그는 2019년 한국의 한 대학교 강연에서 "실패하고 또 실패해라"라고 조언하며 엔지니어링은 매일이 실패의 연속이며 실패를 두려워하지 말아야 한다고 강조하였다. 실패를 성공으로 가기 위한 진행의 한 과정으로 본다는 것이다. 이를 위해 다이슨사는 제품 개발 실패를 감수하기 위해 기업 공개도 하지 않고 있다.

만약 다이슨이 먼지봉투 없는 청소기 개발 중 실패를 받아들이고 도중에 멈췄다면 지금의 다이슨사는 존재할 수 있었을까?

② 기술 가치 평가와 기술 거래

(1) 기술 가치 평가

기술 가치 평가(技術價値評價, Technology Valuation)는 특정한 지식 재산을 말하며, 특허가 가지는 경제적 가치를 화폐 단위로 환산하는 것이다. 기술 가치 평가는 기술의 경제적 가치를 정량적으로 평가하며, 기술 거래, 기술 금융, 법적 대응, 기술 투자 등의 용도로 이루어진다.

(2) 지식재산의 가치 분석

지식재산의 기술 가치 평가는 지식재산의 법적 권리, 기술성, 시장 규모, 금융 지원 등을 반영하여 평가한다. 먼저 지식재산의 가치 분석은 지식 재산 대상의 권리 범위, 선행 기술 정보 등에 대한 법적 권리성을 분석 하고, 이어서 새로운 기술에 대한 경제성·권리성·대체성 등의 요인을 종합적으로 분석하여 기술의 시장 가치를 평가한다. 아울러 시장성 및 사업성 평가를 통해 기술의 경영 요인을 고려한 평가를 하고, 마지막으로 지식재산 가치 평가를 기반으로 지식재산권을 활용한 각종 금융 활동에 대한 지원을 절차적으로 분석한다.

③ 지식재산 비즈니스

(1) 지식재산권 관리

① **개념** : 기술 공급자가 보유한 지식재산권의 관리를 대행하는 비즈니스

② **역할**

　　㉠ 지식재산 전략을 자문

　　㉡ 기업이 보유한 지식재산권을 침해로부터 보호하는 역할

　　㉢ 기업의 지식재산권 포트폴리오의 가치를 평가하고 라이선싱 전략을 지원

(2) 지식재산권 거래

① **개념** : 기술 수요자의 특허 수요를 조사하고 필요 기술을 탐색하고 이전시켜 거래를 지원하는 것

② **역할**

　　㉠ 기술 공급자를 위해 그들의 특허 가치를 평가하고 잠재 수요 자를 탐색한 후 중개 알선 업무를 수행하는 역할

　　㉡ 협상 및 계약 지원

ⓒ 기술 수요자의 매출 실적을 추적하여 경상 기술료를 징수하는 것을 도움

ⓔ 기술 수요자를 위해서 기술 도입을 비롯하여 이전받은 기술의 추가 R&D 전략에 대한 컨설팅 서비스 제공

ⓜ 온라인 기술 중개, 경매 방식 등 거래 방식은 다양함

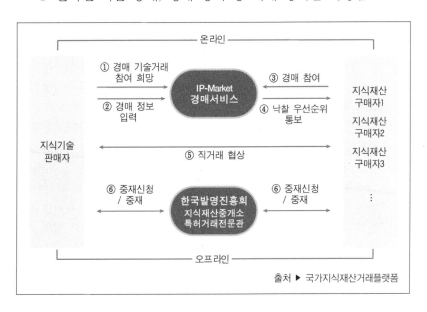

출처 ▶ 국가지식재산거래플랫폼

(3) 지식재산권 라이선싱

① **개념**: 사업 전망이 좋은 제품이나 서비스와 관련된 다수의 특허권을 확보한 후, 이를 라이선싱하거나 침해 소송을 통해 수익을 얻는 것

② **역할**

ⓐ 특허를 타사에 판매 또는 실시권 허여를 통해 수익 창출

ⓑ 특허 매입 후, 이를 침해한 회사를 상대로 소송 제기하여 배상금을 받음(특허괴물)

Patent Troll 특허괴물
(월간 CEO앤 포스트)

(4) 방어 특허 집적 및 공유

① **개념**: 특허 분쟁에 대응하는 방어적 특허 관리 전문 사업

② **역할**

ⓐ 분쟁이 예상되는 특허를 매입한 후, 가입 회원에게 실시권을 부여하여 분쟁에 대응할 수 있게 함

ⓑ 분쟁에 대응하고 분쟁 발생 위험을 낮추며 배상금 규모를 최소화하는 역할을 함

사례

이○○ 회장은 자체적인 아이디어로 안전한 커넥터를 개발했지만 "하늘 아래 최초란 없다."라는 말이 있듯, 세계 유수의 기업들 중에는 이미 조○○○와 유사한 제품을 개발한 곳이 있었다. 때문에 조○○○는 제품 개발 못지않게 지적재산권 침해 여부에 대해 완벽하게 파악하고 있어야 했다. 최소한의 방어 장치를 구축하는 일이었다. 자칫하면 단 한 번의 소송으로 기업의 존폐가 결정 날 수 있기 때문이다.

하지만 중소기업 혼자 힘으로 특허 분석과 조사 업무를 진행하는 것은 불가능했다. 세계 특허 현황 자료가 워낙 방대할 뿐 아니라, 여기에 투자할 자금과 인력 및 시간의 여유가 없기 때문이다. 앞으로 언제 발생할지 모르는 특허 분쟁에 대해 대비는 해야 하지만 방법이 막막했던 가운데, 이○○ 회장은 특허청의 문을 두드렸다. 기업을 위한 다양한 특허 지원 사업이 있다는 소식을 듣고 제품 디자인에 대한 컨설팅을 받기 위해 지식재산 활용 전략 지원 사업에 신청한 것이다.

이에 특허청은 조○○○의 전선이음 커넥터 기술이 경쟁사의 특허를 침해하는지 여부를 분석한 후 회피설계안을 도출했다. 또한 조○○○ 제품 구조가 매우 단순한 만큼 후발 업체에 의해 모방될 수 있는 가능성을 최대한 대비하기 위해 자사 특허 권리 범위를 분석하고 대응 전략을 수립하는 등 다양한 내용을 조사했다.

디자인 측면에서도 지원이 이뤄졌다. 보다 눈에 띄면서 타사의 특허를 침해하지 않는 디자인을 갖추기 위해 경쟁사 특허를 회피하는 설계안이 제공됐다. 조○○○가 더욱 탄탄한 방어 체계를 갖출 수 있도록 특허청은 경쟁사 특허 10건에 대한 권리 범위 분석을 실시, 이에 대한 대응 전략을 수립할 수 있도록 했으며 조○○○의 특허 7건에 대한 제품 구성 요소 관련성을 검토하고 권리 범위 분석에 대한 조사도 동시에 진행했다.

출처 ▶ 특허청(2014)

⑸ IP 금융

① **개념** : 지식재산권을 담보로 자금을 대출하거나 지식재산권을 취득할 목적으로 연구 개발 자금을 지원하는 것. 주로 대규모 투자와 장기간에 걸친 R&D가 특징인 생명공학 분야 등에서 활발히 진행 중임

② **역할**
  ㉠ 지식재산권 담보 대출 및 자금 지원, 우수 지식재산권 기업에 대한 투자
  ㉡ 투자 펀드 조성 및 운영

(6) 사업 개념(Business Concept)

자신의 아이디어를 사업화하기 위해서는 우선적으로 아이디어에 대한 검토와 함께 사업 개념을 설정해야 한다. 창업을 포함하여 대부분의 사업들이 이전에 전혀 존재하지 않던 사업을 하는 경우보다 이미 존재하고 있는 제품이나 서비스를 보완하거나 새롭게 재구성하는 경우가 보편적이다. 따라서 이러한 보편성 때문에 더욱더 차별화되고 타당한 사업 개념을 잘 세워야 한다. 사업 개념은 자신이 개발한 아이디어를 가지고 사업의 본질을 파악하는 것으로, 잘 세워진 사업 개념은 다른 사업과의 차별성을 확보한다. 또한 핵심 가치의 발전을 통해 유사한 사업과의 경쟁에서 우위를 선점할 수 있으며, 더 나아가 지식재산권 분쟁 및 소송에 대한 대비를 할 수 있다.

자신의 아이디어와 사업 기회가 창의적인 발상을 통하여 고객들이 제기하는 문제를 해결하고 자신에게 많은 부를 축적해 줄 것이라고 생각하며, 창의적 아이디어 자체를 사업 개념으로 그대로 옮겨서는 사업화에 위험이 생길 수 있다. 사업 개념 설정을 통해 고객에게 어떻게 제품과 서비스를 만들어서 어떻게 제공할 것인가에 대한 고민이 필요하다. 즉 사업의 기회나 생활에서의 문제 등을 직관적으로 받아들여 아이템을 개발하기보다는 사업을 통해 발생하는 수익을 어떻게 하면 최대화할 수 있을지에 대한 분석적 고민이 필요하다.

다음은 사업 개념을 분석하기 위한 도구이다. 사업 개념을 개발하거나 분석할 때 요구되는 질문, 피해야 할 함정, 우수한 상황 분석 등이다.

① 요구되는 질문에 대한 체크리스트

요구되는 질문	확인	
	Y	N
제품과 서비스는 어떠한 가치가 있는가?	☐	☐
제품과 서비스는 다른 제품과 어떠한 차별성이 있는가?	☐	☐
고객이 누구인가?	☐	☐
고객이 왜 제품과 서비스를 구매하는가?	☐	☐
어디에서 판매할 것인가?	☐	☐
언제 판매가 가능한가?	☐	☐
어떻게 홍보할 것인가?	☐	☐

② 피해야 할 함정에 대한 체크리스트

피해야 할 함정	확인	
	Y	N
앞으로의 상황에 대한 지나치게 긍정적인 접근	☐	☐
자신의 생각이나 느낌으로 접근	☐	☐
고객을 세분화하지 않고 모든 고객을 대상으로 접근	☐	☐
산업의 동향을 고려하지 못한 접근	☐	☐
목표 수익이나 시장 점유를 최소화한 접근	☐	☐
경쟁사에 대하여 추상화하여 접근	☐	☐

③ 우수한 사업 개념을 위한 상황에 대한 체크리스트

우수한 사업 개념을 위한 상황	확인	
	Y	N
매우 빠르게 성장하고 있는 산업에 편승하는 상황	☐	☐
목표를 정확하게 설정하여 대상 고객을 독점할 수 있는 상황	☐	☐
기존의 인프라를 크게 변경하지 않아도 되는 상황	☐	☐
고객에게 매우 큰 편리함을 제공하는 상황	☐	☐
시간이나 비용을 절감하여 효율적인 사업 개념을 설정한 경우	☐	☐
그 동안의 큰 어려움을 해결한 혁신적인 아이디어를 담은 사업 개념인 경우	☐	☐

⑺ 비즈니스 모델(Business Model)

① **비즈니스 모델** : 하나의 사업이 어떻게 가치를 포착하고 창조하고 전파하는지에 대한 계획이나 방법 등의 전략으로서 어떻게 소비자에게 제공하고, 마케팅하며 수익을 창출할 것인지에 대한 모델을 말한다.

② **비즈니스 모델 캔버스(Business Model Canvas)** : 비즈니스 모델 캔버스를 통해 구체적인 판매 및 가치 창출을 위한 가드라인을 한 눈에 보기 쉽게 정리할 수 있다.

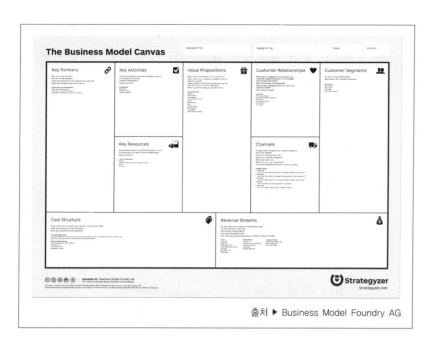

출처 ▶ Business Model Foundry AG

④ 사업 계획서 작성

(1) 사업 계획서란?

사업 계획서는 자신이 하고자 하는 사업의 청사진으로서 사업 타당성의 결과를 고려하여 창업을 희망하는 사람이 사업에 대하여 구체적인 내용, 즉 사업 내용과 세부 일정 계획 등을 체계적으로 정리하고 기록한 서류이다. 이러한 사업 계획서는 작성 원칙이 있다.

창업의 실제
매력적인 사업 계획서
만들기

○ 사업 계획서 작성 원칙

충분성	제3자가 사업 계획서를 검토하더라도 사업에 대한 충분한 이해가 있도록 구체적으로 충분한 설명이 되어 있어야 한다.
매력성	투자자가 충분히 매력적이게 느끼도록 아이디어를 부각시켜 핵심 내용을 강조한다.
독창성	사업 계획서가 다른 수많은 사업들과 어떠한 차별성이 있는지 나타내어야 한다.
신뢰성	사업 계획서가 신뢰 있는 자료를 바탕으로 실천 가능성이 있는지에 대한 믿음을 보여 주어야 한다.
이해성	모든 사람이 쉽게 이해할 수 있도록 사진, 그래프, 그림 등을 이용하고 믿을 만한 데이터를 사용한다.

창업 사업 계획서
PPT 작성법

(2) 사업 계획서 작성 과정

사업 계획서는 사용 목적과 내용에 따라 다양하게 작성되지만, 일반적인 사업 계획서의 작성 순서는 다음과 같다.

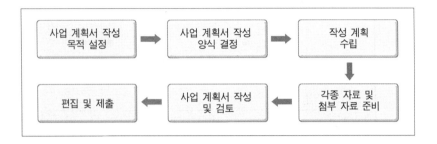

(3) 사업 계획서 작성 내용

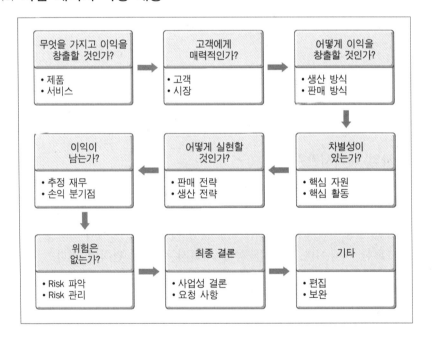

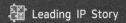

자신의 취미와 적성을 창업으로

최근 청년 기업가들이 자신의 취미와 적성을 살려 창업을 한 사례가 많아지고 있다. 이○○ 대표도 자신이 좋아하고 잘하는 일을 통해 회사를 창업하였다.

"종이비행기를 가지고 평생 먹을 수 있나요?"

− 종이비행기 오래 날리기 종목에서 우승하여 3년마다 열리는 세계대회에 2015년 국가대표로 참여하였던 이○○ 선수는 좋아하고 잘하는 일로 회사를 창업하였다. −

🔍 이○○ 창업가의 취미와 창업은 어떠한 관계가 있는가?

🔍 자신의 취미와 적성을 살려 창업할 수 있는 것은 어떤 것이 있을까?

종이비행기 세계챔피언
이정욱, 기네스북 등재
(스포츠한국)

종이비행기 국가대표
(인스파이어)

Think
내가 개발한 제품과 서비스는 나의 취미 및 적성과 어떤 관계가 있는가?

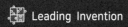 Leading Invention

세트렉아이의 기술 사업화 성공 이야기

세트렉아이는 KAIST 인공위성연구센터에서 우리나라 최초 위성인 우리별 1호를 비롯한 지구 관측, 우주 과학, 기술 시험용 소형 위성을 개발한 인력을 중심으로 1999년 12월에 설립되었다. 세트렉아이는 항공 우주 산업에서 기술 사업화를 통해 성공한 국내 벤처기업으로서 우주에서 검증된 위성 체계 개발 능력을 보유한 국내 유일의 기업이다.

또한 세트렉아이는 핵심 역량 집중과 사업 다각화를 위해 노력하고 있다. 소형 지구 관측 위성 시스템과 관련된 위성 플랫폼, 전자광학 탑재체, 위성 관제 지상국 및 위성 영상 수신처리 지식국 개발에 필요한 핵심 기술을 보유하는 한편, 국내 방위 산업과 고해상도 위성 영상 서비스 및 최첨단 방사선 감지기 등의 사업 다각화를 위해 노력하고 있다. 이러한 세트렉아이는 기술 사업화 중 기술 창업의 성공을 통해 사업의 이익 창출은 물론 신성장 동력 개발을 통해 국가 경쟁력 확보에도 기여하고 있다.

출처 ▶ 세트렉아이(https://www.satreci.com/)

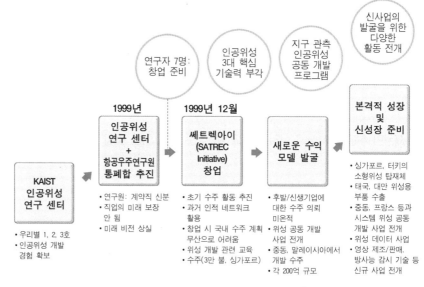

출처 ▶ 이춘우 외(2014, p.272)

○ 세트렉아이의 창업과 발전 과정

세트렉아이

 Think

특허청의 지원 사업이 지식재산 경영에 어떠한 도움을 주는가?

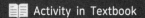 **Activity in Textbook**

교과서를 품은 활동

V

우리도 스타트업! 사업 계획 요약서 작성하기

📎 자신의 발명품을 사업화하기 위한 사업 계획 요약서를 작성해 보자.

○ 사업 계획 요약서

아이템명	
적용 분야	
사업 개요	☞ 동기 ☞ 사업 비전, 이유 등
경쟁 기술	☞ 보유 능력의 수준 및 경쟁 제품 ☞ 경쟁력 등
시장 분석	☞ 시장 현황/경영 환경 분석 등
사업화 추진 계획	☞ 사업화에 필요한 요소 확보 계획 ☞ 사업화 추진 일정 등

Think

나의 사업 계획서를 요약하여 1분 안에 투자자에게 설득시키려면?

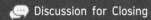
주제를 닫는 토론

🖉 전 세계적으로 유명한 구글과 페이스북의 성공 요인은 무엇일까? 삶을 살아가려면 최고가 아닌 내가 가진 역량으로 고객의 문제를 해결하는 과정에서 열정과 진정성이 중요하지 않을까? '프렌즈터(Friendster) vs 페이스북(Facebook)' 그리고 '레버(Revver) vs 유튜브(Youtube)'의 사례를 통하여 창업가에게 중요한 성공 요인이 무엇인지 토론해 보자.

프렌즈터는 SNS 개념을 만들어 낸 혁신적 기업이지만, 많아진 이용자 때문에 사이트 로딩 시간이 오래 걸리는 기본적인 문제도 해결하지 못하였다. 그러나 페이스북은 지금 당장 '수익'보다 '성장'에 집중했고 성장하는 데 도움이 되지 않는다면 어떤 기능도 관심이 없었다. 레버가 동영상 공유 네트워크에 동영상 광고네트워크를 결합하여 수익에 염두를 두는 동안, 후발주자인 유튜브는 오직 동영상 공유 기능을 더 쉽게 '성능 개선'하는 데 집중하였다. 결국 유튜브는 사람들에게 사랑받는 기능을 만들었고 자연스럽게 성공하게 되었다.

구글, 애플, 유튜브의
공통점
(아이디어고릴라)

Think

창업가에게 필요한 역량에는 어떠한 것이 있을까?

Notice

단원 교수 · 학습 유의사항

1. 지식재산 활용의 시장가치를 이해할 수 있도록 관련 사례를 들어 설명한다.

2. 지식재산 경영의 유형 및 기술 거래의 다양한 종류에 따른 역할을 여러 가지 사례를 들어 설명한다.

3. 기술 사업화와 기술 창업을 구분하여 설명하고, 사례를 통해 사업 개념의 개념과 사업 개념을 분석하기 위한 요소를 이해하도록 지도한다.

4. 비즈니스 모델의 개념과 비즈니스 모델을 분석하기 위한 요소를 사례를 들어 설명하고, 자신의 아이디어를 바탕으로 사업 계획서를 작성할 수 있도록 지도한다.

> ## 발명가 Inventor

> **강대원 박사**
강대원 박사가 32살에 특허를 얻은 MOSFET(Metal Oxide Semiconductor Field Effect Transistor)는 현재의 디지털 회로의 기본이 되는 소자이다. 2009년에 미국 상무부 산하 특허청의 발명가 명예의 전당에 올랐다.

V

V 단원 마무리 퀴즈

01 ［　　　　　　　　　］은/는 기술을 주요 자원으로 하여 사업화를 전개하는 제반 과정에서 경영의 원리를 접목하여 사업화가 원활하게 진행되어 가치 창출을 극대화하려는 관리 또는 활동을 의미한다.

02 기술 사업화의 단계는 기술 기획 및 전략, 기술 개발 관리, ［　　　　　　　］(으)로 나눌 수 있다.

03 발명품에 대한 사업화 평가 요소에는 발명품의 기술성 평가, ［　　　　　　　］, 사업성 평가가 있으며, 이러한 평가 요소를 통해 발명품의 사업적 가치를 평가할 수 있다.

04 지식재산의 기술 가치 분석 순서는 먼저 법적으로 ［　　　　　　　］을/를 하고, 이후 기술성 분석을 하며, 아울러 시장성 및 사업성 분석 통해 기술의 경영 요인을 고려한 평가를 하고, 마지막으로 지식재산 가치 평가를 기반으로 지식재산권을 활용한 각종 금융 활동에 대한 지원에 대하여 절차적으로 분석한다.

05 지식재산 비즈니스 중 기술 공급자를 위해 그들의 특허 가치를 평가하고 잠재 수요자를 탐색한 후 중개 알선 업무를 수행하는 역할을 하는 것을 ［　　　　　　　］(이)라고 한다.

06 지식재산권을 담보로 자금을 대출하거나 지식재산권을 취득할 목적으로 연구 개발 자금을 지원하는 것을 ［　　　　　　　］(이)라고 한다.

07 ［　　　　　　　　　］은/는 기술을 이용하여 제품을 개발·생산 및 판매하거나 그 과정의 관련 기술을 향상시키는 것이다.

08 ［　　　　　　　　　］은/는 자신이 개발한 아이디어를 가지고 사업의 본질을 파악하는 것이다. 잘 세워진 ［　　　　　　　］은/는 다른 사업과의 차별성을 확보하고, 핵심 가치를 발전을 통해 유사한 사업과의 경쟁에서 우위를 선점할 수 있으며, 더 나아가 이를 통해 지식재산권 분쟁 및 소송에 대한 대비를 할 수 있다.

09 하나의 사업이 어떻게 가치를 포착하고 창조하고 전파하는지에 대한 계획이나 방법 등의 전략으로서 어떻게 소비자에게 제공하고, 마케팅하며 수익을 창출할 것인지에 대한 모델을 ［　　　　　　　］(이)라고 한다.

10 비즈니스 모델을 구성하는 요소로 핵심 파트너, 핵심 활동, 핵심 자원, ［　　　　　　　］, 고객 관계, 유통 채널, 수입 흐름, 목표 고객 등이 있다.

11 _____은/는 자신이 하고자 하는 사업의 청사진으로서 사업 타당성의 결과를 고려하여 창업을 희망하는 사람이 사업에 대하여 구체적인 내용, 즉 사업 내용과 세부 일정 계획 등을 체계적으로 정리하고 기록한 서류이다.

12 사업 계획서의 작성 원칙 중 _____은/는 제3자가 사업 계획서를 검토하더라도 사업에 대한 충분한 이해가 있도록 구체적으로 충분한 설명이 되어 있어야 한다는 원칙을 의미한다.

13 사업 계획서의 작성 원칙 중 _____은/는 모든 사람이 쉽게 이해할 수 있도록 사진, 그래프, 그림 등을 이용하고, 믿을 만한 데이터를 사용한다는 원칙을 의미한다.

⊘ **해답**

01. 기술 경영	**02.** 기술 사업화 및 활용	**03.** 시장성 평가
04. 권리성 분석	**05.** 지식재산권 거래	**06.** IP 금융
07. 기술 사업화	**08.** 사업 개념/사업 개념	**09.** 비즈니스 모델
10. 가치 제안	**11.** 사업 계획서	**12.** 충분성
13. 이해성		

참고
문헌

고정식. (2011). 지식재산 경영의 미래. 한국경제신문사.

이춘우 외. (2014). 기업가정신의 이해. (주)이오북스.

문화체육관광부. (2021). 한국, 2021 세계지식재산기구 '세계 혁신지수' 5위 달성 보도자료(2021. 9. 20.).

특허청. (2014). 지식재산으로 꿈꾸는 내일 희망으로 여는 미래 : 지식 재산 활용 가이드 스토리텔링북. 특허청.

특허청. (2016). 특허기술의 전략적 활용지원. 특허청.

특허청, & 한국발명진흥회. (2015). 발명과 지식재산 교육론. 박문각.

Osterwalder, Alexander. & Pigneur, Yves. (2011). 비즈니스 모델의 탄생. 타임비즈.

한국지식재산연구원(2017). 미국 CB insight社, Apple社의 특허전략 분석 발표.

국가법령정보센터(2022). 지식재산기본법.
Retrieved from https://www.law.go.kr/LSW/lsInfoP.do?efYd=20170915&lsiSeq=192316#0000.

세트렉아이. (2017). 세트렉아이 홈페이지.
Retrieved from https://www.satreci.com/?lang=ko

위키미디어. (2022). Business Model Canvas.
Retrieved from https://commons.wikimedia.org/wiki/File:Business_Model_Canvas.png

특허청. (2022). 국가지식재산거래플랫폼 IP-market 홈페이지.
Retrieved from www.ipmarket.or.kr

특허청. (2022). 특허청 홈페이지. Retrieved from www.kipo.go.kr

특허청, & 특허정보원. (2022). 특허정보넷 키프리스.
Retrieved from http://www.kipris.or.kr/

발명과
지식재산
교육학

Creativity is allowing yourself to make mistakes.
Art is knowing which ones to keep.
― Scott Adams
창조성은 실수를 할 수 있게 해준다.
어떤 실수를 간직할지 아는 것이 예술이다.

I 발명과 지식재산 교육과정의 이해

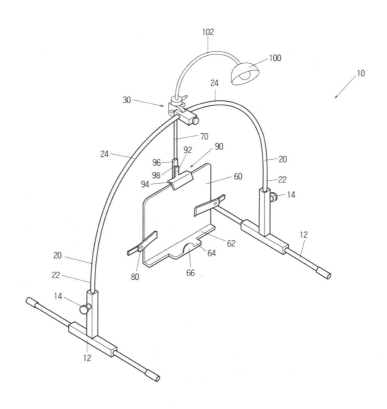

출처 ▶ 특허정보넷(키프리스), 자유로운 이동이 가능한 독서대(특허·실용신안 도면)

성취 기준
Achievement
Criteria

1. 발명과 지식재산 교육의 가치를 이해하고 올바른 지도 마인드를 갖는다.

2. 발명과 지식재산 교육과정은 어떻게 구성되어 있는지 이해한다.

3. '지식재산일반' 교과의 교육과정의 성격, 목표 등을 설명한다.

우리나라 지식재산의 현주소

특허청에서는 매년 지식재산백서를 발행한다. 지식재산백서는 한 해 동안 특허청이 추진한 지식재산 행정 업무 실적 및 주요 통계 자료, 정책 자료 등을 종합 정리한 보고서이다. 특허청 홈페이지 (www.kipo.go.kr) > 책자/통계 > 간행물 > 지식재산 백서에서 열람할 수 있다. 가장 최근에 나온 것은 2021년 발행된 『2020 지식재산 백서』로, 이를 통해 지식재산 강국 대한민국의 위상을 확인할 수 있다.

2020년 지식재산 백서

우리나라의 2019년 산업재산권 출원 추이는 중국, 미국, 일본에 이어 세계 4위의 수준이며, PCT 국제 특허 출원 역시 2020년 기준 중국, 미국, 일본에 이어 세계 4위의 위상을 유지하고 있다. 2019년 기준 GDP 대비 내국인 특허출원과 인구 대비 특허출원 모두 세계 1위이다.

◦ 주요국 산업재산권 출원 추이

(천 건, 전년 대비 증가율%)

순위	구분	연도별 출원 추이			
		2017	2018	2019	증가율
1	중국	9,446	11,694	12,217	4.5%
2	미국	1,098	1,105	1,161	5.1%
3	일본	545	531	532	0.2%
4	한국	455	478	508	6.3%
5	독일	164	151	163	7.9%

출처 ▶ WIPO IP Statistics

◦ 국가별 PCT 출원 현황(상위 10개국)

(건, 전년 대비 증가율%)

구분	국가	2016	2017	2018	2019	2020	2021	
							건수	증가율
1	중국	43,091	48,905	53,345	59,193	68,923	69,540	0.9%
2	미국	56,591	56,676	56,142	57,499	58,477	59,570	1.9%
3	일본	45,209	48,205	49,702	52,693	50,578	50,260	−0.6%
4	한국	15,555	15,751	17,014	19,073	20,045	20,678	3.2%
5	독일	18,307	18,951	19,883	19,358	18,499	17,322	−6.4%

출처 ▶ 특허청 보도자료(2022)

국내 산업재산권 출원 동향을 살펴보면 2020년 전체 산업재산권 출원 건수는 557,256건으로 전년 대비 9.1% 증가했다. 그러나 그중 실용신안은 8.6% 감소한 것에 주목할 필요가 있다. 『2020 지식 재산 백서』를 찾아서 읽어보고, 어떤 시사점을 얻을 수 있는지 생각해 보자.

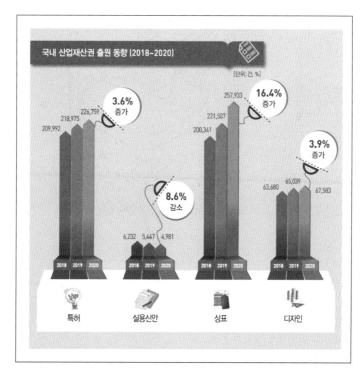

출처 ▶ 특허청(2021)

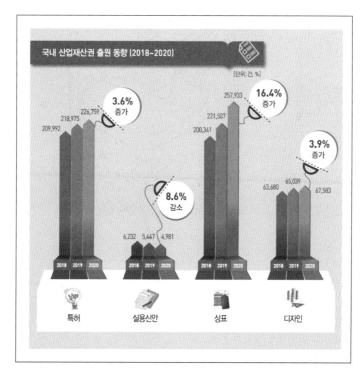

"I learned that courage was not the absence of fear, but the triumph over it. The brave man is not he who does not feel afraid, but he who conquers that fear." — Nelson Mandela
나는 용기란 두려움이 없는 것이 아니라 두려움을 이겨내는 것임을 깨달았다. 용감한 자는 두려움을 느끼지 않는 사람이 아니라 두려움을 극복하는 사람이다.

01 발명과 지식재산 교육의 개념과 가치

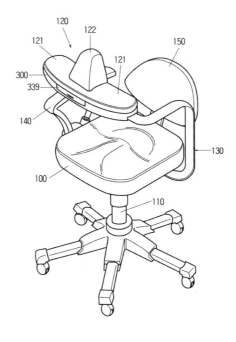

출처 ▶ 특허정보넷(키프리스), 독서대가 구비된 의자용 가슴받이 구조(특허ㆍ실용신안 도면)

학습목표
Objectives

1. 발명과 지식재산 교육이 무엇인지 사례를 들어 설명할 수 있다.
2. 발명과 지식재산 교육의 범주와 영역을 구분하여 설명할 수 있다.
3. 발명과 지식재산 교육의 가치를 세 가지 측면에서 설명할 수 있다.

키워드
Keyword

발명과 지식재산 교육   # 발명과 지식재산 교육의 범주
발명과 지식재산 교육의 가치

Question
발명과 지식재산 교육의 가치

Q1 지식재산 기본법에서는 '지식재산'을 어떻게 규정하고 있는가?

Q2 지식재산 교육을 교육대상에 따라 구분해 보고, 그 이유를 설명해 보자.

지식재산 기본법
(국가법령정보센터)

Q3 발명과 지식재산 교육의 가치는?

지식재산
기본법 시행령
(국가법령정보센터)

발명톡 Talk

"For the Flower to blossom, you need the right soil as well as the right seed. The same is true to cultivate good thinking."
― William Bernbach

꽃을 피우기 위해서는 제대로 된 씨앗뿐만 아니라 제대로 된 토양이 필요하다. 좋은 생각을 키울 때도 마찬가지다.

Think ──────
발명과 지식재산 교육의 개인 및 사회적 가치는?

① 지식재산 교육의 정의

한 나라의 지식재산 전문가 수준은 일반 국민의 지식재산 소양과 무관하지 않다. 따라서 전문적 지식재산 수준을 쌓으려면 국민의 지식재산 소양이 넓고 두터워야 한다는 기술적 교양의 피라미드 이론과 같이 현대인이 가져야 할 기본적 소양으로서 지식재산 교육은 국가적으로도 지식재산의 경쟁력을 올리는 데 크게 기여할 것이다(최유현, 2014).

우리나라는 지식재산의 창출·보호 및 활용을 촉진하고 그 기반을 조성하며 우리 사회에서 지식재산의 가치가 최대한 발휘될 수 있도록 함으로써 국가의 경제·사회 및 문화 등의 발전과 국민의 삶의 질 향상에 이바지하는 것을 목적으로, 2011년에 「지식재산 기본법」을 제정하여 시행하고 있다. 이 법에 의하면 지식재산은 '인간의 창조적 활동 또는 경험 등에 의하여 창출되거나 발견된 지식·정보·기술, 사상이나 감정의 표현, 영업이나 물건의 표시, 생물의 품종이나 유전자원, 그 밖에 무형적인 것으로서 재산적 가치가 실현될 수 있는 것'을 말한다.

지식재산 교육은 발명을 포함한 보다 포괄적인 교육의 개념으로 지식재산권과 관련된 교육이며, 창출된 아이디어를 보호하고 활용하기 위해 필요한 지식을 학습하는 것이다. 즉 지식재산권을 창출하고 창출된 지식재산권을 보호하고 효율적으로 활용하기 위해 필요한 지식과 기능, 태도를 학습시키는 교육과정이라 할 수 있다(정영석, 2016). 또한 지식재산 교육에 대해 박윤희 외 4인(2006)은 창출된 아이디어(발명)를 보호하기 위해 '권리화'하고, 활용하기 위해 '사업화'하는 과정에 관한 지식을 체계적으로 학습시키는 교육이라 하였으며, 임윤진 외 5인(2015)은 지식재산 교육을 인간의 창조적 활동의 산물인 지식재산권과 관련하여 아이디어를 창출하고, 이를 보호하고 활용하기 위해 필요한 지식을 체계적으로 학습시키는 교육과정이라 정의하였다. 여기에서 지식재산의 범주는 '지식재산 창출', '지식재산 보호', '지식재산 활용', '지식재산 기초 소양'으로 제시하였다. 최유현(2005)은 지식재산 교육에 관하여 인류의 생활을 이롭게 하기 위한 지식재산의 가치를 새롭게 창출하기 위하여 발명과 관련된 역사, 사고, 과학, 기술, 경영, 지식재산권 등 내용을 탐구적, 체험적, 문제 해결적 교육방법을 통하여 학교 및 사회에서 이루어지는 교육으로 정의하였다.

세바시 305회
발명의 즐거움
Inventaining,
황성재 UX 발명가

발명교육 내용 표준의 영역을 지식재산의 범주로 구분하였을 때 발명 이해, 문제 발견, 문제 해결, 발명 실제 영역의 목표와 성취 기준은 지식재산의 창출 영역에 해당되며, 발명과 지식재산 영역의 목표와 성취 기준은 지식재산 교육의 보호와 활용 영역에 해당된다. 발명교육보다 지식재산 교육이 더 큰 범주이므로 범주화와 비중에 있어서 차이가 있을 뿐 그 내용과 목표, 성취 기준에 있어서 큰 차이가 없다는 것을 의미한다. 지식재산 교육의 범주와 발명 내용 표준 영역의 관계를 정리하여 표로 나타내면 다음과 같다(정영석, 2016).

○ 지식재산 교육의 범주와 발명 내용 표준 영역의 관계

지식재산 교육의 범주	발명 내용 표준의 영역
지식재산 창출	발명 이해
	문제 발견
	문제 해결
	발명 실제
지식재산 보호	발명과 지식재산
지식재산 활용	

한편, 최유현(2014)은 지식재산 교육을 발명과 역사, 사고, 과학, 기술 등으로 구성된 발명교육과 발명교육 및 특허교육에 관한 발명특허 교육을 포함하여 발명과 경영까지 확대한 보다 넓은 의미의 교육이라 하고 다음과 같이 도식화하였다.

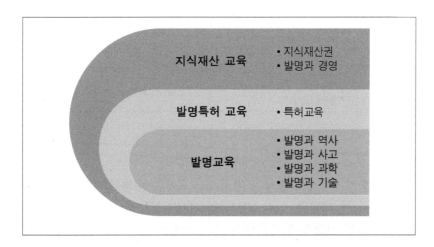

○ 지식재산 교육의 개념

세바시 352회
황금발, 황당하고
궁금한 발명 이야기,
조은영 전 한국발명진흥회
부회장

이를 바탕으로 발명교육을 포함하는 지식재산 교육을 목적, 내용, 방법, 유형의 관점에서 정의하면 창조, 협력, 융합적 사고력 계발과 발명, 특허, 지식재산의 소양을 길러주기 위하여(목적), 발명의 역사적·사회적·환경적 기초 이해와 창의력 및 문제 해결 체험, 그리고 발명과 관련된 융합적 지식 이해와 활용, 지식재산 및 기업가 정신 등의 발명교육 내용을(내용) 문제 해결의 사고과정을 통하여(방법) 발명체험교육, 발명영재교육, 발명직업교육의 유형(유형)에 따라 이루어지는 교육으로 정의할 수 있다(최유현, 2014).

② 발명과 지식재산 교육의 가치

최유현(2014)은 발명교육학 연구에서 발명과 지식재산 교육의 가치 모델을 개인적·사회적·교육적 가치의 3개 차원에서 제시하였다. 그 세부적 내용은 다음의 표와 같다.

o 발명과 지식재산 교육의 가치 모델

개인적 가치	사회적 가치	교육적 가치
• 핵심 역량의 가치 창의력, 문제 해결력, 의사소통능력, 의사결정능력, 정보수집능력, 평가능력 등 • 정서적 가치 자존감, 자신감, 자아효능감, 행복 등 • 지식재산 소양 지식재산 창출, 보호, 활용에 대한 기초적 이해	• 지식재산의 가치 인식 • 지식재산 국가 경쟁력 • 미래 인재 육성 마인드 • 실세계 사회의 교육 • 발명의 역사적·미래적 영향 • 발명 가치론	• 창의교육 • 인성교육 • 동기와 흥미 학습 • 진로교육－자유학기제 • 지식재산 교육 • 정보통신 교육 • 지속가능발전 교육 • 융합인재 교육

(1) 개인적 가치

개인적 가치로서의 발명과 지식재산 교육은 미래 인재에게 필요한 창의력, 문제 해결력, 의사소통능력, 의사결정능력, 정보수집능력, 평가능력 등의 사고력에 기반한 핵심 역량의 차원, 그리고 개인의 자존감, 자신감, 행복한 개인을 위한 정서적 가치, 개인 지식의 차원에서 요구되는 발명과 지식재산 소양의 가치로 나누어 볼 수 있다.

세바시 488회
사람을 위한 발명：
사용자경험(UX),
조광수 연세대학교
정보대학원 교수

(2) 사회적 가치

사회적 가치로서의 발명과 지식재산 교육은 상상력·창의성과 과학기술을 바탕으로 경제적 부가가치를 창출하는 '창조 경제'로 전환하고 있는 최근 세계 경제 추세에서 창조의 결과물인 동시에 창의성을 유발하는 촉매로서의 역할을 가능하게 한다. 즉 새로운 발명 아이디어 하나가 인류 문명 발전에 크게 기여할 수도 있고, 개인과 국가의 부를 가져와 경쟁력을 갖게 해줄 수도 있기 때문에 발명교육의 사회적 가치는 증대하고 있다. 또한 가정 생활, 학교 및 직장 생활, 여가 생활 등 실세계를 교육의 장으로 하여, 생활 속 발명품들을 사용하며 느끼는 불편함과 개선의 필요성은 새로운 발명품을 생각해 내는 중요한 습관이 될 것이다. 이를 통해 앞으로 다가올 미래 사회에 영향을 미칠 발명을 이해하고 발명과 관련된 사회적 의사결정에 참여하고 나아가 발명을 함으로써 보다 바람직한 사회로 발전시키는 데 기여할 수 있다.

(3) 교육적 가치

발명과 지식재산 교육의 교육적 가치는 현재의 교육문제를 극복하거나 교육의 지향을 반영하는 측면에서 발명교육이 갖는 가치이며, 창의교육은 최근 창조 경제 시대에 필수적인 학습자의 미래 역량으로 특히 발명교육에서 실천 효율을 높일 가능성이 크다. 또한 발명은 실생활을 대상으로 삶을 개선하기 위한 것이므로 발명교육은 흥미와 재미를 가진 충분한 동기 유발 요소가 잠재된 학습 활동으로서의 교육적 가치를 지닌다. 뿐만 아니라 발명교육은 다양한 진로와 소질 발견 및 계발 가능성이 높으며, 지식재산 교육을 통해 지식재산에 대한 소양을 기르는 데 기여할 수 있고, IT의 융합적 기술 활용, 진취적인 지속가능한 발전 교육의 가치를 기대할 수 있다(최유현, 2014).

정보 속으로

발명과 지식재산 교육의 가치는 교양 교육적 가치이다. 개인적·사회적·교육적 가치의 접근 이외에 두 가지 가치를 제시할 수 있다.
① 지식재산 소양
　(IP Literacy)
② 창의적 문제 해결 역량

세바시 660회
진짜 문제를
발견하는 법,
최송일 SAP코리아
CSR 팀장

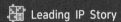 Leading IP Story

IDEO의 유쾌한 테크박스(Tech Box)

창의적인 아이디어는 전혀 엉뚱한 것들끼리 결합하는 것을 통해 탄생하는 경우가 잦다. 생물의 경우에도 동일 혈통보다는 먼 혈통 사이에서 우수한 후손이 탄생하는데 이는 생물 세계에만 국한되는 현상이 아니다. 세계에서 가장 혁신적인 기업인 아이데오(IDEO)는 이처럼 전혀 관련성이 없는 공구나 재료 등으로 이루어진 '테크박스(Tech Box)'라는 비밀병기를 갖고 있다. IDEO는 이 테크박스를 '창의력의 불꽃을 피워 올리는 점화 플러그'(Kelly & Littman, 2002, p.197)라고 일컫는다. 그리고 이를 '상자에서 뭔가를 꺼내 책상에 올려놓고 새로운 아이디어를 자극'(p.197)하는 데 사용하라고 요구한다. 한편, 테크박스를 만든 데니스 보일(Dennis Boyle)은 테크박스의 놀라운 능력에 대해 다음과 같이 말하고 있다.

"이건 우연히 발견하는 능력과 관련이 있습니다. 약간 이상한 것들과 관계를 맺으면 우리는 색다른 전망을 얻을 수가 있어요."(pp.198~199)

IDEO가 이 테크박스가 지닌 기대 이상의 능력을 '매직 박스'(p.196)라고 부르는 것으로 미루어 짐작할 수 있다. 즉, 테크박스의 사례에서처럼 가까운 것들끼리의 결합은 벌써 모두 시도되었고, 이제는 거리가 먼 것들끼리 결합을 통한 혁신을 시도해야 한다. 이를 위해 나만의 테크박스를 만들어 보는 것이 어떨까?

디자인씽킹으로 혁신하다,
IDEO(문화뉴스)

Think

나만의 테크박스를 만들어 보자. 테크박스를 어떤 종류의 것들로 모으고 싶은지 목록을 적어보자.

Leading Invention

IDEO의 어린이용 칫솔 발명

때로 중요한 발명은 '진짜 문제'를 발견하는 데에서 출발한다. 이는 미국의 디자인 이노베이션 기업인 아이데오(IDEO)의 기업문화이기도 하다. 세계적인 칫솔회사인 오랄비(Oral-B)가 IDEO에 의뢰해 어린이용 칫솔의 문제를 해결한 사례가 진짜 문제 발견의 가장 대표적인 사례로 자주 인용된다.

IDEO는 늘 그렇듯이 다양한 배경의 연구원들로 팀을 구성하고 어린이용 칫솔의 진짜 문제를 발견하기 위해, 어린이들을 관찰하고 이를 통해 진짜 문제를 발견했다. 그것은 바로 '주먹 현상'(Kelly & Littman, 2002, p.56)이다. 즉, "어린이들은 어른과 달리 손가락이 아니라 주먹으로 칫솔을 잡는다."(p.56)라는 사실을 발견한 것이다. 이어서 IDEO는 어린이들이 칫솔을 잡는 자세를 토대로, 주먹으로 어린이들이 칫솔을 잡기 편하려면 어른용 칫솔보다 손잡이가 더 굵어야 한다는 결론을 내린다. 이렇게 "작은 손에 오히려 굵은 칫솔이 필요하다는 발견도 세심한 관찰에서 나왔다."(p.56)라는 점에 주목해야 한다.

IDEO는 여기에 머물지 않고, 어린이들에게 친숙하고 부드러우면서 물렁한 느낌으로 장난감 같은 분위기를 연출(p.56)하여 칫솔계의 베스트셀러를 만들 수 있었다.

○ IDEO가 발견한 아이들의 '주먹 현상'

IDEO의 공식 홈페이지

Think

IDEO가 진짜 문제를 발견할 수 있었던 원동력은 무엇이었을까?

02 국내외 발명과 지식재산 교육의 현황

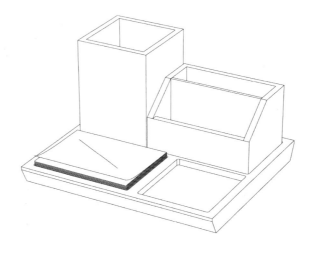

출처 ▶ 특허정보넷(키프리스), 필기구 수납함/디자인

학습목표
Objectives

1. 국내 발명과 지식재산 교육현황과 그 흐름을 예를 들어 설명할 수 있다.
2. 해외 발명과 지식재산 교육현황과 특징을 설명할 수 있다.

키워드
Keyword

# 발명진흥법	# 발명교육센터	# 발명영재교육
# 발명영재교육원	# 발명교사교육센터	# 발명교사인증제

Question
국내외 발명과 지식재산 교육의 현황

Q1 국내 발명교육은 어떻게 진행되어 왔으며 그 특징은 무엇인가?

Q2 발명교육이 정규 교과에 포함된 시기와 형태는?

Q3 해외 발명·지식재산 교육의 형태와 특징은?

Think 앞으로의 발명교육이 나아가야 할 방향은?

발명톡 Talk

"Innovation is saying no to 1,000 things."
— Steve Jobs
혁신은 1,000번 '아니오'라
고 말하는 것에서 시작된다.

① 국내 발명과 지식재산 교육현황

학교에서의 발명과 지식재산 교육은 교과 외 활동과 교과교육을 통하여 이루어져 왔다. 교과 외 활동은 발명반, 발명 공작 교실, 발명 연구 시범학교, 발명영재단, 발명영재교육 기관 등을 통한 활동을 의미하며, 특징적인 변화를 시간의 흐름에 따라 정리하면 다음과 같다.

- 1994년 「발명진흥법」에 의거 한국발명진흥회 발족 및 발명교육 사업 실시
- 1995년 발명교실 시범·운영
- 1999년 시·도 교육청 주관으로 발명 연구 시범학교 운영
- 2001년 한국 청소년 발명영재단에서 부분적으로 발명영재교육 실시
- 2002년 제1차 영재교육진흥종합계획에 '발명' 분야 포함
- 2006년 특허청 국제지식재산연수원 발명교육센터를 설립
  * 한국발명진흥회의 원격교육연수원 설립(현직 교사 직무연수 운영)
- 2007년 한국발명진흥회의 원격교육연수원에서 예비 교사 발명 교육 프로그램 시작
  '제2차 영재교육진흥종합계획'에 발명영재교육 포함
- 2008년 발명·특허 특성화고 지정 운영(4개 고등학교)
- 2009년 차별화된 영재교육을 위한 차세대영재기업인교육 실시
- 2011년 초·중·고 발명교육 내용 표준 개발(특허청, 충남대학교)
  초·중·고 발명 교과서 '창의와 발명' 개발(특허청, 충남대학교)
- 2012년 다양한 학생 발명교육 실시
  - 초·중등학교에서의 발명교실 증가 및 이용자 수
    • 발명교실 수: 2001년 16개 → 2011년 190개
      (약 12배 증가)
    • 발명교실 이용자 수: 2003년 364,558명 → 2010년 815,245명
      (약 2.2배 증가)
  - '정부 부처 특성화 실업고 육성 추진 계획' 의결(2006년)에 따른 발명·특허 특성화고 운영(4개 학교) : 2012년 7개 학교로 확대
  - 제2차 영재교육진흥종합계획(2007년)에 의거 2008년부터 발명영재교육을 시행, 2009년부터 차세대영재기업인 육성 사업 등 발명 분야의 수월성 교육 시행
  - 2012년의 경우에는 발명교육 저변 확대를 기반으로 미래 신성장 동력 창출이라는 목적하에 4개 영역 15개 사업을 추진 : 발명교사 교육 표준 개발(특허청, 충남대학교)

한국발명진흥회

발명교육센터

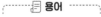

용어

발명교사교육센터
우수 발명(영재)교원의 육성을 위해 전국의 교육대학·사범대학 중 3개 대학을 발명 교원 육성 거점 대학으로 선정하여 발명교사 교육센터를 운영하고 있음

- 2013년 발명영재교육연구원 설립(한국발명진흥회 내)
  발명교사교육센터 지정 운영(4개 권역, 충남대학교, 부산교육대학교, 춘천교육대학교, 광주교육대학교)
- 2014년 발명교실이 '발명교육센터'로 명칭 변경
  제1회 발명교사인증제 시행
  『아이디어에서 특허까지』교재 발간(특허청 국제지식재산연수원, 충남대학교)
- 2014~ 지식재산 보호 교육을 위한 초중고 교사용 교재 개발(특허청,
  2016년 지식재산 보호협회, 충남대학교).『지식재산 보호 테마 여행』
  (초등학교),『지식재산 보호 콘서트』(중학교),『지식재산 보호
  멘토링』(고등학교)
- 2015년 교육부 지정 한국발명진흥회 종합교육연수원 인가(현직 교사
  직무연수 운영)
  2015년 개정 교육과정 고시 : 초등 실과, 중등 기술가정 발명과 지식재산 단원, 고교 지식재산일반 교과 신설
- 2016년 발명교육진흥법 입법화
  고등학교 지식재산일반 교과서 개발(한국발명진흥회)
- 2017년 고등학교 지식재산일반 연구협력학교 운영(한국발명진흥회)
  발명교사교육센터 재선정 및 운영(충남대학교, 부산교육대학교, 전주교육대학교)
- 2022년 발명체험교육관 개관

발명교사인증제
(한국발명진흥회)

발명교사교육센터

위의 내용을 살펴보면, 교과 외 활동에서의 발명은 학교 현장에서 교육 활동이 먼저 진행되었고, 2006년에 이르러서야 발명교사 교육을 시작하여 발명교육 체계화의 기반을 구축하기 시작하였다고 볼 수 있다. 또한 교과교육에서의 발명교육은 2007 개정 교육과정으로 거슬러 올라가며, 단순히 정규 교과에서의 발명교육이 시작되었음을 의미하는 것보다 발명교육의 체계적 · 중점적 교육이 가능해졌음을 의미한다. 최근 들어 발명과 지식재산 가치를 증대하기 위하여 개정 교육과정에서 고등학교 심화 과목으로 '지식재산일반' 과목이 신설되고, 중학교 자유학기제 운영 등으로 발명교육의 역할이 더욱 증대되었다. 2022년에는 체험형 발명교육의 체계적 확대 요구에 따라 경북 경주시에 발명체험교육관이 개관하여 다양한 체험형 발명 · 지식재산 교육이 가능하게 되었다.

② 해외 발명과 지식재산 교육현황

우리나라를 포함한 IP5개국인 미국, 유럽, 일본, 중국에서도 초·중등 교육과정을 통해서 발명·지식재산이 이루어지고 있다. 우리나라와 다른 IP5개국과 차이는 우리나라는 '지식재산일반'교과를 통해 독립 적인 과목으로 지식재산을 교육하고 있으나, 미국, 유럽, 일본, 중국 에서는 이와 같은 독립교과가 아닌 교육정책 또는 교육 프레임워크 (Framework) 등을 개발·적용하도록 되어있다는 점이다.

○ 해외 발명·지식재산 교육내용

국가	발명·지식재산 교육내용
미국	• STEAMIE 협회(STEM+Invention+Entrepreneurship)의 프로그램 현재 600개 이상의 발명교육 기업가 정신 교육 프로그램과 행사를 총괄하는 비영리 연합기구에서 제공하는 기업가 정신이 포함된 발명교육 프로그램을 제공하고 있다. • Invent now, Inc(www.invent.org) 국민의 혁신성, 기업가 정신 및 창의성을 증대하기 위한 목적으로 설립된 미국 내 가장 큰 비영리단체. 과학자를 존중하는 사회를 만들고 발명과 창의력을 장려하기 위한 다양한 전시 및 교육 프로그램인 발명가 명예의 전당(NIHF: National Inventors Hall of Fame), 발명캠프(Camp Invention), 발명클럽프로그램(Club Invention) 등을 운영하고 있다. • Inventure Prize 문제 식별에서 프로토타입까지 K-12 학생들은 몇 달 동안 소규모 그룹에서 발명품을 개발한다. 학생들은 피드백을 기반으로 디자인을 반복하고 최고의 발명품은 Georgia Tech의 주 전체 대회에서 경쟁한다. • 뉴햄프셔 학생 발명가 프로그램 젊은이들의 발명적 사고를 자극하고 실험과 발견을 통해 문제 해결력을 강화하기 위한 필요성으로 뉴햄프셔주 교사들에 의해 처음 고안되었다. • Lemelson-MIT 프로그램 발명을 통한 시대의 사회 경제적 과제 해결 및 삶의 질 향상을 목적으로 1990년대 초 설립한 Lemelson 재단의 비전을 실현하기 위하여 1994년 메사추세츠 공과대학과 연계하여 프로그램 설립, STEM 분야를 바탕으로 현실의 문제를 해결하는 발명 장려 사업이다. • 대표적 STEAM 교육 프로그램인 EbD(Engineering by Design)에 '발명과 혁신' 내용을 포함하여 청소년 교육에 활용하고 있다.

유럽	네덜란드	• 도서관 메이커스페이스 21세기 기술을 기반으로 한 세상의 발명가를 길러내는 현장으로 네덜란드 도서관이 적극 활용되어 교육되고 있다. • 창의적 공작소(Ontdek Fabriek)의 발명교육 프로그램 창의적인 역량을 기를 수 있도록 여러 가지 실험을 할 수 있는 공간을 제공하며, 환경과 에너지 등 다양한 분야에서 문제 발견 및 공감에 초점이 맞추어져 있다. • 발명가들(De Uitvinders) 21세기 기술을 신장시킬 목적으로 네덜란드의 모든 초등학교 학생들을 대상으로 하는 발명가 경진대회를 개최 및 운영하고 있다.
	핀란드	• 어린이 저작권 교육 프로그램 초등학생부터 교사까지 저작권 역량 개발을 위한 온라인 교육자료가 2~3차시 분량으로 기획되며 교사가 수업에 활용할 수 있도록 학습지나 보조 학습 도구를 배포하고 있다. • Star T(LUMA centers) STEM을 프로젝트 학습, 범교과 학습법을 통해 어린 학생들에게 친근하게 제공하기 위한 프로젝트이다. • Lets invent more(국가교육위원회) 학교 방과 후 발명 클럽 활동을 위한 교재를 제공하고 있다. • 유레카 과학 교육센터(Heureka Science Center) 가장 안전한 자동차 만들기, 가장 높이 나는 비행체 만들기 활동이후 직접 테스트할 수 있는 장치 마련 등 학생들의 동기 유발에 초점을 맞춘 프로그램을 제공한다.
	영국	• Design and Technology(디자인과 기술) 교과에서의 발명 · 지식재산 교육 5~16세 학생들을 네 단계로 나누고 디자인과 기술 과목을 3~4 단계에 편성하여 운영하고 있다. • 특허청(Intellectual Property Office)의 THINK kit 프로그램 14~16세 학생을 대상으로 학교 교육과정과 연계하여 지식재산권 보호에 대한 내용을 다루고 있는 프로그램을 개발하여 운영하고 있다.
	독일	• 독일 국제 발명 · 혁신 · 특허전시회 iENA(DIE Fachmesse für Erfinder, innovative Unternehmen und Lizenznehmer) 전 세계 발명가과 혁신기업, 특허 관계자들이 참여하며 첨단 기술 등 다양한 분야의 발명품과 신제품을 만날 수 있는 장을 마련하고 있다. • 독일 아이디어 엑스포(Die IdeenExpo) 과학기술 분야 청소년 박람회를 개최하고 있다.

싱가포르	• 학교 울타리를 넘어 학생들의 실생활과 배움을 연결시키기 위해 지역 공동체 내 산업기관과 연계한 학습 프로그램을 마련하여 실생활에서 마주치는 문제들을 해결하는 데 중점을 두고 학교 단위로 테마를 선정하여 수행할 수 있도록 지원하고 있다. • WonderWork 8세 이상의 아동을 대상으로 한 발명교육원을 개설하여 활동 중심의 교육을 제공하고 있다. • 싱가포르 발명 전시 박람회 스스로 필요한 것을 만드는 발명가들과 발명에 관심이 있는 사람들이 한 자리에 모여 서로의 필요와 지식을 공유하고 더 나아가 자신만의 제품을 생산하여 공유하고 있다.
일본	• '국민 개개인이 지식재산 인재'를 목표로 수준 및 단계별 교육을 실시하고 있다. 청소년 대상의 발명체험교육, 지식재산 표준교재를 개발하여 보급하고 있다. • 청소년소녀발명클럽(공익법인 발명협회) 발명의욕을 가진 청소년들의 자율 모임. 지역의 자원봉사자인 지도원에 의해 지도가 이루어지며 지역의 기업 등이 참여하고 있다.
중국	베이징, 상하이, 선전, 산동 등 주요 도시를 기반으로 지식재산 교육이 확대되고 있으며, 이들 지역에 시범학교를 설립하여 발명대회 등 일련의 지식재산 교육 활동을 실시하고 있다.

출처 ▶ 이병욱 외(2021) 재구성

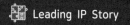 Leading IP Story

미루는 사람이 창의적이다.

애덤 그랜트(Grant, 2016)는 그의 저서 『오리지널스(Originals : How Non-Conformists Move the World)』에서 박사 과정 학생인 신지혜(Jihae Shin)의 "미루는 행위가 독창성을 발휘하는 데 도움이 될지 모른다."(p.168)라는 흥미로운 주제를 소개한다. 우리 정서에서 미루는 행위는 게으름의 상징으로 터부시되어 온 것이 사실이다. 그런데 이런 상황에서 '할 일을 미루면 특정 아이디어에 매몰되지 않고 다양한 생각을 할 시간을 벌게 된다는 주장'(p.168)은 흥미로우며 새로운 관점의 접근이다. 신지혜 씨는 "일을 미룬 사람들이 28퍼센트 더 창의적이라는 평가가 나왔다."(p.169)고 밝힌다.

아마 이런 결과에 경험적으로 공감하는 사람들이 있을 것이다. 창의적인 작업을 하는 작가들 중에서 일부가 미루는 작업을 통해 오히려 창의적인 작품이 나왔다고 고백하는 것을 듣기도 하니까 말이다. 실제로 『오리지널스』에는 고대 이집트에서 '미루는(procrastination)'이라는 행위를 묘사하는 서로 다른 두 개의 동사가 있는데 하나는 앞서 언급한 것처럼 게으름을 의미하지만, 다른 하나는 적당한 때를 기다린다는 의미도 있다고 밝히고 있다(p.170).

게으름이 아니라, 적당한 때를 기다리며 너무 서두르지 않는다는 의미의 '미루는 행위'를 통해 창의성이 발현될 수 있는 시간을 가질 수 있다는 점에 주목해야 한다. 우리가 창의성이 필요한 환경에서 게으름의 늪에 빠지지 않고, 미루는 행위를 창의성을 발현시킬 수 있는 방법으로 활용하기 위해서는 어떠한 노력을 기울여야 할까?

Think

'미루는 사람이 창의적이다.'라는 주제를 자신의 경험과 연결 지어 본다면?

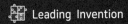 **Leading Invention**

공감하는 인간

디자인 씽킹(Design Thinking)을 시작으로 '공감'에 대한 관심이 높다. 공감은 최근에 불쑥 튀어나온 특별한 것은 아니다. 전통적으로 인간은 공감을 통해 집단을 형성하고 인류의 문화를 만들어 나갔다. 그런데, 디지털의 발달로 인해 서로 언제나 연결되어 있지만, 그 연결이 디지털적이라는 편리성에 너무 집중된 나머지 진정한 공감이 결여되어 간다는 것이 문제다. 그래서 공감이 다시 부상하고 있는 것이다.

이러한 맥락에서 '페르소나(Persona)'라는 개념에 관심을 가질 필요가 있다. 페르소나는 '가면'이라는 말로 원래 '사람(Person)'이라는 말과 관련되어 있다. 인간은 사회적으로 요구되는 가면을 쓰고 생활하는 사람이라는 의미로 해석할 수 있다. 이를 조금 발전적으로 해석해 본다면, 자신에게 요구되는 가면을 벗어던지고 경우에 따라서 다른 가면을 써보면 다른 사람의 입장에서 새롭고 창의적인 생각을 할 수도 있다는 말이 된다. 즉, 창의적인 생각을 위해서는 그 사람의 가면을 쓰고 그 사람을 공감해 보는 것이 중요하다.

이러한 맥락에서 『이노베이터의 10가지 얼굴』(Kelly & Littman, 2007)이라는 책에서는 10가지 페르소나를 소개하고 있다. 창의적인 생각을 위해 우리가 써야 할 가면을 소개하고 있는 것이다. 10가지 페르소나는 다음과 같다.

1	문화인류학자(The Anthropologist)	6	디렉터(The Director)
2	실험자(The Experimenter)	7	경험 건축가(The Experience Architect)
3	타화수분자(The Cross-Pollinator)	8	무대 연출가(The Set Designer)
4	허들러(The Hurdler)	9	케어기버(The Caregiver)
5	협력자(The Collaborator)	10	스토리텔러(The Storyteller)

Think

이노베이터의 10가지 얼굴을 어떻게 활용하면 혁신적이며 창의적인 사람이 될 수 있을까?

03 ∘ 국내 발명과 지식재산 교육과정 분석

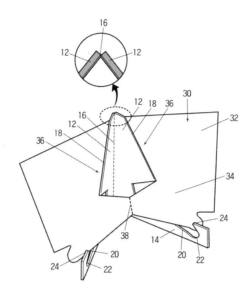

출처 ▶ 특허정보넷(키프리스), 접이식 독서대(특허·실용신안 도면)

학습목표
Objectives

1. 교육과정에 발명과 지식재산이 포함된 사례를 설명할 수 있다.
2. 발명 관련 영역이 교육과정별로 어떻게 분포되어 있는지 예를 들어 설명할 수
   있다.

키워드
Keyword

| # 기술적 문제해결 | # 기술 혁신과 설계 | # 기술과 발명 |
| # 공학 문제해결과 사고 | # 발명과 창업 | # 지식재산 보호 |

Q Question

국내 발명과 지식재산 관련 교육과정 분석

Q1 교육과정에 발명과 지식재산이 포함된 것은 언제이며 그 내용은?

한국교육과정평가원

Q2 2009 개정 교육과정에서 지식재산 내용 요소의 특징은?

2015 개정 교육과정
리플릿(교원용)

Q3 2015 개정 교육과정에서 지식재산 내용 요소의 특징은?

발명톡 Talk

"Improvements are invented only by those who can feel that something is not good."
—Friedrich Nietzsche
개선이란 무언가 좋지 않다고 느낄 수 있는 사람들에 의해서만 만들어질 수 있다.

Think

앞으로의 발명교육이 나아가야 할 방향은?

① 지식재산권과 관련된 학교교육

지식재산권과 관련된 교육은 초등학교의 실과, 국어, 사회, 도덕 교과를 중심으로 한 '저작권' 교육, 중 · 고등학교의 기술 · 가정 교과의 '발명 및 지식재산권' 내용의 형태로 이루어지고 있다.

교육과정상에서 처음 발명과 지식재산에 대한 내용이 제시된 것은 2007 개정 교육과정 중학교 기술 · 가정의 '기술과 발명' 단원이며, 이후 2009 개정 교육과정에서 초등학교 실과의 '생활과 기술' 단원, 중학교 기술 · 가정의 '기술과 발명' 단원, 고등학교 기술 · 가정의 '기술 혁신과 설계' 단원, 공학 기술의 '공학적 소양' 단원에서 발명과 지식재산에 대한 내용이 중단원과 소단원 수준에서 제시되었다.

2015 개정 교육과정에서는 초등학교 실과에서 '발명과 문제해결', '개인 정보와 지식재산 보호'의 내용 요소를, 중학교 기술 · 가정에서 '기술적 문제해결', '발명 아이디어의 실현', '기술의 이용과 표준'의 내용 요소를 포함하고 있다. 고등학교에서는 기술 · 가정에서 '창의공학 설계', '발명과 창업', '기술 개발과 표준' 내용 요소를, 공학 일반에서 '공학 문제해결과 사고', '공학과 지식재산' 내용 요소를 포함하고 있다. 특히 주목할 부분으로 지식재산의 이해, 창출, 보호와 활용 등 발명과 지식재산 전체 영역에 대해 학습하는 지식재산일반 교과가 신설되었음을 확인할 수 있다.

○ 교육과정 개정 시기별 발명과 지식재산 교육 내용 요소 및 성취 기준

학교급	개정 시기	교과목	내용 요소	성취 기준
초	2009 개정	실과	• 생활과 기술 – 기술과 발명의 기초 – 창의적인 제품 만들기	(1) 생활과 기술 일상생활에서 사용하는 물건들이 기술과 발명의 활동으로 이루어진 것임을 이해하고, 생활에 필요한 간단한 생활용품을 새로운 아이디어로 발전시키고 만들 수 있는 능력을 기른다. (가) 생활 속에서 사용되는 다양한 제품을 찾아보고, 기술과 발명의 관계를 이해하며, 발명에 필요한 간단한 발명 기법을 익힐 수 있다. (나) 발명 아이디어 기법을 이용하여 창의적인 물건을 구상하고, 목재 · 플라스틱 등을 이용하여 일상생활에 필요한 생활용품을 창의적으로 만들 수 있다.

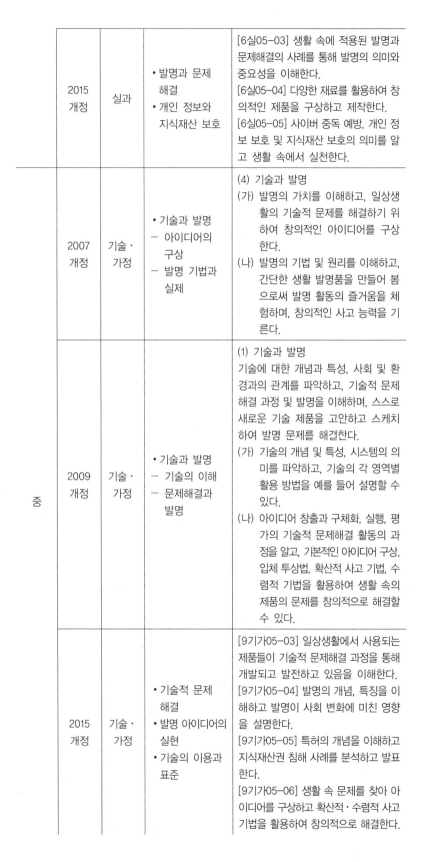

	연도	교과	내용	성취기준
중	2015 개정	실과	• 발명과 문제 해결 • 개인 정보와 지식재산 보호	[6실05–03] 생활 속에 적용된 발명과 문제해결의 사례를 통해 발명의 의미와 중요성을 이해한다. [6실05–04] 다양한 재료를 활용하여 창의적인 제품을 구상하고 제작한다. [6실05–05] 사이버 중독 예방, 개인 정보 보호 및 지식재산 보호의 의미를 알고 생활 속에서 실천한다.
	2007 개정	기술·가정	• 기술과 발명 – 아이디어의 구상 – 발명 기법과 실제	(4) 기술과 발명 (가) 발명의 가치를 이해하고, 일상생활의 기술적 문제를 해결하기 위하여 창의적인 아이디어를 구상한다. (나) 발명의 기법 및 원리를 이해하고, 간단한 생활 발명품을 만들어 봄으로써 발명 활동의 즐거움을 체험하며, 창의적인 사고 능력을 기른다.
	2009 개정	기술·가정	• 기술과 발명 – 기술의 이해 – 문제해결과 발명	(1) 기술과 발명 기술에 대한 개념과 특성, 사회 및 환경과의 관계를 파악하고, 기술적 문제해결 과정 및 발명을 이해하며, 스스로 새로운 기술 제품을 고안하고 스케치하여 발명 문제를 해결한다. (가) 기술의 개념 및 특성, 시스템의 의미를 파악하고, 기술의 각 영역별 활용 방법을 예를 들어 설명할 수 있다. (나) 아이디어 창출과 구체화, 실행, 평가의 기술적 문제해결 활동의 과정을 알고, 기본적인 아이디어 구상, 입체 투상법, 확산적 사고 기법, 수렴적 기법을 활용하여 생활 속의 제품의 문제를 창의적으로 해결할 수 있다.
	2015 개정	기술·가정	• 기술적 문제 해결 • 발명 아이디어의 실현 • 기술의 이용과 표준	[9기가05–03] 일상생활에서 사용되는 제품들이 기술적 문제해결 과정을 통해 개발되고 발전하고 있음을 이해한다. [9기가05–04] 발명의 개념, 특징을 이해하고 발명이 사회 변화에 미친 영향을 설명한다. [9기가05–05] 특허의 개념을 이해하고 지식재산권 침해 사례를 분석하고 발표한다. [9기가05–06] 생활 속 문제를 찾아 아이디어를 구상하고 확산적·수렴적 사고 기법을 활용하여 창의적으로 해결한다.

재미있는 발명 이야기 – 발명의 기법
(네이버 지식백과)

전국기술교사모임

고				[9기가05-07] 표준의 개념과 중요성을 알고 표준화의 영향을 분석하고, 평가한다. [9기가05-08] 표준화가 되어 있지 않아 불편한 사례를 찾아 해결 방안을 탐색하고 실현하며 평가한다.
	2009 개정	기술·가정	• 기술 혁신과 설계 － 기술 혁신과 발명 － 창의 공학 설계	(3) 기술 혁신과 설계 기술 혁신과 발명, 기술 연구 개발 활동이 인류와 사회에 미친 영향을 이해하고, 제도와 설계의 기초적 이해를 통하여 공학적 문제를 창의적으로 해결할 수 있다. (가) 혁신을 통해 인류 사회를 개선해온 기술의 개념을 이해하고, 기술의 관점에서 문제를 해결할 수 있으며, 기술 연구 개발 과정에서 특허와 표준화를 설명할 수 있다. (나) 공학 설계를 위한 기초적인 제도 방법, 제도 통칙, 투상법 등을 이해하고, 이를 토대로 창의적 제품을 구상하고 설계할 수 있으며, 간단한 창의 공학 설계 프로젝트를 수행할 수 있다.
		공학기술	• 공학적 소양 － 공학 기술과 사회 － 표준화와 지식재산권 － 창의적 문제해결 능력의 개발	(2) 공학적 소양 공학 기술이 사회에 끼친 영향력과 표준화를 통한 공학 기술의 보편적 확대 의미와 중요성, 그리고 공학 기술에 필요한 창의적 문제해결 방법 및 과정을 이해한다. (가) 사회적 관점에서 공학 기술의 영향력과 상호 작용을 이해한다. (나) 공학 기술의 보편적 확대를 위해 제품 개발과 표준화의 중요성을 실제 사례를 통해 알고, 기술의 보호를 위한 지적 재산권을 알 수 있다. (다) 공학과 관련된 상황에서 일어나는 여러 가지 문제 상황에 대응할 수 있는 공학 기술을 적용하고, 창의적 문제를 해결할 수 있다.
	2015 개정	기술·가정	• 창의공학 설계 • 발명과 창업 • 기술 개발과 표준	[12기가05-04] 기술 혁신을 위한 창의 공학 설계를 이해하고, 제품을 구상하고 설계한다. [12기가05-05] 발명을 통한 기술적 문제해결 방법과 지식재산의 권리화와 보호를 이해하고, 발명에서 창업까지의 과정을 알아본다.

한국기술교육학회

정보 속으로

**학교교육에서 발명·지식
재산 교육 접근**
① 분산적 접근: 단원 중심.
　실과, 기술·가정 등
② 독립 교과적 접근: 지식
　재산일반

			[12기가05-06] 기술 연구 개발 과정에서 적용되는 표준을 이해하고, 국내외 표준 사례를 분석하여 특허 표준의 필요성과 중요성을 인식한다. [12기가05-07] 발명과 표준에 관련된 체험 활동을 통하여 기술적 문제를 창의적으로 해결한다.
		공학 일반	• 공학 문제해결과 사고 • 공학과 지식재산	[12공학01-03] 공학 관련 문제 상황에 대해 문제해결을 위한 공학적 사고를 개발한다. [12공학01-04] 공학과 관련된 지식재산권의 의미를 이해하고, 이에 대한 실천 방안을 탐색한다.
		지식 재산 일반	[지식재산 이해] • 발명의 개념 • 특허의 개념과 성립 조건 • 발명과 역사, 사회적 영향 • 지식재산의 가치 • 지식재산권의 종류 • 산업재산권의 이해 [지식재산 창출] • 발명 문제 확인 • 발명 문제해결 • 특허 정보검색 이해 • 특허 정보검색 수행 • 직무 발명의 이해 • 직무 발명 제도 • 특허 출원의 이해 • 특허 출원 방법과 절차 • 특허 명세서 이해 • 특허 명세서 작성 [지식재산 보호와 활용] • 지식재산의 침해 및 분쟁 • 지식재산 보호와 실천 • 발명품 가치 이해와 평가 • 기술 거래 • 기업가 정신과 창업 • 사업화 과정 이해 • 기술 경영 이해 • 사업 계획서 작성	

② 발명과 지식재산 학교급별 교육내용

(1) 2009 개정 교육과정

처음 발명교육이 포함된 2007 개정 교육과정의 중학교 기술·가정에서는 발명의 가치, 아이디어 구상, 발명의 기법 및 원리에 대해 학습하고 생활 속에서 발명품을 제작하는 활동 등 지식재산 창출을 중심으로 내용이 제시되었다. 이후 2009 개정 교육과정에서는 초·중·고등학교에서 모두 발명과 지식재산 교육내용이 제시되었는데, 먼저 초등학교 실과에서 기술과 발명의 관계, 간단한 발명 기법, 창의적 물건 구상, 창의적 생활용품 제작 등 지식재산 창출과 관련된 비교적 간단한 내용이 제시되었으며, 중학교 기술·가정에서는 아이디어 구상, 입체투상법, 확산적·수렴적 사고 기법 등 초등학교에 비해 사고 기법과 도면 작성 등에서 보다 구체적인 내용이 제시되었다. 고등학교 기술·가정과 공학기술에서는 지식재산 이해, 창출 등에 대한 보다 심화된 내용이 제시되었다.

○ 2009 개정 교육과정 시기의 학교급별 교육내용

영역	지식재산일반 내용 요소	초등학교	중학교	고등학교	
		실과	기술·가정	기술·가정	공학기술
지식 재산 이해	• 발명의 개념 • 특허의 개념과 성립 조건 • 발명과 역사, 사회적 영향 • 지식재산의 가치	기술과 발명의 기초	문제해결과 발명	기술 혁신과 발명	• 공학기술과 사회 • 표준화와 지식재산권
	• 지식재산권의 종류 • 산업재산권의 이해		문제해결과 발명	기술 혁신과 발명	표준화와 지식재산권
지식 재산 창출	• 발명 문제 확인 • 발명 문제 해결	• 기술과 발명의 기초 • 창의적인 제품 만들기	문제해결과 발명	• 기술 혁신과 발명 • 창의 공학 설계	창의적 문제 해결 능력의 개발
	• 특허 정보 검색 이해 • 특허 정보 검색 수행	－	－	기술 혁신과 발명	표준화와 지식재산권

정보 속으로

• 교육과정 개정이 계속됨에 따라 발명교육 및 지식재산 교육이 확대되고 있음
• 특히 2015 개정 교육과정에서는 독립 교과로 지식재산일반 교과가 신설됨

	• 직무 발명의 이해 • 직무 발명 제도	–	–		–
	• 특허 출원의 이해 • 특허 출원 방법과 절차	–	–	–	표준화와 지식재산권
	• 특허 명세서 이해 • 특허 명세서 작성	–	–	–	–
지식재산 보호와 활용	• 지식재산의 침해 및 분쟁 • 지식재산 보호와 실천	–	–	–	–
	• 발명품 가치 이해와 평가 • 기술 거래	–	–	–	–
	• 기업가 정신과 창업 • 사업화 과정 이해 • 기술 경영 이해 • 사업 계획서 작성	–	–	–	–

교육부
2015 개정 교육과정
소개 영상

국가교육과정정보센터
2015 개정 교육과정
원문 및 해설서

(2) 2015 개정 교육과정

2015 개정 교육과정에서는 지식재산 보호의 중요성이 커짐에 따라 초·중·고등학교에서 모두 지식재산권 침해와 보호의 내용이 강조되었다. 초등학교 실과에서는 발명과 지식재산에 대한 이해와 창출, 보호에 대한 내용이 비교적 간단하게 제시되었고, 중학교 기술·가정에서는 초등학교에 비해 특허의 개념과 사고 기법, 표준화에 대한 내용이 구체적으로 제시되었다. 고등학교 기술·가정에서는 2009 개정 교육과정에 비해 발명과 창업 내용이 추가되어 교과 내에서 지식재산 이해, 창출, 보호와 활용 등 지식재산의 전 영역에 대한 기초적 내용을 제시하였다. 또한 공학 일반에서는 공학과 관련된 지식재산권 내용을, 지식재산일반에서는 교과의 특성에 맞게 지식재산 이해, 창출, 보호와 활용 등 전 영역에 대한 구체적 내용을 제시하였다.

o 2015 개정 교육과정 시기의 학교급별 교육내용

영역	지식재산일반 내용 요소	초등학교	중학교	고등학교	
		실과	기술 · 가정	기술 · 가정	공학일반
지식 재산 이해	• 발명의 개념 • 특허의 개념과 성립 조건 • 발명과 역사, 사회적 영향 • 지식재산의 가치	발명과 문제 해결	• 기술적 문제 해결 • 기술의 이용 과 표준	기술 개발과 표준	공학과 지식 재산
	• 지식재산권 의 종류 • 산업재산권 의 이해	–	발명 아이디어 의 실현	발명과 창업	공학과 지식 재산
지식 재산 창출	• 발명 문제 확인 • 발명 문제 해결	발명과 문제 해결	• 발명 아이디 어의 실현 • 기술의 이용 과 표준	• 창의공학 설계 • 발명과 창업	공학 문제 해 결과 사고
	• 특허 정보 검색 이해 • 특허 정보 검색 수행	–	–	–	–
	• 직무 발명의 이해 • 직무 발명 제도	–	–	–	–
	• 특허 출원의 이해 • 특허 출원 방 법과 절차	–	–	–	–
	• 특허 명세서 이해 • 특허 명세서 작성	–	–	–	–
지식 재산 보호와 활용	• 지식재산의 침해 및 분쟁 • 지식재산 보호와 실천	개인 정보와 지식재산 보호	발명 아이디어 의 실현	발명과 창업	–
	• 발명품 가치 이해와 평가 • 기술 거래	–	–	기술 개발과 표준	–

정보 속으로

기업가 정신은 창업의 구체적 실천 마인드로서 도전의식 함양에 도움을 준다.

			발명과 창업	
• 기업가 정신과 창업 • 사업화 과정 이해 • 기술 경영 이해 • 사업 계획서 작성	–	–		–

Leading IP Story

빨리 실패하고 자주 실패하라.

사람들은 실패를 두려워한다. 따라서 실패하고 싶어 하지 않으며, 실패하지 않기 위해서 시도를 하지 않기도 하고, 완벽한 결과를 내놓기 위해 미루다가 이도저도 아닌 경우가 되기도 한다. 아무리 사소한 실패도 자신과 동일시하는 우리의 '체면문화'가 바탕에 깔려 있어 한국인은 작은 실패에도 크게 아파한다. 그래서 정작 작은 실패를 두려워하다가 정말 큰 실패로 회복이 불가능한 경우에 놓이기도 한다.

에디슨이 엄청난 실패를 통해 전구를 발명했다는 사실은 알면서도, '전구' 같은 창의적인 아이디어를 원하면서도 실패는 거치지 않기를 원한다. 강을 건너기 위해서는 옷을 적셔야 하듯이 성공을 위해서는 어느 정도의 희생과 시행착오를 감수해야 함에도 말이다.

혁신적인 기업은 실패를 장려한다. 『디자인에 집중하라』(Brown, 2012)는 "빨리 실패하고 자주 실패하라"(p.326)고 주문한다. 큰 실패는 어쩌면 회복이 불가능할 수 있지만, 작은 실패를 통해 조금씩 나아가는 것은 여러 혁신적인 기업에서 기업의 문화로 장려하고 있다. 우리는 여기에 주목해야 한다.

"첫 번째 프로토타입(prototype)을 내놓는 데까지 걸리는 시간은 혁신의 문화가 얼마나 활성화돼 있는지를 알 수 있는 척도이다. 얼마나 빨리 아이디어가 가시적인 결과물로 빚어져 시험을 거치고 개선될 수 있는가? 리더들은 실험주의를 장려하고 실패에 마음을 두지 않아야 한다. 실패는 배움의 원천이기 때문이다."(p.326)

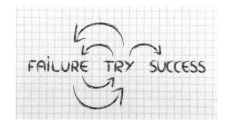

Think

빨리 실패하고 자주 실패하기 위해서 바꾸어야 할 것은 무엇일까?

Leading Invention

학교가 창의력을 죽인다(Schools Kill Creativity)

켄 로빈슨(Ken Robinson)은 '학교가 창의력을 죽인다(Schools Kill Creativity)' (Robinson, 2006)라는 강연으로 TED 역사상 최고의 인기를 누리고 있으며, 그 인기만큼이나 명확하고 교육적인 메시지는 단연 독보적이다. 그는 학교가 창의성을 죽이지 않고, 진정한 배움과 가르침이 일어나는 공간으로 거듭나야 함을 『학교혁명』(Robinson & Aronica, 2015)이라는 책에서 강조하고 있다. 그는 '어디서부터 시작해야 할까?'라고 질문하며 "학교가 정말로 학생들의 성공적인 삶을 돕고 싶다면, 여덟 가지 핵심 능력을 개발해주어야 한다."(p.222)라고 말한다. 여덟 가지 능력은 다음과 같다(pp.222~231).

1. 호기심(Curiosity) : 질문을 던지며 세상의 작동 원리를 탐구하는 능력
2. 창의성(Creativity) : 새로운 아이디어를 떠올리고 실제로 적용하는 능력
3. 비평(Criticism) : 정보와 아이디어를 분석하고 논리적인 주장과 판단을 펼치는 능력
4. 소통(Communication) : 생각과 감정을 분명하게 표현하고 다양한 미디어와 표현 형식을 통해 자신 있게 표현하는 능력
5. 협력(Collaboration) : 다른 사람들과 함께 건설적으로 협조하는 능력
6. 연민(Compassion) : 다른 사람들에게 감정이입하며 그에 따라 행동하는 능력
7. 평정(Composure) : 내면의 감정과 연계된 개인적 조화와 균형의 감각을 키우는 능력
8. 시민성(Citizenship) : 사회에 건설적으로 참여하며 사회를 지탱시키는 과정에 동참하는 능력

켄 로빈슨,
학교가 창의력을
죽인다(TED)

Think

켄 로빈슨의 '창의성'의 정의에 숨겨져 있는 함의에 대해서 더 깊이 생각해 보자.

04 고등학교 지식재산일반 교육과정 분석

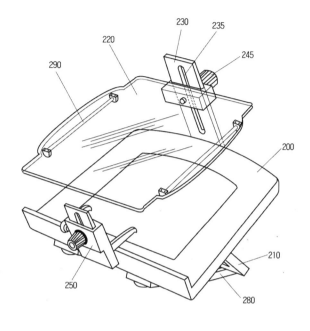

출처 ▶ 특허정보넷(키프리스), 확대경이 부착된 독서대(특허 · 실용신안 도면)

학습목표
Objectives

1. 지식재산일반 과목의 성격에 대해 설명할 수 있다.
2. 지식재산일반 과목의 목표를 설명할 수 있다.
3. 지식재산일반 과목의 교수 · 학습 방법을 설명할 수 있다.

키워드
Keyword

# 지식재산일반 교과 성격	# 지식재산일반 교과 목표
# 지식재산일반 교육 내용	# 팀 기반 사례탐구 학습
# 팀 기반 문제해결 학습	# 팀 기반 프로젝트 학습

Question

고등학교 지식재산일반 교육과정의 분석

Q1 지식재산일반 교육과정의 성격은?

Q2 지식재산일반 교육과정의 목표는?

Q3 지식재산일반 교과의 교수 · 학습 방법은?

발명톡 Talk's

지금의 나를 버릴 때
내가 바라는 모습의
내가 된다.
— 노자

Think
고등학교 지식재산일반 교과가 갖는 의미는?

① 성격

지식재산 창출에 기반을 둔 지식재산권의 우선 확보와 이에 대한 권한 행사, 그리고 활용 등에 대한 중요성이 증가하였다. 이에 따라 실생활 및 직업 생활과 관련 있는 지식재산을 권리화하고 이를 보호 및 활용하기 위한 기초 지식을 습득하고 적용하는 능력의 향상이 요구되고 있다.

이를 바탕으로 지식재산일반 교과에서 본질적으로 구성하고 있는 지식재산 영역은 지식재산 이해, 창출, 보호, 활용의 영역으로 구분되며 각 영역에 포함된 내용은 다음과 같다.

지식재산 이해	발명, 특허, 지식재산권의 개념과 가치에 대한 이해와 지식재산의 역사적, 사회적 영향
지식재산 창출	아이디어와 발명을 통하여 지식재산을 창출하는 과정에 필요한 지식 및 기능에 대한 내용으로, 문제 인식과 창의적 아이디어로 불편한 문제를 해결하여 발명하는 활동과 기법, 직무 발명 등이 해당
지식재산 보호	창출된 지식재산을 특허권을 비롯한 상표권 등으로 보호하기 위한 내용과 권리·분쟁 발생 시 대응 방법에 관한 내용이 해당
지식재산 활용	지식재산을 경영에 활용하기 위한 특허 전략 수립 및 방법, 기술 가치의 산정 방법 등의 내용을 말하며 발명과 경영이 해당

'지식재산일반' 교과의 기본적인 지향성은 지식재산과 관련된 전문적 직업교육이 아니라, 발명, 특허, 지식재산의 기본적 소양과 체험에 바탕을 두는 직업 탐색적 교양교육이다. 지식재산과 관련하여 학습한 지식과 경험을 인간의 삶과 직업 생활에 실천적으로 적용할 수 있는 기회를 제공하고, 지식재산의 가치를 이해하여 실생활 및 직업 생활에서 창출된 지식재산을 보호, 활용하는 소양과 능력을 기를 수 있다. 즉 창조적이고 융합적인 교육을 통한 문제해결 실천에 기초한다.

따라서 '지식재산일반' 교과의 성격은 교육목표의 관점에서 지식재산 소양 교과, 교육내용의 관점에서 지식재산 창출, 보호, 활용 지식 교과 그리고 교육방법의 관점에서 지식재산 문제해결 교과가 된다.

관점	성격
교육목표의 관점에서	지식재산 소양 교과
교육내용의 관점에서	지식재산 창출, 보호, 활용 지식 교과
교육방법의 관점에서	지식재산 문제해결 교과

② 목표

지식재산일반 교과에서는 지식재산과 관련한 이해를 바탕으로 실생활과 직업 생활에서 새로운 가치를 창출할 수 있는 창의적 사고력과 태도를 기르도록 한다. 그리고 지식재산 이해, 지식재산 창출, 지식재산 보호, 지식재산 활용을 중심으로 지식재산에 대하여 전반적으로 이해하고, 지식재산 창출의 체험은 물론 지식 기반 사회에서 요구하는 지식재산을 보호, 활용하는 역량과 태도를 기른다.

③ 내용 체계 및 성취 기준

지식재산 이해에서는 발명 사례를 통해 발명과 특허의 개념을 이해하고, 지식재산권과 산업재산권의 기초 소양을 기르는 것을 성취 기준으로 한다. 지식재산 창출에서는 지식재산 창출 과정, 지식재산 권리화와 보호의 이해를 통해 창조적 역량, 협업적 역량을 기르는 것을, 지식재산 보호와 활용에서는 지식재산 분쟁과 침해 사례를 찾아 원인을 분석하여 지식재산의 가치와 중요성을 인식하고 지식재산의 보호와 예방을 실천하는 것을 성취 기준으로 한다.

○ 지식재산일반 교과목의 핵심 개념, 목표, 내용 요소, 성취 기준

영역	핵심 개념	목표	내용 요소	성취 기준
지식재산 이해	지식재산 가치	발명, 특허, 지식재산의 개념 이해를 바탕으로 지식재산의 개인적·기업적·국가적 가치를 설명하며, 발명의 역사적·사회적 영향을 분석한다.	• 발명의 개념 • 특허의 개념과 성립 조건 • 발명과 역사, 사회적 영향 • 지식재산의 가치	[12지식01-01] 발명의 사전적, 특허법상의 개념을 설명한다. [12지식01-02] 특허의 개념을 이해하고, 특허 성립 조건 및 요건과 특허를 받을 수 없는 특허에 대해서 비교한다. [12지식01-03] 발명의 역사적·사회적 영향을 사례를 통하여 분석한다. [12지식01-04] 지식재산의 가치를 개인적·기업적·국가적 가치로 분류하여 평가한다.

한국검인정
교과서협회

지식재산
교재 둘러보기

	지식 재산권 이해	지식재산권의 유형별 특징을 이해하고, 사례를 통하여 비교 분석할 수 있다.	• 지식재산권의 종류 • 산업재산권의 이해	[12지식01-05] 지식재산권의 종류와 범위를 예를 들어 분석한다. [12지식01-06] 산업재산권의 유형과 그 특징을 사례 조사를 분류한다.
지식 재산 창출	지식재산 창출	발명 문제를 확인하고 발명 아이디어를 창출하여 특허 정보 검색 방법을 익혀서 자신의 지식재산을 창출할 수 있는 능력을 기른다.	• 발명 문제 확인 • 발명 문제 해결	[12지식02-01] 발명 문제를 확인하고 분석한다. [12지식02-02] 발명 문제를 해결하기 위한 아이디어를 창안하고 평가하여 최적의 대안을 도출한다.
			• 특허 정보 검색 이해 • 특허 정보 검색 수행	[12지식02-03] 특허 조사에서 추출할 수 있는 정보와 활용 방법을 제시한다. [12지식02-04] 특허 정보 검색 방법을 탐색한다. [12지식02-05] 특허 정보 검색 DB를 활용하여 검색한다.
		직무 수행 과정에서 창출할 수 있는 직무 발명의 개념, 제도에 대하여 이해하고, 실제 직무에서 발생할 수 있는 문제를 해결하며, 해결된 문제를 직무 발명으로 발전시킨다.	• 직무 발명의 이해 • 직무 발명 제도	[12지식02-06] 직무 발명 요건 및 제도의 개념(개요, 목적 및 취지, 중요성, 도입)을 설명한다. [12지식02-07] 직무 발명 제도 신고 및 승계 절차, 보상 규정과 종류를 조사한다. [12지식02-08] 직무 발명 보상 규정을 이해하고, 적용 사례를 제시한다.
	지식재산 권리화	특허 출원 개념을 이해하고, 방법과 절차에 따라 특허 출원 서류의 작성 과정을 설명하며, 출원 시 전문가를 활용하는 방법을 설명한다. 특허 명세서의 구성 요소 및 작성 방법 이해를 통하여 지식재산의 권리화 과정을 파악한다.	• 특허 출원의 이해 • 특허 출원 방법과 절차	[12지식02-09] 특허 출원 개념을 설명한다. [12지식02-10] 특허 출원하는 방법과 절차를 조사한다.
			• 특허 명세서 이해 • 특허 명세서 작성	[12지식02-11] 특허 명세서의 구성 요소를 제시한다. [12지식02-12] 특허 명세서를 구성 요소에 맞게 작성한다.

I

정보 속으로

지식재산 교육은 3가지로 구분된다.
① 지식재산 창출 교육 (발명)
② 지식재산 보호 교육 (지식재산 윤리)
③ 지식재산 활용 교육 (지식재산 경영)

<table>
<tr><td rowspan="3">지식 재산 보호와 활용</td><td>지식재산 보호</td><td>지식재산 보호의 가치를 이해하고, 지식재산에 관한 침해, 분쟁에 대한 사례 검색을 통하여 지식재산을 보호하고 침해와 분쟁을 예방하고 실천한다.</td><td>• 지식재산의 침해 및 분쟁
• 지식재산 보호와 실천</td><td>[12지식03-01] 지식재산의 분쟁, 침해 사례를 찾아 제시한다.
[12지식03-02] 지식재산을 보호하고 예방하는 방법을 계획한다.
[12지식03-03] 지식재산 보호 및 예방 활동을 실천한다.</td></tr>
<tr><td rowspan="2">지식재산 활용</td><td rowspan="2">발명품과 지식재산에 기반을 둔 기업가 정신, 사업화 과정 및 경영 기초적 지식을 이해하여, 지식재산에 기반을 둔 사업 계획서, 창업, 기술 경영, 발명품 거래 및 평가 과정을 설명한다.</td><td>• 발명품 가치 이해와 평가
• 기술 거래</td><td>[12지식03-04] 지식재산의 가치 및 우수성을 이해한다.
[12지식03-05] 지식재산의 평가와 기술 거래 사례를 탐색한다.</td></tr>
<tr><td>• 기업가 정신과 창업
• 사업화 과정 이해
• 기술 경영 이해
• 사업 계획서 작성</td><td>[12지식03-06] 기업가 정신과 창업의 의미를 이해한다.
[12지식03-07] 지식재산에 기반을 둔 창업 과정을 탐색한다.
[12지식03-08] 기술 경영의 요소 및 기법을 설명한다.
[12지식03-09] 지식재산에 기반을 둔 사업 계획서를 작성한다.</td></tr>
</table>

④ 교수 · 학습 방법

지식재산일반 교과에서는 지식재산 이해, 지식재산 창출, 지식재산 보호, 지식재산 활용을 중심으로 지식재산의 전반적 영역의 기초적 이론을 이해하고 지식재산 창출의 체험은 물론 지식 기반 사회에서 요구하는 지식재산을 보호, 활용하는 역량과 태도를 기르도록 교수 · 학습을 전개하여야 한다.

○ 지식재산일반의 교수 · 학습 방향

단계	지식재산 소양 교육	발명 문제해결 능력 신장	지식재산 가치와 시너지 창출
내용	지식재산과 관련한 이해를 바탕으로 실생활과 직업 생활에서 새로운 가치를 창출할 수 있는 창의적 사고력과 태도를 익힘	지식재산의 전반적 영역의 기초적 이론을 이해하고 지식재산 창출을 체험	창조적 협력의 팀 기반 학습
방향	토의, 토론, 탐구를 위한 실제 사례 중심의 학습	발명, 지식재산과 관련된 문제해결 중심의 학습	팀 기반 사례탐구 학습, 팀 기반 문제해결 학습, 팀 기반 프로젝트 학습

지식재산일반의 교수 · 학습 방향은 첫째, 발명이나 지식재산에 대한 소양교육의 차원에서 지식, 사고, 능력, 태도를 갖추도록 교수 · 학습을 전개하여야 한다. 따라서 이러한 학습의 목표 달성을 위해서는 토의 · 토론 · 탐구를 위한 실제 사례 중심의 학습을 기본 전략으로 삼아야 할 것이다.

둘째, 발명 문제해결 능력을 기르는 데 적합한 방법을 활용하여야 한다. 즉, 발명이나 지식재산과 관련된 문제해결 중심의 학습을 기본 전략으로 삼아야 할 것이다.

셋째, 지식재산의 가치와 시너지를 창출하기 위해서 창조적 협력을 위한 팀 기반의 학습을 기본 전략으로 삼아야 한다. 즉, 팀 기반 사례탐구 학습, 팀 기반 문제해결 학습, 팀 기반 프로젝트 학습 등의 전략으로 구현될 수 있을 것이다.

⑤ 평가

본 과목의 목적을 달성하기 위해서는 다양한 교수·학습 활동이 적용되어야 하며, 이에 따라 학생들은 지식재산 소양, 창의·융합 사고 능력, 문제해결 능력, 정보 처리 능력, 진로 개발 능력을 습득하게 된다. 따라서 평가는 수업 목표, 적용된 교수·학습 방법 및 사용된 교수 매체 및 자료에 적절하게 이루어져야 한다. 즉 교수·학습을 통하여 학습하게 되는 기본적 개념 및 원리, 이에 근거한 문제해결 과정을 통해 습득하는 고등 사고 능력 및 핵심 역량, 그리고 일상생활에의 적용 능력 등을 모두 고려하여 평가해야 한다.

⑴ 과목 목표를 기반으로 모든 학습에 대한 평가를 실시하되, 어느 특정 영역이나 내용에 치우치지 않도록 하고, 지식재산에 관한 기초적 지식과 이해, 실제적 기능, 태도의 형성이 적절히 평가되어야 한다.

⑵ 단순 암기식 평가보다는 창의적인 사고와 실제적인 적용 능력의 평가에 중점을 두도록 한다.

⑶ 평가는 평가 기준, 평가 장면, 시기와 방법 등을 계획하여 실시하고 실기의 평가는 지역 사회의 여건, 학교의 실험·실습 조건, 학생의 흥미 등을 고려하여 평가 계획을 세우고 결과뿐만 아니라 준비와 과정이 평가에 반영되도록 한다.

⑷ 발명 및 지식재산에 대한 적극적 태도의 형성이 과목의 중요한 목표이므로 평가에 적절히 반영되어야 한다. 태도의 평가는 객관성을 높이도록 하고, 보고서 및 논술식 지필 평가 등의 서술적인 방법, 교사 평가 및 동료 평가 등의 다양한 방법이 사용되도록 한다.

⑥ 고등학교 지식재산 교육 진단 : SWOT분석

현재의 고등학교의 지식재산 교육은 입시 중심의 교육에서 다양한 학습 기회를 제공하지 못하는 학교 현실에서 보다 자율적으로 학생 중심의 독립적인 프로젝트나 학술 모임이 가능하다. 나아가 정식으로 지식재산일반의 독립 교과가 신설된 점은 혁신적인 일이다.

고등학교 지식재산 교육의 현실은 인프라 부족, 교사 부족 등으로 시스템이 미약한 상황이지만, 독립 교과의 탄생으로 새로운 잠재 가능성을 지니고 있다고 보인다.

(1) 발명과 지식재산 교육 진단 결과

SWOT분석 기법을 통하여 고등학교 발명과 지식재산 교육을 진단한 결과는 다음과 같다.

S	W
• 발명교육지원법, 발명교사인증제 등 발명교육에 대한 국가적 인식 제고 • 발명교사교육센터를 통한 교사 직무 연수 확대 • 발명교사인증제(2급, 1급, 마스터) • 고등학교 지식재산일반 교과 신설 • 초중고 발명교육의 연계와 계열화 • 발명 관련 교대, 사대 학과의 강좌 개설과 운영 • 지식재산일반 연구협력학교 운영 • 지식재산일반 운영 전략 연구 활용	• 고등학교의 지식재산 교육 인프라 부족 • 다른 학교급에 비해 상대적으로 적은 수의 발명영재 및 발명영재학급 • 특정 교과목에 치우친 발명교육 인증교사 • 발명교사의 전문적 역량 미흡 • 발명교사 양성 학과 부재 • 발명교육의 교육적·사회적 인식 미흡
O	**T**
• 제4차 산업혁명으로 지식재산 가치의 증대와 국가 경쟁력 지표 • 새로운 교육 패러다임, 학습자 중심, 문제해결 기반, 팀 기반의 교육 : 발명교육의 실효성 기대 • 교사의 발명교육 연수 참여도 증가 • 과학(중점, 영재)고, 특성화(마이스터)고의 지식재산 교육 필요성 확대	• 고등학교 발명교육 운영 모델 미흡 • 입시 위주의 교육으로 다양한 학습 기회 박탈 • 선택 교과로서 교과 내 인지도 낮음 • 학교장의 지식재산 교육 인식 미흡 • 발명자격교사 제도 부재

SWOT분석
(위키백과사전)

SWOT 제대로
이해하기

(2) 발명과 지식재산 교육 확산 방안

SWOT분석에 의하여 진단된 요소를 중심으로 SO 전략, ST 전략, WO 전략, WT 전략으로 구분하여 확산 방안을 제시하면 다음과 같다.

① SO 전략(강점-기회 전략)

　㉠ 지식재산 전문성 증진을 위한 지속적 교사 및 관리자 연수 확대와 내실화
　㉡ 발명교사인증제 자격 확대와 인센티브 제도화
　㉢ 초·중·고등학교 지식재산 교육의 계열성 연구와 적용
　㉣ 차기 교육과정의 발명과 지식재산 교육의 기초 연구 수행
　㉤ 교대, 사대 예비 교사 지식재산 강좌 확대
　㉥ 교사 자격 인증 관련 교사교육과정 개설
　㉦ 제4차 산업혁명 시대의 지식재산 교육 패러다임 확산
　㉧ 특성화고, 과학영재고 등에서의 지식재산일반 교과의 적극적 운영으로 지식재산 권리화 기회 창출
　㉨ 고등학교 지식재산일반 편성 확대를 위한 연구 협력 학교 운영과 확대, 연구

② ST 전략(강점-위협 전략)

　㉠ 연구 협력 학교 운영을 통한 지식재산 선도 학교 발굴
　㉡ 입시에서 지식재산일반 교육내용의 언어 영역에서 지문 활용 및 대학 논술, 면접에서의 지식재산·특허·발명 등의 관련 내용 활용
　㉢ 학습자 수요를 고려한 교과 편성으로 지식재산일반 교과 확대와 융합형, 비교과 활용형을 활용한 지식재산 교육 학습 기회 증진
　㉣ 학교장 등 교육 관리자 연수 확대와 관련 커뮤니티 구축 및 지원으로 인식 개선

③ WO 전략(약점-기회 전략)

　㉠ 고등학교 지식재산 인프라 확대 : 교과 편성, 다양한 교육 운영, 발명교육센터 및 영재학급 증설, 지원 체제 구축
　㉡ 고교학점제에서 지식재산일반 교과 확대와 심화 교과 연구 (공학과 지식재산 등)
　㉢ 지식재산 교과 담당교사의 다양한 학문 배경 인정과 확산
　㉣ 팀 티칭을 통한 융합적 교육 실천
　㉤ 발명과 지식재산 교사교육 양성 체제 구축 연구
　㉥ 제4차 산업혁명 시대의 지식재산 교육의 당위와 가치 확산 노력
　㉦ 제4차 산업혁명 시대의 학습 패러다임의 능동적 적용
　㉧ 고등학교 특성을 반영한 지식재산 교육 운영

④ **WT 전략(약점-위협 전략)**

ㄱ 고등학교 지식재산 인프라를 갖춘 모델 학교 발굴과 확산

ㄴ 제4차 산업혁명 시대에 걸맞은 입시제도와 전형 방법 개발 : 지식재산 지식, 사고, 능력, 태도가 반영되도록 함

ㄷ 고교학점제에서의 지식재산일반 적극 활용, 순회 교사제, 팀 티칭, 실험 학교 운영

ㄹ 다양한 교과 배경을 가진 열의와 능력을 갖춘 교사의 연수 기회 증진

ㅁ 제4차 산업혁명 시대의 지식재산 관련 방송, 신문, 미디어 홍보 및 프로그램 지원

ㅂ 고등학교 지식재산 교육의 성과 공유와 확산을 위한 학교 사례 보고, 교사 연구 대회, 학생 팀 IP 프로젝트 발표 대회 등의 지식재산 문화 축제 등을 독립적으로 시행

ㅅ 발명과 지식재산 교사의 전문성 확대를 위한 연구, 지원, 인센티브 제공

ㅇ 교육과정에 기초한 지식재산 가치, 성격, 철학을 반영하여 운영 확산

ㅈ 지식재산 교육을 통한 다양한 진로 탐색 및 체험의 기회 제공

🧩 Leading IP Story

버추얼 휴먼도 특허를 받는다?

메타버스 시장의 확대로 AI 기술이 들어간 디지털 휴먼(Digital Human), 버추얼 휴먼(Virtual Human)의 영역도 확대되고 있다. 이들은 '가상인간'이라고도 불리는데, 3D 컴퓨터 그래픽과 AI 인공지능 챗봇 등의 기술이 결합되어 있다.

대표적인 버추얼 휴먼 로지와 한유아 등은 MZ세대 사이에서 많은 사랑을 받고 있다. 이들은 SNS상에서 활발한 활동을 펼치고, 가수로 데뷔하고 광고를 찍는 등 인플루언서로서의 다양한 행보도 보여주고 있다.

이렇게 실존하지 않는 인물이 대중에게 영향력을 미칠 수 있는 데에는, 우리가 살고 있는 시대가 기술적으로 많이 발전함에 따라 인공지능, 가상화폐 등 우리 눈에 보이지 않는 개념에 대해서 사람들이 받아들이는 한계치가 넓어지고 있기 때문이다. 이처럼 사회적·기술적 변화에 따라 가상인간이라는 개념도 낯설지 않게 받아들여지고 있다.

버추얼 휴먼과 관련한 특허도 존재하는데, 버추얼 휴먼 콘텐츠 기업인 도어오픈은 2021년에 실사형 버추얼 휴먼들과 유저들 사이의 소통을 가능하게 하는 AI 기술에 대한 특허 3종을 출원했다. 'AI 기반 버추얼 휴먼 인터렉션 생성 장치 및 방법', '연합학습(Federated Learning)을 이용한 버추얼 휴먼 서비스 장치 및 방법', '사용자 응대를 위한 맞춤형 버추얼 휴먼 서비스 장치 및 방법' 총 3건으로 특허를 출원해, 단순히 외모로 어필하는 버추얼 휴먼이 아닌 유저 인터랙션 경험을 제공하는 기술을 확보한 것이다.

버추얼 휴먼은 메타버스에서 '또 다른 나'로서의 존재라고도 한다. AI의 범위와 영역이 점차 넓어지는 만큼, 앞으로 즐길 화려한 볼거리와 재미도 늘어날 것으로 기대된다.

버추얼 휴먼 로지   버추얼 휴먼 한유아

버추얼 휴먼도
특허를 받는다?
(특허청)

Think

버추얼 휴먼의 활동으로 발생된 저작권은 어떻게 보호받을지 생각해 보자.

Leading Invention

스마트 기술과 함께 발전한 가전제품

최근 가전제품 트렌드는 사물과 사물끼리 데이터를 주고받을 수 있는 기술인 사물인터넷(IoT)이 적용된 '스마트 가전'이다. TV, 냉장고, 에어컨 등의 기기들이 네트워크에 연결되어 플랫폼을 통해 데이터를 주고받아 1차적인 기능만 수행하던 가전들이 보다 다양한 기능을 수행할 수 있게 더욱 똑똑해진 것이다. 또한 휴대폰 앱을 통해 가전제품을 하나로 연결하여 앱 하나로 자유롭게 기기를 제어하고, 실시간으로 에너지 사용량을 체크할 수도 있다. 이처럼 과거에는 각자의 역할만 하던 가전제품들이 하나로 연결되어 보다 나은 라이프 스타일을 영위할 수 있는 스마트 홈 시스템으로 변화하고 있다.

출처 ▶ LG전자

인공지능 냉장고

출처 ▶ 삼성전자

인공지능 에어컨

⊕ 우리 주변에 사물인터넷이 적용된 전자제품은 무엇이 있을까?

예) 스크린을 통해 보관 중인 식품이나 쇼핑해야 할 리스트를 관리할 수 있는 냉장고

⊕ 기존 가전제품에 필요한 스마트 기능을 생각해 보자.

예) 밝은 의류와 어두운 의류를 구분해서 세탁할 수 있는 세탁기

가전제품 속
특허를 찾아라!
(특허청)

 Think

가전제품 외에 스마트 기능이 들어갈 수 있는 것이 무엇이 있을지 생각해보자.

05 발명교육 프로그램 개발과 평가

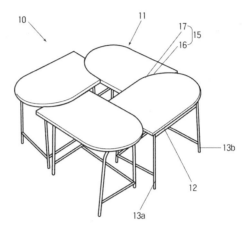

출처 ▶ 특허정보넷(키프리스), 책상의 연결 구조(특허 · 실용신안 도면)

학습목표
Objectives

1. 발명교육 프로그램 개발 절차를 설명할 수 있다.
2. 발명교육 프로그램 평가 모형을 분류할 수 있다.
3. 발명교육 프로그램 평가를 할 수 있다.

키워드
Keyword

\# 발명교육 프로그램 개발   \# 발명교육 프로그램 평가
\# Kirkpatrick 모형   \# CIPP 모형

Question

발명교육 프로그램 개발과 평가

Q1 발명교육 프로그램 개발 절차에 따른 수행 내용은?

Q2 교육 프로그램 평가 모형 중 Kirkpatrick 모형과 CIPP 모형에는 어떠한 차이가 있는가?

Q3 발명교육 프로그램을 평가해 보고 어떠한 평가 모형이 더 적합한지 그 이유를 설명해 보자.

발명톡 Talk

"Creativity is just connecting things."
— Steve Jobs
창의성이란 단지 사물을 연결하는 것이다.

Think

기존 발명교육 프로그램을 평가해 보고 어떠한 점을 보완해야 할지 생각해 보자.

① 발명교육 프로그램 개발

발명교육 프로그램은 일반적인 교육 프로그램의 개발 절차에 따라 준비, 개발 및 개선의 과정을 거쳐 개발할 수 있다. 준비 단계에서는 교육 목적과 목표 설정, 교육내용 선정을 하고 개발 단계에서는 수업과제 선정, 설계 개요 개발, 수업모형 설계(수업 과정과 전략), 수업지도안 개발, 프로그램 구성을 한다. 그리고 마지막 단계인 개선 단계에서는 프로그램 평가를 한다(조승호 외, 2006).

발명교육 프로그램의 개발 절차와 내용에 대한 사례를 제시하면 다음과 같다.

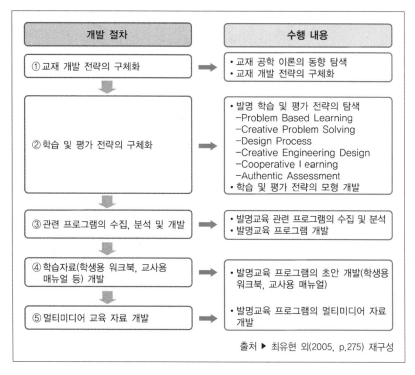

o 발명교육 프로그램의 개발 절차와 내용

② 발명교육 프로그램 평가

발명교육 프로그램 평가는 일반적인 교육 프로그램 평가와 대상이 다를 뿐 같은 방식으로 이루어지며, 교육 프로그램의 각 구성 요소를 평가한다. 즉, 교육목표, 교육 프로그램의 계획, 운영 및 결과에 대한 평가를 포함한다. 평가가 지향하는 바에 따라 성과평가 모형과 과정평가 모형으로 분류할 수 있으며, 각각의 대표적인 모형은 다음의 표와 같다.

○ 교육 프로그램의 평가 모형

구분	Kirkpatrick 모형	CIPP 모형
특징	• 성과평가 모형에 속함 • 프로그램이 산출하는 결과에 중점을 둠 • 목표지향적이며, 4단계 평가로 구성	• Stufflebeam이 제안 • 과정평가 모형에 속하며, 의사결정 모형이라고도 함 • 프로그램의 전 과정을 평가함 • 탈목표지향적임
평가 요소	• 반응평가(Reaction Evaluation) : 프로그램에 대한 만족도 평가 • 학습평가(Learning Evaluation) : 프로그램 내용에 대한 평가 • 행동평가(Behavior Evaluation) : 학습자의 행동 변화에 대한 평가 • 결과평가(Results Evaluation) : 프로그램의 영향에 대한 평가	• 상황평가(Context Evaluation) : 프로그램의 제공 상황(맥락)과 프로그램의 목표에 대한 평가 • 투입평가(Input Evaluation) : 프로그램의 목표 달성을 위해 투입할 자료 및 전략의 적절성과 효능성에 대한 평가 • 과정평가(Process Evaluation) : 강사의 질, 학습자의 만족도 등과 같은 프로그램의 운영 과정에 대한 평가 • 산출평가(Production Evaluation) : 프로그램의 최종적인 성과에 대한 평가

각 평가 모형의 단계나 요소별로 평가 내용이나 방법이 다르므로, 프로그램 개발자가 해당 프로그램에 가장 적절한 평가 모형을 선택하여 평가를 적용하면 된다. 발명교육 프로그램 평가 사례를 제시하면 다음과 같다(최유현 외, 2005).

① **내용 타당성 검증**: 발명교육 전문가의 질적 평가

② **현장 적용 평가**: 수업 진행자 면담(느낀 점, 개선점－면담 진행자에 의한 비구조화 면담), 학생 면담(면담 진행자에 의한 비구조화 면담)

③ **현장 적용 가능성 평가**: 교육 프로그램 수강생을 대상으로 한 설문조사(프로그램에 대한 유용성, 내용 적절성, 흥미성, 이해도, 교재 구성, 시간의 충분성, 자료의 내용 이해 정도 등), 의견(리커트 척도), 다양한 의견(개방형 질문)

➕ 더 알아보기

발명교육 관련 프로그램을 선정하여 CIPP 모형에 따라 평가해 보고, 프로그램의 장단점과 개선점을 제시하여 보시오.

프로그램명	
프로그램 목표	
대상	
Context	
Input	
Process	
Product	

장점	단점

개선점	

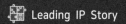 Leading IP Story

교육자를 위한 디자인 사고 툴킷

I

"어떻게 하면 나의 교실이 학생들의 니즈를 충족하는 방향으로 재구성될 수 있을까?"

"어떻게 하면 우리는 학교에서 21세기형 학습 경험을 만들어낼 수 있을까?"

"어떻게 하면 우리는 교사와 학생들의 니즈와 요구에 초점을 맞춘 커리큘럼을 개발하고 전달할 것인가?"

"어떻게 하면 우리는 학생들의 참여도를 높이고 성적을 향상시키는 방향으로 고등학교를 새롭게 디자인할 수 있을까?"

'교육자를 위한 디자인 사고 툴킷'은 디자인 사고를 교육현장에 창의적으로 적용한 경험을 바탕으로 개발되었다. 디자인의 과정이 창의적 문제해결에 많은 도움이 된다는 사실이 점차 확산되고 있으며, 이에 따라 창의성이 가장 필요한 교육현장에 디자인 사고를 도입하는 것은 너무도 당연한 일이라고 할 수 있다. 이 툴킷은 학교 교과과정, 교육공간, 교육 관련 도구와 시스템에 이르기까지 다양하게 활용이 가능하며, 그 잠재적 가능성은 무한하다.

출처 ▶ Riverdale, IDEO(2014) 옮긴이의 글 등 참고

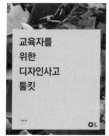

교육자를 위한 디자인
사고(Design Thinking
for Educators)
홈페이지

Think

디자인 사고 툴킷을 통한 발명교사의 교수자 성찰 가능성은?

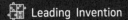 Leading Invention

생각의 탄생

『생각의 탄생』(Root-Bernstein & Root-Bernstein, 2007)은 레오나르도 다빈치에서 리처드 파인만까지 창조성을 빛낸 사람들의 13가지 생각의 도구를 소개하고 있다. 13가지 도구는 관찰, 형상화, 추상화, 패턴인식, 패턴형성, 유추, 몸으로 생각하기, 감정이입, 차원적 사고, 모형 만들기, 놀이, 변형, 통합을 말한다.

이 중에서 최근에 관심이 집중되고 있는 부분은 바로 '감정이입'이다. 감정이입(Empathizing)이라고 해석은 하였으나, 원래는 '공감'을 의미한다. 공감이 창조성에 매우 중요한 요소임을 확인할 수 있는 대목이다. 감정이입, 즉 공감을 『생각의 탄생』에서는 다음과 같이 설명하며 강조하고 있다.

"다른 사람의 표피 속으로 들어가는 특별하고도 놀라운 경험"(p.242)
"그의 몸속으로 들어가서 그의 눈으로 세상을 보고 그의 감각으로 세상을 느껴야 한다."(p.242)
"감정이입이야말로 자신이 도움을 주는 관계를 움직여나가는 데 있어서 중심이 되는 기술이다."(p.245)
"나는 사람이 새로운 이해를 얻을 수 있는 가장 유용한 방법이 '공감적인 직관' 혹은 '감정이입'이라고 본다. 문제 속으로 들어가서 그 문제의 일부가 되어버리는 것이다."(p.248)

진짜 그 사람의 문제를 해결하기 위해서는 너무도 당연히 그 사람의 입장에서 생각해야 한다. 하지만, 너무나 당연해서 우리는 그동안 이 사실을 잊고 살아오고 있었던 것이다. 디지털 기술이 그 불편함을 어느 정도 해결해 주고 있지만, 이럴 때일수록 아날로그적인 관계와 만남을 통해 '공감형 인간'이 되는 것이 창조적인 사람이 되는 비결이 아닐까?

아이디어 내는 팁
(특허청)

 Think

공감에 대한 다양한 정의를 찾아서 서로 비교해 보자.

Activity in Textbook

교과서를 품은 활동

지식재산 가치에 대한 카드 뉴스 제작하기

✐ 지식재산의 개인적, 기업적, 국가적 가치에 대하여 카드 뉴스를 만들어보자. 또 모둠별로 작성한 내용을 발표하고, 지식재산의 가치에 대하여 종합하고 정리해 보자.

진행 방법

① 모둠을 4~5명 정도로 구성한다.
② 지식재산의 가치가 잘 드러날 수 있는 주체를 개인적 · 기업적 · 국가적 측면에서 선정하고 제목을 붙인다.
　　예 기업적 가치 : 특허가 미래다
③ 카드 뉴스를 제작하여 그 내용을 발표한다.
④ 지식재산의 가치에 대하여 종합 · 정리한다.

주제	
기획 의도	
작품 설명	전체 구성 & 줄거리 요약 설명
카드 뉴스	• 카드 뉴스는 5~10장으로 제작한다. • 기록성을 위해 2~3줄 정도 글을 쓴다.
종합 · 정리	

Think
지식재산의 가치를 훼손하는 행위는 무엇일까?

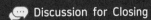 Discussion for Closing **주제를 닫는 토론**

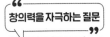
창의력을 자극하는 질문

- 초등학교 실과에서 발명교육은 어떤 학습 경험을 제공할 것인가?
- 발명과 지식재산 교육을 재미있게 지도하는 전략은?
- 창의력을 죽이는 발명교육 방법은?

다음은 우리나라 학교 교육과정의 고등학교 지식재산일반 독립 교과 내용을 바탕으로 초·중·고등학교 관련 교과의 발명과 지식재산 교육(2015 개정)의 기본적인 내용 체계를 정리한 것이다. 각 학교 수준별 교육내용을 보고 초등학교, 중학교, 고등학교에서 강조해야 할 학습 내용과 방법에 대하여 토의해 보자.

○ 2015 개정 교육과정의 학교급별 교육내용

영역	지식재산일반 내용 요소	초등학교	중학교	고등학교	
		실과	기술·가정	기술·가정	공학일반
지식 재산 이해	• 발명의 개념 • 특허의 개념과 성립 조건 • 발명과 역사, 사회적 영향 • 지식재산의 가치	발명과 문제 해결	• 기술적 문제 해결 • 기술의 이용과 표준	기술 개발과 표준	공학과 지식 재산
	• 지식재산권의 종류 • 산업재산권의 이해	–	발명 아이디어의 실현	발명과 창업	공학과 지식 재산
지식 재산 창출	• 발명 문제 확인 • 발명 문제 해결	발명과 문제 해결	• 발명 아이디어의 실현 • 기술의 이용과 표준	• 창의공학 설계 • 발명과 창업	공학 문제 해결과 사고
	• 특허 정보 검색 이해 • 특허 정보 검색 수행	–	–	–	–
	• 직무 발명의 이해 • 직무 발명 제도	–	–	–	–
	• 특허 출원의 이해 • 특허 출원 방법과 절차	–	–	–	–

초・중・고등학교의 지식재
산 교육은 창출 교육이 중
요하다.
→ 핵심 사고 역량 증진

	• 특허 명세서 이해 • 특허 명세서 작성	–	–	–	–
지식 재산 보호와 활용	• 지식재산의 침해 및 분쟁 • 지식재산 보호와 실천	개인 정보와 지식재산 보호	발명 아이디어의 실현	발명과 창업	–
	• 발명품 가치 이해와 평가 • 기술 거래	–	–	기술 개발과 표준	–
	• 기업가 정신과 창업 • 사업화 과정 이해 • 기술 경영 이해 • 사업 계획서 작성	–	–	발명과 창업	–

Think

학교급별 교육의 개선을 위한 아이디어는?

발명가 Inventor

> 최무선
우리나라 최초의 화약 발명가 최무선[崔茂宣, 고려 충숙왕 12년(1325년)~조선 태조 4년(1395년) 4월 19일]은, 고려 말 조선 초의 무신이다. 한국 역사상 최초로 화약 개발에 성공하였으며, 이를 통해 왜구 진압에 큰 역할을 했다.

— 출처 위키백과사전

Notice

단원 교수 · 학습 유의사항

1. 가치 수직선(Value Continuum) 토의 · 토론

학생들이 자기의 가치 판단 경험을 하고, 그것을 실천에 옮기는 훈련을 함으로써 자기 확신과 자존감을 높이기 위한 목적을 가지고 있다. 뿐만 아니라 사람들이 서로 다른 가치를 가지고 있다는 것을 인정하고 수용하는 태도도 기르는 학습법이다. 절차는 다음과 같다.

① 찬성, 반대의 가치 판단을 내릴 수 있는 주제 제시하기
② 자신의 입장을 가치 수직선에 표시하기(활동지)
③ 교실을 가로지르는 상상의 수직선 위에 위치 결정하여 서기
④ 옆 사람과 그 지점에 서게 된 까닭에 대해 이야기 나누기
⑤ 가치 수직선 접기(찬성 학생과 반대 학생 만나기)
⑥ 4명 또는 2명이 함께 토의 · 토론 활동하기
⑦ 새로운 위치 정하기(토의 · 토론 활동을 반복하거나 자신의 위치 변화에 대해 활동지에 정리하기)
⑧ 주제 속에 담긴 가치와 자신의 위치가 의미하는 가치 나누기

2. 피라미드(Pyramid) 토의 · 토론

피라미드 토의 · 토론은 두 사람이 의견을 모으고, 또 다른 두 사람과 함께 모두 네 명이 의견을 모으고, 다시 여덟 명이 의견을 모으는 등 마치 피라미드처럼 의견을 모아나간다고 해서 붙은 이름이다(송창석, 2001). 수업이나 학급 경영, 사회생활에서 어떤 전체 집단의 의견을 모을 때 유용하다. 모든 학생이 개인적으로 5개의 의견을 내어야 하고, 그것으로 두 사람이 토의 · 토론을 시작한다. 학생 수가 늘어나면서 소수일 때와 다수일 때의 토의 · 토론 경험도 동시에 할 수 있고, 같은 주제로 비슷한 주장을 여러 번 하게 되므로 좀 더 의견이 개선되고 표현력도 발전된다.

※ 유의점 : 두 명에서 점점 많이 모이게 되면 관심 없는 학생이나 소외되는 학생이 생길 수 있으므로 교실이나 복도 벽에 의견이 나온 포스트잇을 붙여 놓고 하는 것이 자연스럽고 좋다.

절차는 다음과 같다.
① 교사가 과제를 제시하고 1인당 5장의 포스트잇을 배부한다.
② 각자 개인별로 5개의 의견을 포스트잇에 적는다.

③ 두 사람이 토의·토론으로 5개의 의견을 모은다.

> ※ 두 사람이 짝을 지어 각자가 적은 5개, 합하여 10개의 포스트잇을 책상에 붙여놓고 토의·토론을 통해 5개로 줄인다. 이때, 중복되는 것은 빼고 수정하거나 새로 적어도 된다.

④ 네 사람, 여덟 사람, … 모여서 5개의 의견을 모은다.

> ※ 두 사람이 합의된 5개 안을 가지고 다른 두 사람을 만나 4명이 똑같은 방법으로 토의·토론하여 10개의 의견을 5개로 줄인다. 이런 방식으로 2, 4, 8, 16, 32명의 모둠으로 학생 수는 늘어나고 대안은 계속 5개를 유지한다.

⑤ 학급 전체의 최종 의견 5개를 발표한다.

3. 창문 만들기 토의·토론

Kagan(1994)이 만든 이 방법은 모둠 구성원의 개성과 공통점을 파악하는 데 주로 사용한다. 특히 모둠 세우기에 매우 적합한 방법이다. 예를 들어, 모둠의 이름을 정할 때, 구성원들이 가장 좋아하는 음식을 서로 적거나 가장 좋아하는 스포츠를 적는 등의 활동을 하면, 구성원들은 어떤 음식을 좋아하고, 어떤 스포츠를 좋아하는지 등 서로를 이해할 수 있을 뿐만 아니라 서로의 공통점을 찾을 수 있고, 이것을 중심으로 모둠 이름을 만들 수 있다. 이 방법을 의사결정을 하는 토의·토론에 사용하면 매우 효과적이다. 절차는 다음과 같다.

① 네 명으로 한 모둠을 만들고 아래 그림과 같은 창문학습지를 한 장 나누어 준다.

> ※ 교사는 가능하면 네 명으로 한 모둠을 만든다. 만약 수가 맞지 않아 5명이 되면 2명을 한 사람처럼 해서 진행한다.

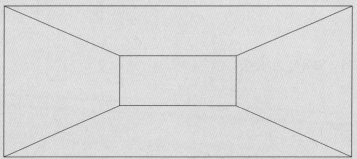

② 주제를 주면 학생들은 자신의 창에 자신에게 해당되는 내용을 적고, 설명한다.

③ 중간 창에 두 사람 이상의 공통되는 내용을 적는다.

④ 중간 창에 적힌 내용으로 모둠의 의견을 모은다.

독서토론 수업모델 —
세인트존스 컬리지
(EBS)

하버드가 인정한
토론 수업,
'하크니스 테이블'
(프레시안)

왜 우리는 대학에
가는가(EBS)

Quiz

I 단원 마무리 퀴즈

01 발명과 지식재산 교육이 이루어지는 고등학교 독립교과의 명칭과 도입된 교육과정 시기는?

02 초·중·고 학교 교육과정에서 발명과 지식재산 교육을 내용으로 지도하는 교과는?

03 지식재산 교육의 주된 학습 내용의 범주는?

04 발명과 지식재산 교육의 개인적 가치는?

05 발명과 지식재산 교육의 사회적 가치는?

06 발명과 지식재산 교육의 교육적 가치는?

07 초등학교 실과에서의 발명과 지식재산 교육의 주요 내용은?

08 중학교 기술·가정 교과에서의 발명과 지식재산 교육의 주요 내용은?

09 고등학교 기술·가정 교과에서의 발명과 지식재산 교육의 주요 내용은?

10 고등학교 지식재산일반 교과의 성격은?

11 고등학교 지식재산일반 교과의 교육내용 4가지 영역을 제시하시오.

⊘ **해답**

01. 고등학교 – 지식재산일반/2015 개정 교육과정
02. 초등학교 – 실과/중학교 – 기술·가정/고등학교 – 기술·가정, 공학 일반
03. 지식재산 창출, 보호, 활용
04. •핵심 역량의 가치 : 창의력, 문제해결력, 의사소통능력, 의사결정능력, 정보수집능력, 평가능력 등
　　•정서적 가치 : 자존감, 자신감, 자아효능감, 행복 등
　　•지식재산 소양 : 지식재산 창출, 보호, 활용에 대한 기초적 이해
05. 지식재산의 가치 인식, 지식재산 국가 경쟁력, 미래 인재 육성 마인드, 실세계 사회의 교육, 발명의 역사적·미래적 영향, 발명 가치론 등
06. 창의교육, 인성교육, 동기와 흥미 학습, 진로교육 – 자유학기제, 지식재산 교육, 정보통신 교육, 지속가능발전 교육, 융합 인재 교육 등
07. 발명과 문제해결, 개인 정보와 지식재산 보호
08. 기술적 문제해결, 발명 아이디어의 실현, 기술의 이용과 표준
09. 창의공학 설계, 발명과 창업, 기술의 이용과 표준
10. •교육목표의 관점 : 지식재산 소양 교과
　　•교육내용의 관점 : 지식재산 창출, 보호, 활용 지식 교과
　　•교육방법의 관점 : 지식재산 문제해결 교과

11.

지식재산 이해	발명, 특허, 지식재산권의 개념과 가치에 대한 이해와 지식재산의 역사적·사회적 영향
지식재산 창출	아이디어와 발명을 통하여 지식재산을 창출하는 과정에 필요한 지식 및 기능에 대한 내용으로, 문제 인식과 창의적 아이디어로 불편한 문제를 해결하여 발명하는 활동과 기법, 직무 발명 등이 해당
지식재산 보호	창출된 지식재산을 특허권을 비롯한 상표권 등으로 보호하기 위한 내용과 권리·분쟁 발생 시 대응 방법에 관한 내용이 해당
지식재산 활용	지식재산을 경영에 활용하기 위한 특허 전략 수립 및 방법, 기술 가치의 산정 방법 등의 내용을 말하며 발명과 경영이 해당

박윤희 외. (2006). 지식기반사회에서 지식재산권 교육의 활성화 방안 탐색. 직업교육연구, 25(1), pp.43~70.

송창석. (2001). 새로운 민주시민교육 방법 : Metaplan을 이용한 토론·토의·회의 진행법. 백산서당.

이병욱 외. (2021). 국가수준 교육과정에서 발명·지식재산교육의 개정 방향과 전략 연구.

임윤진 외. (2015). 중학교 수준에서의 지식재산보호교육 교재 개발과 활용방안탐색. 한국기술교육학회지, 15(1), pp.87~108.

정영석. (2016). 놀이중심 지식재산 교육프로그램의 적용이 초등학생의 지식재산 태도에 미치는 영향. 석사학위논문. 충남대학교.

조승호, 정종완. (2006). TRIZ(트리즈)를 활용한 발명교육프로그램 개발 연구. 대한공업교육학회지, 31(1), pp.86~109.

최유현. (2005). 지식재산 교육 모형의 이론 탐색과 실천 전략. 한국실과 교육학회지, 18(3), pp.77~93.

최유현. (2014). 발명교육학 연구. 형설출판사.

최유현 외. (2005). 발명부터 특허까지. 충남대학교.

특허청. (2018). 2017년도 지식재산백서. 특허청.

특허청. (2022). 한국, 2년 연속 국제특허출원(PCT) 세계 4위! 보도자료 (2022. 2. 14.).

Brown, T. (2012). (기획에서 마케팅까지)디자인에 집중하라(고성연, 역). 김영사. (원서출판 2009).

Grant, A. M. (2016). 오리지널스(홍지수, 역). 한국경제신문. (원서출판 2016).

Kagan. (1994). Cooperative Learning, Resources for Teachers. San Juan Capistrano, CA : Kagan Cooperative Learning.

Kelly, T., & Littman, J. (2002). 유쾌한 이노베이션(이종인, 역). 세종서적. (원서출판 2001).

Kelly, T., & Littman, J. (2007). 이노베이터의 10가지 얼굴(이종인, 역). 세종서적. (원서출판 2005).

Riverdale, IDEO. (2014). 교육자를 위한 디자인 사고 툴킷(정의철, 김은정, 역). 에딧더월드/MYSC.

Robinson, K., & Aronica, L. (2015). (아이의 미래를 바꾸는) 학교혁명 (정미나, 역). 21세기북스. (원서출판 2015).

📖 추천도서

최유현. (2014). 발명교육학 연구. 형설출판사.
▶ 발명교육을 교육학의 측면에서 체계적으로 접근하여 제시한 책

Robinson, K. (Producer). (2006). Do schools kill creativity? TED.
Retrieved from http://www.ted.com/talks/ken_robinson_says_
schools_kill_creativity

Root-Bernstein, R. S., & Root-Bernstein, M. (2007). 생각의 탄생(박
종성, 역). 에코의 서재. (원서출판 1999).

II 발명과 지식재산 교사의 전문성

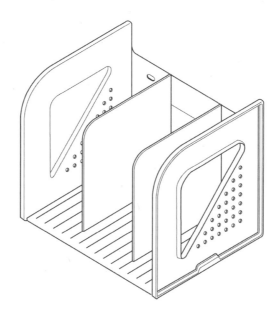

출처 ▶ 특허정보넷(키프리스), 책꽂이(디자인 도면)

성취 기준
Achievement
Criteria

1. 발명교사의 직무와 내용 표준에 대해 설명할 수 있다.

2. 발명교사인증제의 인증 절차를 이해하고, 발명교사의 전문성을 계발할 수 있다.

3. 발명교사 교육의 연구 동향을 이해하고 발명교육에 적용할 수 있다.

발명교육과 발명교사

포포야, 발명교사란 어떤 교사를 말하는 거야?

발명교사는 일반 학급, 발명교육센터, 영재 학급 또는 기관 등에서 학생, 교사, 학부모, 일반인 등을 대상으로 발명교육을 설계, 수행, 평가하는 등 발명 교육과 관련된 제반 사항을 기획하고 수행하는 교사를 의미해.

발명교육에서는 학습법, 학습 심리, 학습 환경 등이 중요한 교수학습 전략으로 다루어져야 한다. 그동안 교육학이 일반화되어 사용되어 왔지만 이제는 '학습학'을 논의할 필요가 있다. 즉, 학습학의 관점에서 발명교사의 자질을 고민할 필요가 있는 것이다. 따라서 발명을 가르치는 행위보다는 학습자의 창조적 활동을 촉진하는 지식 구성 촉진자(Facilitator)로서의 역할 정립이 중요하다. 발명교육은 학습자, 교육과정, 교사의 관점에서 다음 세 가지 특징을 지닌다.

① 학생들은 문제 상황에서 주도권을 잡고(Stakeholder) 능동적으로 학습한다.
② 학생들이 자신의 과제에 몰입하고 관련이 있는 학습을 추구할 수 있도록 전체적이고 맥락적인 문제(Holistic Problems)를 중심으로 교육과정을 재구성한다.
③ 교사는 학생들의 깊은 수준의 이해를 촉진하기 위하여 그들의 탐구를 안내하고 사고를 조력하는 학습 환경을 창조한다.

출처 ▶ Torp, L., & Sage, S.(1998)

+발명교사에게 필요한 자질은 무엇일까?

발명교육이나 최근의 여러 학습 철학과 이론에서도 교육보다 학습의 의미를 새롭게 부각할 것을 요구하고 있다. "우리는 우리가 살고 있는 세계와의 관계 및 현상들에 대한 새로운 이해를 구성함으로써 학습한다."라는 명제를 받아들이는 것은 현재의 학교 구조를 수용하기 어렵게 만든다. 교사들은 학생들이 풍부한 세상을 경험할 수 있도록 기회를 주어야 하며, 학생들이 스스로 질문하고 답을 찾을 수 있도록 권한을 주어야 한다. 또한, 그들 자신의 복잡성을 이해할 수 있도록 자극을 주어야만 한다. 따라서 발명교사에게 필요한 자질에 대해 살펴보기 위해서는 다음과 같은 6가지 역량을 검토할 필요가 있다.

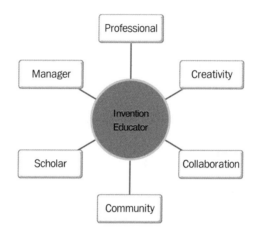

○ 발명교사의 전문성

Creativity	창조적 역량
Professional	발명과 지식재산의 교육 전문가적 역량
Collaboration	협력적 교육 역량
Community	전문성 계발을 위한 발명교사 연구 커뮤니티
Scholar	발명 및 지식재산에 대한 학문적 능력
Manager	발명교육을 기획, 설계, 관리하는 역량

출처 ▶ 최유현(2014)에서 재인용

"Self-confidence is the first requisite to great undertakings."   − Samuel Johnson
자신감은 위대한 과업의 첫째 요건이다.

01 발명교사의 역량과 전문성

출처 ▶ 특허정보넷(키프리스), 컵 모양 책꽂이(디자인 도면)

학습목표
Objectives

1. 발명교사의 직무에 대하여 설명할 수 있다.
2. 발명교사인증제 등급에 따른 역량이 무엇이 있는지 설명할 수 있다.
3. 발명교사 역량이 무엇인지 설명할 수 있다.

키워드
Keyword

발명교사 직무   # 발명교사인증제   # 발명역량   # 발명교사 역량

Question

발명교사의 역량과 전문성

Q1 발명교사의 직무에는 어떤 것들이 있는가?

Q2 발명교사인증제는 몇 단계로 구성되어 있는가?

발명교사인증제 안내

Q3 발명역량과 발명교사 역량은 어떤 차이가 있는가?

발명톡 Talk

"It's fine to celebrate success but it is more important to heed the lessons of failure."
— Bill Gates

성공을 자축하는 것도 중요하지만 실패를 통해 배운 교훈에 주의를 기울이는 것이 더 중요하다.

Think 발명교사가 되기 위해 갖춰야 할 자질은 무엇이 있을지 생각해 보자.

① 발명교사 직무

(1) 발명교사의 직무 모형

DACUM 직무 분석 기법에 의해서 발명교사의 직무 모형이 2012년 개발되었다. 이 모형에 나타난 발명교사의 직무 분석 결과는 다음과 같다.

📑 용어

DACUM(Development A Curriculum)
직무 분석을 위한 접근법의 하나로, 특정한 직무에서 수행해야 할 작업의 내용과 필요한 능력을 분석하여 교육과정을 개발하는 방법이다. 1970년대 오하이오 주립대학에서 발전된 것으로, 최고의 전문가들이 워크숍을 통하여 해당 직무를 분석하고 해당 과제 수행에 필요한 지식과 기술을 추출하여 교육과정 개발을 위한 기초자료를 제공한다.

직무 영역	수행 작업				
A 발명교육 준비하기	A-1 발명교육 수요 조사하기 BBC	A-2 발명 관련 프로그램 기획하기 AAB	A-3 발명교육센터 연간운영 계획 세우기 AAC	A-4 발명교육 담당 강사 섭외하기 BBC	A-5 발명교육 교재 개발하기 AAC
	A-6 발명 수업 지도안 작성하기 BBA	A-7 발명 수업 기자재 구매하기 BCA	A-8 발명 수업 재료 가공하기 BBA	A-9 발명 수업용 견본 만들기 ABA	A-10 발명 수업용 PPT 자료 만들기 BBA
	A-11 발명 수업용 동영상 자료 만들기 BAB	A-12 발명교육센터 환경 조성하기 BBA			
B 발명교육 대상자 선발	B-1 발명교육 홍보하기 BBC	B-2 발명교육 대상자 모집요강 발송하기 ACC	B-3 발명(영재) 교육 대상자 심사위원 구성하기 BBC	B-4 발명교육 지원서 받기 CCC	B-5 발명(영재) 교육 대상자 선발을 위한 문제 출제하기 AAC
	B-6 발명(영재) 교육 서류 전형하기 BBC	B-7 발명(영재) 교육 대상자 선발을 위한 고사장 준비하기 CCC	B-8 발명(영재) 교육 대상자 시험 감독하기 BBC	B-9 발명(영재) 교육 대상자 적성 검사하기 ABC	B-10 발명(영재) 교육 선발고사 채점하기 AAC
	B-11 발명(영재) 교육 대상자 면접하기 AAC	B-12 발명교육 대상자(합격자) 발표하기 CCC	B-13 발명교육 대상자 등록 신청 받기 CCC	B-14 발명교육 출석부 만들기 CCB	

주1) 굵은 테두리선으로 표시된 색 바탕의 작업들은 취업 초기에 갖추어야 할 작업들이고, 나머지는 직업전 생애 동안 직장에서 갖추어 나갈 작업들임

주2) 우하단 세 개씩의 영문 표기는 각 작업의 중요도, 난이도, 빈도를 정도에 따라 A(높음), B(보통), C(낮음)로 구분하였음

	C-1 발명 기법으로 아이디어 발상 지도하기 ABB	C-2 브레인스토밍 기법으로 아이디어 구상 지도하기 ABB	C-3 브레인라이팅 기법으로 아이디어 구상 지도하기 BBB	C-4 강제 결합법으로 아이디어 구상 지도하기 ABB	C-5 마인드맵 기법으로 아이디어 구상 지도하기 BBB
C **발명수업 지도**	C-6 SCAMPER 기법으로 아이디어 구상 지도하기 BBB	C-7 육색 사고모자 기법으로 아이디어 구상 지도하기 BAB	C-8 입출법으로 아이디어 구상 지도하기 BBB	C-9 TRIZ 기법으로 아이디어 구상 지도하기 BAB	C-10 PMI 기법으로 발명 제품 정교화 기법 지도하기 ACB
	C-11 ALU 기법으로 아이디어 구상 지도하기 BCB	C-12 하이라이트 기법으로 아이디어 구상 지도하기 BCB	C-13 체크리스트 기법으로 아이디어 구상 지도하기 BCB	C-14 평가행렬법으로 아이디어 구상 지도하기 BBB	C-15 특허 정보 검색 지도하기 AAB
	C-16 발명대회 출품작 검색 지도하기 ABB	C-17 상품정보 검색 지도하기 ABB	C-18 프리핸드 스케치로 도면 그리기 지도하기 ACB	C-19 컴퓨터 프로그램을 이용한 도면 그리기 지도하기 BAB	C-20 발명 아이디어 수정 · 보완하기 AAB
	C-21 종이로 발명 모형 제작 · 지도하기 BBB	C-22 점토로 발명 모형 제작 · 지도하기 BBB	C-23 압축 스티로폼 으로 발명 모형 제작 · 지도하기 BBB	C-24 플라스틱으로 발명 모형 제작 · 지도하기 BAB	C-25 목재로 발명 모형 제작 · 지도하기 BAB
	C-26 금속으로 발명 모형 제작 · 지도하기 CAC	C-27 발명 모형 평가 지도하기 AAB	C-28 발명 작품 설명서 작성 방법 지도하기 AAB	C-29 발명 단계별 결과물 발표 지도하기 AAB	C-30 발명 작품 포트폴리오 제작 지도하기 AAA
	C-31 발명교육 산출물 전시하기 BBC	C-32 특허 명세서 작성 지도하기 AAC	C-33 발명 작품 특허 출원 지도하기 AAC	C-34 발명품 창업 지도하기 AAC	C-35 온라인으로 발명교육하기 BBC
	C-36 발명 동아리 지도하기 BAB	C-37 발명 관련 체험 학습 지도하기 BAC	C-38 발명 분야 진로 지도하기 BAB	C-39 발명교육 대상자 상담하기 AAB	C-40 발명교육센터 공개 수업하기 BAC

D 학습 평가	D-1 발명 수업 성취 평가 기준표 만들기 AAC	D-2 발명교육 수행 평가하기 AAA	D-3 발명 산출물 평가하기 AAB	D-4 발명 결과물 동료 평가 지도하기 BBB	D-5 발명 결과물에 대한 학습자 자기 평가 지도하기 BBB
	D-6 발명교육 만족도 조사하기 BBC	D-7 발명교육 평가 성찰하기 AAC	D-8 발명교육 평가 피드백하기 AAC		

E 발명 행사 업무 수행	E-1 발명 행사 계획 세우기 AAB	E-2 발명 행사 승인 받기 CCB	E-3 발명 출품작 심사위원 위촉하기 BBB	E-4 발명 행사 운영 요원 조직하기 BBB	E-5 발명 행사 공문 발송하기 CCB
	E-6 발명 행사 홍보 자료 만들기 CBC	E-7 발명 행사 참가 신청 받기 CCB	E-8 발명 행사용품 구입하기 BCB	E-9 발명 행사장 준비하기 BBB	E-10 발명 행사 진행하기 AAB
	E-11 발명 행사장 뒷정리히기 CBB	E-12 발명 행사 입상작 시상하기 BCB	E-13 발명 행사 평가하기 ABB	E-14 발녕 행사 결과 보고하기 CBB	E-15 발명 특별 프로그램 (예) 캠프) 운영하기 AAC

F 발명 관련 대회 참가 지도	F-1 발명 대회 연간 참가 계획 세우기 BBC	F-2 발명대회 참가 요강 확인하기 ABB	F-3 학생들에게 발명 대회 참가 독려하기 BAB	F-4 발명 대회 학부모 설명회 열기 BAC	F-5 발명 관련 대회 참가팀 구성하기 AAB
	F-6 발명 대회 참가 신청서 작성 지도하기 AAB	F-7 발명 출품작 제작 지도하기 AAB	F-8 발명 대회 참가 인솔하기 CBB	F-9 창의력 대회 공연 과제 시나리오 작성 지도하기 AAC	F-10 창의력대회 공연용품 만들기 BAC
	F-11 창의력 대회 공연 과제 지도하기 AAC	F-12 창의력 대회 즉석 과제 지도하기 AAC	F-13 창의력 대회 도전 과제 지도하기 AAC	F-14 발명 글짓기 대회 지도하기 AAC	F-15 발명 만화 그리기 대회 지도하기 CBC
	F-16 발명 UCC 대회 지도하기 CBC	F-17 창작 로봇 경진대회 지도하기 CBC	F-18 기타 발명 관련 대회 지도하기 CBC		

II

G-1 발명교육 계획 승인 요청하기 BBC	G-2 발명교실 예산 편성하기 AAC	G-3 발명교실 운영일지 작성하기 BBA	G-4 발명교실 기자재 유지 보수하기 BBA	G-5 발명교육 수료증 발급하기 BCB
G-6 발명교실 강사수당 지급 요청하기 CBB	G-7 발명교실 유관 기관에 관련 자료 제출하기 CAC	G-8 발명교실 평가 준비하기 AAC	G-9 발명교실 운영실적 보고하기 AAC	G-10 발명교실 내방자 접대하기 BBB
G-11 발명업무 민원 처리하기 AAC	G-12 발명교실 참가예정 학생에게 안내문 보내기 CCB	G-13 발명교육 참여학교와 업무 협조하기 BBB	G-14 발명실무원 업무 감독하기 BAA	G-15 발명교실 각종 대장 기록하기 BBA
G-16 발명교육 확인서 발급하기 BCC	G-17 발명교실 청소하기 BBA	G-18 발명 관련 내용으로 추천서 작성하기 ABC	G-19 발명교육 활동 보도 자료 만들기 BBB	G-20 발명교실 운영협의회 운영하기 BBC

G 발명 관련 행정업무 수행

H-1 발명 관련 연수받기 ABB	H-2 발명 관련 학회 활동하기 BBC	H-3 발명 관련 현장 연구하기 BAC	H-4 발명 관련 연구 수행하기 CAC	H-5 발명 관련 학위 취득하기 CAC
H-6 발명 관련 행사 참관하기 BCB	H-7 발명교사 연구회 활동하기 BBB	H-8 발명 관련 최신 정보 수집하기 ABA	H-9 발명 관련 대외 심사 활동하기 CAC	H-10 발명 관련 대외 평가 활동하기 CAC
H-11 발명 관련 교재 저술하기 CAC	H-12 산업재산권 취득하기 BAC			

H 자기 계발

📖 추천도서

최유현. (2014). 발명교육학
연구. 형설출판사.
▶발명교육의 개념적 구조,
정체성, 발명교육의 가치, 발
명과 역사, 발명과 사회 등
발명교육의 학문적 정체성
과 정당화를 논의한 책

(2) 발명교사 직무 모형의 구성

모형에 나타난 발명교사의 직무는 총 8개의 임무(Duty)와 139개의 직무(Task)이다. 8개의 임무는 발명교육 준비하기(A), 발명교육 대상자 선발(B), 발명 수업 지도(C), 학습 평가(D), 발명 행사 업무 수행(E), 발명 관련 대회 참가 지도(F), 발명 관련 행정 업무 수행(G), 자기 계발(H)이다.

발명교육 준비하기(A) 임무는 12개의 직무, 발명교육 대상자 선발(B) 임무는 14개의 직무, 발명 수업 지도(C) 임무는 40개의 직무, 학습 평가(D) 임무는 8개의 직무, 발명 행사 업무 수행(E) 임무는 15개의 직무, 발명 관련 대회 참가 지도(F) 임무는 18개의 직무, 발명 관련 행정 업무 수행(G) 임무는 20개의 직무, 자기 계발(H) 임무는 12개의 직무로 구성되었다.

② 발명교사인증제의 발명교사 역량

(1) 발명교사인증제

발명교육의 시대적 필요성 및 수요의 확대에 따른 담당 교사의 양적 증가와 함께 발명교육의 체계적 질 관리를 위해 도입된 발명교사용 인증시스템이다. 응시대상은 『초·중등교육법』 제21조, 『유아교육법』 제22조에 의거 2급 이상의 교사 자격증 소지자 및 소지예지자이다. 다만, 예비교사는 2급 인증 자격기준 통과한 후, 2급 정교사 자격부여 시 인증서 인증서를 발급하고 있다.

(2) 발명교사인증제의 운영 모형

발명교사 인증 등급은 다음과 같이 2급, 1급, 마스터의 세 가지로 구분한다. 또한 세 등급은 서로 위계를 갖는 것으로, 2급이 가장 낮으며, 1급, 마스터의 순으로 급수가 높아진다. 각 등급의 수준은 발명교사로서 발명교육의 업무 수행 능력에 관한 수준을 의미하며, 2급은 입문 수준, 1급은 심화 수준, 그리고 마스터는 최고의 발명교육 전문가 수준에 해당한다. 이 세 가지 모두 일정의 능력을 검정하기 위해 마련한 준거에 합당하고 일련의 검정 절차를 거쳐야 수여받을 수 있다.

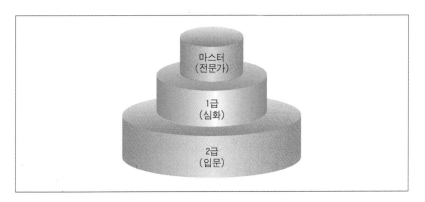

○ 발명교사 인증 자격의 종류 및 위계

① **2급(입문 과정)** : 2급은 발명과 지식재산에 대한 일반적 이해와 지식을 가진 교사로, 발명 동아리 등 일반 학교에서 발명교육을 수행할 수 있는 발명교사를 의미한다.

② **1급(심화 과정)** : 1급은 발명과 지식재산에 대한 심화된 지식을 가진 교사로서, 발명교육센터, 발명영재교육 기관에서 발명교육을 수행할 수 있는 발명교사를 의미한다.

③ **마스터(전문가 과정)** : 마스터는 발명과 지식재산에 대한 전문적 지식을 가진 교사로서, 학생, 교원, 일반인을 대상으로 교육 프로그램을 설계하고 지도하며, 발명교육 관련 연구 및 교육 컨설팅을 수행할 수 있는 발명교사를 의미한다.

📋 **용어**

발명교육센터
발명교육의 확산을 위해 각 지역별로 학생들에게 발명교육을 담당해 오던 '발명교실'이 2014년 '발명교육센터'로 명칭이 변경됨

(3) 발명교사인증제의 발명교사 역량

발명교사에게 요구되는 역량을 제시하면 다음과 같다. 역량은 일반 역량, 심화 역량, 전문 역량으로 구분되며 총 42개로 구성되어 있다. 일반 역량은 발명교사 2급, 1급, 마스터급에 공통으로 요구되는 능력으로서 31개이며, 심화 역량은 1급과 마스터급에 요구되는 능력으로서 5개이다. 또한, 전문 역량은 마스터급에 요구되는 능력으로서 6개이다.

일반 역량은 발명교사 능력 프로파일에 근거하여 추출되었다. 발명교사 능력 프로파일은 직무 분석 결과 발명교사로서 교직의 입직 초기에 갖추어야 할 직무 능력으로 추출된 직무들 중 지식, 기능 및 직무 수행 환경, 안전, 도구(장비) 등의 유사성을 근거로 유목화하여 개발된 것이다. 심화 및 전문 역량은 직무 분석 결과 발명교사가 입직 초기에 갖추어야 할 직무 능력으로 추출된 것 이외의 직무 중에서, 발명교사의 인재상의 1급과 마스터급의 특성을 만족시킬 수 있다고 여겨지는 직무들을 참고하여 설정되었다. 즉, 심화 역량은 발명교사가 발명 심화 교육과 특수아(발명영재 포함) 발명교육까지 발명교육 활동을 수행하는

것과 관련된 직무들을 참고하여 기술되었으며, 마스터급은 교사·학부모·일반인 등을 지도하는 지도자 능력과 더불어 발명교육을 연구하고 그 결과를 일반화시키는 능력과 관련된 직무들을 참고하여 기술하였다.

○ 발명교사인증제의 발명교사 역량

구분	세부 역량	비고
일반 역량	발명교육 기획 능력	2급, 1급, 마스터의 공통 역량
	발명교육센터 운영 계획 수립 능력	
	발명 수업 지도안 작성 능력	
	발명 수업 기자재 구매 능력	
	발명 수업 자료 만들기 능력	
	발명교육센터 환경 조성 능력	
	발명(영재) 교육 대상자 선발 문제 출제 능력	
	발명 기법으로 아이디어 발상 지도 능력	
	발산적 사고 기법으로 아이디어 구상 지도 능력	
	발명품 검색 지도 능력	
	프리핸드 스케치 지도 능력	
	발명품 모형 제작 및 평가 지도 능력	
	발명품 설명서 작성 방법 지도 능력	
	발명품 발표 지도 능력	
	발명품 포트폴리오 제작 지도 능력	
	특허 명세서 작성 지도 능력	
	발명품 특허 출원 지도 능력	
	발명 관련 창업 지도 능력	
	발명교육 대상자 상담 능력	
	발명교육센터 공개 수업 능력	
	발명교육 성취 기준표 만들기 능력	
	발명교육 수행 평가 능력	
	발명교육 평가 성찰 및 피드백 능력	
	발명 행사 운영 능력	
	발명교육 특별 프로그램 운영 능력	
	발명 대회 참가 준비 능력	
	발명품 제작 지도 능력	
	창의력 대회 참가 지도 능력	
	발명 글짓기 대회 참가 지도 능력	

세바시 777회
당신은 이미
발명가입니다

	발명 관련 행정 및 민원 업무 수행 능력	
	발명교사 전문성 신장 능력	
심화 역량	발명교육 일반 교육 프로그램의 평가 및 개선 능력	1급, 마스터의 전문 역량
	발명교육 심화 교육 프로그램의 기획 능력	
	발명교육 심화 교육 프로그램의 운영 능력	
	특수아(발명영재 포함) 교육 프로그램의 기획 능력	
	특수아(발명영재 포함) 교육 프로그램의 운영 능력	
전문 역량	교사를 대상으로 한 발명교육 기획 능력	마스터의 전문 역량
	교사를 대상으로 한 발명교육 지도 능력	
	학부모(일반인)를 대상으로 한 발명교육 기획 능력	
	학부모(일반인)를 대상으로 한 발명교육 지도 능력	
	발명교육 전문가로서 외부 강연 능력	
	발명교육 연구 활동 능력	

③ 발명역량과 발명교사 역량

(1) 발명역량

이경표(2018)는 발명역량을 '융합적 사고와 창의성을 기반으로 특정분야의 전문성과 지식재산에 관한 지식을 활용하여 문제를 해결하는 한편, 이를 통하여 경제적으로 유의미한 가치를 창출하여 사회적 기여를 할 수 있는 능력'으로 정의하고 3개의 영역과 10개의 구성요인, 26개의 하위 요소로 구성된 발명역량을 제시하였다.

○ 이경표(2018)의 발명역량

영역	구성요인	하위 요소
지식재산 영역	지식재산 관련 일반 지식	지식재산 창출, 활용, 보호에 관한 기초적인 지식 보유
	지식재산 정보 활용 및 연계 능력	지식재산 정보 활용 능력
		지식재산 연계 능력
	다양한 영역(과학, 기술, 인문, 예술 등)의 지식과 정보 관리	다양한 영역에 관한 일반 지식
		다양한 영역에 관한 이해
		다양한 영역에 관한 지식의 적용 및 활용 능력
		다양한 영역에 관한 정보 수집 능력
		다양한 영역에 관한 정보 분석 능력
		다양한 영역에 관한 정보 관리 능력

	융합적 사고력	고차원적 사고
발명 융합 창의 영역		연관성 파악 능력
		논리적/분석적 사고력
		문제의 인식 및 관리
		기획 설계 능력
	창의성	창의적 능력(유창성, 정교성, 상상력, 융통성, 독창력)
		창의적 성격(호기심, 민감성, 과제집착력, 모험심)
	디자인 능력	디자인 감각
발명 인성 영역	자기주도성	자발적 의지
		목표 지향성
		초(meta) 동기
	리더십	창의적 리더십
	공동체 의식 및 사회적 책임	공동체 문제 인식
		배려
		가치 지향
	기업가 정신	문제 해결
		도전 정신

(2) 발명교사 역량

이건환(2017)은 발명교사가 갖추어야할 역량을 고찰, 구안, 검증하고 발명교사 역량 모델을 개발하여 발명교사 교육의 전문성을 교육하고 진단하는 모델로써 적용하고자 문헌 조사, 행동 사건 면접, 델파이 조사, 전문가 검증 등을 통해 3개의 역량군, 10개의 역량 요소, 39개의 역량 지표로 구성된 발명교사 역량 모델을 개발하였다.

II

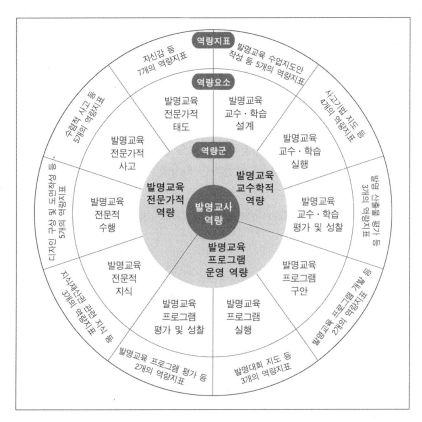

○ 발명교사 역량 모델

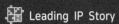 Leading IP Story

특허괴물이란 무엇일까?

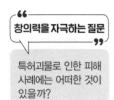
"
창의력을 자극하는 질문
"

특허괴물로 인한 피해
사례에는 어떠한 것이
있을까?

특허괴물(Patent Troll)이란 보유한 특허를 이용하여 제품을 생산하지 않고, 타인에게 라이선싱 또는 판매 등의 거래를 통해 로열티를 받거나 특허 소송을 통해 이익을 창출하는 회사를 일컫는다. 이런 회사를 특허 전문 회사 또는 지식재산 관리 회사(NPE : Non-Practicing Entities)라고도 한다.

이들은 개인 발명가, 적자 기업, 부도 회사, 경매 시장 등을 통해 대량의 특허를 저렴한 가격으로 구입한 후 다른 기업으로부터 보유 특허를 침해당하면 특허 소송을 걸어 거액의 배상금이나 합의금을 챙기는 식으로 운영된다. 주로 기술 개발이 활발한 정보통신(IT)이나 반도체 기업들을 주요 대상으로 하며, 최근에는 개발 전 단계의 특허 아이디어까지 선점하는 경우가 많아 문제로 지적되고 있다.

특허괴물이란 용어는 미국의 반도체 회사인 인텔(Intel)이 1998년 '테크서치(Techsearch)'라는 한 무명의 회사로부터 당한 소송 사건에서 인텔 측 변호를 맡았던 피터 뎃킨(Peter Detkin) 변호사가 이 회사를 일컬어 '특허괴물'이라며 비난한 데서 유래됐다. 당시 '테크서치'라는 회사는 적자에 허덕이던 관련 기업으로부터 특허권을 싼 값에 사들인 제품 생산자도, 특허 출원 회사도 아닌 '제3자 기업'으로, 소송을 통해 승소 시에 받기로 한 거액의 배상금 일부를 노렸다. 테크서치의 공격을 막아냈던 피터 뎃킨 변호사는 이 일을 계기로 특허권의 중요성을 인식하게 되었고, 인텔 퇴사 후 또 다른 특허괴물인 인텔렉추얼 벤처스(IV : Intellectual Ventures)의 영업이사로 자리를 옮겼다. 이후 IV사는 세계 최대 특허괴물 회사로 성장했다. 인텔렉추얼 벤처스(IV)는 2008년에만 한국에서 무려 200여 건의 특허권을 매입했고, 삼성·LG 등 국내 기업을 상대로 수조 원에 달하는 로열티를 요구해 온 바 있다.

출처 ▶ 특허괴물(네이버 지식백과, 「시사상식사전」, 박문각)

특허괴물에 대하여
(한국지식재산보호원
공식 블로그)

Think

특허괴물에 대한 효과적인 대응 방법은 무엇일까?

II

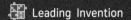 **Leading Invention**

투명한 트럭, 삼성 'Safety Truck'

편도 1차선 도로를 달리고 있을 때 느리게 가고 있는 큰 트럭이 앞을 막아서고 있다면 얼마나 답답할까? 실제로 이러한 경우 추월을 하고 싶어도 반대편에서 차가 오는지 보이지 않기 때문에 매우 위험하다. 이렇게 불편한 점을 해결할 수 있는 일명 '투명한 안전 트럭'을 삼성에서 만들었다. 2015년에 개발된 이 트럭은 트럭 뒤에 붙은 대형 비디오로 인하여 트럭 앞의 교통 상황을 알 수 있어 추월 사고를 줄일 수 있다.

안전 트럭은 전면 마운트 카메라 시스템이 트럭 앞 도로 상황을 촬영하여 후면에 장착된 대형 모니터에 스트리밍하는 방식으로 구성된다. 모니터는 방수 · 방진 기능을 갖추고, 밝은 낮에도 선명한 화면을 구현하도록 만들어졌다. 이 아이디어는 실제 편도 1차선 도로가 많은 아르헨티나의 도로 특성을 고려해 아르헨티나에서 만들었으며, 아르헨티나 교통사고의 대부분이 추월 사고라는 점에 주목해서 개발했다고 한다.

안전 트럭은 세계 3대 광고제인 '칸 국제광고제' 등에서 수상했으며, 2015년 미국 타임지가 선정하는 '올해의 발명품'에도 선정되었다. 삼성은 아르헨티나에서 트럭 운영에 필요한 승인 절차를 밟아 이에 합당한 테스트를 거친 후, 안전 트럭의 보급을 전 세계로 확대할 계획이라고 한다.

출처 ▶ 삼성전자 뉴스룸

Samsung Safety Truck
(Samsung Electronics
Argentina SA)

Think

이 아이디어를 다른 상황에서 활용하는 방법에는 무엇이 있을까?

📖 Activity in Textbook

교과서를 품은 활동

"
창의력을 자극하는 질문
"

• 직무 발명 제도가
 필요한 이유는 무
 엇일까?
• 직무 발명의 사례
 에는 또 어떠한 것
 이 있을까?

직무 발명의 이해

📎 기술 경쟁이 치열해지면서 핵심 기술을 확보하기 위해 많은 기업과 국가가 경쟁하고 있다. 산업의 고도화와 기술의 복잡성 및 다양성으로 인해 이런 핵심 기술은 조직화되고 체계화된 기업 또는 연구 기관에 의해 대부분 개발되고 있다. 그런데 기업의 연구소 등에서 근무하는 직원이 발명한 경우 이 발명에 대한 권리는 누가 갖게 될지 문제가 될 수 있다.

직무 발명이란, 기업에서 일하는 종업원이 자신이 하는 업무와 관련하여 발명을 한 것으로 기업의 업무 범위에 속하는 발명을 말한다. 기업 간 기술 경쟁의 증가로 기업들의 특허 출원이 증가하면서 직무 발명 출원은 전체 특허 출원의 80% 정도에 달할 정도로 기술 혁신에 중요한 비중을 차지하고 있다.

직무 발명 제도는 시설, 장소, 임금, 기존의 연구 데이터 등을 제공한 사용자와 창의적인 아이디어를 만들어 낸 종업원의 관계에서 발명으로 인하여 창출되는 이익을 합리적으로 배분하고 권리 관계를 조정하기 위한 제도이다.

직무 발명 제도는 기업 측면에서 핵심 기술에 대한 권리를 안정적으로 확보할 수 있도록 하여 기업의 적극적인 투자를 유도하고, 종업원 측면에서는 자신의 직무와 관련하여 발명을 통해 성취감을 얻고 보상을 받음으로써 기술 개발 의욕을 향상시킬 수 있다.

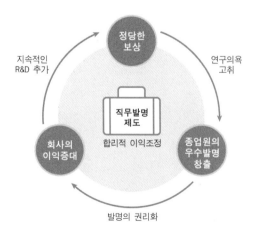

○ 직무 발명 제도의 작동 원리

1. 종업원

고용 계약에 의해 타인의 사업에 종사하는 사람으로 직원, 법인의 임원, 공무원을 지칭한다. 상근·비상근을 묻지 않으며, 고용 관계가 있다면 촉탁 직원이나 임시 직원도 포함한다.

2. 사용자

타인을 고용하는 개인, 법인인 회사, 국가나 지방 자치 단체를 말한다.

3. 직무

사용자의 지시, 지휘, 명령, 감독에 따라 직원 등이 담당하는 사용자 업무의 일부분을 의미한다.

Think

직무 발명과 산업의 발전에는 어떠한 관계가 있을까?

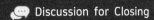

💬 Discussion for Closing

주제를 닫는 토론

" 창의력을 자극하는 질문 "

- 인공지능 로봇으로 달라질 미래는 어떤 모습일까?
- 로봇이 지식재산권을 생성한다면 등록이 될 수 있을까?
- 또 어떤 새로운 차원의 지식재산이 생겨날 수 있을까?

📎 다음은 최근 인공지능의 발명자성과 관련한 기사이다. 이를 읽고 인공지능의 발명자성을 인정해야 하는지 토론해보고 우리나라는 인공지능의 발전에 대비하여 어떤 대책을 세워야 하는지 생각해보자.

특허청은 최근 '인공지능 발명자'에 대한 그간의 논의 내용을 집대성한 『인공지능(AI)과 지식재산 백서』를 발간하였다. 백서에는 1. AI가 만든 발명의 현황 2. 이를 어떻게 특허로 보호할 것인지에 대한 국내 전문가들과의 논의 및 정책 연구 내용 3. 지식재산 주요국들이 참여한 국제 컨퍼런스 논의 내용 등이 담겨 있다.

인공지능 발명자에 대한 논의는 미국의 스티븐 테일러 박사가 자신이 개발한 AI(DABUS: Device for the Autonomous Bootstrapping of Unified Sentience)가 레고처럼 쉽게 결합되는 용기 등을 스스로 발명했다고 주장하면서 2018년부터 전 세계 16개국에 특허를 신청하여 논란에 불을 지폈다. 이에 대해, 우리나라를 포함하여 미국·영국 등 대부분의 국가에서는 현행 특허법상 자연인인 인간만 발명자가 될 수 있다는 이유로 AI를 발명자로 기재한 테일러 박사의 특허신청을 거절하였다. 그러나 이와 달리, 호주 연방법원에서는 2021년 7월 호주 특허법의 유연한 해석(① AI는 발명자가 될 수 없다는 명시적 규정이 없고 ② 특허법상 발명자를 나타내는 'inventor'는 elevator와 같이 발명하는 물건으로도 해석 가능)을 통해 AI를 발명자로 인정하는 최초의 판결을 내렸다. 이에 우리나라 특허청은 AI를 발명자로 인정할지와 AI가 만든 발명을 어떻게 보호할지를 보다 다각적으로 논의하기 위해 산업계·학계·법조계 전문가들로 구성된 'AI 발명 전문가 협의체'를 발족하고 AI 기술이 발전함에 따라 머지않아 AI가 스스로 발명할 수 있는 것에 대비해 관련 입법 방안을 모색하는 등 AI 종합 전략을 수립하고 있다.

출처 ▶ 특허청 보도자료(2022. 3. 23.)

인공지능(AI)과
지식재산백서

Think

로봇이 지식재산권을 생성하게 된다면 그 지식재산권은 누구의 소유가 될까?

02 발명교사 교육 프로그램

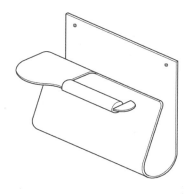

출처 ▶ 특허정보넷(키프리스), 책꽂이(디자인 도면)

학습목표
Objectives

1. 발명교육 전문가를 양성하는 대학원 프로그램에 대해 설명할 수 있다.
2. 발명교사 직무연수의 종류와 특징을 설명할 수 있다.
3. 발명교사로서 전문성 계발을 수행할 수 있다.

키워드
Keyword

\# 발명교육 전공 대학원   \# 발명교사교육센터   \# 직무연수
\# 종합교육연수원   \# 원격교육연수원(아이피티처)

Question

발명교사 교육 프로그램

Q1 발명교육 전공 대학원의 유형과 프로그램은 어떠한가?

Q2 발명교육 관련 집합 연수를 받을 수 있는 곳은 어디인가?

국제지식재산연수원

Q3 발명교육 관련 온라인 연수를 받을 수 있는 곳은 어디인가?

한국발명진흥회
종합교육연수원

한국발명진흥회
원격교육연수원

Think

발명교사에게 전문성 계발이 필요한 이유는 무엇인가?

① 발명교육 대학원 프로그램

(1) 발명교육 전공 대학원

발명교육으로 학위를 받는 대학원 프로그램은 주로 교육대학원을 중심
으로 전공이 개설되어 있다. 초기에는 발명교육 관련 논문이 기술교육,
실과교육, 과학교육 등의 전공에서 진행되어 오다 발명교육 전공의 대
학원이 개설되면서 체계적인 발명교육 전문가 양성이 이루어지고 있다.
2022년 현재 여러 대학원에서 발명교육을 전공으로 석사 과정과 박사
과정을 개설하고 있다. 석사 과정을 두고 있는 대학원은 6개 교육대학
교의 교육(전문)대학원과 충남대학교의 일반대학원이 있다. 교육대학교
교육대학원에서의 발명교육 전공은 2008년 서울교육대학교 교육전문
대학원에 처음으로 개설되었으며, 이후 다른 대학교로 확산되었다. 박사
과정을 개설하고 있는 대학원은 충남대학교의 일반대학원이 유일하며,
2014학년도부터 프로그램을 운영하고 있다.

발명교육 분야의 전공명은 '발명교육'과 '발명영재교육'이 가장 빈번히
사용되고 있지만, 이들 중 하나와 로봇교육이나 메이커 교육과 같이 발
명교육과 관련이 있으면서 최근 강조되고 있는 교육 분야를 병기한 전
공명도 있다. 발명교육 전공의 교수진을 중심으로 참여 학과를 살펴보면
실과교육과(생활과학과 포함)와 공업기술교육학과가 중심이 되지만,
대학원에 따라 과학교육과 또는 사회교육과와 미술교육과가 협력하여
운영하는 곳도 볼 수 있다.

○ 발명교육 전공 대학원 현황

구분	과정	대학명	전공명
교육대학원	석사	공주교육대학교	발명교육
		광주교육대학교	발명영재 · 로봇교육
		대구교육대학교	메이커 · 발명교육
		부산교육대학교	발명영재교육
		청주교육대학교	발명영재교육
교육전문대학원		서울교육대학교	초등발명교육
일반대학원		충남대학교	기술 · 발명교육
일반대학원	박사	충남대학교	기술 · 발명교육

용어

대학원
대학의 학부과정 이후에 연구 또는 전문 직업 인력을 양성하는 최상위 고등교육기관으로 교육 목적에 따라 일반대학원, 전문대학원 및 특수대학원으로 구분하며, 석사, 박사 또는 석박사통합의 학위과정을 두고 있음

전국대학원

(2) 발명교육 관련 강좌 개설 대학원

발명교육 전공 대학원 이외의 대학원에서 발명교육 관련 강좌 개설이 증가해 왔다. 발명 내용이 초·중등 교육과정에 포함되면서 해당 교과의 교사를 양성하고 있는 교육대학교, 교원대학교 및 일반 대학교의 사범대학 대학원 전공에서 주로 강좌를 개설하고 있다. 그 외에 '융합영재교육', '현장과학실험교육', '(초등)과학영재교육' 등의 전공에서도 강좌를 운영하고 있다. 즉, 강좌 개설은 실과교육, 기술교육, 공업교육, 과학교육 및 영재교육 등 다양한 관련 전공에서 이루어지고 있다. 강좌는 석사뿐만 아니라 박사 과정에서도 개설하고 있으며, 대학원 유형으로는 교육대학원이 가장 많고, 교육전문대학원과 일반 대학원도 있다. 개설 강좌는 창의성 교육, 사고기법, 발명영재교육, 지식재산, 로봇 등의 용어를 포함하고 있다.

○ **발명교육 관련 강좌 개설 대학원**

구분	과정	대학명	전공명	관련 강좌명
교육대학원	석사	공주교육대학교	실과교육	발명과 창의성 교육
		대구교육대학교	현장과학실험교육	발명개발연구
		부산교육대학교	초등과학영재교육	발명기법
		선수교육대학교	초등실과교육	생활기술과 발명교육
		춘천교육대학교	초등실과교육	발명기술활용교육 및 자료개발, 기초발명교육이론, 발명교육이론
		한국교원대학	초등실과교육	발명과 로봇
		공주대학교	기술교육	발명과 지식재산
		숭실대학교	융합영재교육	발명영재교육
		충남대학교	기술교육	발명과 문제해결연구, 특허와 지식재산
		한국교원대학교	기술교육, 공업교육	창의발명교육론
교육전문대학원		경인교육대학교	생활과학교육	발명과 창의적 사고기법
			과학영재교육	발명영재교육의 이론과 실제
		서울교육대학교	초등생활과학교육	발명과 창의성 교육
교육전문대학원	박사	서울교육대학교	초등생활과학·컴퓨터교육	발명교육 특론, 발명과 창의성교육 특론
일반대학원*	석·박사	한국교원대학교	초등실과교육	발명과 로봇
			기술교육, 공업교육	창의발명교육론

* 일반 대학원은 석·박사 통합과정으로 운영되며, 강좌가 개설되는 과정을 지정하고 있지 않음

② 발명교사교육센터 교사 연수 프로그램

(1) 설립 배경 및 목적

발명교사교육센터는 미래를 주도하는 지식재산 기반의 전문성을 갖춘 우수 발명(영재)교원을 양성하기 위하여 특허청과 한국발명진흥회의 지원으로 운영되는 기관이다. 전국의 교육대학과 사범대학 중 발명교원 육성 거점 대학으로 선정된 대학에서 발명교육센터를 운영한다. 설립 초기인 2013년에는 수도권, 중부권, 동남권 및 서남권의 4개 권역에서 춘천교육대학교, 충남대학교, 부산교육대학교 및 광주교육대학교가 선정되어 발명교사교육센터를 운영하였다. 2022년 현재는 중부권, 영남권, 호남권의 3개 권역에서 선정된 충남대학교, 부산교육대학교 및 전주교육대학교가 발명교사교육센터를 운영하고 있다. 발명교사교육센터 선정에 포함되지 않은 수도권의 발명교사 교육은 한국발명진흥회의 종합교육연수원에서 운영하고 있다.

(2) 주요 역할

발명교사교육센터는 교사 연수 프로그램 운영, 예비 교사 교육과정 개발과 운영, 발명교육 문화 확산, 예비 교사 및 현직 교사 교원 연수를 위한 표준교재 개발 및 적용 등의 역할을 수행한다. 현직 교사 연수는 발명교사인증제를 위한 연수 교육의 기능도 담당하며, 발명교사교육센터별로 75시간 이상의 발명교육 연수 프로그램을 제공하고 있다. 또한 거점 대학의 예비 교사를 대상으로 2학점 이상의 발명교육 관련 강좌를 개설하여 운영한다.

(3) 교사 연수 프로그램의 내용과 운영

교사 연수 프로그램은 발명교사교육센터별로 다양하게 구성되어 있다. 최근 운영되고 있는 프로그램은 발명교육의 트랜드를 반영하고, 미래의 발명교육을 준비하기 위한 것으로 메이커 교육, 인공지능 등의 관련 내용과 체험 활동을 포함하고 있다. 직무연수 과정에 따라 15시간 또는 30시간으로 편성되어 있으며, 연수 운영 방식은 블랜디드 또는 오프라인 교육을 병행하고 있다.

용어

발명교사교육센터
우수 발명(영재)교원의 육성을 위해 전국의 교육대학·사범대학 중 3개 대학을 발명 교원 육성 거점 대학으로 선정하여 발명교사교육센터를 운영하고 있음

II

○ 권역별 발명교사교육센터 직무연수 프로그램(2021년) 사례

구분	직무연수 프로그램 예	연수 시간
충남 대학교 (중부권)	• 메이커톤! 발명 문제에서 특허 출원까지 • Industry 4.0 발명 특허 분야 트랜드 • 교육 4.0 시대의 인벤티브 마인드 교수 역량 업그레이드 : 4차 산업혁명 시대 발명 현장의 최신 이슈와 사례	30시간 30시간 15시간
전주 교대 (호남권)	•4차 산업혁명 시대를 위한 발명·메이커 교육 기초 (아날로그에서 디지털까지) •디지털 기술을 활용한 코로나 극복 발명·메이킹 프로젝트 •발명·메이커 교육 담당 교사 역량강화 직무연수 (생활용품의 SMART한 무한변신! 발명·메이킹 프로젝트)	30시간 30시간 15시간
부산 교대 (영남권)	•발명교육의 스토리텔링 역량 강화 •미래교육과 발명교육 •인공지능과 미래 발명(초등) : AI 피지컬 컴퓨팅 융합 프로젝트 •인공지능과 미래 발명(중등) : AIoT 스마트 홈 시스템 •생산적 실패와 발명교육	30시간 30시간 15시간 15시간 15시간

출처 ▶ 권역별 센터의 연수 안내문을 재구성함

③ 종합교육연수원 교사 연수 프로그램

(1) 설립 배경 및 목적

종합교육연수원은 2015년 한국발명진흥회가 교육부로부터 발명·특허 교육 분야의 '종합교육연수원'으로 인가받아 개원한 기관으로 효율적이고 활용성 높은 교원 연수를 통해 전문지식을 갖춘 발명교사를 양성하는 것을 목적으로 한다. 2016년부터 시작된 발명 교사 연수의 운영 방식은 집합교육을 원칙으로 하였지만, 최근에는 사회적 여건을 고려하여 '쌍방향 온라인 교육' 방식도 도입하고 있다.

(2) 주요 역할

종합교육연수원은 현직·예비 교원 대상 발명교육 연수 운영, 연수의 내실화 및 연수과정의 질 관리, 교육 프로그램 개발 등의 역할을 수행한다.

종합교육연수원
(한국발명진흥회)

⑶ 교사 연수 프로그램의 내용과 운영

종합교육연수원은 발명교육 전문성을 강화하거나 발명교육 정책 역량
을 향상시키기 위한 연수과정을 운영하므로 연수 프로그램의 유형과
과정이 탄력적으로 편성되어 있다. 최근의 교원 직무연수 프로그램은
7가지 유형의 다양한 연수 과정을 진행하고 있다. 이들 중 발명교육,
발명영재, 특허출원, 발명진로는 발명교육 담당자나 일반교원의 전문성
강화 또는 관리자의 발명교육 인식 향상과 관련 있고, 지재일반, 과학,
실과는 학교 현장의 발명 관련 교과교육의 지도를 지원한다. 연수 유형
중 발명교육이 가장 많은 연수 과정을 두고 있으며, 연수 시간은 연수
과정에 따라 4시간부터 40시간으로 다양하게 편성되어 있다.

○ **한국발명진흥회 종합교육연수원 교원 연수 프로그램(안)(2022년)**

유형	연수 과정명	연수시간
발명교육	e포트폴리오를 활용한 발명지도 직무연수	10시간
	발명교육 입문: 발명교육센터 공통프로그램(초급) 활용	15시간
	발명 및 창의력 대회 지도연수	6시간
	그린스마트 미래학교 선정학교 선도요원 연수	15시간
	발명교육센터 운영 역량강화 직무연수 1: 운영 및 행정 실무 중심	15시간
	발명교육센터 운영 역량강화 직무연수 2: 발명과 인공지능(AI)	6시간
	발명교육센터 운영 역량강화 직무연수 3: 대회지도, 특허명세서 작성	20시간
	교육실무사 직무연수 1	15시간
	교육실무사 직무연수 2	15시간
	발명교사를 위한 진로지도 직무연수	6시간
	발명교육 인증교사 전문교육과정	6시간
	발명수행역량 강화를 위한 스마트스토어 구현 프로그램 활용 직무연수	12시간
	발명교육 인증교사 공모연수 1	15시간
	발명교육 인증교사 공모연수 2	15시간
	발명교육 인증교사 공모연수 3	15시간
	발명교육 인증교사 공모연수 4	15시간
	발명교육 인증교사 공모연수 5	15시간
	발명 메이커 실습 프로젝트	6시간
발명영재	발명영재 지도교원 직무연수	10시간

특허	교사를 위한 지식재산 역량강화 직무연수 1: 발명과 지식재산	6시간
	교사를 위한 지식재산 역량강화 직무연수 2: 특허정보 검색과 지식재산권 출원	7시간
	교사를 위한 지식재산 역량강화 직무연수 3: 특허명세서의 이해와 기타 지식재산권의 이해	7시간
지재일반	지식재산일반 교과 지도교사 직무연수(1차)	30시간
	지식재산일반 교과 지도교사 직무연수(2차)	30시간
	지식재산일반 선도학교 담당교원 직무연수(1차)	4시간
	지식재산일반 선도학교 담당교원 직무연수(2차)	10시간
	지식재산일반 선도학교 담당교원 직무연수(3차)	6시간
과학	과학교과 연계 발명지도 역량강화 직무연수	15시간
실과	초등실과 연계 발명지도 역량강화 직무연수	15시간
기술가정	기술가정 연계 발명지도 역량강화 직무연수	15시간
특성화고	특성화고 담당교원 교과지도 직무연수	40시간
	발명특허 특성화고 직무연수	10시간
관리자	발명교육 인식확산을 위한 초중등관리자 연수 1	미정
	발명교육 인식확산을 위한 초중등관리자 연수 2	6시간

출처 ▶ 한국발명진흥회 홈페이지에 공지된 종합교육연수원 연수 일정(안)을 재구성함

④ 원격교육연수원 교사 연수 프로그램

(1) 설립 배경 및 목적

한국발명진흥회 부설 원격교육연수원(아이피티처, IP-teacher)은 발명 교육의 저변 확대와 발명 지도교사를 위한 전문 교육과정이 필요함에 따라 2006년에 교육부 인가를 받아 설립되었다. 원격교육연수원은 유·초·중등 교원 및 교육전문직의 발명, 지식재산권, 창의성 관련 교수학습능력을 함양하기 위해 온라인 직무연수 프로그램을 운영한다.

(2) 주요 역할

원격교육연수원은 현직 교원을 위한 직무연수 운영, 발명·특허 교육 관련 교수·학습자료 제공, 교사들 간의 수업 자료 공유 커뮤니티 제공 등의 역할을 수행하고 있다(아이피티처, 2022).

⑶ 교사 연수 프로그램의 내용과 운영

한국발명진흥회의 온라인 콘텐츠로 제공되는 '아이피티처'의 직무연수 프로그램은 발명교사인증제와 연계하여 발명교육 이수시간으로 하고 있다. 최근에 운영된 연수 과정은 15시간, 1학점 2종이며, 발명의 일반적 내용과 발명교육의 수업 방법에 대한 내용을 포함하고 있다.

ㅇ 한국발명진흥회 원격교육연수원(온라인) 교원직무연수 프로그램(2021년)

학점	시간	연수 과정명 및 내용
1학점	15시간	• 선생님과 함께하는 에디슨 육성프로젝트 발명의 일반적 내용, 발명교육의 과학수업 적용 방법 및 교수학습자료
	15시간	• 내 발명수업을 레벨업시키는 TRIZ TRIZ 원리의 다양한 사례 및 수업방법

정보 속으로

발명체험교육관
특허청과 경북교육청의 공동사업으로 2022년 3월 15일에 경주에 개관한 국내 최초의 발명 전문 교육기관으로, 맞춤형 발명교육과정 개발·운영, 미래 발명인재 양성 프로그램 운영 및 시스템 구축, 발명교육 지도역량 강화, 생활 속 발명문화 확산을 운영 방향으로 설정하고 있으며, 발명채움관, 미래키움관 및 도전헤움관으로 구성된 3개의 전시 및 체험관을 갖추고 있음

발명체험교육관

II

🧩 Leading IP Story

변리사가 하는 일

변리사는 새로운 발명 기술이나 디자인, 상표 등의 특허권을 갖기 위해 법률적인 상담이 필요한 개인이나 기업을 도와주는 일을 한다. 변리사의 업무는 크게 산업재산권 출원 대리 업무와 산업재산권 분쟁에 관한 심판 및 소송 대리로 구분할 수 있다.

변리사의 출원 업무는 고객의 아이디어나 기술에 대한 명확한 이해가 필수다. 고객이 특허가 될 만한 아이디어나 기술을 가져오면 변리사는 특허 등 산업재산권 출원에 필요한 자료를 만들어 고객 대신 특허청에 제출한다. 이 과정에서 선행기술 조사, 특허권의 권리 범위를 정하는 '청구항' 작성 등 명세서 작성을 한다.

또 변리사는 특허 침해 분쟁과 관련해 특허심판원 및 특허법원에 대한 심판과 소송을 대리하기도 한다. 특허를 놓고 맞붙는 권리분쟁 이의신청, 심판이나 항고심판의 청구에 관한 제반 업무를 대리한다. 특허법원 소송이 있는 경우 법원의 준비 절차나 변론기일에 직접 고객을 위해 참석해 변론하거나 특허 침해 소송 중 재판부가 주재하는 기술 설명회에 참석해 사건 내용을 설명하기도 한다. 특정 특허가 침해됐는지 아닌지를 객관적으로 판단하는 등 분쟁과 관련한 감정의 업무도 수행한다.

따라서 변리사는 문서를 통해서 의뢰인의 권리를 보호할 수 있는 논리적인 사고력과 문서를 잘 만드는 기술이 필요하며 법률, 생물, 화학, 첨단 과학 기술에 대한 지식과 외국어 능력도 필요하다. 또한 변리사가 되기 위해서는 특허청에서 실시하는 변리사 시험에 합격하거나 변호사 자격증을 가지고 있어야 한다. 변리사 시험을 보는 데 학력, 나이 제한은 없지만 특허 분야가 과학 기술이 많기 때문에 과학 기술 관련 학문이나 법학을 전공하는 것이 좋다.

🔍 변리사가 되려면 어떠한 능력을 갖추어야 하는가?

직업의 세계 – 변리사
(네이버 지식백과)

Think

미래 사회에서 변리사의 역할은 어떻게 달라질까?

II

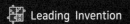 **Leading Invention**

공중에 떠 있는 화분 'Lyfe'

스웨덴 스톡홀름의 디자인 스튜디오 플리트(Flyte, '날다'라는 뜻의 스웨덴어)는 공중 부양 화분인 라이프(Lyfe)를 제작하고 있다. 이 스튜디오는 일찍이 자기부상 전구를 선보여 화제를 모은 바 있다. 이 기술을 화분에 접목해 실내에 식물을 쉽게 들여놓고 키울 수 있는 독특한 방식을 제시하고 있다.

라이프는 회전식 화분으로 자기부상 기술을 이용했다. 바닥에 둔 오크나무 위에 화분을 올려두면 화분이 그 자리에 둥둥 떠서 부드럽게 도는 형태로 제작됐다. 스튜디오 플리트 관계자는 '1년 내내 식물 전체가 햇볕에 골고루 노출될 수 있는 방법을 고안하다가 라이프를 만들었다'고 밝혔다.

화분은 하얀 색상에 정 12면체 모양이며 실리콘으로 제작돼 있다. 한쪽 면에는 특수 배수 시스템이 내장돼 있는데 만약 화분에 물이 많으면 화분 내의 숨은 저수지 공간으로 물을 보내 식물의 건강한 성장을 돕는다. 가장 아래쪽에는 자석이 들어 있어 화분이 공중에 떠 있을 수 있도록 한다. 이 화분을 전기 코드가 연결된 냄비 받침대 모양의 오크나무 판 위에 놓기만 하면 공중에서 저절로 회전하게 된다.

출처 ▶ 한경 Business(2017. 5. 8.)

공중에 떠서 빙글빙글
도는 화분 LYFE(FTV)

Think

이 아이디어를 응용하여 어떤 것을 공중에 띄울 수 있을까?

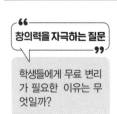 Activity in Textbook

교과서를 품은 활동

> 66
> **창의력을 자극하는 질문**
> 99
>
> 학생들에게 무료 변리
> 가 필요한 이유는 무
> 엇일까?

더 알아보기 학생의 무료 변리 신청

개인이 특허 출원을 진행해 보고자 인터넷을 통해 특허청 사이트에 방문하여 특허 출원에 관련된 정보를 검색해 보았지만 너무 복잡한 용어와 절차 때문에 엄두가 나지 않는다. 또한, 특허 출원 시에는 발명의 기술적인 내용을 문장을 통해 명확하고 상세하게 기재된 명세서를 제출하여야 하는데, 이러한 명세서에 기재된 특허 청구 범위는 특허 등록 후 특허권의 권리 범위를 해석하는 기준이 되므로 매우 중요하다. 명세서를 개인이 직접 작성하는 경우 발명의 권리 범위를 명확하게 설정하지 못할 우려가 있으므로 가급적 변리사의 도움을 요청하는 것이 좋다. 대한변리사회(www.kpaa.or.kr)에서는 특허 출원부터 등록까지의 과정을 무료로 지원하는 무료 변리 제도를 운영하고 있다.

1. 대한변리사회 무료 변리 절차

○ 대한변리사회 무료 변리 절차

2. 학생의 경우, 무료 변리를 위해 준비해야 할 서류

① 무보수 대리인 선임 신청서
② 발명의 요지 설명서, 도면
③ 재학 증명서
④ 확인서(교장 또는 학과장 이상의 직인 필요)
⑤ 주민등록등본 또는 가족관계증명서
⑥ 위임자(만 19세 미만)

그리고 공익변리사 특허상담센터(www.pcc.or.kr)에서는 산업재산권 관련 서류 작성을 지원하고 있는데, 특허 출원 및 서류의 제출은 출원인이 직접 해야 한다.

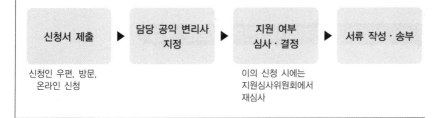

신청서 제출 ▶ 담당 공익 변리사 지정 ▶ 지원 여부 심사 · 결정 ▶ 서류 작성 · 송부

신청인 우편, 방문, 온라인 신청

이의 신청 시에는 지원심사위원회에서 재심사

공익변리사
특허상담센터

Think

지식재산 교육에서 무료 변리를 어떻게 활용할 수 있을까?

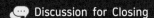

주제를 닫는 토론

> 66
> **창의력을 자극하는 질문**
> 99
>
> • 4차 산업혁명이란 무엇인가?
> • 4차 산업혁명과 지식재산은 어떠한 관계가 있는가?
> • 콘텐츠 이외에도 어떠한 지식재산이 가치 있게 여겨질 것인가?

4차 산업혁명과 지식재산권의 새로운 물결

우리는 바야흐로 기술의 시대를 살고 있다. 공상 과학 소설이나 영화에서 접할 법한 첨단 기술이 이미 우리 생활 깊숙이 들어와 있고, 과학자나 기술자의 대화에서 등장할 법한 '자율 주행 자동차', '사물인터넷(IoT)', '3D 프린터', '증강 현실·가상 현실'과 같은 용어를 누구나 쉽게 입에 올리고 있다. 그리고 4차 산업혁명을 이야기한다.

다보스 포럼의 창시자인 클라우스 슈밥 회장은 4차 산업혁명의 성공 요건으로 지식재산제도를 꼽았다. 기술이 알파이자 오메가일 것 같은 시대에 지식재산을 이야기하는 것이 뜬구름 잡는 이야기로 들릴 수도 있다. 하지만 속내를 들여다보면 지식재산이야말로 전 시대를 아우르는 핵심이었다고 수긍하게 된다.

역사적으로 보면 기술이라든지 시스템, 유통망이 발전할 무렵이면 빈드시 콘텐츠가 논의되곤 했다. 그리고 사업의 향방을 가르는 중심에 놓이곤 했다. 고속도로라는 인프라가 있다고 해도 그 위를 달리는 자동차가 없으면 아무 소용이 없다. 인터넷이라는 망 기술은 웹사이트라는 콘텐츠가 뒷받침되지 않았다면 지금처럼 사용되지 않았을 것이다. 넷플릭스는 어떤가? 간단한 콘텐츠 유통 채널 기술이지만 수많은 방송 콘텐츠 덕분에 가장 대중적인 VOD로 자리 잡을 수 있었다.

콘텐츠는 하드웨어의 내용물이 되어 준다는 점에서 가치가 있다. 새로운 기술이 등장하거나 새로운 시대로 넘어갈 때에도 콘텐츠가 충실하지 않으면 아무리 멋진 기술도 속 빈 깡통과 다를 바 없지 않겠는가? 다보스 포럼의 슈밥 회장이 지식재산을 강조한 이유도 여기에 있다. 하드웨어는 많이 발전했지만 소프트웨어가 뒷받침하지 못하고 있다. 소프트웨어가 충분하지 못해서 하드웨어가 사장된 전례를 되풀이하면 안 된다는 반성이 담겨 있다. 결론적으로 지식재산 콘텐츠는 안정기에 접어든 혁신기술의 성패를 가르는 가늠자 역할을 해준다.

출처 ▶ 고정민(2017)

Think
4차 산업혁명으로 인해 지식재산의 역할은 어떻게 변화될 것인가?

03 발명교사 교육 연구의 동향

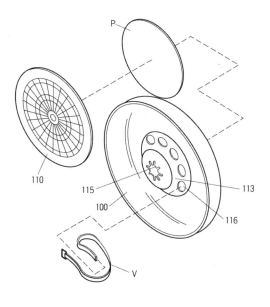

출처 ▶ 특허정보넷(키프리스), 놀이용 비행 원반(특허·실용신안 도면)

학습목표
Objectives

1. 발명교사 교육과 관련된 연구를 찾아 볼 수 있다.
2. 발명교사 교육의 연구 동향에 대해 설명할 수 있다.
3. 발명교사 교육의 연구 결과를 발명교육에 적용할 수 있다.

키워드
Keyword

\# 연구 동향　　　\# 교육 표준　　　\# 직무　　　\# PCK
\# 역량 기준

Question
발명교사 교육에 대한 연구

Q1 연구란 무엇인가?

Q2 발명교사 교육에 대한 연구가 필요한 이유는 무엇인가?

Q3 발명교사 교육과 관련된 연구는 어디서 찾을 수 있는가?

학술연구정보서비스
(RISS)

학술논문지식서비스
(DBpia)

발명톡 Talk

"If you have made mistakes, even serious ones, there is always another chance for you. What we call failure is not the falling down but the staying down."
— Mary Pickford
아무리 중대한 실수를 저질렀더라도 항상 또 다른 기회는 있기 마련이다.

Think

발명교사 교육과 관련하여 어떤 연구가 필요하다고 생각하는가?

① 발명교사 교육 연구의 필요성

발명교사 교육 연구는 발명교육 연구, 더 나아가서는 교육 연구에 포함되므로 그 의미를 교육 연구에서 찾아볼 수 있다. 교육 연구는 과학적 연구 방법을 활용하여 최대한 정확하고 신뢰할 만한 지식이나 정보를 구하는 행위이다(이종성, 1999). 같은 맥락에서 발명교사 교육 연구는 일반적인 교육 연구와 달리 연구 대상이나 관심이 발명교사 또는 그와 관련된 사항에 집중한 연구라고 할 수 있다.

발명교사 교육 연구를 수행함으로써 발명교사 교육에 대한 이론적인 지식을 축적할 뿐만 아니라 발명교사 관련 교육 실행이나 정책 결정에 필요한 지식을 제공할 수 있으므로 지속적인 연구가 필요하다.

② 발명교사 교육 관련 연구 동향

(1) 발명교사 교육 연구를 위한 자료 수집

연구자료는 다양한 통로로 수집할 수 있지만, 학술지, 학술보고서, 학위 논문 등은 학술 데이터베이스(DB) 검색을 활용하면 유용하다. 학문별로 특화된 DB도 있지만, 발명교사 교육 관련 자료는 DBpia, KISS, RISS, e-article 및 스콜라 등으로 검색할 수 있다.

o 국내 학술정보원의 예

학술정보원	특징
DBpia	전 주제의 SCI급 저널을 포함하여 2,300여 종 학술지, 230만여 편의 학술논문을 제공함
KISS	전 주제의 국내 1,340여 학회 및 연구소 발간 3,280여 종 학술 간행물 제공
RISS	한국교육학술정보원(KERIS)에서 운영하는 것으로 국내외 학위 논문, 국내외 학술지 논문 등을 제공
e-article	전 주제의 국내 584개 학회 866여 종 학술지 논문 제공
스콜라	전 주제의 학회지, 연구기관 보고서, 대학간행물, 전문상업지, 정부 간행물 등을 제공

🔖 용어

학술정보원 DBpia는 'Database Periodical Information Academic'을, KISS는 'Koreanstudies Information Service System'을, RISS는 'Research Information Sharing Service'를 의미한다.

연구 자료를 수집하기 위해 학술지 논문을 직접 검색해 볼 수도 있는데, 발명교육 연구 논문이 많이 게재되는 대표적인 학술지는 한국실과교육학회지, 실과교육연구, 한국기술교육학회지, 대한공업교육학회지, 영재교육연구, 한국초등연구, 학습자중심교과교육연구, 영재와 영재교육, 직업교육연구, 한국과학교육학회지 등이 있다.

(2) 발명교사 교육 연구 동향

연구 동향 분석은 해당 연구 분야의 전체적인 연구 흐름을 파악하고 향후 연구 방향의 시사점을 얻기 위해 필요하다. 발명교사 교육만을 중심으로 연구동향을 분석한 연구는 찾아볼 수 없지만, 발명교육의 연구 동향을 분석한 연구는 지속적으로 이루어지고 있다. 최근 정다혜 외(2020)는 2003년부터 2019년까지 출판된 353편의 KCI 등재 후보 이상의 학술지 논문의 키워드를 대상으로 언어 네트워크를 분석하였다. 연구 결과에 따르면, 발명교육 연구는 새로운 정책 고시나 교육현장 적용 시기에 활발히 진행되며, 실과교과와 연계한 연구가 주로 이루어지고, '발명영재교육 분야에서 초등학교 발명영재를 대상으로 창의성 관련 프로그램 또는 발명에 대한 태도'를 주제로 한 연구가 많다(p.125). 이 연구를 통해 발명교육의 전반적인 동향은 파악할 수 있지만, 발명교사 교육에 관한 연구 동향은 알 수 없다.

박동현 외(2017)는 2006년부터 2016년까지 출판된 학술지 논문 124편을 대상으로 초등 발명교육의 연구동향을 분석하였는데, 초등만을 대상으로 한다는 한계는 있지만 교사교육 연구의 일부를 포함하고 있다. 연구 결과에 의하면, 연구 수행 빈도가 높은 주제는 영재교육, 교과연구·개발, 발명교육 인식, 발명·창의성 기법과 교사교육 등의 순이었다. 연구 수행 빈도가 높은 기능은 교수·학습, 교사 연구, 교육과정, 평가 분야의 순이었다. 교수·학습 분야의 연구는 나머지 세 분야의 연구보다 훨씬 많이 이루어졌고, 교수·학습 분야에서는 프로그램 개발·적용 연구가 전체 연구 건수의 과반을 보였다. 교사 연구에서는 교사들의 발명교육에 대한 요구·인식·태도, 예비교사 교육, 교사의 지도과정·방안 등의 순으로 연구가 이루어졌다.

○ 초등 발명교육에서 교사교육 관련 연구의 동향

구분	08	09	10	11	12	13	14	15	합계
요구·인식·태도		1	1		1	3	3	1	10
발명지식 이해							1		1
지도과정 방안		1	1		1		1	2	6
교사교육자료 개발	2						1		3
예비교사 교육		2	1	2		2		1	8
합계	2	4	3	2	2	5	6	4	28

출처 ▶ 박동현, 홍영식(2017, p.72)을 재구성함

용어

KCI 등재(후보) 학술지
한국연구재단에서 실시하는 학술지 평가에서 일정 기준을 통과한 학술지로 평가점수에 따라 등재 또는 등재 후보 학술지로 분류된다. KCI는 'Korea Citation Index'의 약자로 학술지인용색인을 의미한다.

발명교사 교육 연구는 세부 범주가 정해져 있기보다는 발명교사와 관련 있는 교사의 인식 및 태도, 교사교육 프로그램 개발 및 평가, 양성체제, 행정 및 연구 지원, 발명교사 관련 제도 등으로 볼 수 있다. 이와 관련하여 최근에 수행된 학술지 논문 13편을 살펴보면, 연도별로 차이는 있지만 발명교사 교육에 관한 지속적인 연구가 이루어지고 있는 것을 알 수 있다. 연구 주제를 중심으로 연구의 세부 범주를 구분하면 교사들의 관심, 인식 및 요구 관련 연구가 8편으로 가장 많고, 교사역량에 관한 연구가 3편, 지원 방안과 교육 프로그램 개발에 관한 연구가 각 1편씩으로 나타났다. 이러한 동향 분석을 통해 추후 연구의 방향을 고려해 볼 가치가 있다.

○ 발명교사 교육 관련 연구

출판 년도	연구자	연구 제목	비고
2021	강상현 외	관심기반수용모형에 의한 기술교과 예비교사의 발명 교육 관심도	관심
2020	김주진 외	발명 영재를 지도하는 교사의 어려움과 지원 방안 연구	지원방안
	최유현 외	발명체험교육관 발명교육프로그램 개발을 위한 학생과 발명교사의 교육요구도 분석	요구
	김민정 외	예비영유아교사의 교재교구 발명과 지식재산권에 대한 인식 및 요구 분석	인식, 요구
	·이명선 외	초등교사의 발명교육에 대한 인식과 교육요구도	인식, 요구
2018	이건환 외	발명교사 역량 모델 개발	교사 역량
	최유현 외	발명교사인증제를 위한 『발명과 지식재산의 실제』 표준교재 개발 연구	교육 프로그램 개발
	박기문 외	발명교사인증제에 대한 인식 및 개선 방안 조사	인식
2017	김용익	교육대학교 학생들의 발명핵심역량 연구	교사 역량
	이봉우 외	과학교육에서 발명교육에 관한 과학교육자의 인식 조사	인식
	임윤진 외	2017 개정 교육과정에 기초한 고등학교 '지식 재산 일반' 교과의 도입과 활용에 대한 학교 관리자와 교사의 인식 비교 연구	인식
	이동원	초등 발명교사들이 기대하는 초등 발명교육의 방향	요구
	손영은 외	미래의 발명 CEO 탐색 프로그램 적용 사례를 통한 발명교사 역량 탐색	교사 역량

③ 발명교사 교육 관련 연구 사례

발명교육을 지도하는 교사는 발명교육학적 지식뿐만 아니라 발명내용학적 지식과 실행 능력을 함양하기 위한 다방면의 교육이 필요하다. 따라서 발명교육에 필요한 교사교육과 관련된 연구의 사례를 정리하면 다음과 같다.

(1) 표준 기반의 발명교사 교육 연구

최유현 외(2012)가 개발한 발명교사 교육 표준은 발명교육학 내용 표준, 발명내용학 내용 표준으로 구분된다. 발명교육학 내용 표준 체계는 대영역 7개(발명교육의 기초, 발명교육 프로그램 개발, 발명교육 학습, 발명 학습 평가, 발명교육 시설 및 환경, 발명 활동 지도, 발명교사 전문성 계발)로, 발명내용학 내용 표준 체계는 대영역 10개(발명의 개념과 특성, 발명과 사회, 생활 속의 발명, 창의성 계발, 발명과 설계, 발명 문제해결, 융합 지식과 발명, 발명 프로젝트, 지식재산과 특허 출원, 발명과 기술 경영)로 구분된다.

(2) 직무 기반의 발명교사 교육 연구

김용익 외(2013)는 발명교사 직무를 분석하기 위하여 DACUM 기법으로 직무 분석한 발명교사의 DACUM 차트와 표준 작업 분석표를 기초 자료로 활용하였다. 선행 연구에서는 발명교사의 직무 분석 결과에 대한 작업(139개) 중 입직 초기 작업으로 추출된 54개 작업들에 대하여 표준 작업 분석표의 내용을 분석하였고, 작업들 간의 지식, 기능, 시설, 기자재 및 작업 환경 등의 유사성에 근거하여 서로 통합하고 유목화하여 총 31개의 발명교사 능력 프로파일을 추출하였다.

(3) PCK(Pedagogical Content Knowledge) 기반의 발명교사 교육 연구

이동원(2014)은 초등 발명교사의 발명교육에 대한 교과교육학적 내용 지식(PCK) 구성과 형성 과정, 형성 유형을 구명하였다.

연구 결과 초등 발명교사는 발명교육에 대한 교과교육학적 내용 지식(PCK)을 형성하는 과정에서 '발명교육 인식', '발명 수업 구성', '실천', '수업 결과'에 해당하는 과정을 거치고 있었으며 이 과정들은 전체적으로 중재적 조건에 영향을 받고 있음을 알 수 있었다. 또한 초등 발명교사의 발명교육에 대한 교과교육학적 내용 지식(PCK)의 구성은 교과 내용, 교육과정, 학생 이해, 교수 전략, 교육목적, 상황, 평가, 자료, 자원, 교사 자신에 대한 지식에 해당하는 10가지임을 확인하였다.

초·중·고등학생을
위한 발명교육
내용 표준 개발
(최유현 외, 2012)

발명교사 직무분석을
활용한 직무연수
프로그램 개발
(이규녀 외, 2013)

DACUM 기법을
활용한 발명교사의
직무분석 연구
(김용익 외, 2013)

📋 **용어**

PCK
Pedagogical Content Knowledge의 줄임말로서, 국내 연구에서는 내용교수 지식, 내용교수법, 교수학적 지식, 교과교육학 지식, 교수내용지식, 교수법적 내용 지식, 교수학적 내용지식 등으로 매우 다양하게 번역되어 사용되고 있다.
— 출처 양미경(2009)

교과교육학적 내용 지식(PCK) 형성 유형을 알아보기 위한 과정으로 '발명교육을 위한 교과교육학적 내용 지식(PCK) 형성'에 해당하는 중심 범주를 설정하고 유형을 분석한 결과 개척자형, 탐구자형, 조력자형, 정체자형에 해당하는 유형을 찾을 수 있었다.

⑷ 역량 기준 기반의 발명교사 교육 연구

이건환(2017)은 문헌 조사, 행동 사건 면접(BEI), 델파이 조사, 전문가 검증 등을 통해 발명교사 역량 모델을 개발하였다. 발명교사 역량 모델은 발명교육 교수학적 역량, 발명교육 프로그램 운영 역량 및 발명교육 전문가적 역량으로 구분된 3개의 역량군을 중심으로 10개의 역량 요소와 39개의 역량 지표로 구성되어 있다.

초등 발명교사의
발명교육에 대한
교과교육학적
내용지식(PCK)
형성과정 탐구
(이동원, 2014)

발명교사인증제의
발전적 방향 탐색
(김용익, 2015)

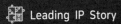 Leading IP Story

산업재산 침해 및 부정경쟁행위 신고 센터

Ⓠ 산업재산 침해로 신고 가능한 종류는 무엇이 있나요?

Ⓐ 상표(위조 상품) 침해, 특허 침해, 디자인 침해(상품형태모방 부정경쟁행위), 영업비밀 침해가 있습니다.

Ⓠ 위조 상품이란 무엇인가요?

Ⓐ 상표법 제108조에 해당하는 것으로 타인의 상표를 권한이 없는 자가 사용한 물품을 의미합니다.

Ⓠ 위조 상품 침해 신고를 통해 피해를 보상받거나 상품의 진위 여부를 확인할 수 있나요?

Ⓐ 특허청 특별사법경찰은 상표권 침해 단속 업무를 담당하므로, 피해보상은 소비자보호원에, 상품의 진위 여부는 해당 상표권자에 문의해야 합니다.

출처 ▶ 산업재산 침해 및 부정경쟁행위 신고 센터(www.ippolice.go.kr)

박신혜와 함께 하는
착한소비, 짝퉁OUT
정품OK(특허청)

⊕ 위조 상품에 대한 제보가 필요한 이유는 무엇일까?

 Think

위조 상품 근절을 위해 우리는 또 어떠한 노력을 할 수 있는가?

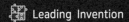 **Leading Invention**

태국 빈민가 지역의 축구장

태국 부동산 개발 기업의 공익 캠페인이 2016년 미국 타임지가 선정한 '올해의 발명품 TOP 25'에 선정되어 큰 화제를 모은 데 이어 2017년 ADFEST (아시아 태평양 광고제) MEDIA 부문에서 그랑프리를 수상했다.

태국 방콕의 빈민가인 끌렁떠이(Khlong Toei) 지역은 밀도가 높은 도심 지역이라 충분한 공간의 확보가 되지 않기 때문에 그대로 두면 쓰레기장으로 변하거나 범죄가 일어날 가능성이 컸다. 하지만 태국의 부동산 개발업체 AP Thailand는 이 지역의 비대칭 구조 공터를 다양하게 변형된 모양의 축구장으로 탈바꿈시켰다.

쓸모없다고 생각되었던 공간을 아이들이 마음껏 뛰어놀 수 있는 새로운 규격의 축구 경기장으로 탈바꿈시키면서 공간이 누군가의 삶을 변화시킬 수 있다는 자사의 고객 가치를 홍보하는 데 크게 성공했다.

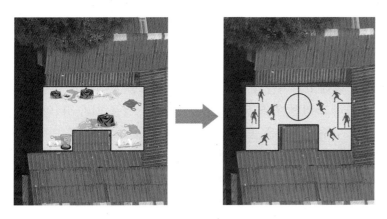

○ 태국 빈민가의 버려진 공간을 축구장으로 만드는
'The Unusual Football Field' 프로젝트

The Unusual Football
Field — Adfest 2017
Winner(Campaigns of
the World)

Think

이처럼 불필요한 공간을 활용한 아이디어에는 또 어떤 것이 있을까?

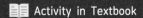 Activity in Textbook

교과서를 품은 활동

위조 상품 사용에 대한 지식재산 보호 활동

📎 다음 사례들을 바탕으로 위조 상품 사례에 대하여 조사해 보자.

❝ 창의력을 자극하는 질문 ❞

• 위조 상품의 사용에 대한 책임은 판매자와 소비자 중 누구에게 있는가?
• 위조 상품의 사용은 우리 사회에 어떠한 부작용을 초래하는가?

사례 1 정품 시가 3,200억 원 규모의 가짜 명품을 유통해 온 일당이 특허청 특별사법경찰관들에 의해 단속됐다. 특허청은 "중국에서 위조 상품을 들여와 국내에 유통한 혐의(상표법 위반)로 최근 장 아무개(45) 씨 등 3명을 구속하고, 이들로부터 위조 상품을 공급 받아 판매해온 도소매업자 20명을 불구속 입건했다."라고 31일 밝혔다. 장 씨 등은 2014년 4월부터 광주광역시 쌍촌동 주택가에 사무실을 차려놓고 전국 20여 개 도소매업자를 통해 위조 상품 15만여 점, 정품 시가 3,200억 원 어치를 유통·판매한 혐의를 받고 있다. 조사 결과 이들은 사무실 인근에 물품 창고를 두고 중간 판매업자에게 택배로 물건을 배송했고, 위조 상품을 공급받은 전국 20여 개 도소매업자들은 주로 인터넷 카페와 카카오스토리 등을 통해 물건을 유통한 깃으로 드러났다.

특허청은 올해 1월 이들의 사무실과 물품 창고를 수색하고, 유통·판매를 위해 보관하고 있던 위조 상품 2만 2,000여 점, 정품 시가 314억 원어치를 압수했다. 압수된 물품은 종류별로는 지갑(36.9%·8,292점)과 가방(26.7%·5,989점)이 많았으며, 브랜드별로는 루이뷔통(32.5%), 프라다(14.9%), 롤렉스(13.4%), 구찌(13.3%), 샤넬(9.7%) 순으로 많았다.

출처 ▶ 한겨레신문(2016. 3. 31.)

사례 2 H사가 중국 현지에서 불법 유통되고 있는 이른바 '짝퉁' 자동차 부품의 단속을 강화하고 있다. H사 차의 위상이 높아짐에 따라 이들 차종의 A/S 부품들이 모조품으로 생산돼 소비자들의 안전을 위협하고 있기 때문이다.

짝퉁 부품은 검증되지 않은 제조사가 저가의 재료와 모조 부품으로 '순정 부품'의 외형을 본떠서 만든 것을 말한다. 완성차 초기 설계 단계에서 함께 만들어져 자동차에 최적화되도록 각종 시험을 거친 순정 부품과 태생적으로 다르다.

짝퉁 부품은 현재 중국 동부 연안 지역을 중심으로 활발히 생산되고 있는 것으로 전해진다. 필터와 패드 등의 소모품부터 내비게이션 및 에어백 등의 안전 기능 부품까지 종류도 광범위하다. 이들 제품은 순정 부품 대비 30~50% 저렴한 가격으로 중국 전역에 유통되고 있다. 최근에는 해외로도 수출되고 있다.

출처 ▶ 이투데이(2015. 11. 25.)

Think

위조 상품 사례 조사를 통해 새롭게 알게 된 사실은 무엇인가?

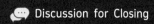 Discussion for Closing

주제를 닫는 토론

창의력을 자극하는 질문

• 위조 상품이 계속해서 증가하는 이유는 무엇인가?

• 위조 상품으로 인한 산업의 피해는 개인과 어떠한 관계가 있는가?

• 위조 상품에 대한 개인의 인식이 중요한 이유는 무엇인가?

오프라인 로드숍, 노점상 비밀 매장이나, 온라인 오픈마켓, SNS, 포털사이트 등에서 판매되는 위조 상품을 쓰지 않아야 하는 이유는 무엇일까? 가장 중요한 이유는 위조 상품의 사용으로 인해 국내 산업이 피해를 입기 때문이다. 많은 시간과 노력, 돈을 들여 개발해낸 상품이 위조·유통된다면 기업은 고유한 브랜드를 개발하거나 제품에 투자하고자 하는 의지가 위축될 수 있다. 기업 자체의 신뢰도 역시 감소되고, 중소기업 브랜드의 경우 정품 대신 위조 상품을 사용하는 사람이 늘면서 최악의 경우, 도산까지 하게 된다. 결과적으로 국가 경제에 악영향을 미칠 수도 있다.

또한 소비자의 건강과 안전이 위협받는 등 소비자 생활에도 악영향을 미칠 수 있다. 예를 들어, 인형 뽑기방에서 유통되고 있는 짝퉁 인형은 안전성이 확인되지 않은 제품이다. 실제로 아이들이 만지고 노는 인형에서 중금속이나 발암 물질이 검출되었고, 뽑기용 액세서리 역시 카드뮴과 납 등의 중금속이 기준치의 600배 이상 검출되었다고 한다.

이 외에도 품질 오인에 따른 불신 증가와 유통 구조에서의 문제로 인해 상거래 질서가 무너지며, 국가 이미지 실추로 인해 대외 통상 측면에도 문제를 가져올 수 있다.

실제로 우리나라에서 위조 상품 시장 규모는 연간 142억 달러, 세계 9위라고 한다. 이는 국민의 위조 상품에 대한 근절 인식이 저조하며, 실제로 무분별하게 위조 상품의 구매 및 사용이 이뤄지고 있다는 것으로, 안타까운 일이 아닐 수 없다.

이렇듯 수많은 피해를 불러오는 위조 상품의 사용을 줄이기 위해서는, 소비자가 위조 상품에 대해 인식하고 스스로 위조 상품을 피하려는 노력을 해야 할 것이다.

한국지식재산보호원에서 말하는 위조 상품의 특징은 ① 바느질이나 액세서리, 부자재의 결합이 조잡 ② 정품과 동일 상표도 있으나 교묘하게 변형 ③ 등록 상표의 일부분을 도려내어 외관을 일그러뜨린 후 정품의 불량품 또는 재고품으로 위장 ④ 소매점, 대로변의 노점 및 지하상가 등에서 판매 ⑤ 정품 대비 가격대가 현저히 낮은 경우라고 한다.

출처 ▶ 대한민국 정책기자단(2017. 9. 26.)

Think

위조 상품에 대한 인식을 개선하기 위해 어떠한 노력이 필요한가?

Notice

단원 교수·학습 유의사항

1. 발명교사의 직무 모형과 교육 표준을 이해하여 교육현장에서 발명교사로서 임무를 수행할 수 있도록 유도한다.

2. 발명교사인증제 취득, 발명교육 또는 발명영재교육 전공 대학원, 발명교사 직무연수 등 발명교사의 전문성을 계발하는 다양한 방법을 알고 전문성 계발을 실행할 수 있도록 유도한다.

3. 발명교사 교육에 관한 연구의 동향을 이해하고 관련된 연구를 발명교육에 적용할 수 있도록 유도한다.

발명가 Inventor

> 알프레드 노벨

노벨은 평생 355개의 특허를 취득했으며 화약 말고도 만년필, 축음기, 전화기, 축전지, 백열등, 로켓, 인조 보석, 비행기, 수혈 등을 연구했다. 노벨상의 창시자인 그를 일각에서는 자신이 발명한 다이너마이트가 무기로 사용되는 것에 죄책감을 느껴 재산을 기부하게 되었다고 설명하기도 한다.

Quiz

II 단원 마무리 퀴즈

01 DACUM 직무 분석 기법에 의해서 발명교사의 [ ]이/가 개발되었다. 모형에 나타난 발명교사의 직무는 총 8개의 임무와 139개의 직무이다.

02 발명교사 교육 표준은 대영역 7개의 [ ] 내용 표준, 대영역 10개의 [ ] 내용 표준으로 구분된다.

03 발명교사인증제 인증 등급은 2급, 1급, [ ]의 세 가지로 구분된다. 또한 세 등급은 서로 위계를 갖는 것으로, 2급을 시작으로 1급, [ ]의 순으로 높은 수준의 역량이 요구된다.

04 한국발명진흥회 [ ]에서는 발명교육 전문성을 강화하거나 발명교육 정책 역량을 향상시키기 위하여 교원을 대상으로 다양한 연수를 운영하고 있다.

05 한국발명진흥회의 온라인 콘텐츠로 제공되는 현직 교원 대상 직무연수 프로그램은 [ ]을/를 통하여 운영된다.

06 발명교육을 위한 교과교육학적 내용지식(PCK) 형성 유형은 [ ], 탐구자형, [ ], 정체자형으로 나누어진다.

07 발명교사 [ ]은/는 3개의 역량군, 10개의 역량 요소, 39개의 역량 지표로 구성되었다.

⊘해답

01. 직무 모형 **02.** 발명교육학/발명내용학 **03.** 마스터/마스터

04. 종합교육연수원 **05.** 아이피티처 **06.** 개척자형/조력자형

07. 역량 모델

경상북도교육청. (2021). 전국 최초 발명체험교육관 건립 '착착'-발명체험교육관 중장기 운영계획 수립. 보도자료(2021. 10. 1.).

김용익. (2015). 발명교사인증제의 발전적 방향 탐색. 한국실과교육학회지, 28(4), pp.1~17.

김용익 외. (2013). DACUM 기법을 활용한 발명교사의 직무분석 연구. 한국기술교육학회지, 13(1), pp.45~66.

문공주, 황요한, 김민기. (2019). 언어네트워크 분석을 활용한 발명교육 연구 동향 분석. 학습자중심교과교육연구, 9(12), pp.667~671.

박동현, 홍영식. (2017). 초등발명교육의 최근 연구동향 분석. 한국초등교육, 28(4), pp.67~78.

양미경. (2009). 내용교수 지식(pedagogical content knowledge)에 대한 선행연구의 한계 및 과제. 한국교육원리학회지, 14(2), pp.45~64.

이건환. (2017). 발명교사 역량 모델. 박사학위 논문, 충남대학교.

이경표. (2018). 발명역량 구인 타당화. 숭실대학교 대학원 박사학위 논문.

이규녀 외. (2013). 발명교사 직무분석을 활용한 직무연수프로그램 개발. 한국실과교육학회지, 26(2), pp.97~118.

이동원. (2014). 초등 발명교사의 발명교육에 대한 교과교육학적 내용 지식(PCK) 형성과정 탐구 : 근거 이론에 기초하여. 박사학위 논문. 충남대학교.

이종성. (1999). 교육연구의 설계와 자료 분석. 교학연구사.

정다혜, 최유현. (2020). 키워드 네트워크 분석을 통한 발명교육 연구 동향. 교육과정연구, 24(1), pp.116~126.

최유현 외. (2012). 초·중·고등학생을 위한 발명교육 내용 표준 개발. 한국기술교육학회지, 12(1), pp.148~168.

최유현. (2014). 발명교육학 연구. 형설출판사.

최유현, 김용익 외. (2012). 발명교사의 전문성 제고를 위한 운영 모형 개발 연구 : 발명교사 직무 매뉴얼. 특허청, & 한국발명진흥회.

특허청. (2022). 인공지능도 발명자가 될까?, 논의는 계속된다. 보도자료(2022. 3. 23.).

한국발명진흥회. (2014). 발명교육 위계성 연구.

한국발명진흥회. (2016). 발명교사 양성 체계화 및 교육확산 연구

Torp, L., & Sage, S. (1998). Problems as possibilities: Problem-based learning for K-12 education. Alexandria, VA: Association for Supervision and Curriculum Development.

─── 추천도서

Root-Bernstein, Robert., & Root-Bernstein, Michèle. (2007). 생각의 탄생. 에코의 서재.
▶ 역사상 가장 위대했던 천재들의 발상법을 관찰, 형상화, 추상, 패턴인식, 유추, 몸으로 생각하기, 감정이입 등 13단계로 나누어 논리정연하게 제시한 책

고정민. (2017). 4차 산업혁명과 지식재산권의 새로운 물결 : 홍익대학교
고정민 교수, 2017 C STORY 03+04호. 한국저작권보호원.
Retrieved from http://kcopastory.blog.me/220968332339

네이버 지식백과. (2018). 박문각 시사상식사전. 특허괴물.
Retrieved from https://terms.naver.com/entry.nhn?docId=931026
&cid=43667&categoryId=43667

부산교육대학교 평생교육원 · 교육연수원. (2021). 교원 직무연수(위탁).
Retrieved from https://lifelong.bnue.ac.kr/CmsHome/sub02_02.eznic

아이피티처. (2022). 원격교육연수원소개.
Retrieved from https://www.ipteacher.net/

특허청, & 한국발명진흥회. (2022). 발명교사교육센터.
Retrieved from https://www.ip-edu.net/erigi/itec

III 발명과 지식재산 교육의 실제

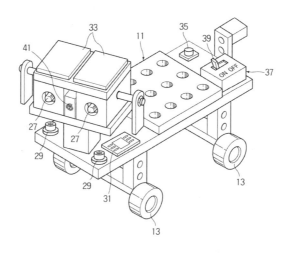

출처 ▶ 특허정보넷(키프리스), 교육용 블록 완구(특허 · 실용신안 도면)

성취 기준
Achievement
Criteria

1. 발명교육센터 운영 시 고려 사항을 말할 수 있다.

2. 발명대회 지도 방법을 설명할 수 있다.

3. 발명동아리 지도 계획을 수립하고 운영할 수 있다.

4. 다양한 발명교육 자료를 활용할 수 있다.

상상력을 키우는 발명교육센터

포포야! 발명교육센터에 가면 다양한 활동을 할 수 있다고 들었어?
발명교육센터에서는 어떤 활동을 할 수 있을까?

응! 키키. 발명교육센터에는 다양한 공작기기도 있고 학생, 학부모, 일반인을 대상으로 발명에 대한 다양한 프로그램을 운영하고 있어!
발명을 배우고 싶다면 발명교육센터로 출발~!

발명교육센터 소개

- 전국에 총 207개 발명교육센터를 설치·운영 ➡ 초·중·고, 교육청 산하기관, 교육지원청 등에 발명교육센터 설치
- 기본교육과정(초·중·고급) 및 특별교육과정 운영을 통한 수준별·단계별 맞춤형 발명교육프로그램 운영
- 1일 발명교실, 가족발명교실, 발명체험교실, 나눔발명교육 등 기타과정 운영을 통해 다양한 지역 여건에 맞는 발명교육프로그램 운영
- 산·학·연 협력 발명교육 프로그램 운영
- 지역별 IP강소 기업·지역 특화기업·기관의 교육기부 활동을 통해, 발명교육센터 교육생에게 보다 다양한 창의적인 체험 발명교육 제공

출처 ▶ 한국발명진흥회 발명교육포털사이트

⁺발명교육의 중심지 발명체험교육관

경상북도교육청 발명체험교육관은 학생들이 발명체험을 통해 미래 혁신가로 성장하도록 지원하고, 일반 시민들이 발명을 친근하고 쉽게 접할 수 있도록 하기 위해 특허청과 경북교육청이 함께 설치하였다. 발명을 기반으로 하는 3개의 전시·체험 공간(발명채움관, 도전헤윰관, 미래키움관)으로 구성되어 있다.

발명체험교육관
홈페이지

경상북도교육청 발명체험교육관의 전시·체험관은 온라인 예약을 통해 모든 학생과 시민이 무료로 이용할 수 있으며, 자세한 사항은 발명체험교육관 홈페이지(www.ip-edu.net/eduhall/)에서 확인할 수 있다.

포포야! 발명체험교육관은 어디에 있지?

응! 키키. 발명체험교육관은 경주시 황남동 황리단길 인근에 위치한 옛 황남초등학교 부지에 건설되었어. 다양한 체험프로그램을 접할 수 있단다.

"Stay hungry, stay foolish."
항상 갈망하라, 늘 바보처럼.

— Steve Jobs

01 ｜ 발명교육센터 운영

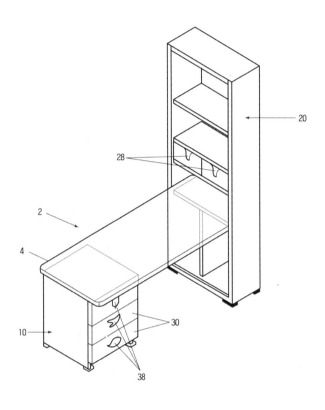

출처 ▶ 특허정보넷(키프리스), 투명 책상(특허·실용신안 도면)

학습목표
Objectives

1. 발명교육센터 운영의 법적 근거를 설명할 수 있다.
2. 발명교육센터 운영에 있어 기관별 역할을 말할 수 있다.
3. 발명교육센터 운영계획 수립에 포함되어야 할 내용을 설명할 수 있다.

키워드
Keyword

발명교육센터　　　# 학생평가　　　# 학부모 교육　　　# 발명교사

Question

발명교육센터 운영

Q1 발명교육센터 운영의 법적 근거는?

Q2 발명교육센터 운영에 있어 기관별 역할은?

Q3 발명교육센터 운영계획 수립에 있어 포함되어야 할 내용은?

발명교육센터 찾기

경상북도교육청
발명체험교육관

발명톡 Talk

"The only difference between success and failure is the ability to take action."
— Alexander Bell
실패와 성공의 유일한 차이점은 실행력이다.

Think

발명교육센터를 어떻게 활용할 수 있을까?

① 발명교육센터 운영 개요

(1) 목적

① 자연의 원리와 기초과학의 이해를 바탕으로 과학적 사고력을 배양한다.

② 발명에 대한 흥미와 호기심을 키워 창조의욕을 고취시킨다.

③ 잠재된 창의성을 계발할 수 있는 환경 조성 및 창의적 사고력을 신장시킨다.

④ 탐구하는 풍토를 조성하여 미래사회에 대한 도전의식과 발명의식을 고취시킨다.

(2) 추진 근거

① **발명교육** : 발명교육의 활성화 및 지원에 관한 법률 제4조(2017. 9. 15.)

② **발명교육센터 설치·운영** : 발명교육의 활성화 및 지원에 관한 법률 제7조, 제10조(2017. 9. 15.)

(3) 방침

① 지역교육청 당 1개 이상의 발명교실을 지정·운영한다.

② 발명교육센터는 지역의 발명교육 거점학교 역할 기능을 수행한다.

③ 발명교육 대상은 초·중·고등학생 중 발명에 소질과 관심이 있는 학생 중 학교장의 추천과 발명교육기관의 자체 심의를 통해 선발한다.

④ 발명교육과정 운영은 방과 후, 주말, 방학 중, 특별활동, 재량활동 등의 시간을 활용한다.

⑤ 발명교육과정은 지역 실정을 고려하여 학생 과정, 학부모 과정, 교사 과정 등으로 구분하여 실시한다.

⑥ 발명담당 교원은 전문성 함양을 위하여 직무연수, 세미나, 워크숍 등에 참석한다.

⑦ 업무의 효율성을 기하기 위하여 발명교실 전용 홈페이지를 구축하여 교육 및 행사 활동에 적극 활용한다.

⑧ 발명교육 기관 지도점검을 통해 우수사례를 발굴하여 일반화한다.

⑨ 발명 관련 부서 및 유관 기관 간의 유기적인 협조를 통해 다양한 영역의 발명인재 육성을 위한 인프라를 구축한다.

⑩ 발명교실 보조원을 임명하고 직무교육을 실시하여 발명교실 운영의 효율성을 꾀한다.

(4) 기관별 주요 추진 업무

기관	역할 및 기능
시도교육청	• 발명교육 운영 계획 수립 및 지침 시달 • 영재교육원 발명영역 설치 및 운영 예산 수립 · 지원 • 발명교육연구회 및 동아리 지정 지원 • 발명교육 연구학교 지정 및 지도 • 발명교육 지원 체제 구축 • 발명교육 지도 점검 및 환류
과학교육원	• 발명교육센터 운영 • 발명교육 연구학교 지도 점검 • 학생과학발명품경진대회 개최 • 발명교육 실무 편람 제작 보급 • 발명교육 지도교사 직무연수 실시
교육지원청	• 발명교실 운영비 지원 및 지도 • 발명교실 대상자 선발 지원 • 초 · 중 · 고등 교원 및 학부모 연수 지원 • 각종 발명대회 개최 지원 • 각종 발명대회 참가 지원 • 발명교육 지도교사 직무연수 대상자 추천
학교	• 발명교실 운영단 구축 및 발명교육 대상자 선발 • 발명교육과정 계획 수립 및 운영 • 각종 발명 관련 학생지도 및 대회참가

② 발명교육센터 운영 준비 절차

(1) 발명교사 모집(예)

※ 당해 연도 도교육청 및 지역교육청 지침을 우선 참조

① **목표** : 발명교육 발전 기여도가 현저하고 현장발명교육 연구 및 역량이 탁월한 교사를 발명교실 지도교사로 선발하여 발명교육센터를 운영하게 함으로써 창의적인 인재를 발굴하여 양성한다.

② 기본 방침

   ⊙ 발명교육센터 지도교사는 지역교육청 교육장의 임명을 받아 해당 발명교육센터에서 학생을 지도하는 교사를 말한다.

   ⓒ 발명교육센터 지도교사는 각 지역 발명교실별 정원을 4명 이내로 하며, 임기는 1년으로 하되, 연임할 수 있다.

   ⓒ 발명교육센터 지도교사는 가능한 한 초·중·고등교사 비율을 고려하여 구성한다.

   ⓔ 단위 활동 및 연구기간은 3월 1일부터 다음 해 2월 말일까지 1년으로 한다.

   ⓜ 서류전형은 발명교육 경력, 발명교육 연수실적, 발명 관련 강사 경력, 발명대회 지도실적 등을 평정한 점수로 하며, 면접심사는 자체 평가 준거를 마련하여 평가한다.

③ 세부 추진 절차 및 내용

   ⊙ 추진 일정

순	추진 내용	일시	비고
1	선발 기본계획 시달	11월 말	시·도교육청
2	발명교육센터 지도교사 희망서 제출	12월 초	지역교육청
3	발명교육센터 지도교사 면접	12월 중	지역교육청
4	발명교육센터 지도교사 임명상황 보고	12월 말	지역 → 시·도교육청

   ⓒ 지원 및 추천 자격 : 교직관이 투철하고, 발명교육에 대한 현장 기여도가 현저하며 학교장의 추천을 받은 초·중·고등학교 교원이며, 발명교육에 관심이 있는 자

(2) 발명교육센터 운영 계획 수립(예)

① 교육과정 편제

구분	기본과목	전공과목	기타
비율	10%	80%	10%
내용	리더십 교육, 인성교육, 독서교육, 논술	전공교과 (교육감 승인교과)	창의성 신장을 위한 현장견학 및 탐사 등

② 교육과정 구성 및 운영

   ⊙ 교육내용은 추상적이고 통합적인 성격을 지녀야 한다. 이를 위해서 단순한 사실이나 개념보다는 고차원적인 원리, 일반화, 학문적인 내용과 활동을 강조한다.

ⓛ 고급수준의 비판력, 창의력, 탐구력, 상상력, 문제해결력, 의사
소통능력, 협동적 학습능력 등을 계발하는 데 초점을 둔다. 이를
위해서 조사, 탐구 및 발견, 개인·집단연구, 실험 및 실습, 시뮬
레이션, 토론, 발표 등과 같은 고차적 사고과정을 요구하는 수업
으로 구성한다.

ⓒ 학생들이 다양하고 질 높은 창의적 산출물을 만들어 내도록
구성한다.

ⓔ 학생들이 자신의 소질과 자질을 탐색하고 진로선택에 도움을 줄
수 있는 내용을 최대한 포함한다.

ⓜ 교육과정은 양성 평등한 교육내용으로 구성되어야 하며, 진로
지도 교육을 적극적으로 반영한다.

교육 프로그램의 내용 예시 자료

• 발명의 역사, 인류의 역사, 발명 세계로의 여행
• 발명품의 과학원리 찾기, 디자인의 세계
• 발명 문제해결 활동
• 발명 프로젝트 여행
• 사고력 훈련 활동
• 야외 관찰 탐구 활동
• 프로젝트형 과제해결 활동
• 과학 현상에 대한 토의중심 활동
• 현장 견학을 통한 체험중심 활동
• 수학적 사고 및 문제해결능력신장 활동
• 정보화 교육활동 – 보고서 작성, 자료검색, 인터넷 등
• 과학 작문 및 과학도서(신문, 잡지 등) 발표 등 최신 과학 정보 공유 활동
• 과학 발명품, 과학 공작 등 창의성을 중시하는 활동
• 계속적인 조사, 관찰 활동으로 과학탐구의 지속성을 높이는 활동
• 풍부한 감정과 심미감을 길러주는 예체능 활동
• 레크레이션을 통한 원만한 인간관계 증진 활동

(3) 예산 계획 수립(예)

① 발명교육센터 운영에 필요한 예산은 크게 세 가지로 구분할 수 있다.
시·도교육청에서 교부되는 운영비와 특허청 예산으로 지원되는 운영
보조금, 그 외 지역 여건에 따른 기타 보조금으로 구분할 수 있다.
교부되는 운영 예산들은 교부처에서 정하는 집행 지침을 따라야 하며,
예산 편성 시 반드시 지켜야 한다. 발명교실 운영비 집행은 다음과
같은 절차를 통해 이루어진다.

② 학교 회계연도 운영상 예산 신청은 1~2월에 주로 행정실에서 주관하여 이루어지게 된다. 일반적으로 전년도 집행 실적을 토대로 신학기 운영예산을 신청한다. 같은 예산액이라도 항목별 집행 내역을 면밀하게 검토한 후 재조정을 해 주는 것이 바람직하다. 예산 신청 시에는 산출내역이 기술되고, 예산 총액이 교부될 예산과 맞으면 된다. 보조금의 경우 회계연도가 시작하고 3~4월 이후에 교부되므로 연초 예산에 잡을 필요는 없다. 다만 전체 예산으로 포함한 후 운영비 항목에 적절히 반영해 두는 것이 바람직하다.

③ 발명교육센터 예산 총괄

(단위 : 원)

비목	특허청	교육청	교육 지원청	지자체	운영기관	기타	계
수당	11,320,000	3,920,000					
재료비	4,830,000	2,280,000					
행사비							
기자재구입비		2,000,000					
연구비	1,200,000						
기타		1,800,000					
합계	17,350,000	10,000,000	0	0	0	0	27,350,000

④ 발명교육센터 세부 예산 집행 계획(국고보조금)

(단위 : 원)

비목	세목코드	원가통계비목명	산출기초	합계
강사비	210-06	친구와 함께하는 발명교실	(주) 50,000원 × 5시간 × 9일	2,250,000
		친구와 함께하는 발명교실	(보조) 40,000원 × 5시간 × 9일	1,800,000
		여름발명교실 (심화)	(주) 50,000원 × 4시간 × 3일	600,000
		여름발명교실 (심화)	(보조) 40,000원 × 4시간 × 3일	480,000
		출장여비	20,000원 × 8회	160,000
재료비	210-11	친구와 함께하는 발명교실	55,000원 × 2회	110,000
연구비	240-01	담당교원 연구비	100,000원 × 12개월	1,200,000
합계				6,600,000

⑤ 발명교육센터 세부 예산 집행 계획(도교육청 예산)

(단위: 원)

목	사업명	산출 내역	합계
강사수당 및 여비	여름발명교실(초급)	(주) 50,000원×8시간×3일	1,200,000
	여름발명교실(초급)	(보조) 40,000원×8시간×3일	960,000
	여름발명교실(중급)	(주) 50,000원×4시간×3일	600,000
	여름발명교실(중급)	(보조) 40,000원×4시간×3일	480,000
	발명교실 원고료	14,000원×40매	560,000
	출장여비	20,000원×6회	120,000
	계		3,920,000
재료비	여름발명교실(초급)	57,000원×30시간	1,710,000
	여름발명교실(중급)	57,000원×10시간	570,000
	계		2,280,000
기자재구입비	발명센터 기자재 구입	2,000,000	2,000,000
	계		2,000,000
협의회	협의회	300,000	300,000
	계		300,000
목적사업비	발명센터 운영	1,500,000	1,500,000
	계		1,500,000
합계			10,000,000

(4) 학생 모집(예)

※ 당해 연도 도교육청 및 지역교육청 지침을 우선 참조

① **운영 목적**: 21세기의 세계는 지식 · 정보 · 하이테크 사회로 이동하면서 첨단과학기술이 하루가 다르게 발전해 가고 있다. 이러한 현실 속에서 민족의 생존은 국가경쟁력의 증대에 달려 있고, 이를 위해서는 발명영재의 조기발굴과 육성이 시급하다. 발명교육센터의 운영 목적은 다음과 같다.

㉠ 발명의 생활화 실천과 일련의 제작 활동 과정을 통해 인내력과 기쁨 느끼기

㉡ 발명 활동의 활성화 촉진으로 벤처사회에 대응하는 기초교육 실시

㉢ 학생들의 창의적 상상력과 사고력 및 과학적 탐구력 배양

㉣ 과학 · 기술 등 발명 관련 교과목의 학습의욕 고취로 창조적인 인간 양성

② 운영 방침

　㉠ 발명교육 대상자는 지역의 초·중학생을 대상으로 하며 학교장의 추천을 받아 소정의 선발과정을 거쳐 선발한다.

　㉡ 선발된 학생은 지역 발명교육센터에서 일정 기간 발명교육을 수강해야 한다.

　㉢ 창조성 계발을 위한 프로그램과 발명 제작활동, 발명·과학·기술 분야 전문가의 초빙교육, 관련시설 견학을 통하여 연계활동이 되도록 운영한다.

　㉣ 운영 방법은 해당 발명교육센터에서 주체가 되어 협력교육시군 담당자와 협의하여 탄력적으로 운영한다.

　㉤ 안전에 대한 사전 지도를 철저히 하고 가능하면 상해보험에 가입한다.

③ 발명교육센터 운영 방법

(1) 학생 교육과정 운영(예)

　① 개강식

　　㉠ 개강식을 통하여 학생 및 학부모가 발명교육의 필요성을 인식하고 발명교육센터에 입교하여 학습하게 된 것에 대한 자긍심 및 목적의식을 갖게 하는 데 중점을 둔다.

　　㉡ 발명교육센터 지도강사의 위촉장을 수여하고, 학생, 학부모, 교사 간 상견례를 갖는다.

　　㉢ 발명교육과 관련된 외부 전문 인사를 초청하여 학부모 및 학생을 대상으로 한 특강을 실시하는 것도 바람직하다.

개강식 예시자료

1) 일시 : 2022. 3. (○요일) 10:00
2) 대상 : 발명교육센터 입교 대상학생 및 학부모, 발명교육센터 지도강사
3) 장소 : 강당 및 발명교실(예시)
4) 사회 : 발명교육센터 운영 담당자
5) 식순
　가) 개회사
　나) 국민의례
　다) 발명 지도강사 소개 및 위촉장 수여
　라) 학교장 인사
　마) 특강
　바) 발명교육센터 운영안내
　사) 폐회사

② **신규 학생 오리엔테이션 및 학부모 설명회**

    ㉠ 학생 오리엔테이션 및 학부모 설명회는 개강식 행사 중 실시하거나 또는 정규 수업 시작 전 발명교육센터 담당교사가 실시한다.

    ㉡ 학생들의 수업 일정, 수업의 방향, 교육과정의 흐름, 평가계획과 관련하여 학생들이 숙지해야 할 내용들을 자세히 안내한다.

    ㉢ 학생들을 대상으로 오리엔테이션을 실시하여야 하나, 학부모들의 궁금증을 해소하고 가정에서도 지속적인 지도가 가능하도록 학부모 설명회를 따로 진행하거나 학생 오리엔테이션과 동시에 실시하도록 한다.

    ㉣ 학생들이 수업일정에 대해 정확히 숙지하고 참고할 수 있도록 수업안내 자료(유인물)를 제작하여 배부하도록 한다. 수업안내 자료에는 수업일시, 수업시간, 수업장소, 수업주제, 지도강사 등의 수업일정을 포함하고 준비물과 과제가 있을 경우 그 목록과 제출방법을 포함하며, 이후 상위 과정으로 진급하게 되는 경우 수업안내 자료에 평가계획을 포함하도록 한다.

    ㉤ 오리엔테이션에는 발명의 역사, 현대 발명의 의의, 발명의 사고력 증진 측면에서의 장점, 특허권 개념, 각종 발명대회 안내 및 발명대회 수상 체험 수기 등의 내용이 포함되어 학생들의 내적 동기를 충분히 자극할 수 있도록 구성한다.

    ㉥ 오리엔테이션 참가 시 자기소개서 및 관심 분야 등의 연구 계획 등을 선정하여 지도강사 및 동료들과 의사소통할 수 있는 기회를 부여해 주도록 한다.

    ㉦ 발명교육센터 수업 중 발생할 수 있는 안전사고 유형을 소개하고, 각각의 공구 및 기계 사용 시 주의해야 할 사항을 반드시 교육한다.

    ㉧ 수업 안내자료에 발명교실 홈페이지와 동아리 활동에 대해 안내하여 가입할 수 있도록 유도하고, 발명교육센터 등교 시 유의사항과 발명교육센터 연락처 등을 안내한다.

③ **발명수업 진행**

    ㉠ 수업이 실시되기 전 등교하는 학생들을 수업장소로 안내한다. 수업장소를 안내하는 게시판을 활용할 수 있다.

    ㉡ 수업에 사용될 공구와 재료는 사전에 미리 준비하고 수업이 시작되기 전 교실에 배치한다. 학생들이 사용할 공구와 재료는 활동 시 동선이 가장 짧도록 배치하여 수업의 효율을 높이고 안전사고에도 미리 대비한다.

ⓒ 반별 출석부를 비치하고 수업이 시작되기 전 반드시 출석을 확인한다. 출석은 학생 평가 및 수료 여부와 매우 밀접하게 관련되어 있으므로 소홀히 하지 말고 꼼꼼하게 챙긴다.

ⓔ 수업을 시작하기 전 지도강사는 반드시 안전사고가 일어나지 않도록 안전교육을 실시한다.

ⓜ 공작활동 중 발생할 수 있는 학생들의 부상에 대비하여 교실에 구급약을 항상 비치하여 둔다.

ⓗ 수업 중 발생되는 쓰레기를 분리수거할 수 있도록 분리수거용 여러 개의 쓰레기통을 준비하여 교실에 비치하고 쓰레기 종류의 명칭을 적어 붙여 놓는다.

ⓢ 수업 후 재활용이 가능한 재료를 수거하고 다음 수업을 위해 깨끗이 정리정돈 한다.

ⓞ 수업 후 공구의 마모정도, 교체여부 등을 살펴 안전사고에 대비하고 다음 수업에 지장이 없도록 한다.

④ **학생 평가**

㉠ 단위 수업 평가의 경우 출석평가와 수업활동 평가로 나누어 평가할 수 있으며, 수업을 진행하는 지도강사가 평가하도록 한다.

㉡ 매 과정 종료 후 평가의 경우 출석평가와 수업활동 평가 이외에 평가계획에 사전 고지한 다양한 기준을 제시하여 평가하도록 한다.

⑤ **수료식**

㉠ 정해진 출석일수 이상 출석한 학생을 수료 대상자로 한다.

㉡ 수료 대상자는 명부를 작성하여 소속 교육청 교육장의 결재 후 수료증을 발급하며, 수료증 발급대장을 작성하여 보관한다.

㉢ 수료 학생명단을 각 학교에 통보하고 생활기록부에 등재할 수 있도록 안내한다.

㉣ 수료식을 실시할 때 발명교실 관련 관리자, 학부모, 지역 인사를 초청하여 발명교육에 대한 관심 및 이해를 높이는 장을 마련한다.

㉤ 수료 시 성적 우수 학생에 대한 표창을 실시하며, 학생들의 산출물 및 포트폴리오 등을 전시한다.

㉥ 수료 시 학생들의 개인 연구 결과 및 발명교실 활동사진, 대회 참가 결과물 등을 모음집으로 제작하여 보급한다.

㉦ 수료증 재발급 요청 시 수료증 발급대장을 확인하고 수료확인증을 발급할 수 있다.

수료식 예시자료

1) 일시 : 2022. ○○. ○○. (○요일)

2) 대상 : 발명교육센터 관내 관리자, 수료학생 및 학부모, 지역인사

3) 장소 : 강당 및 발명교실(예시)

4) 사회 : 발명교육센터 운영 담당자

5) 식순
   가) 개회사
   나) 국민의례
   다) 성적 우수 학생 표창장 수여
   라) 수료증 수여
   마) 학교장 인사
   바) 전시작품 안내
   사) 폐회사

(2) 학부모 교육과정 운영(예)

학부모 교육과정은 발명교육의 이해를 바탕으로 학생들의 지속적인 발명교육 활동을 지원할 수 있는 마인드를 함양하고, 발명과 특허, 발명 아이디어 발상법, 발명품 제작활동 등을 학습할 수 있는 기회를 제공하여 발명에 대한 소양을 길러줌으로써 발명인구의 저변 확대에 목적이 있다.

① 학부모 교육과정 계획 수립

㉠ 학부모 교육과정의 방향을 설정하고 교육기간, 장소, 인원, 프로그램 등의 계획을 수립한다.

㉡ 프로그램 편성에 따른 강사를 선정한 후, 선정된 강사의 소속 학교에 협조 공문을 시행하고 위촉장을 수여한다.

㉢ 지역의 특성에 따라 학부모들의 바쁜 정도가 다를 수 있으므로 바쁜 시기를 피하여 많은 학부모들이 참여할 수 있는 방안을 모색한다.

② 학부모 교육대상자 모집

㉠ 각 발명교육센터는 지역교육청의 협조를 얻어 관내 모든 학교에 학부모 교육대상자 모집 관련 공문을 시행한다.

㉡ 발명교육센터 홈페이지, 지역교육청 홈페이지, 각급 학교 홈페이지를 활용하여 모집 내용을 홍보한다.

㉢ 학부모 교육대상자 모집과 관련하여 포스터 및 유인물을 제작하고 각 학교에 배포한다.

㉣ 각 학교에서 학교 홈페이지에 탑재하거나 가정통신문을 통해 모든 대상 학부모가 인지할 수 있도록 권장한다.

③ 신청서 접수
  ㉠ 신청자의 편의를 위해 전자문서 접수, 팩스 접수, E-mail 접수 등 다양한 지원 방법을 제시한다.
  ㉡ 신청서가 접수되면 정리하여 신청자 명부를 작성하고 선정 순위에 따라 교육 대상자를 확정한다.

④ 교육대상자 확정 및 통보
  ㉠ 소속교육청의 협조를 얻어 각 학교에 공문을 시행하여 확정된 학부모 교육 대상자 명단을 각 학교로 송부하고 교육일정을 통보한다.
  ㉡ 발명교육센터 홈페이지와 지역교육청 홈페이지에 확정자 명부 및 교육일정을 게시한다. 개인 E-mail이나 SMS를 발송하여 개별적으로 통보해 주는 것이 좋다.

⑤ 교육과정 운영
  ㉠ 학부모 교육과정이 운영되는 동안 정해진 날짜와 시간 전에 수업을 진행할 강사에게 통보하여 재확인하도록 하며, 실습활동 시 사용될 재료나 공구 등의 준비에 만전을 기하도록 한다.
  ㉡ 학부모 교육과정이 운영되는 동안 불편함이 발생하지 않도록 최대한의 편의를 제공한다.
  ㉢ 수료와 관련하여 항상 출석을 정확히 체크하도록 한다.

⑥ 수료식
  ㉠ 교육과정이 종료되면 소정의 교육과정 이수 시간을 출석한 학부모에게 수료증을 발급한다.
  ㉡ 수료 대상자는 명부를 작성하여 소속 교육청교육장의 결재 후 수료증을 발급하며, 수료증 발급대장을 작성하여 보관한다.

(3) 학생 평가(예)
  ① 학생활동 평가
    ㉠ 학생이 과정을 이수하는 일정 기간 또는 정해진 기간 동안 학생 개개인의 활동 결과물을 평가한다.
    ㉡ 학생활동 평가는 수업활동뿐만 아니라 학생이 참여하는 모든 활동, 즉 발명대회, 발명행사, 발명캠프와 지식재산권 획득, 온라인 교육활동 등도 포함하여 평가하는 것이 바람직하다.

② 학생 성취도 평가

　　㉠ 발명교육 평가는 발명교육의 목표가 얼마나 달성되었는지를 측정하고, 실시한 발명교육에 어떠한 문제점이 있었는가를 확인하여 보다 효율적인 발명교육을 할 수 있도록 계획을 수정하고 내용과 방법을 보완하기 위한 정보를 얻는 것을 목적으로 한다. 따라서 발명교육의 평가는 목표달성의 정도를 정확히 측정할 수 있어야 한다.

　　㉡ 학생 성취도 평가는 발명교육의 구체적인 목표인 지식 이해 영역, 정의적 태도 영역, 창조적 영역, 발명 기능 영역으로 나누어 평가하여야 한다.

③ 학생 성취도 평가기법

　　㉠ 구술시험 : 학생들에게 특정 교육내용이나 주제에 대하여 질문한 다음, 학생의 의견이나 생각을 발표하도록 하여 평가하는 방법을 말한다.

　　㉡ 동료평가 : 동료 학생들이 서로 평가하도록 하는 동료평가서(Student Peer-evaluation)를 이용하여 학생들을 평가할 수도 있다.

　　㉢ 서술형 검사 : 흔히 '주관식 검사'라고도 하는 것으로 문제의 답을 선택하는 것이 아니라 학생들이 직접 서술하는 검사이다. 질문의 형태에 있어서 단편적인 지식을 묻는 것보다 창의력, 문제해결력 그리고 의사 결정 능력과 같은 고등 사고 기능을 묻는 것이 대부분이다.

　　㉣ 관찰법 : 관찰은 실험·실습에서 학생을 이해하고 평가하기 위한 가장 보편적인 방법으로 자연적인 상황에서 한 집단 내의 개인 간 또는 소집단 간의 역동적인 관계를 집중적으로 파악할 수 있게 해준다.

　　㉤ 면담법 : 면담 또는 면접은 평가자인 교사와 학생이 서로 대화를 통해서 얻고자 하는 자료나 정보를 수집하여 평가하는 방법이다. 이 방법은 보다 깊은 정보를 얻을 수 있으며, 사전에 예상하지 못했던 정보를 얻을 수 있으며 융통성 있게 진행할 수 있다는 장점이 있다.

　　㉥ 자기평가 : 자기평가(Self-evaluation) 표는 학생들 스스로 학습과정이나 학습결과에 대해 평가할 수 있도록 여러 가지 문항으로 구성된 일종의 점검표(Check List)이다. 이는 학습자로 하여금 자신의 준비도, 학습동기, 성실성, 만족도, 성취수준 등에 대해 스스로 생각하고 반성할 수 있는 기회를 제공할 뿐만 아니라, 평가자인 교사에게도 학생들에 대한 관찰이나 수시 평가가 타당하였는지를 비교·분석해 볼 수 있는 기회를 제공한다.

Ⓢ 포트폴리오 평가 : 포트폴리오란 자신이 쓰거나 만든 작품을 지속적이면서도 체계적으로 모아둔 개인별 작품집 혹은 서류철을 이용한 평가방법이다. 이 평가방법은 단편적인 영역에 대해 일회적으로 평가하지 않고 학생 개개인의 변화와 발달과정을 종합적으로 평가하기 위해 전체적이면서도 지속적으로 평가하는 것을 강조한다.

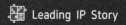 **Leading IP Story**

찾아가는 발명체험교실 소개

III

1. 사업목적

도서벽지 학교, 지역아동센터 등 교육취약계층 대상으로 현장에서 직접
소통하는 '찾아가는 창의발명교육'을 제공하여 사회적 교육격차 해소 및
창의발명인재 육성

2. 주요대상

① 도서·벽지 등 발명교육을 접하기 어려운 지역의 청소년 등
② 지역아동센터, 보육원, 청소년 도움센터 등 우선 지원이 필요한 교육
　취약계층 등

3. 사업내용

① 발명교육 전문강사가 소외지역 및 교육취약계층에 방문하여 발명교육
　실시
② 학습자 수준과 흥미를 고려한 프로젝트형(3D프린터, 드론, 디자인씽킹
　등) 창의발명교육 지원
③ 수요자 중심의 다양한 형태의 교육(교과연계형, 방과후교육형 등) 제공

4. 참여안내

① 참여학교 모집: 2월~3월
② 교육진행: 3월~12월

Think

발명교육센터는 이외에 어떤 활동을 할까?

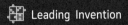 **Leading Invention**

Design Thinking이란?

디자인 싱킹(Design Thinking)은 '디자이너가 생각하는 방식으로 문제를 해결하는 방법'이다. 디자인 싱킹이라는 창의적 사고 전략을 활용하여 문제를 해결하는 방식으로서 사람들이 겪는 불편과 필요에 대해 공감하는 것으로부터 출발하는 '사람 중심의 창의적 문제 해결 방법'이라고 할 수 있다. 전 세계적으로 산업과 사회 문제를 해결할 수 있는 방법으로 대두되고 있으며, 미국 스탠포드 대학교 D.School에서부터 시작되어 현재 혁신적인 교육 프로그램으로 자리매김하고 있다.

디자인 싱킹 과정은 5단계로 ① 공감하기, ② 정의하기, ③ 아이디어 생성하기, ④ 프로토타입 만들기, ⑤ 테스트하기로 이루어진다.

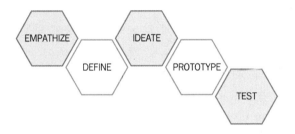

○ 5가지 디자인 싱킹 프로세스 가이드(Process in HCD)

공감하기	정의하기	아이디어	프로토타입	테스트
• 이해하고 공감하기 • 상황을 관찰하고 문제점을 발견하는 과정	• 문제를 정의하기 • 문제를 인식하고, 공유하여 문제 지점을 도출하는 과정	• 아이디어 확장하기 • 아이디어를 자유롭게 발산하는 과정	• 아이디어 구현하기 • 아이디어를 구현하는 과정	• 아이디어 실행하기 • 피드백을 통해 아이디어를 개선하여 회고하는 과정

Think

디자인 싱킹이 다른 문제해결 과정과 다른 점은?

02 발명대회 지도

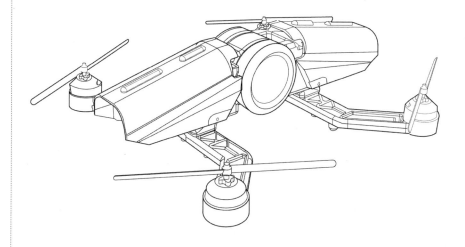

출처 ▶ 특허정보넷(키프리스), 드론(디자인 도면)

학습목표
Objectives

1. 발명대회 준비와 지도 과정을 설명할 수 있다.
2. 발명 관련 대회 참가 절차에 대해 설명할 수 있다.
3. 창의력 관련 대회 참가 절차에 대해 설명할 수 있다.

키워드
Keyword

발명대회   # 대한민국 학생발명전시회

전국학생 과학발명품 경진대회   # 발명대회 지도

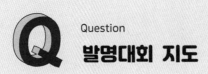

발명대회 지도

Q1 발명대회 준비 및 지도 과정은?

Q2 대한민국 학생발명전시회와 전국학생 과학발명품 경진대회의 차이점은?

Q3 대한민국 학생창의력 챔피언대회 관련해 지도해야 하는 분야는?

발명톡 Talk

"In the long run, men hit only what they aim at."
— Henry David Thoreau
누구나 자기가 목표하는 것만을 명중시킬 수 있다.

Think 발명대회 지도는 어떻게 시작해야 할까?

① 발명대회 준비와 지도

학생발명대회는 발명 아이디어를 제시하거나 발명품을 만드는 발명 관련 대회와 주어진 시간 안에 문제를 해결하는 창의력 관련 대회로 나누어진다. 대회의 규모에 따라 나누면 교내대회, 시·도대회, 전국대회로 나누어진다. 학생발명대회는 수시로 개최되며 최근 창조성을 강조하는 시대 상황에 맞추어 학생대회를 넘어 일반인 대회, 여성 발명대회, 군 발명대회 등으로 매우 다양해지고 있다.

학생들이 발명대회에 참가하도록 하기 위해서는 발명 아이디어를 만드는 활동과 이를 정교화하는 활동에서 교사의 지도가 필요하다. 특히 발명 아이디어를 만들어 내기 위해서는 창의적인 사고 훈련이 지속적으로 요구되기 때문에 평소 동아리 활동에서 강조할 필요가 있다.

실제 발명대회를 준비하고 지도하는 과정을 제시하면 다음과 같다.

o 발명대회 준비 및 지도 과정

대회 준비 절차	내용
대회 공고문 확인	대회 공고 일정에 맞추어 대회 홈페이지나 공문을 참고하도록 한다. 자칫 늦게 확인할 경우 대회에 참가하기 어려울 수도 있다.
안내(교내 공지)	대회를 학교 홈페이지 또는 가정통신문을 통해 홍보하도록 한다.
참여 희망 학생 소집	참여 희망 학생을 조사하고 학생들을 소집한다. (이때 지도교사를 확보하는 것도 중요하다.)
발명대회 안내 및 특징 소개	발명대회 요강을 바탕으로 발명대회의 특징과 유의점을 안내한다. 특히 해당 분야와 일정을 자세히 안내하도록 하며, 관련 정보를 어디서 얻을 수 있는지도 개괄적으로 지도하는 것이 좋다.
개별 및 전체 지도 계획 수립	아이디어의 발상과 개발에 대하여 개별 또는 전체 지도 계획을 별도로 잡는 것이 좋다. 적어도 한두 번 정도의 개별 지도가 가능하도록 일정을 계획하도록 한다.
개별 첨삭 및 지도	학생의 아이디어에 대하여 개별 지도를 실시한다. 구두로 지도하는 방법도 좋지만 첨삭 지도를 하는 것도 바람직하다. 특히 발명 문제 해결 방안이 진보성, 독창성을 가질 수 있도록 조언한다.

보고서 작성	대회에서 요구하는 보고서의 형태에 맞추어 작성하도록 한다. 일반적으로 보고서는 발명의 동기와 필요성, 발명의 요지, 발명 내용과 도면 그리고 기대효과에 대해 기술한다. 가장 중요한 것이 도면이므로 가급적 자세히 그리도록 하고, 컴퓨터를 활용하는 것이 좋다.
출품 및 대회 참가	학생이 대회에 참가하는 모든 활동은 학교장의 허락을 통해 이루어지도록 한다. 이를 위해 공문을 기안하여 결재를 득하도록 한다.
발표 준비	경우에 따라 직접 설명해야 하는 경우가 있다. 이를 위해 자신의 아이디어를 설득력 있게 설명할 수 있도록 준비한다. 이 과정에서 필요하면 발명 아이디어 패널이나 포트폴리오를 준비하는 것이 좋다.
결과 평가 및 정리	대회 결과를 겸허히 받아들이고 좋은 점과 개선 점을 찾아 토의해 보도록 한다. 과정과 결과 모두를 평가해 보고 이를 향후 대회 준비에 반영하도록 한다.

위 과정에서 발명교사의 전문성이 가장 요구되는 부분은 역시 '발명 아이디어 개별 지도'이다. 교사의 다양한 지도 방법으로 훌륭한 발명 아이디어가 만들어지지만 처음 발명품을 지도하는 교사는 많은 어려움을 겪는다. 따라서 다음의 예시를 참고하여 자신만의 지도 방법을 개발하는 것이 중요하다.

1. 학생이 선택한 주제로 선생님이 찾은 핵심 단어를 제시한다.
2. 핵심 단어로 검색한 유사 발명품을 제시한다.
3. 학생의 발명 아이디어의 핵심 사항에 대해 질문한다.
4. 핵심 아이디어의 참신함이 있는지를 확인한다.
5. 일정한 기간을 주고 정보를 찾도록 한다.
6. 유사한 아이디어라면 어떤 점을 보완하여 차별성을 줄지를 같이 결정한다.
7. 핵심 아이디어를 도면으로 그리도록 한다. 아이디어의 핵심적인 부분을 중심으로 그리도록 한다.
8. 발명품(아이디어) 설명서를 전반적으로 검토한다.
9. 발명품(아이디어)의 특징이 잘 드러날 수 있는 제목을 정하도록 한다.

② 발명 관련 대회

(1) 전국학생 과학발명품 경진대회

전국학생 과학발명품 경진대회는 1979년에 국립과학관의 주관으로 제1회 대회가 개최된 후 매년 지속적으로 개최되어 왔다.

제1회부터 제6회까지는 최고상이 국무총리상이었지만 1985년 제7회부터는 대통령상으로 격상되었으며, 1989년 제11회의 경우에는 발명대상으로 과학기술처 장관상이 수여되었다. 전국과학전람회와 마찬가지로 1996년부터는 교원들의 자질 향상을 위하여 학생작품지도 논문연구대회를 병행하고 있으며, 2000년부터는 교원들에게 연구실적 평정점을 부여함으로써 참여 동기를 제공하고 있다.

① **목적**: 학생들의 창의적인 아이디어를 구체화하는 과정을 통해 문제해결능력을 배양하고 지속적인 발명활동 장려

② **출품 자격**: 전국학생 과학발명품 경진대회 규정 제4조
  ㉠ 전국 초·중·고 재학생(초·중등교육법 제2조에 의한 학교)
  ㉡ 대회 준비 중 소속의 변동(진학, 인사이동 등)의 사유가 발생한 경우에 한하여 학교 급이 다를 수 있음

③ **출품 형태**: 팀으로 구성(학생 1인 + 지도교원 1인)

④ **출품할 수 없는 작품**: 전국학생 과학발명품 경진대회 규정 제6조
  ㉠ 국내·외 유사대회에서 이미 공개되었거나 발표된 작품
  ㉡ 출품자가 직접 창안하여 연구한 작품이 아니라고 인정되는 작품
  ㉢ 과학적 원리로 설명할 수 없는 작품
  ㉣ 작품 전시 시 인체에 해로운 영향을 줄 수 있다고 인정되는 작품
  ※ 지역대회 원서접수일 기준으로 공개된 작품은 출품 불가함
  ※ 표절작, 대리작, 타 대회 중복 응모 등 기타 정당하지 못한 작품을 출품한 자는 3년간 출품을 제한하고 입상을 취소함

⑤ **대회 진행 절차**
  ㉠ 지역 대회
    • 출품자는 각 시·도 교육청이 주최하는 학생과학발명품경진대회 지역 대회를 반드시 거쳐야 하며, 지역 대회와 전국 대회 출품 사항(주제, 내용, 응모 분야, 지도 교원 등)은 동일하여야 함
    • 지역 대회는 시·도별 자체 일정에 따라 진행되며 자세한 사항은 각 시·도 지역 대회 주관 기관에 문의
  ㉡ 전국 대회: 원서접수 7월경(각종 서류 구비 후 제출)

⑥ **수상자 특전**

㉠ 과학문화 탐방 : 대통령상, 국무총리상 수상자 및 지도교원 수
상자는 국외 선진과학문화 체험의 기회 제공(11월)

㉡ 대상 및 희망자 등을 고려하여 세부사항 및 일정은 예산 범위 내
추후 확정하여 통보하며, 개인사정 등으로 불참 시 포기 간주

※ 코로나19 등 부득이한 경우 국내 과학문화탐방으로 변경

※ 국내 과학문화탐방으로 변경 및 포기에 따른 별도의 지원은 없음

⑦ **대회 안내 홈페이지** : www.science.go.kr

⑵ **대한민국 학생발명전시회**

① **목적** : 우수 학생 발명품을 발굴·시상하고 전시하여 학생들의 발
명의식 고취 및 창의력 향상에 기여

② **출품 신청**

㉠ 접수 기간 : 2월~4월경

㉡ 신청 방법 : 온라인 신청(우편접수 불가)

※ 온라인 신청 절차는 발명교육포털사이트(www.ip-edu.net) 홈페이지에서 확인

※ 접수기간 이후 연장 접수가 불가하며 접수마감일 접속량 폭주로 서버 다운 등 문제가 발생할 수
있으니 미리 접수 요망

③ **출품 부문** : 일상생활에서 착안해 낼 수 있는 모든 발명

[예시 1]

발명 부문 예시
- 장애인, 노약자(노인, 임산부, 어린이)에게 도움을 주는 발명품
- 에너지를 절약할 수 있는 발명품
- 재난, 자연재해 대비, 기타 안전을 위한 발명품
- 대중교통 이용에 도움을 주는 발명품
- 건강관리에 도움을 주는 발명품
- 환경(황사, 미세먼지 등) 문제 해결에 도움을 주는 발명품
- 학습에 도움을 주는 발명품
- Application 등 소프트웨어와 관련된 발명품
- 웨어러블 기기 관련된 발명품
- 리사이클링(recycling), 업사이클링(upcycling) 관련 발명품
- 반려동물 관련 발명품
- 적정기술 관련 발명품 등

예시 2

학생전 최근 주요 수상작품

〈한 손으로 돌려서 쉽게 착용할 수 있는
반자동 손목시계〉
제30회 국무총리상

〈일주기성 리듬을 고려한 곤충 배양기〉
제31회 대통령상

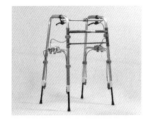

〈계단타는 워커(Walker)〉
제32회 대통령상

〈바다 생태계의 시간표,
조석 그래프를 갖는 물 때 시계〉
제33회 대통령상

※ 자세한 내용은 발명교육포털사이트(www.ip-edu.net) 내 (발명교육콘텐츠 > 교수자료 및 발간
콘텐츠 > 발명창의력대회 수상작품집) 참조

④ **출품 자격**

　㉠ 대한민국 국적의 초 · 중등교육법 제2조에 해당하는 학교의 재
　　학생 및 청소년

　㉡ 청소년 : 초 · 중등교육법 제2조에 해당하는 학교에 소속되지 아
　　니한 자 중 만 7세에서 만 18세 이하인 자(대회 공고일 기준),
　　고등학교 졸업자 제외

　　※ 출품 신청 시 지도교사는 필수사항 아님

⑤ **지도교사 자격** : 대한민국 국적의 초 · 중등교육법 제2조에 해당하는
　학교의 현직 교원만 가능함

　※ 전국 초 · 중 · 고 현직 교사(교수 제외)

⑥ **출품 형태**

　㉠ 1인당 5작품 이내 출품

　　※ 공동 발명은 불가하며, 학교당 작품 건수 제한 없음

　㉡ 발명진흥법 제2조 1호에 해당하는 본인의 발명, 고안 및 창작

　㉢ 본인 명의로 출원, 등록된 지식재산권(특허, 실용신안, 디자인
　　등)도 출품 가능

⑦ 출품할 수 없는 작품

㉠ 국내 또는 국외에서 공지·공연 실시 발명

㉡ 출품자 본인의 발명이 아니라고 인정되는 발명

㉢ 학생전에 출품된 적이 있거나, 타 기관이 주최한 발명 및 이와 유사한 대회에 출품이 되었거나, 출품을 한 발명

㉣ 공공의 질서 또는 선량한 풍속을 문란하게 하거나, 공중의 위생을 해할 염려가 있는 발명

㉤ 학생전 사업 목적에 위배되거나, 대회 취지에 반하는 발명

㉥ 기타 사회 통념상 정당하지 않게 출품된 발명

※ 출품할 수 없는 작품에 해당하는 경우는 시상 후에도 상격을 취소할 수 있으며, 관련된 학생 및 청소년(지도교사 포함)은 5년간 출품 제한

⑧ 출품 신청

㉠ 접수 기간 : 3월부터 4월 초까지

㉡ 신청 방법 : 온라인 신청(우편접수 불가)

※ 온라인 신청 절차는 홈페이지에서 확인

⑨ 수상자 특전

㉠ 해외연수 : 특별상 이상 수상학생 및 지도교사 해외연수 실시 (8월 중 예정)

※ 세부사항 및 일정은 추후 통보하며 개인사정 등으로 불참 시 포기 간주

㉡ 수상자 교육프로그램 : 장려상 이상 수상학생은 '수상자 발명체험교실' 참여

※ 체험교실에 참가하는 학생에게 소정의 기념품 및 교육 수료증 배포

⑩ **홈페이지** : www.ip-edu.net/kosie

(3) **대한민국 청소년 발명아이디어 경진대회**

① **목적**

㉠ 21세기를 리드하는 지식 정보화 사회의 주요 구성원인 청소년들의 땀과 도전정신의 신기술을 바탕으로 특화된 인재양성 촉진과 창업 아이디어 도출 지원

㉡ 지식재산과 혁신을 통하여 미래 산업사회의 주역이 될 창의발명 인재를 조기에 발굴하고 산업혁명에 대응하는 기술을 습득, 글로벌 창업의 초석이 되는 기업가 정신으로 성장하도록 지원

② **참가 자격**

㉠ 중·고·대학 및 대학원생(만 29세 이하)

㉡ 청소년(현역군인 포함)

※ 현역군인 : 군 복무 사기진작과 전역 후 사업회지원 차원(만 29세 이하)

③ **신청 대상**

   ㉠ 발명 아이디어 및 작품

      ※ 대학생은 졸업작품도 가능(진보성 심사)

   ㉡ 공동 발명품은 신청 불가하며, 1인당 3작품 이내 신청

      ※ 본인의 아이디어(발명, 과학) 작품에 한함

      ※ 미공개된 발명 아이디어 작품과 진보된 기술

      ※ 산업혁명에 따른 기술 및 아이디어(ICT, AR, VR, MR, 드론, 로봇, IoT, 빅데이터, 5G, 코딩 기술 등)

      ※ 플랫폼 기술 및 B2B 아이디어(게임, 메타버스, 디자인, 영상, 만화, 예술작품 등)

④ **접수 기간**

   ㉠ 3월~5월경

   ㉡ 홈페이지 접수(단체는 방문 접수 가능)

⑤ **접수(원칙)**

   ㉠ 한국대학발명협회 홈페이지(www.invent21.com)를 통한 온라인 접수

   ㉡ 온라인 신청 절차는 협회 홈페이지 '공지사항' 게시물 참고

      ※ 온라인 신청 제한 등 사유 발생 시: Lee37895661@gmail.com로 제출

⑥ **유의사항**

   ㉠ 접수기간 이후에는 접수가 되지 않으니 미리 준비 후 신청

   ㉡ 발명가의 윤리기준(표절, 타인 작품 제출 등) 철저히 준수

   ㉢ 온라인 접수 후 수정 시 유의사항 등 참고 바람

   ㉣ 본선 심사(1차 서류심사 후 본선출품 대상자에 한함)

      ※ 작품 규격: 가로(100cm)×세로(100cm)×높이(100cm) 이내 권장

      ※ 우드락 또는 현수막: 가로(90cm)×세로(100cm) 권장

      ※ 발명품 작품 또는 구현 가능한 플랫폼(노트북은 본인이 준비)

⑦ **홈페이지**: www.invent21.com

③ 창의력 관련 대회

(1) 대한민국 학생창의력 챔피언대회

① **목적**

   ㉠ 학생들이 팀을 이루어 주어진 과제를 해결하며 의사소통능력, 협동능력, 창의력 등 창의적 핵심역량을 함양한 우수 창의인재 육성

   ㉡ 창의성과 아이디어가 뛰어난 발명인재의 발굴 및 시상을 통해 학생 발명의지 제고 및 학생 발명문화 확산

② **참가 대상**: 대한민국 국적의 초·중등교육법 제2조에 해당하는 학교의 재학생 및 청소년

㉠ 청소년: 초·중등교육법 제2조에 해당하는 학교에 소속되지 아니한 자 중 만 7세에서 만 18세 이하인 자(대회 공고일 기준), 고등학교 졸업자 제외

㉡ 재학생은 재학생 기준 적용, 청소년은 청소년 기준 적용

ㅇ 참가 수준별 참가 기준

참가 수준	재학생	청소년
초등학교	초등학교 재학생	2010. 1. 1. ~ 2015. 12. 31.
중학교	중학교 재학생	2007. 1. 1. ~ 2009. 12. 31.
고등학교	고등학교 재학생	2004. 1. 1. ~ 2006. 12. 31.

③ **지도교사 참여 방법**: 지도교사는 팀원이 속한 시·도 학교에 재직 중인 현직 교원에 한함

※ 대한민국 국적의 「초·중등교육법」 제2조에 해당하는 학교의 현직 교원

④ **팀원 구성 방법**

㉠ (인원) 팀당 4~6명(팀장 포함), 지도교사 1명으로 구성

※ 한명의 지도교사가 다수의 팀 지도 가능

※ 정규 학교 재학생이 아닌 청소년이 참가할 경우, 참가자 본인의 생년월일을 기준으로 초·중·고 팀으로 구분하여 참가

㉡ 팀원은 같은 시·도 내의 재학생·청소년이면 소속 학교가 달라도 구성이 가능하고, 재학생은 학교소재지 시·도 예선대회에 참가

※ 청소년은 자신의 주소지를 기준으로 참가 지역 선택, 소재지가 세종특별자치시인 경우 지역은 충청남도 선택, 재외국민 학생으로 팀을 구성한 경우 주최 측에 사전문의 바람

㉢ 초, 중, 고 혼합으로 참가팀 구성은 가능하나, 팀원 중 생년월일이 가장 빠른 사람을 기준으로 참가 수준을 결정

※ 재학생의 경우 팀원 중 가장 상위 학교의 수준으로 참가, 청소년의 경우 생년월일이 빠른 학생을 기준으로 참가

㉣ 팀원 교체·충원은 시·도 예선대회 주관 측에서 정한 날까지 가능

※ 최대 참가인원 6명을 기준으로 팀원 교체·충원 가능(기존 팀원 50% 이상 유지)

㉤ 시·도 예선대회 이후 팀원 변경은 허용되지 않음

⑤ 대회 절차

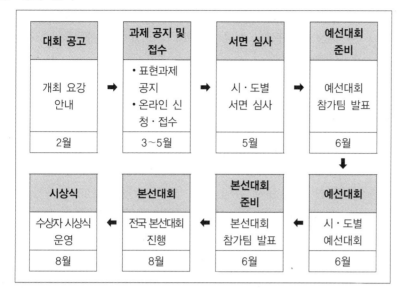

⑥ 서류 심사(시·도별 접수)

　㉠ 대회 공고 : 3월 초 / 대회요강, 표현 과제, 가이드북 등 공지

　㉡ 공고 방법 : www.koscc.net(대회 홈페이지), www.ip-edu.net
　　(발명교육 포털)

　㉢ 참가 대상 : 대한민국 국적 소지 초·중·고등학교 재학생 및
　　청소년

　　※ 정규 학교 재학생이 아닌 청소년의 경우 참가 학생의 생년월일을 기준으로 초·중·고 팀
　　으로 구분하여 참가

⑦ 대회 접수

　㉠ 제출 서류 : 대회 홈페이지 양식 다운로드

　㉡ 접수 방법 : 제출 서류 작성 후 참가팀의 해당 시·도에 접수

⑧ 예선 대회 문제 유형

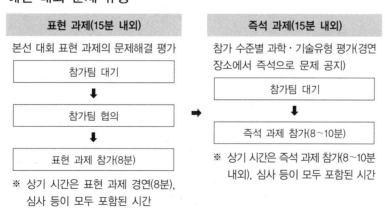

※ 경연 시간표에 따라 표현 과제, 즉석 과제 순서는 달라질 수 있다.

ㄱ 예선 대회 표현 과제 준비 방법 : 공지된 표현 과제를 일체의 소품 없이 대회 현장에서 비공개로 심사위원들 앞에서 공연으로 표현

ㄴ 예선 대회 평가 : 서류 심사(10%) + 표현 과제(50%) + 즉석 과제 (40%)

⑨ 전국 본선 대회

ㄱ 참가 대상 : 시 · 도 예선 대회에서 선발된 팀

ㄴ 개최 기간 : 7월경

ㄷ 개최 장소 : 서울 코엑스(삼성동 소재)

ㄹ 본선 대회 문제 유형

과제 유형	과제 내용
표현 과제	주어진 과제의 요구사항을 반영한 창작 공연을 통해 각 팀의 창의성을 표현하는 과제
제작 과제	과학 원리를 이용하여 구조물을 제작하고 제작한 구조물로 미션을 수행하는 과제
즉석 과제	즉석에서 주어진 과제를 빠르게 해결하는 과정에서 문제해결능력을 평가하는 과제

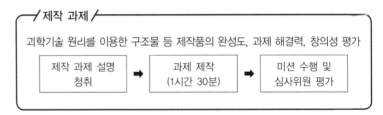

제작 과제

과학기술 원리를 이용한 구조물 등 제작품의 완성도, 과제 해결력, 창의성 평가

제작 과제 설명 청취 ➡ 과제 제작 (1시간 30분) ➡ 미션 수행 및 심사위원 평가

⑩ 홈페이지 : www.koscc.net

(2) 대한민국 학생창의력 올림피아드

① 목적

ㄱ 창의적인 문제해결과 팀의 협력 활동을 통한 미래창조능력 함양

ㄴ 개인의 다양한 강점과 재능의 인지 및 계발 촉진

ㄷ 팀워크, 공동연구, 리더십 기술 계발

ㄹ 쓰기 능력, 언어 소통 능력, 발표 기술 및 적용 능력 향상

② 대회 소개

ㄱ 무한한 상상력과 도전정신을 길러주는 창의력 경연 대회

ㄴ 대회 입상자에게 미국 세계 DI대회 한국 대표단 출전 자격 부여

③ 대회 진행절차

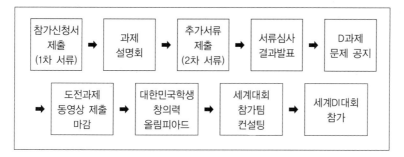

④ 참가 대상

   ㉠ 대상 : 유치원, 초등(EL), 중등(ML), 고등(SL), 대학생(UL)

   ㉡ 팀원 수 : 5명~7명(팀 매니저-지도교사 및 보조교사 별도)

⑤ 과제의 종류

   ㉠ 유치부 과제는 즉석과제 없이 팀 도전과제만 진행한다.

   ㉡ 활동과제는 의사소통, 구조물 설계, 임무수행 분야와 즉석과제로
구분한다.

   ㉢ 도전과제는 팀 도전과제와 즉석과제로 구분한다.

   ㉣ 모든 과제에 관한 내용은 협회 홈페이지에서 확인할 수 있다.

   ㉤ 즉석과제는 대회 당일 팀별 온라인(Zoom) 입장 후 심사위원이
직접 과제를 제시한다.

⑥ 참가 신청

   ㉠ 접수 기간 : 12월~1월경

   ㉡ 제출 서류 : 참가 신청서, 도전 과제 설명서

   ㉢ 제출 방법 : e-메일 접수(kasip1004@hanmail.net)

   ㉣ 결과 발표 : 1월경 협회 홈페이지(www.kasi.org) 공지사항

⑦ 문의 : 한국학교발명협회(02-569-6584)

⑧ 홈페이지 : www.kasi.org

Leading IP Story

팜테크(Farm Tech)

팜테크는 농수축산업(Farm)과 기술(Technology)의 합성어로 농업, 양식업, 축산업 등에 정보통신기술(ICT)을 결합해 부가가치를 높이는 신개념 기술이다.

노동집약적이던 전통 농업과는 다르게, 팜테크에는 로봇·인공지능·빅데이터 등 많은 최첨단 기술들이 동원된다. 그렇다면 팜테크 기술의 유형에는 어떤 것들이 있을까?

1. 항상 일정하고, 안정적으로

온습도 조절은 물론, 풍향·일조량까지 조절 가능한 식물공장은 기상이변에 따른 농산물 수급 불안정 및 가격 상승/하락을 막아준다. 작물에 맞는 일정한 환경이 유지되어 생산성과 안정성이 늘어나게 된다.

2. 파종부터 수확까지 모두 AI가

베테랑 농부처럼 인공지능 로봇이 직접 작물을 재배하고, 작물의 상태를 판단해 수확시기를 결정한다. 사람의 노동력이 거의 필요 없어지는 것이다.

3. 빅데이터로 가격 예측까지

빅데이터 기술을 이용해 미래 농산물 가격을 예측하고, 이에 따라 생산량을 조절할 수 있다. 이런 시스템은 가격 변동성이 큰 농업과 요식업 종사자들에게 큰 도움이 될 것이다.

출처 ▶ 특허청(2021a)

도시 속의 작은 농장,
스마트팜 '식물공장'
(한국과학기술단체총연합회)

Think

아파트나 주택에서 스마트팜을 활용할 수 있을까?

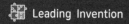 **Leading Invention**

창의성 키워드

III

1. 다양한 경험을 한 아이가 창의성이 높다

외형적으로 아이의 창의성 수준을 가늠하기는 어렵다. 하지만 창의성이 높은 아이는 또래에 비해 다방면에 걸쳐 아는 것이 더 많고, 경험이 풍부한 것으로 나타났다.

2. 연령이 올라갈수록 창의성이 낮아진다

창의성은 연령과도 상관관계를 가지고 있다. 연령이 올라갈수록 창의성이 낮아지며 7세가 되면서 우수 집단이 급격히 저하되었다. 이러한 결과는 7세가 되면서 한글, 수학 등 인지 학습량이 증가하고 학습지 교육을 시키는 것과 연관이 있다고 보여진다.

3. 꾹 참고 노력하는 아이가 창의성이 높다

대부분의 영재는 욕구를 조절하는 능력이 우수했는데 이러한 성향은 창의성과도 관련이 있는 것으로 나타났다. 창의성이 높은 유아의 경우 보통이나 하위 집단에 비해 꾹 참고 열심히 일하는 성향을 보였다. 또 엄마의 학력도 자녀의 창의성에 영향을 미치는 것으로 나타났는데, 이를 통해 교육 관심도와 육아 철학, 정보 수집력이 교육에 중대한 영향을 미친다고 볼 수 있다.

출처 ▶ 중앙M&B 편집부(2010)

발명가 · 특허권자로
성공하기 위한 7가지 조언
(특허청 블로그)

Think

창의성 개발을 위한 효과적인 방법은?

03 발명동아리 지도

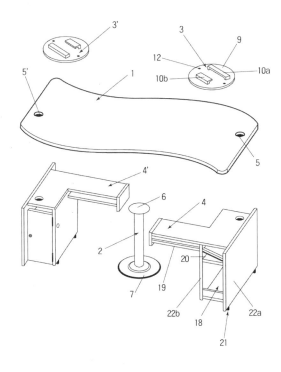

출처 ▶ 특허정보넷(키프리스), 회전판이 부착된 단체학습용 컴퓨터 책상(특허·실용신안 도면)

학습목표
Objectives

1. 발명동아리 조직 과정을 설명할 수 있다.
2. 발명동아리 운영 계획을 수립할 수 있다.
3. 발명동아리 활동 전략을 수립할 수 있다.

키워드
Keyword

발명동아리 모집   # 발명동아리 활동 계획
발명동아리 창의성 계발   # 발명동아리 지도

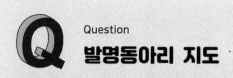

Q Question
발명동아리 지도

Q1 발명동아리 조직 과정은?

Q2 발명동아리 운영 계획 수립에 반영되어야 할 내용은?

Q3 발명동아리 활성화를 위한 전략은?

III

발명톡 Talk

"Never do things others can do and will do if there are things others cannot do or will not do."

― Amelia Earhart

다른 사람들이 할 수 있거나 할 일을 하지 말고, 다른 이들이 할 수 없고 하지 않을 일들을 하라.

Think

발명동아리 조직은 어떻게 시작할까?

① 발명 동아리 조직

일반적으로 학생 동아리 활동은 창의적 체험 활동 영역의 동아리 활동 또는 학교장이 인정한 별도 동아리(이하 발명반)의 두 가지 형태로 나눌 수 있다.

창의적 체험 활동 형태의 발명 동아리는 학교교육계획에 따라 일정한 시간이 할당되어 운영되기 때문에 활동 시간에 제한이 있다. 반면, 발명반은 방과 후 활동 형태로 운영되므로 활동 시간에 제한이 없는 편이다.

교사가 창의적 체험 활동 형태의 발명 동아리 개설을 요구하면 쉽게 만들 수 있다. 반면, 방과 후 활동의 형태로 조직하려면 참가 학생을 모집해야 하고 경우에 따라 선발하기도 한다.

다음은 방과 후 활동 형태로 이루어지는 발명 동아리(발명반)의 모집 공고 예시이다.

동아리 모집

발명 동아리 : ○○○

모집시기(○월 ○일 ○요일 ○○까지)

1. 발명이나 특허에 관심이 있는 학생
2. 발명 특허에 관심 있는 학생
3. 이공계 진학에 뜻을 두고 있는 학생
4. 무엇보다 성실하게 동아리 활동을 할 수 있는 학생
5. 자신의 창의성(아이디어)을 주체할 수 없는 학생

본 동아리는 소수의 인원으로 운영될 것임
창의적 체험 활동과 무관하게 활동할 것임
일주일에 한 번씩 모여 공통과제를 운영할 것임

관심 있는 학생은 ○○○ 선생님에게 알려줄 것

○ 발명 동아리 모집 공고문

발명반이 모집되면 반드시 학교장에게 해당 동아리에 대한 승인 결재를 요청하여야 한다. 만약 그렇지 않을 경우 학생 활동의 결과를 학생들이 사용할 수 없다. 학교장 승인 결재 양식의 예를 살펴보면 다음과 같다.

발명 동아리 활동 승인 신청서(예시)

동아리 명칭	○○○○○○○○○	
참가 인원	○○명	
활동 장소	○○○학교 ○○○	
활동 내용 및 계획	• 주 1회 정기 모임(매주 ○요일 : - :) • 발명 기법에 대한 지식 습득 • 발명(창의력)대회 참가 • 발명과 특허에 대한 학습 등	
동아리 명단	2학년(○○명)	1000 홍길동, 1000 홍길동, 1000 홍길동, 1000 홍길동, 1000 홍길동, 1000 홍길동, 1000 홍길동, 1000 홍길동
	1학년(○○명)	1000 홍길동, 1000 홍길동
지도 교사	○○○	
동아리 대표	학번 이름 ○○○	

위와 같이 동아리 활동을 실시코자 하오니 승인하여
주시기 바랍니다.

20○○. ○○. ○○.

○○○○학교장 귀하

② 발명 동아리 활동 계획 수립

발명교육에 필요한 행정적 및 교육적 지원을 받고, 내실 있는 발명 동아리를 운영하기 위해서는 동아리 운영 계획서를 마련하여야 한다. 이 서류에는 동아리 운영에 대한 모든 것들이 포함되어 있어야 한다. 동아리 운영 취지 및 교육목적, 프로그램 안내, 전반적인 프로그램 운영 형태에 대한 안내, 월별 연간 교육계획, 동아리 운영 후 기대 효과 등이다. 이상의 운영계획서 가운데 가장 중요한 것은 연간 교육계획을 어떻게 수립하느냐의 문제이다. 특히 발명교육의 핵심 활동으로서 다음의 활동이 조화롭게 배치되어 운영될 수 있도록 계획하는 것이 중요하다.

○ 발명 동아리 연간 활동 시 주요 핵심 활동 내용

구분	필요성 및 내용
1. 창의적 사고 및 창의력 신장 훈련	• 창의력 신장을 위한 창의적 문제해결 사고 기법 훈련은 발명교육에서 가장 중요한 교육 활동이다. • 문제 확인 기법과 더불어 확산적 사고와 수렴적 사고 기법을 알고 적용할 수 있도록 해야 한다.
2. 발명대회 및 창의력 대회 지도	전국 규모에서부터 교내대회에 이르기까지 다양한 발명대회와 창의력대회가 개최되고 있다. 학생들이 만들어 낸 아이디어를 직접 출품할 수 있도록 계획하는 것이 중요하다.
3. 진로체험 활동	발명 동아리는 이공계 진로체험과 직접적으로 연계가 되어야 한다. 이를 위해 어떤 진로체험 활동을 기획할 것인가를 고려해야 한다.
4. 특허 출원 활동	발명활동은 특허 출원을 통해 지식재산 창출이 되는 것이다. 따라서 특허 출원을 강화하고 이를 위한 무료변리 등을 이용할 수 있도록 기획할 필요가 있다.
5. STEAM 교육 활동	융합인재 교육으로서 발명교육 활동이 강조되고 있다. 다양한 교과 지식을 발명을 통해 융합할 수 있고, 융합적 사고를 통해 발명 아이디어와 발명품이 만들어질 수 있도록 교육 활동을 기획하는 것도 좋은 방안이다.
6. 봉사 활동	나눔교육, 재능기부 등의 인성 교육으로서 발명 동아리 활동을 기획하는 것이 필요하다.
7. 독서 활동	창의적 사고는 다양한 독서 활동에서 비롯된다. 따라서 독서 활동을 통해서도 발명교육을 할 수 있다는 사실을 명심하자.

초등학교의 발명 동아리 운영계획서를 참고하면 다음과 같다.

○○초등학교 발명 동아리 운영계획서(예시)

프로그램 제목 : 생활 속 발명 아이디어를 찾아보자.

1. 취지 및 교육목적

학생들의 다양한 아이디어는 우리 생활에 편리함을 주는 동시에 생산적인 활동을 유발시킴으로써 학생들의 고등정신능력의 발달과 함께 국가경쟁력에도 기여할 수 있으므로 발명동아리를 운영하고자 한다.

2. 프로그램 요약

가. 특허청 발명노트를 활용하여 발명의 중요성과 여러 가지 발명 기법 및 고등정신능력을 발달시킨다.

나. 생활 속 주변의 여러 가지 과학 원리를 찾을 수 있는 다양한 과학 공작 활동을 통하여 발명에 적용하는 능력을 신장시킨다.

다. 미래 사회에 꼭 필요한 로봇을 발명과 연계하여 미래 사회에 대비할 수 있는 발명영재를 육성한다.

라. 발명에 흥미가 적은 여학생들을 위한 프로그램을 개발하여 흥미와 관심을 갖도록 한다.

3. 교육 운영 관리

가. 실시조건 : 교과 활동 외의 방과 후 상설 동아리를 조직한다.

나. 진행
  ㉠ 3월 말까지 희망자 조사
  ㉡ 희망자 중 여학생 인원을 동아리 인원의 1/3 이상 확보한다.
  ㉢ 희망자가 많을 경우 발명노트를 이용하여 선발한다.
  ㉣ 매주 수요일 다양한 프로그램을 실시한다.
  ㉤ 발명과 관련된 체험학습 활동을 한다.

다. 유의사항
  안전사고 예방지도를 사전에 철저히 지도한다(실험 도구).

라. 교육 대상자 및 그룹 단위 규모
  • 교육대상 : 5·6학년 희망자 10명(여학생 3명 이상)
  • 장   소 : 본교 과학실

4. 연간 추진 일정(월별 교육계획)

월	날짜	활동 내용
4	1	과학 실험 도구 안전 지도 및 발명 오리엔테이션
	8	발명의 중요성
	15	생활 발명품 공기(호루라기 피리, 빨대 피리)
	22	발명의 역사
5	6	여러 가지 탐구능력
	20	생활 속 발명품 공기(에어로켓)
	27	발명과 문제해결(TRIZ 기법)
6	10	생활 속 전기(플라즈마)
	17	발명과 문제해결
	24	생활 속 발명품 물(물로켓)
9	2	발명과 로봇
	9	로봇 만들기
	16	나의 발명품 아이디어 찾기
	23	로봇 만들기
	30	생활 속 발명품 전기(터치램프)
10	7	발명과 특허
	21	로봇 만들기
11	11	나의 발명품 만들기
	18	로봇교육
	25	나의 발명품 전시회
12	2	1년 마무리 및 발명 관련 사이트 소개

5. 기대 효과

다양한 과학적 활동 및 놀이와 발명교육을 통해 발명에 대한 흥미와 관심을 높이고 창의적인 사고력을 신장시켜 발명을 생활화하도록 함으로써 고도산업에 적응할 수 있는 인재를 길러낼 수 있을 것이다.

고등학교의 발명 동아리 운영계획서를 참고하면 다음과 같다.

20○○년 ○○고등학교 발명 동아리 운영계획서(예시)

1. 추진 목적
- 21세기 지식정보화 시대를 이끌어갈 창의적인 글로벌 인재 양성
- 발명 동아리 활동을 통한 이공계 인재 육성 및 입학사정관제 대비 포트폴리오 작성
- 발명의 생활화로 지식 기반 사회에 주역이 될 발명 꿈나무 발굴 · 육성
- 잠재된 창의성을 계발할 수 있는 환경 조성 및 창조적인 고급 사고력 신장
- 창의적 발상과 새로운 아이디어의 실현을 통한 자아실현의 욕구 충족

2. 추진 방침
- 학교장의 승인에 의한 활동을 기본원칙으로 함
- 학교발명반을 조직
- 방과 후 심화보충반으로 편성하여 운영
- 담당교원 직무연수 및 세미나 참여
- 발명 및 창의성대회 참여
- 발명 관련 캠프 및 진로체험 활동 참여

3. 세부 추진계획
- 3월 발명반 조직 및 승인 신청, 연간운영계획 수립
- 3월 특허청 발명교육센터 프로그램 신청, 방과 후 학교계획 신청
- 3월~다음해 2월 발명반 동아리 운영
- 4월 대한민국학생발명전시회 출품
- 5월 말 창의력챔피언대회 준비
- 연중 초청강연 2회 예정(발명전문강사 및 변리사)
- 발명 기초반 교육(○○○○학교, 1학년 대상)
- 9월 시 · 도 학생과학발명품경진대회 참여
- 6월, 10월, 12월 창의력올림피아드 참여
- 연중 학생별 포트폴리오 작성

- 10월 발명반 문집 제작
- 발명장학생 추천 및 차세대 기업영재 추천(10월)
- 1인 1건 이상 특허 및 실용신안 출원(연중)

4. 발명체험 활동
- ○○대 공학캠프 및 기타 관련 캠프 참여
- 발명대회 입상자 해당 캠프 참여

③ 발명 동아리 활동을 위한 창의성 계발 전략

발명 동아리의 운영 목표 가운데 하나는 학생들의 창의력 신장에 있다. 전통적인 수업 방식으로 창의성을 이끌어 내는 것은 매우 어렵다. 따라서 창의성을 계발하기 위한 다음의 전략을 참고로 하여 동아리 활동을 이끄는 것이 필요하다.

- 풍부한 사고와 감정을 갖는다.
- 다양한 견학 및 장소를 탐방한다.
- 자신만의 생각을 고집하지 않는다.
- 창의적인 아이디어를 찾아 정리한다.
- 새로운 발명으로 발명 포인트를 거듭 확인한다.
- 언제 어디에서 어떻게 발명품을 실용화할 것인지 생각한다.
- 자신의 경험과 기술에 새로운 기술을 더해 본다.
- 사람들과의 대화를 통하여 사물의 장점을 강화하고 단점을 보완하는 습관을 갖는다.
- 기존의 물건이나 자연현상을 다른 사물과 적용·비교하여 구체적인 지식과 이론을 확립한다.

음악을 듣거나 미술 작품을 감상하는 등의 활동을 통해 얻은 풍부한 사고와 감정을 아이디어 계발에 활용할 수 있다. 또한 발명품전시회를 견학하거나 신제품 개발 전시회 등을 탐방하는 것도 도움이 된다. 팀을 구성하여 발명을 하는 것도 좋은 방법이 될 수 있다. 최근에 팀 창의성(Team Creativity)이 강조되는 이유도 이와 같다.

④ 발명품 제작 지도

발명가를 꿈꾸는 학생들을 지도하는 교사는 무엇보다도 발명 전반에 대한 여러 지식과 풍부한 지도 기술을 겸비하여야 한다. 또한, 교사는 학생들에게 발명의 개념을 이해시키고 작품을 구상하여 스스로 제작·출품할 수 있도록 지도할 수 있는 방법을 숙지해야 한다. 발명품 제작 과정은 다음과 같다.

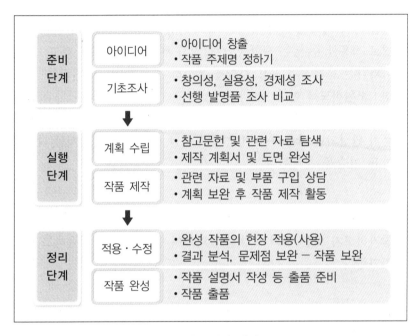

ㅇ 발명품 제작 과정

(1) 준비 단계

준비 단계에서는 아이디어를 얻어 작품을 구상하고, ① 자기가 하려는 발명이 자기나 여러 사람들의 생활에 얼마나 도움을 줄 수 있는가? ② 자신의 지식, 기능, 경험 및 경제적으로 가능한가? ③ 같은 종류의 발명이 어느 정도의 수준까지 개발되어 있으며, 독창성은 있는가? ④ 이 발명이 지금까지 어떤 방법이나 물건으로 충당되어 왔는가? ⑤ 이 발명이 시대적 요구에 부응하는가? 등을 먼저 알아보고 작품 활동에 임하도록 하여야 한다. 처음부터 너무 어려운 것이나 무조건적인 출발은 지양하고 학생들이 자신의 생활 주변에서부터 영감을 얻도록 기초 조사를 철저히 하는 습관을 들이도록 한다.

⑵ 실행 단계

작품 제작의 목표와 방향이 결정되면 참고문헌과 관련 자료를 탐색하여 발명에 대한 지식을 넓히고 자기가 발명하고자 하는 작품에 대한 정보를 많이 수집하게 한다. 작품 계획서는 작품을 구체화시켜 실행에 옮길 수 있도록 설계도를 상세하게 그리게 한다.

⑶ 정리 단계

작품 제작 계획에 따라 섬세한 제작 과정을 거쳐 작품이 완성되면 분야별로 적용할 수 있는 생활 현장에 직접 투입, 활용하도록 하고, 그 결과 나타나는 문제점과 사용 결과를 분석하여 문제점이 발견되면 이를 수정·보완하도록 한다. 이 과정에서 수정·보완된 작품은 1차 작품, 2차 작품 순으로 이름을 붙여 포트폴리오화하는 것이 중요하다. 최종 작품이 완성되면 작품의 요지가 잘 드러날 수 있도록 설명서를 작성하고 발표 연습을 지도한다.

⑷ 출품 단계

참가하고자 하는 대회 요강을 살펴보며 출품 원서를 제출하고 대회에 참가한다.

⑤ 발명품 제작 수행

발명품 아이디어를 그대로 구현해 내기 위해서는 발명품을 직접 제작해 보아야 한다. 하지만 학생의 경우 실제 작품을 제작하는 능력이 부족하기 때문에 전문 지식을 갖춘 여러 사람의 조언을 들어 보는 것이 좋다. 교사가 학생의 발명품 제작에 도움을 주는 것도 좋지만 가까운 대학의 전공 교수의 도움을 받을 수도 있고, 현물 제작에 경험이 많은 전문 업체를 찾아가 상담을 하면서 도움을 받는 방법도 있다.

○ 발명품 제작 품목별 내용과 업체 분포지(서울 지역 예시)

종류	내용	지역
플라스틱	아크릴 제작	종로구 장사동
	PET 필름 진공 성형 PVC BOX원통	중구 주교동 방산시장
	TAPE 포장 자재 PVC 연·경질	중구 을지로 5가
종이	• 각종 종이 인쇄 종이박스 • 색종이, 카탈로그, 표지, 라벨	중구 인현동
목재	• 인테리어 목재소 • 목재류	• 각 지역 인테리어 및 목공소 • 성동구 왕십리동, 중구 신당동
금속	선반 밀링, 스프링, 철물, 판금 제작, 스테인리스 케이스, 자석, 통신기, 정류기, 콘솔, 베어링, 계측기(속도계, 습도, 자동 곡선 풍속 기록계), 공구, 나사, 볼트	• 중구 입정동 150번지 • 구로구 구로동 공구상가
섬유	섬유류, 지퍼, 단추, 칼, 가죽, 액세서리	종로구 창신동 동대문상가
잡화	페인트, 사포, 등산 장비	종로구 창신동 동대문상가
	주방 기기 및 세면 기기	중구 을지로 2가
목형, 금형	제품 목형, 금형	성동구 왕십리동, 중구 신당동
소방 기구	소방 장비 및 호스 공구	중구 을지로 4·5가
컴퓨터 센서	컴퓨터 부속, 센서, 소프트·하드웨어 부분, 전화기, 전자, 망원경, 사진 재료	• 용산구 한강로동 용산전자상가 • 종로구 장사동 세운전자상가
학용품	펜, 볼펜, 판촉물, 자, 컴퍼스, 완구류	• 종로구 창신동 문구완구거리 • 영등포구 영등포시장 문구거리
앵글 화공 약품	앵글류 제작 구입	중구 을지로 2·3가
	과학 화공 약품, 유리 제작	종로구 종로 3가

Leading IP Story

집 안으로 들어온 나만의 미니 세탁소

깨끗하고 편리한 의류 관리 문화를 만들어가는 의류 관리기. 최근 미세먼지가 문제가 되면서 필수 가전으로 각광받고 있다. 의류 관리기 속 특허 기술에 대해 알아보자.

> **용어**
>
> **의류 관리기**
> 옷의 냄새를 제거하고 구김을 펴며, 살균이나 건조까지 한꺼번에 처리하는 기계. '스타일러(Styler)', '에어드레서(AirDresser)', '의류청정기' 등의 이름으로 판매되고 있다.

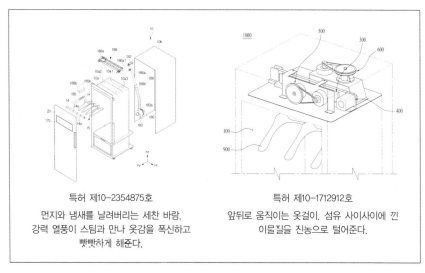

특허 제10-2354875호

먼지와 냄새를 날려버리는 세찬 바람. 강력 열풍이 스팀과 만나 옷감을 폭신하고 빳빳하게 해준다.

특허 제10-1712912호

앞뒤로 움직이는 옷걸이. 섬유 사이사이에 낀 이물질을 진동으로 털어준다.

출처 ▶ 특허청(2019a)

Think

의류를 더 깨끗하게 만드는 방법은 없을까?

🧩 **Leading Invention** | # 미국 <TIME>이 선정한 2021년 최고의 발명품은?

미국 타임지는 매년 혁신적인 제품과 서비스를 선정하는데 2021년에는 접근성, 인공지능, 미용, 의료, 교육 등 총 26개 분야에서 100종의 혁신제품을 선정하였다. 2021년에 선정된 혁신 제품 몇 가지를 살펴보면 다음과 같다.

1. 엑스퍼 테크놀로지스(Expper Technologies)의 로봇 '로빈(Robin)'

장기간 입원으로 외로운 아이들의 친구가 되어 주고 있다. 인공지능(AI)에 기반한 소프트웨어 덕분에 사람의 표정을 읽고, 대화를 통한 감정적인 상호작용이 가능하기 때문이다. 현재 아르메니아 예레반(Yerevan)에 위치한 위그모어 클리닉(Wigmore Clinic)의 소아과 센터에서 오랜 기간 치료를 받고 있는 아이들의 우울함과 스트레스를 달래 주는 역할을 수행 중이다.

2. 삼성전자 갤럭시Z 플립3

우리나라 기업 중 가전제품 부문에 유일하게 포함된 갤럭시Z 플립3에 대해 타임은 "2000년대 초반 기기들처럼 콤팩트하고 폴더블폰 중에서 유일하게 1000달러 미만으로 가격을 책정했다"며 호평하였다.

3. 토날(TONAL)의 '하이-테크 트레이닝(High-Tech Training)'

집에 있는 시간이 길어지면서 운동량이 크게 줄어들어 고민인 사람이 많은데 이 제품은 집에서도 근육을 만들고 체중을 효과적으로 줄일 수 있게 도와주는 홈 트레이닝 시스템이다. 직사각형 패널에 24인치 LED 터치스크린이 내장되어 사용자가 화면을 터치하여 다양한 트레이닝 프로그램과 정보를 활용할 수 있다.

💬 **Think**

자신이 생각하는 올해 최고의 발명품을 선정하고 관련 특허가 무엇이 있는지 생각해 보자.

TIME 선정 2021 발명품 100

04 발명교육 자료 활용

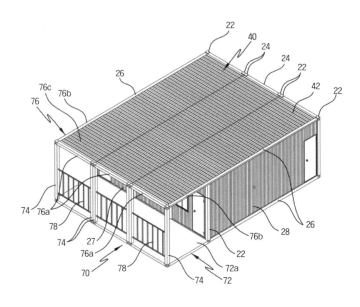

출처 ▶ 특허정보넷(키프리스), 천장을 높여 환경이 개선된 복도 개방형 컨테이너 교실(특허·실용신안 도면)

학습목표
Objectives

1. 발명교육 관련 사이트에 대해서 설명할 수 있다.
2. 발명교육 관련 사이트에서 필요한 자료의 위치를 설명할 수 있다.
3. 학교별 발명교실의 특징에 따라 필요한 자료를 선정할 수 있다.
4. 내가 필요한 발명 연수 및 발명 교육자료를 설명할 수 있다.

키워드
Keyword

발명교육포털사이트   # 한국발명진흥회   # 발명 연수   # 아이피티처

Question

발명교육 관련 사이트 이용

Q1 발명교육 시 활용할 수 있는 사이트는?

Q2 발명교육 시 활용할 수 있는 자료에는 무엇이 있는가?

Q3 발명교사로서 알고 있어야 하는 정보는?

발명톡 Talk

"We cannot solve our
problems with the same
thinking we used when
we created them."
— Albert Einstein
우리가 문제를 만들어냈을
때와 같은 생각으로는 결코
문제를 해결할 수 없다.

Think

한국발명진흥회에서 개발한 발명교육 자료는 어디서 찾을 수 있을까?

① 발명교육포털사이트

(1) 사이트 안내

① **사이트 주소** : https://www.ip-edu.net

② **홈페이지 메인 화면**

(2) 메뉴 구성

① **발명교육센터** : 발명교육센터 소개, 발명교육센터 찾기, 찾아가는 발명체험교실

② **대회/전시/행사** : 대한민국 학생발명전시회, 학생창의력 챔피언대회, 발명교육대상, 전국교원 발명교육 연구대회, 청소년발명페스티벌

③ **창의발명인재양성** : YIP(청소년발명가프로그램), IP-MeisterProgram, 지식재산 일반 선도학교 운영사업, 직업계고 발명·특허교육지원 사업, 지식재산기반 차세대영재기업인 육성사업

④ **발명교육콘텐츠** : 교수자료 및 발간콘텐츠, 테마가 있는 영상콘텐츠, 발명교육콘텐츠 공유, 발명교육 연구자료, 포스텝프로그램 설치

⑤ **발명교원육성** : 종합교육연수원, 발명교사인증제, 발명교사교육센터

(3) 활용 방안

① **찾아가는 발명체험교실 운영**: 도서벽지 학교, 지역아동센터 등 발명교육을 접하기 어려운 학생이나 교육 취약 계층에게 현장 중심 발명교육을 제공하여 사회적 교육격차 해소 및 창의발명인재 육성을 목표로 한 프로그램

   ㉠ 발명교육 전문강사의 현장 중심 발명교육

   ㉡ 프로젝트형 창의발명교육지원(3D프린터, 드론, 디자인싱킹 등)

   ㉢ 교과연계형, 방과후교육형 등 수요자 중심 교육 제공

   ㉣ 소마큐브, 생활용품 만들기, 텐세그리티, 골드버그, 오토마타, 아크릴 공작 등 창의적 문제해결 능력을 신장시킬 수 있는 활동 제공

   ㉤ 마인드맵, 브레인스토밍, 스캠퍼, 트리즈, PMI 기법 등 다양한 아이디어 발상 과정 체험

   ㉥ 3D프린트, 3D모델링, 드론 제작 등 나의 아이디어를 구체화할 수 있는 활동 제공

   ㉦ 참여학교 모집: 2~3월 / 교육 진행: 3~12월

② **대한민국 학생발명전시회**: 다양한 창의 발명 프로그램 운영, 학생발명 우수 작품 체험 기회

   ㉠ 2월 신청 / 7월 전시회 운영

   ㉡ 홈페이지에서 전시회 소개, 공지사항, 심사안내, 시상안내, 신청안내, 자료실, 운영규정 확인 가능. 역대수상작 e-전시관에서 역대 수상작품 다운로드 가능. 발명 수업 시 예제 작품 및 창의력 사고 촉진 자료로 활용 가능

③ **전국교원 발명교육 연구대회**: 발명교육 일반분야, 지도사례 분야 두 가지로 운영

   ㉠ 발명교육 일반분야: 발명교육 교수·학습 방법 개발 및 활용, 융합 발명교육 등 연구

   ㉡ 지도사례 분야: 발명교육 지도 사례, 발명 대회 지도 사례, 발명 동아리 운영 사례 등

   ㉢ 홈페이지 메뉴 중 '발명교육콘텐츠' – '교수자료 및 발간콘텐츠' – '전국교원 발명교육 연구대회 연구보고서' 클릭 시 역대 전국교원 발명교육 연구대회 연구보고서 자료 열람 가능. 교실 환경에 맞는 원하는 보고서 열람 후 교실에 적용 가능

④ **발명교육대상**: 발명교육 및 발명문화 확산 등에 공헌한 교원을 시 상하여 발명교원의 사기 진작 및 자긍심 고취를 위한 상

㉠ 홈페이지 메뉴 중 '대회/전시/행사' − '발명교육대상' − '역대수상 교원' − 연도, 주제, 이름을 보고 원하는 발명교육 사례서 다운 로드 가능

㉡ 연간 혹은 학기 단위 학교 발명교육 커리큘럼에 적용 가능한 사례가 나와 있음

⑤ **발명교육콘텐츠**

㉠ 홈페이지 메뉴 중 '발명교육콘텐츠' 클릭

㉡ 발명교육자료: '발명교육자료' 클릭 시 발명교육 교사용 안내서, 발명 프로그램 예시, 학생용 교재, 교사용 지도서, 발명특허특성 화고/마이스터고 프로그램 사례집 등 다양한 자료 열람 가능

㉢ 발명창의력대회 수상작품집: '발명창의력대회 수상작품집' 클릭 시 수상작품집, 전시회 정보 등 활용 가능

• 발명교육우수사례집: 연도별 창의발명교육 학생 체험 수기 열람 가능. 수업 활용 시 발명교육의 동기나 같은 나이대 학생들의 발명품 사례 등을 보여주어 발명에 대한 흥미와 내재적 동기를 고취시켜줄 수 있음

• 발명 글짓기, 만화 공모전 수상작: 발명 글짓기와 만화 공모전 수상 작품 열람 가능

• 학생발명전시회: 대한민국 학생발명전시회 학생 우수 작품을 볼 수 있음. 학생들의 사고를 촉진시켜줄 때 활용 가능

㉣ 발명교육연구자료: 국외 발명교육 소식, 창의발명교육 학술제 워 크북 등 다운로드 가능

㉤ 발명교육백서: 발명교육의 역사, 발명교육 프로그램, 발명교육법, 발명교육 연표, 대한민국 학생별명전시회 주요 수상작을 볼 수 있음. 발명교사에게 발명교육에 대한 전반적인 이해도를 높여줄 수 있는 자료로 활용 가능

㉥ 테마가 있는 영상콘텐츠: '테마가 있는 영상콘텐츠' 클릭

• 미래세상과 발명: 발명기법, 발명 아이디어 정리 방법, 창업의 의미 등의 강의 자료를 제공함. 중, 고등학교에서 활용 가능

• 발명이팡팡: 전지, pc, 귀마개 등 우리 생활 속 발명품의 실제 발명 스토리와 과정, 발명 실험 등을 보여줌. 초등학생에게도 활용 가능

• 발명이해하기: 다양한 발명가들의 스토리나 발명을 할 때의 마인드를 느낄 수 있는 영상자료로, 발명 수업 시 동기 유발 영상으로 활용 가능

- 역사 속의 발명이야기 : 한국의 발명가들에 대한 이야기가 정리되어 있음
- 세계의 우수 발명품 : 총, 나침반 등 세상을 바꾼 발명품을 소개함
- 통통박사의 발명이야기 : TRIZ기법을 기반으로 하여 발명 기법과 발명 기법으로 만든 발명품 예시를 소개함. 발명 기법에 대한 수업자료로서 초, 중, 고등학생 모두 활용 가능함

ⓢ 발명교육콘텐츠 공유 : 발명교육센터의 발명 프로그램/발명 실험 영상을 볼 수 있음. 초등학교 발명 영재반, 중학생 이상의 교육 자료로서 활용 가능함

◎ 교사연구회 : 연구회 SNS 홈페이지, 발명 연구회 교재 참고 가능. 다양한 발명 프로그램을 확인할 수 있음. 초등학교 교재, 중학교 교재, 고등학교 교재가 각각 제시되어 있음

ⓩ 포스텍프로그램 설치 : 프스텍 라이브러리, 아두이노 설치 가능

⑥ **각종 발명 대회, 전시회** : 발명 수업 시 학생들의 동기 증가 및 목표 설정을 위하여 참가 및 수상을 목표로 하여 발명 교실 운영 가능

※ 발명 교실 혹은 발명 업무를 처음 맡은 교사는 발명 교실 운영계획서 작성 및 활동자료를 참고하는 것으로 자료를 활용 가능함

② 한국발명진흥회

(1) 사이트 안내

① **사이트 주소** : https://www.kipa.org/kipa

② **홈페이지 메인 화면**

(2) 메뉴 구성

① **메인 메뉴**: 기관소개, 지원사업, 홍보광장, 알림광장, 열린경영, 정보공개

② '알림광장' – '사업공고'에 다양한 발명 관련 사업 자료 안내

③ '지원사업' – '국내발명 전시/행사'에 발명 관련 다양한 사업 내용 안내

④ '지원사업' – '학생교원 전시/행사'에 학생발명대회, 교원발명대회 등 행사 안내

⑤ '지원사업' – '미래형 발명인재 양성'에 YIP(청소년 발명가 프로그램) 등 인재양성 프로그램 안내

(3) 활용 방안

① **국내발명 전시/행사**: 상표디자인권전, 대한민국 발명특허대전, 아이디어 공모전 등 고등학교 이상 학교급에서 발명교실의 목적을 대회참가로 설정하여 해당 대회를 준비하는 것으로 발명교실 운영이 가능함

② **국제발명 전시, 국제협력**: '지원사업' – '국제발명 전시 · 국제협력' 클릭 / 다양한 국제 협력 발명품 전시회 정보를 볼 수 있음. 국제 발명품 전시회 정보, 개발 성과를 수업 자료로 활용 가능

③ **미래형 발명인재 양성**: '지원사업' – '미래형 발명인재 양성' 클릭 / 발명교육포털사이트와 연계하여 정보 제공. 발명교사인증제, 종합교육연수원, 국가공인 지식재산능력시험, 발명 관련 선도학교 정보, 지식재산 혹은 발명 관련 다양한 사업 확인 가능

④ **홍보광장**

㉠ 한국발명진흥회 SNS: 다양한 발명품 관련 영상 제시

㉡ 홍보자료: 발명특허, 발명 관련 영재기업인, 발명 기법 관련 정기간행물을 볼 수 있음

㉢ IP스토리(유튜브): 세상을 바꾼 발명품 제시, 발명과 특허에 대한 학생들의 다양한 질문들을 재미있는 영상으로 제시함. 초, 중, 고등학교급 모두 활용 가능

③ 아이피티처

(1) 사이트 안내

① **사이트 주소** : https://www.ipteacher.net

② **홈페이지 메인 화면**

(2) 메뉴 구성

① **연수신청, 연수과정 안내**

② 연수자료실

(3) 활용 방안

① **지식재산 일반 길라잡이**: 고등학교 기술·가정교과 내 진로선택 과
목으로 '지식재산 일반'이 신설됨에 따라 관련 영역 교사 역량을 기를
때 활용 가능

② **선생님과 함께하는 에디슨 육성 프로젝트**: 발명의 의미와 발명이
이루어지는 과정, 발명대회 도전 정보, 발명 관련 블록 코딩, 창업,
저작권과 특허권, 특허 요건 등에 대한 연수

③ **내 발명수업을 레벨업 시키는 TRIZ**: 트리즈 발명 기법에 대한 연수
로서 학생들에게 다양한 발명 기법을 적용한 예시와 발명 기법 적용
방법에 대해서 가르쳐줄 수 있음. 학교급에 따라 학생들이 이해할
수 있는 트리즈 기법들을 골라서 교육하는 능력을 기를 수 있음

④ 특허청

(1) 사이트 안내

① **사이트 주소** : https://www.kipo.go.kr

② **홈페이지 메인 화면**

(2) 메뉴 구성

① **소식알림** : 알림사항, 특허청뉴스, 인터넷공보, 정보그림, 보도자료, 포상 및 행사

② **지식재산제도** : 특허/실용신안, 해외특허출원(PCT), 상표/디자인, 해외상표출원, 해외디자인출원, 산업재산권 등록제도, 주요제도, 분류코드조회, 인터넷 기술공지, 해외 주요 누리집

③ **책자/통계** : 법령 및 조약, 간행물, 특허청 도서관, 민원서식, 통계, 지식재산 동향

④ **정책/업무** : 주요정책, 지원시책, 규제개혁, 적극행정

⑤ **민원/참여** : 고객상담, 심사관 면담, 국민 신고, 갑질·각종비위 신고센터, 특허청 정부혁신, 국민신문고 정책참여, 민원제도 개선, 기타 참여

⑥ **정보공개** : 즐겨찾는 정보 제공, 정보공개제도 안내, 비공개 대상 정보 세부기준, 정보공개 신청/확인, 사전정보공개, 정보목록, 공공 데이터 이용, 정책실명제, 재정정보 공개, 국가보조금 공개

⑦ **청소개** : 청장소개, 일반현황, 홍보관, 조직소개, 명예의전당, 찾아 오시는 길

(3) 활용 방안

① **지식재산제도** : 특허 제도의 이해 및 역사, 산업재산권 등록 절차 등 수업에 활용 가능한 내용이 정리되어 있음

② **특허청 도서관** : 특허청 관련 간행물, 지식재산정보, 관련 학술지 활용 가능. 교사가 지식을 습득하여 학생들에게 전파하는 방식(초, 중등), 학생들의 직접적인 조사(고등학교)로 활용 가능

⑤ 국제지식재산연수원

(1) 사이트 안내

① **사이트 주소** : http://iipti.kipo.go.kr

② **홈페이지 메인 화면**

(2) 메뉴 구성

① **교육신청/수료** : 교육신청, 교원교육신청 확인/수정, 창의발명체험관 견학신청, 수료증 발급, QnA, 자주하는 질문, 강사지원

② **교육안내** : 공무원(온라인 포함), 일반인(온라인 포함), 교원(온라인 포함), 청소년(온라인 포함), 외국인, 변리사

③ **교육일정** : 연간 교육일정, 월별 교육일정

④ **정보마당** : 공지사항, 법령정보, 사진첩, 자료실

⑤ **기관소개** : 인사말, 조직 및 기능, 시설안내, 발명교육센터 안내, 주간 식단표, 오시는 길, 셔틀버스 시간표

(3) 활용 방안

① **교육안내**: '교원' 클릭 시 발명지도자 양성 교육 정보 제공

② **정보마당**: '자료실' 클릭 시 연도별 교육훈련 계획 제공

③ 발명지도자 양성 교육을 통해 발명교육에 입문하는 교사의 지식재산에 대한 기본 지식을 제공하고 특허출원에서 창업까지의 심화 지재권 실무 교육 및 3D프린트 등을 활용한 기술 융합 교육을 제공하여 발명교사로서의 능력을 심화시키는 것으로 활용 가능한 사이트

⑥ 국립중앙과학관

(1) 사이트 안내

① **사이트 주소**: https://www.science.go.kr/

② **홈페이지 메인 화면**

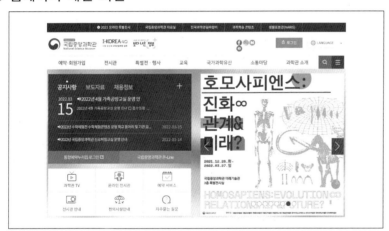

(2) 메뉴 구성

① **예약·회원가입**: 전시관 예약, 교육예약, 공연행사예약, 로그인, 회원가입

② **전시관**: 전시관 안내, 온라인 전시관, 추천 코스, 미래기술관, 과학기술관, 꿈아띠 체험관, 자연사관, 창의나래관, 인류관, 생물탐구관, 천체관, 천체관측소, 야외 전시장, 어린이 과학관

③ **특별전·행사**: 사이언스 데이, 수학 체험전, 전국학생과학발명품경진대회, 전국과학전람회, 특별전시회, 과학문화공연, 국제과학관심포지엄, 전시품개발센터 쇼룸

④ **교육** : 교육프로그램 안내, 교육 시설, 과학공방, 교육 자료실, 외부 과학교육 프로그램

⑤ **국가과학유산** : 국가중요과학기술자료란, 스토리텔링, 탐방프로그램, 과학유산자료

⑥ **소통마당** : 공지사항, 채용 정보, 사업공고 및 평가결과, 고객 서비스, 안전관리망, 홍보자료, 자료실, 110 수화(화상)·채팅 상담, 국민 신문고, 국민 생각함, 소극행정 신고함, 정보공개, 자주 묻는 질문, 자원봉사자 안내

⑦ **과학관 소개** : 관람 안내, 기관 안내, 편의·식음·시설 안내, 기증· 기탁 및 소장품 공유안내, 국가중요과학기술 자료, 주변 정보, 찾아 오시는 길, 관련 사이트

(3) 활용 방안

① **특별전·행사, 전국학생과학발명품경진대회** : 행사 안내 및 경진 대회 통합자료 검색 가능

  ㉠ '특별전·행사' - '전국학생과학발명품경진대회' - '수상작품 설명 영상' 클릭 시 유튜브와 연계되어 발명품에 대한 설명, 발명 학생 인터뷰 등을 볼 수 있음

  ㉡ 전국 학생 과학발명품 경진대회 1979년(1회)~현재까지의 자료가 통합자료 검색으로 HWP 및 PDF 파일로 DB화, 다운로드 가능

② **과학공방** : '교육' - '과학공방' 클릭 시 메이커 활동을 할 수 있는 과 학공방 운영프로그램 신청 가능

③ **교육 자료실** : '교육' - '교육 자료실' 클릭 시 온라인 창의과학교실, 주말 창의과학교실 강의계획서를 참고하여 수업에 활용 가능, 계 획을 보고 자신의 발명교실에 적용 가능

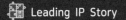 **Leading IP Story**

차박 열풍, 텐트의 진화를 이끈다

코로나19의 영향으로 '차박 캠핑'이 인기를 끌면서 차박용 텐트 관련 특허출원이 크게 늘었다. 차박용 텐트 관련 특허는 2020년에 40건 출원돼 2019년 15건 대비 167% 증가했고, 최근 10년간 연평균 18% 증가했다. 반면에 일반 캠핑장에서 주로 사용되는 전통 방식의 자립형 텐트 출원은 같은 기간 48건에서 39건으로 감소했다. 차박용 텐트가 자립형 텐트 출원량을 앞지른 것이다.

> 📑 **용어**
> **차박 캠핑**
> 자동차에서 잠을 자고 머무르면서 야영함. 또는 그런 생활

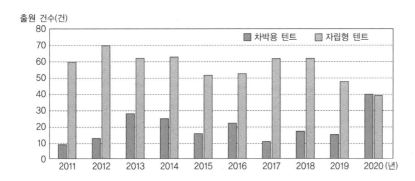

차박용 텐트는 ① 차량 지붕에 설치되는 루프탑 텐트 ② 차량 트렁크 또는 문에 연결되는 텐트 ③ 차량 내부에 설치되는 텐트로 구분된다. 그중에서도 편의와 실용성을 중시하는 소비자들이 최소한의 장비로 간편하게 즐길 수 있는 캠핑장비 기술의 출원이 증가하고 있다.

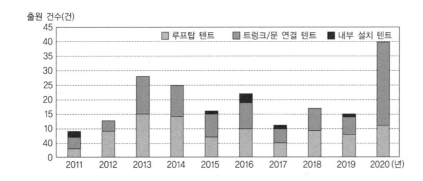

또한 텐트 기술은 IT 기술과 결합하여 안전사고를 방지하며, 캠핑의 감성을 높이는 기술로도 진화하고 있다. 특별한 점은 개인 출원이 64.8%로 캠핑 현장에서 경험을 통해 얻은 아이디어들이 특허출원으로 이어진 것으로 분석된다.

특허 제10-2197713호

차량의 트렁크에 구비된 절첩식 지지대를
펼치기만 하면 텐트가 설치되는 기술

특허 제10-2166275호

트렁크에 연결하여 낮에는 차양막으로 밤에는
영상스크린으로 활용하는 기술

특허 제10-1332414호

텐트의 공기 상태를 센서로 감지하여,
위급 시 경보를 울리는 시스템

특허 제10-1754314호

자연에서 발생하는 소리와 진동을 센서로
감지하여 스피커를 통해 음악으로 표출

앞으로도 차박이 주는 편리함과 승용차 개조 허용 등으로 차박용 텐트를 포함한 차박 캠핑 관련 특허출원은 지속적으로 증가할 것으로 예상된다.

출처 ▶ 특허청(2021b)

Think

특허 검색을 통해 최근 캠핑 트렌드를 알아보자.

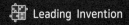 **Leading Invention**

태양광 발전부터 공기 정화까지! 스마트 버스 정류장

3~4분은 꼼짝없이 기다리는 버스 정류장! 환경도 편리함도 모두 잡을 순 없을까? 특허와 함께 버스 정류장이 달라지고 있다.

1. 태양광 발전 충전소 정류장

특허 제10-1436729호

천장에 친환경 건축 자재와 태양전지를 일체화해 휴대기기 충전이 가능한 버스 정류장

2. 미세먼지 잡는 냉·난방기 버스 정류장

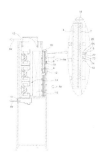

특허 제10-2287511호

'스마트 에코 쉘터', 온도 조절에 미세먼지까지 막아주는 첨단 정류장

3. 첨단소재 발열의자 정류장

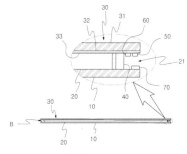

특허 제10-1763299호

나노 소재를 이용한 면상발열체의 탁월한 발열 효과와 높은 에너지 효율로, 추운 겨울에 따뜻하게 앉아서 기다릴 수 있는 버스 정류장

출처 ▶ 특허청(2019b)

미세먼지 저감장치 '서리풀 숨터'를 소개합니다. (서초구 블로그)

Think

버스 정류장에서 불편했던 점은 무엇이 있을까?

Notice

단원 교수 · 학습 유의사항

1. 발명교육센터의 역할과 기능을 이해하고 발명교육센터를 활용할 수 있는 범위와 활용 방법에 대해 이해할 수 있도록 한다.

2. 다양한 발명대회의 특징을 알고 학생들 지도에 활용할 수 있도록 지도하는 것이 중요하다.

3. 발명 동아리 운영의 노하우를 전함으로써 손쉽게 발명 동아리를 결성하고 운영할 수 있도록 지도한다.

4. 발명교육을 진행하는 데 있어 발명 교육자료를 찾고 활용할 수 있는 방법에 대해 정보를 전달한다.

Quiz

III 단원 마무리 퀴즈

01 발명교육센터 운영(찾아가는 발명체험교실), 학생발명전시회, 학생창의력챔피언대회, 청소년발명 페스티벌, 청소년발명가프로그램, 발명교육콘텐츠 및 포스텍 프로그램 설치, 발명교원육성과 관련 하여 종합적인 발명교육에 대한 정보와 지식을 습득할 수 있는 사이트는 _____ 이다.

02 발명교육포털사이트에서 _____ 메뉴에 들어가면 연도, 주제, 이름을 보고 원하는 발명 교육 사례서를 다운로드할 수 있으며, 이것을 발명 교사의 발명 교실 커리큘럼에 적용하여 활용이 가능하다.

03 지식재산 길라잡이, 에디슨 육성 프로젝트, 트리즈 기법에 대한 연수를 제공하여 발명 교사에게 도움이 되는 정보를 제공하는 사이트는 _____ 이다.

04 _____ 사이트의 '국제발명 전시, 국제협력' 메뉴에 들어가면 다양한 국제 협력 발명품 전시회 정보를 볼 수 있으며, 국제 발명품 전시회의 성과 발명품을 수업 자료로 활용 가능하다.

05 _____ 은/는 지역의 발명교육 거점학교 역할 기능을 수행하며 방과후, 주말, 방학 중, 특별 활동, 재량활동 등의 시간에 교육을 진행한다.

06 대한민국 학생발명전시회는 대한민국 국적을 가진 만 7세에서 만 18세 이하인 자에 한하여 학생 1인당 _____ 개의 작품을 출품할 수 있다.

07 발명 동아리 활동 계획 수립에 있어 핵심적인 활동은 창의력 사고 및 창의력 신장 훈련, _____, 진로체험 활동, 특허 출원 활동, STEAM 교육활동, 봉사활동, 독서활동을 들 수 있다.

⊘해답

01. 발명교육포털사이트	**02.** 발명교육대상	**03.** 아이피티처
04. 한국발명진흥회	**05.** 발명교육센터	**06.** 5
07. 발명대회 및 창의력 대회 지도		

참고
문헌

경상남도과학교육원. (2014). 발명교실 운영 메뉴얼.

사파고등학교. (2019). 발명교육센터 연간 운영계획.

국립중앙과학관. (2021). 전국학생과학발명품경진대회 운영 계획서.

대한민국학생발명전시회 운영 계획서. (2021). 한국발명진흥회.

한국발명진흥회. (2021). 대한민국 학생창의력 챔피언대회 운영 계획서.

한국학교발명협회. (2021). 대한민국 학생창의력 올림피아드 운영 계획서.

중앙M&B 편집부. (2010). 21세기 교육 키워드 창의력 키우기. 6세 아이
　　　에게 꼭 해줘야 할 59가지.
　　　Retrieved from https://terms.naver.com/entry.naver?docId=3651937
　　　&cid=59325&categoryId=59336

특허청. (2019a). [트렌드 이슈] 집 안으로 들어온 나만의 미니 세탁소.
　　　Retrieved from https://post.naver.com/viewer/postView.naver?
　　　volumeNo=18145650&memberNo=5154807&navigationType=push

특허청. (2019b). [트렌드 이슈] 태양광 발전부터 공기 정화까지! 스마트
　　　버스 정류장.
　　　Retrieved from https://post.naver.com/viewer/postView.naver?
　　　volumeNo=17949114&memberNo=5154807&navigationType=push

특허청. (2021a). 팜데크, 농업에 기술을 더하다.
　　　Retrieved from https://post.naver.com/viewer/postView.naver?
　　　volumeNo=32829617&memberNo=5154807&navigationType=push

특허청. (2021b). 차박 열풍, 텐트의 진화를 이끈다.
　　　Retrieved from https://post.naver.com/viewer/postView.naver?
　　　volumeNo=31780556&memberNo=5154807&navigationType=push

추천도서

Kelly, T., & Littman, J.
(2002). 유쾌한 이노베이션.
세종서적.
▶ IDEO라는 세계에서 가장
창의적인 기업의 발명과 혁
신의 비밀을 소개하고 있는
책

IV 발명영재교육의 이해

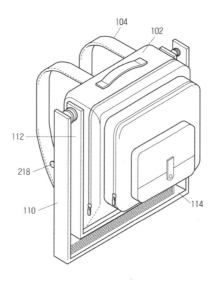

출처 ▶ 특허정보넷(키프리스), 보온난로의 기능을 가진 책가방(디자인 도면)

성취 기준
Achievement
Criteria

1. 발명영재의 특성을 알고 발명영재교육을 이해할 수 있다.

2. 발명영재의 판별 및 선발 방법을 설명할 수 있다.

3. 발명영재 교육과정의 차별화 전략을 이해하고 적용할 수 있다.

4. 발명영재 교수·학습 모형을 이해하고 교수·학습 방법을 적용할 수 있다.

리브스(R. H. Reeves) 박사의 '동물 학교 이야기'

옛날에 동물 나라의 동물들이 모여서 회의를 하였다. 회의 주제는 다가올 미래사회를 준비하기 위한 회의였다. 회의 결과 그들은 학교를 세워 미래 사회의 적응에 필요한 내용을 동물들에게 교육하기로 하고 교육과정을 편성, 운영하였다. 교과목은 달리기, 헤엄치기, 나무 오르기, 날기 등 다양한 교육과정으로 편성하고, 전 교과목을 평균점 이상 획득해야 졸업이 가능하다.

오리는 수영 과목에서 성적이 뛰어났다. 그러나 오리는 날기 과목에서 겨우 낙제점을 면했다. 달리기 과목은 더욱 형편없었다. 오리는 달리기 과목의 성적이 낙제점이라서 방과 후에 남아 특별 지도를 받아 수영 과목은 포기해야 했다. 결국 오리는 달리기 연습을 너무 많이 해서 물갈퀴가 손상되어 수영 과목에서조차 평균점을 얻을 수밖에 없었다.

달리기의 천재 토끼는 달리기 과목에서 단연 선두다. 토끼는 당당하게 학교 공부를 시작하였다. 그러나 수영 과목의 기초를 배우느라 너무나 많이 물속에 들어간 나머지 신경쇠약증에 걸려 병원 치료를 받는 신세가 되었다.

다람쥐는 나무 오르기 과목에선 단연 선두다. 그러나 날기 과목에서는 교사가 땅바닥부터 시작하지 않고 나무 꼭대기에서부터 날기를 시키는 바람에 다람쥐는 좌절감만 커 갔다. 또한 무리한 날기 연습으로 근육에 쥐가 나는 바람에 나무 오르기 과목에선 '미', 날기 과목에선 '양'을 받았다.

독수리는 문제아였다. 나무 오르기 과목에서는 큰 날개를 퍼덕여 다른 학생들을 방해하는 바람에 자주 지적을 받고 혼났다. 그래서 독수리는 교사에게 자기 나름의 방식으로 나무 꼭대기까지 올라가게 해 달라고 부탁했으나, 그 주장은 받아들여지지 않았다.

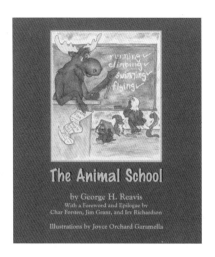

○ 동물 학교 이야기

+동물 학교가 교육에 주는 시사점과 그 하나의 대안으로서의 발명교육의 지향점을 논의해 보자.

동물학교(중앙일보)

"The real voyage of discovery consists not in seeking new landscapes, but in having new eyes."
— Marcel Proust
진정한 발견의 여정은 새로운 경치를 찾아다니는 게 아니라 새로운 눈으로 보는 것이다.

01 발명영재교육의 이해

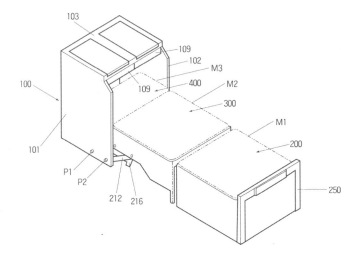

출처 ▶ 특허정보넷(키프리스), 책상겸용 수납식 침대(특허 · 실용신안 도면)

학습목표
Objectives

1. 영재성의 개념과 정의를 설명할 수 있다.
2. 발명영재의 특성을 설명할 수 있다.
3. 발명영재교육의 개념을 설명할 수 있다.

키워드
Keyword

\# 발명영재   \# 발명영재교육   \# 영재성

Question

발명영재교육의 이해

Q1 발명영재아는 보통 아이들과 어떤 차별화된 특성을 보이는가?

Q2 발명영재교육의 대상, 내용, 방법 등을 간단히 설명해 보자.

Q3 발명영재교육이 필요한 이유는?

발명톡 Talk

"If you don't ask why this often enough, somebody will ask why you."

— Tom Hirschfield

만약 당신이 '왜 하필 이 것인가?'라고 자주 질문하지 않으면, 누군가가 '왜 하필 당신인가?'라고 질문할 것이다.

Think

발명영재교육과 일반 영재교육의 차이점은?

① 영재성의 개념과 정의

(1) Terman의 영재성의 개념과 정의

정보 속으로

Lewis Terman
(1877~1956)
미국의 심리학자. 천재성과
재능이 있는 아동에 대한 연
구를 시도하며 현대 영재교
육의 기반을 마련하였다.

Terman과 그의 동료 연구자들이 IQ 135 이상의 1,528명의 영재를 대상으로 50여 년 간 진행한 종단 연구는, Terman 이전의 영재에 관한 연구들에 대하여 반증을 제시한 연구로 손꼽히고 있다.

Terman 이전의 영재들에 관한 대표적인 연구로는 Lombroso의 연구를 들 수 있는데, 그는 "영재들은 점차 퇴화되는 조짐을 보이고 있는데 그 대표적인 특징으로는 어눌한 말씨, 작은 키, 쇠약한 몸, 창백한 얼굴색, 구루병, 대머리, 기억 상실, 불임, 심각한 두뇌 퇴화 등을 보인다."라고 주장하였다.

1922년에 Binet-Simon 지능 검사를 미국판으로 표준화하여 'Stanford-Binet 검사'를 개발한 Terman은 '학교의 총 학생 수의 상위 1%에 드는 뛰어난 대상'으로 판별된 'IQ 135 이상의 고지능'을 영재라고 정의하였다.

이들은 연구 결과를 통해 '학창 시절에 고지능으로 판별된 영재들은 성인이 되어서도 상대적으로 뛰어난 경지에 오를 수 있다'고 보고하였다. 여러 연구 결과 중, 일반적으로 영재에 대해 잘못 알려진 여러 오해들과 반대되는 결과는 지적으로 재능이 있는 아동들이 또래의 평범한 아동들에 비해 일반적으로 건강 및 신체, 정신 건강과 적응력, 성인 지능, 직업, 지위 및 수입, 출판 및 특허권, 심지어 삶의 만족도에서도 더 뛰어나다는 점이다.

연구 결과에서 나타난 영재들의 특징을 정리하면 다음과 같다.

- 영재 아동은 지적 소질이 훨씬 우수하고 신체적인 소질이 약간 우수한 가족 출신이다.
- IQ 140 이상인 어린이들 형제의 평균 IQ는 약 123이다.
- 영재 아동은 감정적으로 불안정하거나 사회성의 부족, 사회적 적응력이 부족하지 않으며 어떤 유형의 부적응도 나타나지 않았다.
- 영재 아동은 다른 아동보다 건강과 체격에 있어서 약간 우월하다.
- 영재 아동은 숨겨진 잠재력을 보유하고 있다. 그러나 잠재력의 성공 여부는 양육이라는 요인에 달려 있다.

한편, 대공황을 겪고 있던 1920년대 당시 캘리포니아의 대도시에서 학교를 다닐 수 있는 계층은 중산층 이상의 자녀들이었다. 이들 대부분은 깨끗한 복장과 바른 행실, 그리고 반항적이지 않은 순종적인 학생들이었으며, 남학생들이 여학생들보다 훨씬 많은 비중을 차지하였다. 따라서 Terman의 종단 연구 결과를 모든 영재로 일반화하기에는 어렵다는 비판이 제기되기도 한다.

(2) Renzulli의 세 고리(Three-Ring) 요소

미국 교육부의 영재와 영재성에 대한 정의와 함께 세계적으로 영재교육에 가장 많은 영향력을 미친 사람은 Renzulli임에 틀림없다(Gagné, 1985). 그는 오랫동안 미국영재교육학회장 및 국립영재교육연구소장을 역임하였으며, 30여 년이 넘는 지금도 영재와 영재성 연구를 비롯한 영재교육의 다양한 영역에 대한 연구를 활발히 하고 있다.

Renzulli(1978, 1986)는 미국 교육부(Marland, 1972)가 정의한 영재성 개념에 대해 "영재성의 정의에 포함되어야 할 더 다양한 범위의 능력에 주목하게 되는 유용한 계기가 되었다. 동시에, 이 정의는 중요한 문제점을 제기하기도 하였다"라고 하였다(이정규, 2007, p.36, p.147).

여기서 중요한 문제점이란 첫째, 성인 영재 또는 재능 있는 성인과 관련된 연구의 대부분이 창의적·생산적 행동들의 표현에 있어서 동기 변인의 중요성을 확인하였음에도 불구하고, 정의에서 동기가 언급되지 않았다는 것이다. 둘째, 정의에서 언급되었던 여섯 범주(일반 지능, 특수 학업 적성, 창의적이거나 생산적 사고 기능, 지도력, 시각과 공연예술, 심리 운동 영역)의 비중이 동등하지 않다는 점이다. 즉 그중에 두 가지(특수 학업 적성과 시각과 공연 예술)는 능력이나 재능이 명백한 인간 노력의 영역이나 일반적인 수행 영역에서 주의를 기울인다는 점이다. 반면에 나머지 네 가지 범주는 수행 영역에서 나타난다고 하였다. 이에 Renzulli는 "무엇이 영재성을 만드는가?"라는 질문을 제기하면서 사회에 기여하는 '창의적이고 생산적인' 사람이나 인간 노력의 다양한 영역에서 뛰어난 성취를 이룬 사람들에 대한 탐색적인 변인을 자세히 기술한 연구를 기초로 영재성을 정의하였다. 또한 영재 아동의 특성에 대한 연구를 고찰하고 학교 현장에도 유용하게 사용할 수 있는 개념으로, 영재 학생을 판별하거나 선발하고자 할 때 유용하게 사용할 수 있는 '세 고리(Three-Ring) 요소'라는 새로운 영재성의 정의를 제기하였다. 이는 Renzulli가 사회적 유용성을 준거로 하여 자신의 영역에서 창의적인 공헌을 하는 사람들 모두에게서 발견된 세 가지 심리적 특성들의 상호 작용을 영재성으로 정의한 것이다. 그에 따르면, 영재성의

┌ **정보 속으로**

Joseph Renzulli
(1936~   )
미국의 교육심리학자. 영재성의 개념을 확장하고 학교에서 아동의 재능을 개발하기 위한 모델을 구안하여 현대 영재교육 발전에 기여하였다.

IV

첫 번째 요소는 극단적으로 높을 필요가 없는 '평균 이상의 능력(Above-Average Ability)'이다. 두 번째 요소는 집중적 동기 형태를 갖춘 창의적 혹은 생산적인 개인에게 지속적으로 나타나는 '과제 집착력(Task Commitment)'으로, 이는 특정 문제(과제)나 특정 성취 분야에 수반되는 에너지를 나타낸다. 세 번째 특성 요소는 '창의성(Creativity)'이다. 영재성을 보다 명백히 하기 위해서는, 이 3요소가 동시에 나타나야 하며 어떤 수행 영역에 근간을 두어야 한다. 보다 자세히 살펴보면, 세 가지 특성 요소가 모두 상위 15% 이내에 들면서 그중 한 가지 요소는 상위 2% 안에 들면 영재로 볼 수 있으며, 세 요소 간의 공통 부분이 클수록 영재성도 크다고 하였다. 그리고 영재성이 나타나는 수행 영역은 일반적이면서 특수한 영역 모두에서 나타난다고 하였다.

즉 영재성은 인간의 특성 중 세 가지 군집 간의 상호 작용으로 구성되어 있으며, 이들의 군집은 평균 이상의 일반적 능력, 높은 수준의 과제 집착력, 높은 수준의 창의성으로 정리될 수 있다. 영재 아동은 이러한 통합적 특성을 갖추고 인간 성취의 가치 있는 모든 분야에 적용할 수 있는 아동이며, 세 가지 군집 간의 상호 작용을 계발할 수 있는 아동은 정규 교육 프로그램에서는 통상적으로 제공되지 않는 다양한 범위의 교육적 기회와 서비스가 요구된다(Renzulli, 1978, p.261).

(3) Stankowski의 영재성의 5가지 범주

Stankowski(1978)는 지금까지 연구된 영재성에 관한 연구자들의 정의를 고찰하여 영재를 크게 5가지 범주로 구분하였다(이경화 외, 2005, pp.29~30).

① **높은 지능에 의한 정의** : 지능 검사에서 특정한 점수 이상을 획득한 사람을 영재라고 한다(예 Terman).

② **상위 몇 %에 포함되는가에 의한 퍼센트 정의** : 학교 혹은 지역에서 고정된 비율에 해당되는 학생을 영재라고 한다. 퍼센트 기준은 지능 검사, 수학이나 과학과 같은 특정 영역의 성적 등을 바탕으로 설정될 수 있다(예 Renzulli).

③ **이미 각 분야에서 탁월한 성취를 보인 사람들만을 영재로 하자는 수행 결과(After-the Fact)에 따른 정의** : 수행 결과에 따른 정의는 영재성의 준거로서 특정한 영역에서의 우수한 수행을 강조한다. 즉 인간 활동의 가치 있는 영역에서 뛰어난 성취를 지속적으로 보여 주는 사람을 영재라고 한다(예 Gardner, Tannenbaum).

④ 뛰어난 적성과 재능을 보이거나 가능성을 가진 사람들을 영재로 하
자는 재능 정의(예 Cohn, Gagn) : 미술, 음악, 과학 혹은 다른 특정한
심미적, 학문적 영역에서 우수한 학생을 영재라고 한다.

⑤ 창의성이 탁월한 사람을 영재로 하자는 창의성 정의(예 Torrance,
Urban) : 영재성의 주된 기준으로 우수한 창의력을 강조한다.

② 발명영재의 특성

(1) 발명영재가 갖추어야 할 특성

발명영재를 이해하기 위해서는 발명영재가 갖는 특성을 뚜렷하게 구
별할 수 있어야 한다. 다음의 표는 발명의 정의를 바탕으로 발명영재가
갖추어야 할 특성을 제시한 것이다.

○ 발명 정의를 통해 살펴본 발명영재의 특성

특성	설명
발명 관련 분야의 높은 지적 능력 보유	발명 관련 분야란 특허법에서 정의한 자연법칙을 이용한 기술적 사상으로서 과학적인 원리와 법칙에 대한 기초적인 지식과 이해를 바탕으로 실제 기술적 사상으로 전이할 수 있는 실천력을 가지고 있어야 한다.
헤니(1994)와 헬러(2002)가 제시한 개념인 '기술적 창의성'처럼, 창의적인 문제해결력 보유	문제해결력이란 과정적인 접근 방식으로 획득될 수 있는 것으로 문제의 이해와 인식으로부터 최종 결과물의 생산과 평가에 이르는 전 과정에 나타날 수 있는 능력이다.
남과 다른 심리적 동인 보유	발명을 특히 잘하기 위해서는 남과 다르게 착상하고 발상하는 습관뿐만 아니라 자기 자신에 대한 긍정적인 태도와 동기가 무엇보다 중요하다. 그리고 어떠한 문제를 해결함에 있어 끝까지 최선을 다하려는 인내와 노력의 과정이 요구된다.

출처 ▶ 최유현(2014, p.416)

발명영재에 대한 연구는 다양한 접근을 통해 그 특성을 도출하고자
하였다. 서혜애 외(2006)의 연구에서는 일반적인 영재의 3가지 요인
(지적 능력, 창의성, 과제 집착력)을 바탕으로 발명영재의 특성을 도
출하였다. 육근철 외(2011)의 연구에서도 Renzulli의 영재성 이론에 의
거하여 제시하였는데 특이점은 제작 능력(설계, 개발, 창작, 만들기)을
추가하였다는 것이다. 최유현 외(2007)는 전문가의 인식을 근거로 지적

능력, 창의적 문제해결 그리고 태도의 3가지 차원으로 발명영재아의 특성을 제시하였다. 이를 바탕으로 발명영재의 요인을 '발명 지식과 사고, 발명 창의성, 발명 수행, 발명 태도'로 제시하였다. 이재호 외 (2013)의 연구에서는 Gardner(2008)의 미래 마인드의 개념을 이용하여 '발명가적 지식 기술 역량, 발명가적 통합 창의 역량 그리고 발명가적 인성 역량'으로 제시하였다.

┌------ 📋 용어 ------┐
하워드 가드너
(Howard Gardner)의 미래
마인드(Five Minds for the
Future)
• 훈련된 마음
  (The Disciplined Mind)
• 종합하는 마음
  (The Synthesizing Mind)
• 창조하는 마음
  (The Creating Mind)
• 존중하는 마음
  (The Respectful Mind)
• 윤리적인 마음
  (The Ethical Mind)

(2) 발명영재의 요인

최유현 외(2010)가 제시한 '발명영재 요인'을 구체적으로 살펴보면 다음 표와 같다.

○ 발명영재 요인 및 요소

영역	요인	요소	정의
발명 지식과 사고	발명 지식	통합적 STEM 지식(과학, 기술, 공학, 수학)	과학, 기술, 공학, 수학의 통합적 문제의 기초적 지식과 활용을 의미한다.
		정보 처리 지식	정보의 수집과 분석 과정에서 요구되는 지식을 의미한다.
		지식재산 소양	발명 및 특허와 관련된 지식재산의 기초적 소양을 의미한다.
		인문, 사회, 예술 소양	인문학, 사회 전반에 대한 인식과 현상, 예술에 관해 지니고 있는 학문적 지식이나 교양을 의미한다.
	발명 사고	관찰 및 이해력	관찰은 사물이나 현상을 주의하여 자세히 살펴보는 것을 의미하며, 이는 다양한 감각 양식을 활용하므로 다른 사고 기능의 기초가 된다. 또한 이해력은 사리를 잘 분별하여 해석하는 것을 의미하는데, 정보를 분석하거나 적용하는 능력을 반드시 필요로 하지는 않는다.
		분석 및 비판력	분석은 하나의 정보나 문제를 부분으로 나누어서 그 구성 요소들을 확인하고, 구성 요소들 간에 존재하는 관계를 확인하는 사고 작용을 의미한다. 또한 비판력은 정확성, 타당성, 가치를 판단하기 위해 어떤 주장, 신념, 정보의 출처를 정밀하고 지속적으로, 그리고 객관적으로 분석하는 능력을 의미한다.
		종합 및 적용력	종합은 개개의 관념, 개념, 판단 따위를 결합시켜 새로운 관념이나 개념을 구성하는 일을 의미한다. 적용력은 문제해결 장면에서 또는 새로운 상황에서 개념과 원리를 사용하는 능력을 의미한다.

		유추 및 추론	유추란 유사성에 의한 추리로서 학습, 과학적 발견, 창의적 사고에서 중심적인 역할을 하는 인간 인지의 가장 기본적인 양상 중의 하나이다. 문제들 간의 표면적인 유사성을 넘어서 보다 심층적인 유사성 관계를 인식하는 능력을 의미한다. 또한, 추론은 한 명제를 출발점 혹은 기본적인 전제로 하여, 어떤 다른 명제를 도착점, 혹은 결론으로 획득하는 논리적 과정을 의미한다.
발명 창의성	상위 인지	인지 인식	자신이 가지고 있는 지식과 개인 스스로의 사고에 대해 아는 것, 언제, 어디서 획득한 전략을 사용하느냐에 대해 인식하는 것을 의미한다.
		인지 점검	자신의 아는 정도와 진보를 확인하고, 본래 선택된 전략들이 적절하지 못할 때 적합한 대안적 전략들을 선택하는 것을 의미한다.
		인지 평가	자신의 학습 수준을 테스트해 보기 위한 초인지적 전략의 하나인데, 자신의 답 혹은 문제해결 방법 등의 합리성을 판단할 수 있는 방법을 의미한다.
		인지 지식	자신의 사고 상태와 내용, 능력에 대해 알고 있는 지식을 의미한다. 예를 들어, 종종 자신이 해결할 과제나 읽을 글 등에 대한 배경 지식을 전혀 가지고 있지 않은 경우에는 익숙한 상황에서의 문제해결이나 친숙한 주제에 대한 내용 이해보다 어렵다. 이와 같은 경우에는 다르게 읽혀야 한다는 인지 지식을 가져야 할 것이다.
	창의적 역량	독창성	기존의 것에서 탈피하여 참신하고 독특한 아이디어를 산출하는 능력이다. 즉 모방이나 파생적인 것이 아니라 어떤 유기적인 원리에 의해서 자발적으로, 자신의 생각으로 사물을 만들어 내는 것을 의미한다.
		유창성	특정한 상황에 대해 생각해 낸 해결책이나 아이디어의 양(量)으로, 특정한 문제 상황이나 주제에 대해 주어진 시간 안에 많은 양의 아이디어나 해결책을 산출하는 것을 의미한다.
		상상력	가상의 상황에 대해 개인의 과거 경험을 기반으로 해서 생각할 수 있는 능력으로, 눈에 보이지 않는 사물을 구체적·현실적 이미지로 형상해 내는 정신 능력을 의미한다.
		융통성	사회의 일반적인 사고방식, 관점, 시각에서 벗어나 다양하고 광범위한 아이디어나 해결책을 산출해 내는 창의 능력을 의미한다.

IV

📋 용어

상위인지(메타인지, 초인지, Metacognition)

상위인지는 자신의 사고과정에 대한 인지 또는 인지적 작용의 모든 양상을 그 대상으로 하거나 그러한 양상을 조정하는 지식 또는 인지활동을 말한다. 메타(Meta)란 '어떤 활동이나 행위의 뒤에 따라오는 활동 또는 행위'를 의미한다.

– 출처 상담학 사전(2016)

발명 수행	창의적 성향	호기심	새롭고 신기한 것을 좋아하거나 모르는 것을 알고 싶어 하는 마음으로, 새로운 것을 좋아하고 경험하려는 특성이 강하여 새로운 사물이나 현상에 많은 관심을 보인다. 즉 주변에서 일어나는 일이나 현상에 관심이 많아서 새로운 것을 찾아서 즐기고 경험하고자 하는 특성을 의미한다.
		민감성	주변 환경에서 오감을 통해 들어오는 다양한 정보들에 대해 민감한 관심을 보이고, 이를 통하여 새로운 영역을 탐색해 나가는 것을 의미한다. 일상생활에서 접할 수 있는 문제나 주위 환경에 대해서 세심한 관심을 가지고, 당연히 여겨지는 것에 대해서도 의문을 품고 생각해 보고자 한다.
		위험 감수	위험이 따르는 일이나 상황이라 할지라도 해야 할 일, 하고자 하는 일이라면 어려움을 무릅쓰고 시도해 보는 특성을 의미한다.
		도전감	어려운 일이나 상황에도 적극적인 자세로 맞서고 부딪히고 시도하고자 하는 특성을 의미한다.
	발명 문제 해결	문제 인식	발명 문제해결 과정에서의 문제를 발견하거나 인식하는 능력을 의미한다.
		대안 탐색	발명 문제의 해결을 위한 아이디어를 탐색하는 확산적 사고 능력을 의미한다.
		대안 평가	탐색된 아이디어 중에서 최적의 대안을 평가하거나 선정하는 수렴적 사고 능력을 의미한다.
		아이디어 구체화	최적의 해결 방안이나 아이디어를 구체적으로 실현하기 위한 계획 능력을 의미한다.
		발명 수행	구체적인 실현 계획을 수행하는 능력을 의미한다.
		발명 평가	발명 문제해결 과정 및 결과를 평가할 수 있는 능력을 의미한다.
	조작과 실천	협응력	근육, 신경 기관, 운동 기관 등의 움직임의 상호 조정 능력을 의미한다. 즉 머리, 어깨, 입, 팔, 손가락 등을 시각적 탐사와 연결하여 움직이는 신체적 조절 능력을 말한다.
		신체 감각 능력	오감뿐만 아니라 자신의 모든 신체를 이용하여 어떤 생각이나 감정을 표현할 수 있는 능력을 의미한다.
		설계 능력	계획을 세우는 능력으로, 예를 들어 건축, 토목, 기계 제작 등에서 그 목적에 따라 실제적인 계획을 세워 도면으로 명시하는 일이 이에 속한다.
		예술적 표현	감상의 대상이 될 수 있도록 아름다움을 고려하여 생각이나 느낌을 언어나 몸짓 등의 형상으로 드러내어 나타내는 것을 의미한다.
		도구 활용 능력	목표 달성 혹은 문제해결 상황에서 목표나 문제를 해결하기 위하여 적절하게 수단이나 도구를 이용하는 능력을 의미한다.

발명 태도	기업가 정신	자기 관리	자신의 행동을 변화시키려고 행동적 학습 원리를 활용하는 것을 의미한다. 즉, 자신의 행동을 스스로 조절하고, 시간과 금전 등의 자원을 계획적으로 사용할 뿐 아니라, 자기 계발을 위해 계획하고 실천한다.
		건설적 사고	어떤 일을 좋고 긍정적인 방향으로 이끌어가려고 생각하고 궁리하는 것을 의미한다.
		공동체 배려	상대방의 능력을 인정하고 판단을 존중하여 주어진 권한을 공유하도록 하는 나누기, 타인의 의욕을 북돋워 줌으로써 힘과 용기를 얻어 목표를 성취하도록 돕는 과정인 격려하기, 다른 사람을 도와주기, 협조적으로 행동하기 등이 포함된 것을 의미한다.
		의사소통	자신이 가지고 있는 생각이나 감정을 정확하게 상대에게 전달하고, 상대의 감정이나 생각을 명확하게 이해하고 받아들이는 것을 의미한다.
		리더십	대중을 다스리거나 무리를 이끌어가는 지도자로서의 통솔력, 지도력 등을 의미한다. 여기에는 셀프 리더십, 서번트 리더십 그리고 창의적 리더십 등이 포함된다.
	발명 동기와 태도	자기 주도성	개인 스스로가 학습 혹은 발명, 문제해결 과정에의 참여 여부에서부터 목표 설정 및 목표 달성을 위한 계획 수립, 계획에 따른 실행, 평가에 이르기까지 전 과정을 자발적 의사에 따라 선택, 결정하고 조절과 통제를 하는 것을 의미한다.
		열정	어떤 일에 진정한 애정을 가지고 열성적으로 열중하여 몰두하는 마음을 의미한다.
		발명 흥미	지금까지 없는 물건이나 기술을 새로 생각하여 만들어 내는 일인 발명에 관하여 마음이 끌린다는 감정을 수반하는 관심을 의미한다.
		과제 집착	일정한 시간 동안 인내심을 갖고, 어떠한 어려움이 있더라도 과제를 끝까지 꾸준하게 작업하고 몰입하는 능력을 의미한다.
		개방성	태도나 생각 등이 거리낌 없고 열려 있는 상태나 성질을 의미한다.

출처 ▶ 최유현 외(2010)

┌┄┄┄┄ 🗐 용어 ┄┄┄┄┐

차세대영재기업인 육성 사업

지식재산에 기반을 둔 창의
적인 기업가로 성장할 잠재
력이 풍부한 학생을 육성하
는 사업으로서, 2개 교육원
(KAIST, POSTECH)별 맞춤
형 교육 프로그램을 운영
한다.

　－ 출처 한국발명진흥회
　　　(www.kipa.org)

(3) 차세대영재기업인의 핵심 역량

발명영재의 특성을 이해하는 데에는 '차세대영재기업인 육성 사업'에서
선발하고, 교육하고 있는 대상 학생들의 역량을 확인하는 것도 도움이
된다. 차세대영재기업인의 핵심 역량 개념은 다음 표와 같다.

ㅇ 차세대영재기업인의 핵심 역량 개념

영역	정의
창의적 문제해결력	과제 해결 과정 시 발생하는 문제에 대한 정확한 원인을 파악하고, 적절한 정보 및 자원을 활용하여 문제를 해결할 수 있는 새로운 아이디어를 산출하며, 적기에 해결 처리하는 능력
도전 정신	목표 달성에 있어 적극적·진취적으로 생각하고 보다 높은 성취 기준을 달성하기 위해 끊임없이 노력하며 과감히 현상을 타파하여 난관을 극복하고자 하는 태도
자기 주도 학습 능력	과제 해결의 성과, 질을 높이기 위해 필요한 전문적 능력을 자기 스스로 배양하고, 전문성 확보를 위해 자기 학습 노력을 경주하는 능력
수학·과학 능력	수학 및 과학 활동에 대한 높은 수준의 몰입과 학업 성취도를 바탕으로 관련 지식을 활용하여 과제를 해결하는 능력
지식재산 전문성	지식재산에 대한 이해를 바탕으로 특허 정보 검색 및 해독 방법, 특허 명세서 작성 방법을 활용하여 특허를 분석하고 평가 및 출원하는 능력
리더십 능력	팀 구성원들이 높은 수준의 몰입도와 사기를 유지, 다양한 환경 변화에 신속하게 적응하고 헌신, 성과 창출을 통한 경쟁우위 확보를 위해 추구하고자 하는 목표와 열망을 일관되고 지속적으로 실행하는 능력
커뮤니케이션 능력	상대의 기대나 요구를 명확히 이해하고 자신의 의사를 다양한 방식을 통해 명확히 표현, 전달하며 상대방의 자발적인 협조를 이끌어 낼 수 있도록 논리적으로 설득시키는 능력
기업 윤리	기업의 사회적 책임을 일관성 있게 추진하여 투명한 기업 경영에 근간이 되는 기본과 원칙을 준수함으로써 투명하고 정직하게 일을 처리하려는 자세

출처 ▶ 이종범 외(2010)

③ 발명영재교육의 이념

발명영재교육의 이념을 뒷받침해 줄 수 있는 근거는 헌법과 교육기
본법에 구체적으로 명시되어 있다.

(1) 교육기본법 제1장 제2조(교육이념)

교육의 내재적 목적인 인격체 형성 및 개인의 삶의 질 향상과 외재적
목적인 사회 발전에 기여하도록 목적을 두고 있다. 교육의 내·외재적

목적은 모든 사람들이 교육의 기회를 제공받는 교육의 평등성과 교육을 통해 개별의 능력을 최대한 계발할 수 있는 교육의 수월성을 추구함으로서 성취될 수 있다.

⑵ 교육기본법 제19조(영재교육)

영재교육의 목적은 교육기본법의 교육이념에 근거하여 교육의 평등성과 수월성을 실현하는 것이다.

⑶ 헌법 제31조 제1항

국가는 국민에게 능력에 따라 교육을 제공할 의무가 있다.

⑷ 교육기본법 제3조(학습권)

영재들은 특수아와 마찬가지로 자신의 능력 수준과 심리적 특성에 부합하는 교육을 받을 권리가 있다.

따라서 발명영재교육이 추구하는 이념은 헌법 및 교육기본법에 보장되어 있는 교육의 내 · 외재적 목적을 달성함과 동시에 발명영재성이 있는 학생들의 능력 수준과 심리적 특성에 적합한 교육을 실시하는 데 있다.

④ 발명영재교육의 목적

영재교육진흥법 제1조(목적)에 의하면, 영재교육은 우수한 능력을 지닌 학생들이 자신의 능력을 최대로 계발하고 자아를 실현할 수 있는 기회를 제공하는 것으로 제시하고 있다. 그리고 영재들이 일반 교육을 통해 자신의 잠재력을 계발할 수 없다면, 자신의 잠재력을 최대한 발휘할 수 있는 적절한 교육의 기회를 이들에게도 평등하게 제공해야 함을 명시하고 있다. 그러나 이러한 뛰어난 잠재력을 지녔음에도 불구하고 적절한 교육을 받지 못해 불행하게 생활하는 사람들이 많다는 것은 안타까운 현실이다.

따라서 발명영재교육의 목적은 발명영재성이 있는 학생들이 자신의 능력을 최대로 계발하고 자아를 실현할 수 있는 기회를 제공하는 것이다. 서혜애 외(2002)는 발명영재교육의 목적을 영재교육의 목적을 공유하여, 개인적, 교육적 · 사회적, 국가적 측면의 세 가지 방향으로 제시하였다.

용어
영재교육진흥법
재능이 뛰어난 사람을 조기에 발굴하여 잠재력을 계발할 수 있도록 능력과 소질에 맞는 교육을 실시함으로써 개인의 자아실현을 도모하고 국가 · 사회의 발전에 기여하도록 함을 목적으로 만든 법으로 2000년에 제정되었다.
− 출처 상담학 사전(2016)

첫째, 개인적 측면에서, 발명에 소질이 있는 영재들을 조기에 발굴하여 잠재력을 계발할 기회를 제공함으로써 발명영재들이 능력을 최대한 발휘할 수 있고, 궁극적으로 보다 질 높은 개인의 삶을 추구하게 하는 것을 목적으로 한다.

둘째, 교육적·사회적 측면은 교육기회 균등의 실현과 사회 기여 기회 제공이라는 점이다.

셋째, 국가적 측면에서는 발명영재의 고부가 가치성에 입각하여 국가의 미래를 위한 효과적인 투자라는 점이다.

결국 발명영재교육의 목적은 개인이 가진 잠재력의 계발과 국가, 사회를 위한 우수인력의 육성이라는 점에서 일반적인 영재교육의 철학 및 목적을 같이 한다. 아이디어와 문제해결력이 각광받는 지식 기반 사회에서 발명영재의 기여도가 주목받는 만큼, 미래를 위한 효과적인 투자라는 측면에서 발명영재교육의 중요성을 인식할 수 있다(서혜애 외, 2002, 재인용).

한편, 최유현 외(2007)의 연구에서 제시한 발명영재교육 목표 요인은 다음과 같다.

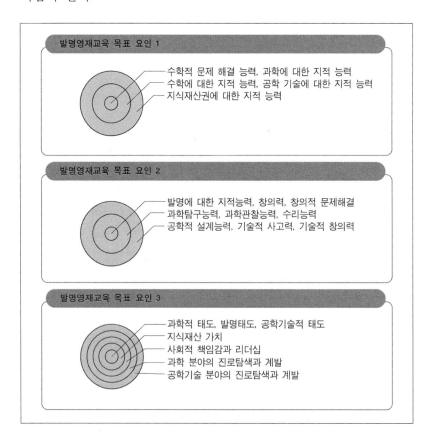

⑤ 발명영재교육의 정의

최유현 외(2010)는 발명영재교육을 교육대상, 교육목적, 교육내용의 3가지 관점에서 다음과 같이 정의하였다.

- **대상**: 발명 지식과 사고, 발명 창의성, 발명 수행과 태도 영역에서의 잠재적 역량이 탁월하다고 판별된 영재를 대상으로
- **목적**: 발명과 관련된 학문적 지식, 사고, 문제해결, 태도의 촉진과 계발을 위하여
- **내용**: 발명 지식 이해, 발명 사고 계발, 그리고 발명 문제해결을 주된 학습 내용으로
- **방법**: 실험, 탐구, 체험, 문제해결, 자기 주도적, 팀 주도적 프로젝트를 수행하는 교육

(1) 발명영재교육의 대상

발명 지식과 사고, 발명 창의성, 발명 수행과 태도 영역에서의 잠재적 역량이 탁월하다고 판별된 영재가 그 대상이 된다.

(2) 발명영재교육의 목적

발명과 관련된 학문적 지식, 발명 사고와 문제해결, 발명 수행, 발명 동기와 태도의 촉진과 계발이 목적이다.

(3) 발명영재교육의 내용

크게 발명 지식 이해(발명과 관련된 역사 · 사회 · 과학 · 문화 · 예술에 대한 이해-디자인 · 통합적 STEM · 지식재산 소양), 발명 사고 계발(창의성 · 확산적 사고 · 수렴적 사고), 발명 문제해결(발명 문제 확인 · 대안 탐색 · 대안 선정 · 계획 · 실행 · 평가) 등이 포함된다.

(4) 발명영재교육의 방법

실험, 탐구, 체험, 문제해결, 자기 주도적, 팀 주도적 프로젝트에 의하여 수행된다.

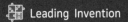 **Leading Invention**

체인지메이커

체인지메이커란?

체인지메이커는 지역 사회나 사회가 가지고 있는 문제 중 하나를 자신의 문제로 인식하고 이를 해결하기 위해서 아이디어를 내고 기업가적 방법으로 변화를 만들어 가는 사람이다. 우리가 속한 학교 안의 문제를 해결하려는 체인지메이커의 경우 많은 사람에게 영향을 주면서 학교의 변화를 가져올 수 있다.

체인지메이커 활동

체인지메이커는 해결하고자 하는 문제를 발견하면 문제에 공감하는 협력자들과 문제를 해결하기 위한 방안을 모색한다. 공동체 안에서 문제해결을 위한 새로운 해결책을 만들어내고, 성공한 모델을 널리 소개함으로써 폭넓은 공감대를 형성해 나가는 활동을 한다.

◦ 체인지메이커의 활동 과정

체인지메이커의 4가지 자질

공감능력(Empathy)	다른 이들이 처한 상황과 문제를 올바르게 인식하고, 개선하기 위해 행동하면서 의미 있는 변화를 이끌어 내는 자질
팀워크(Teamwork)	상대방의 역할을 존중, 서로 협업하는 능력
리더십(Leadership)	모든 구성원이 강력한 책임감과 권한을 갖게 함으로서 공통된 목표를 바라 볼 수 있게 하는 협력적 리더십 강화
문제해결능력 (Problem-solving)	구체적인 행동을 통해 변화를 만드는 능력

정보 속으로

모든 시민들이 변화의 힘을 가지고, 세상을 긍정적으로 바꾸는 데 기여할 것을 꿈꾸는 아쇼카 프로그램
https://www.ashoka.org/ko

Think

체인지메이커 활동의 교육적 효과는 무엇일까?

02 발명영재의 판별 및 선발

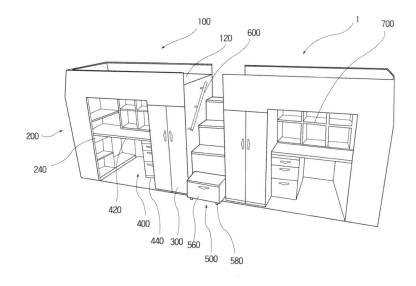

출처 ▶ 특허정보넷(키프리스), 책상 일체형 침대(특허 · 실용신안 도면)

학습목표
Objectives

1. 영재 판별 및 선발의 목적을 이해하고 원리를 설명할 수 있다.
2. 영재 판별 및 선발 방법을 설명할 수 있다.
3. 발명영재 선발 절차를 설명할 수 있다.

키워드
Keyword

발명영재   # 발명영재 선발   # 영재 판별

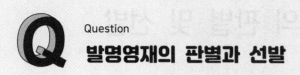

Q Question

발명영재의 판별과 선발

Q1 왜 발명영재아를 판별하여 선발해야 하는가?

Q2 어떻게 발명영재를 판별할 수 있는가?

Q3 현재의 발명영재 판별 절차를 알아보고, 개선점이 무엇인지 이야기해 보자.

발명톡 Talk

"Discovery consists of looking at the same thing as everyone else and thinking something different."
— Albert Szent-Györgyi
발견은 남들과 같은 것을 보고 다르게 생각하는 것이다.

Think

미래 발명영재아 판별의 방향은?

① 영재 판별 및 선발의 목적

영재를 판별하고 교육하는 것에는 다양한 목적이 있을 수 있다. 우리나라의 영재교육진흥법에서는 영재 판별의 목적을 '영재 프로그램에 적격인 자'로 규정하고 있으며, 여러 가지 기준을 제시하고 있기도 하다. 영재 판별은 다음과 같은 목적을 가진다는 것이 연구자들의 공통된 의견이다.

첫째, 영재 프로그램에 적격인 학생을 선발하여 프로그램에 투입하는 것을 목적으로 한다. 이러한 목적에 기여하는 영재 판별은 주어진 프로그램에 적격인 영재 학생 선발을 목적으로 하기에, 가장 이해하기 쉬우면서 광범위하게 영재 판별이 이루어지게 된다. 만약 육상 선수를 선발하거나 발명 프로그램에 대상 학생을 선발하고자 할 때에 어떤 판별 절차를 거쳐야 할지 쉽게 짐작할 수 있을 것이다. 육상 선수라면 달리기와 관련된 신체적 능력이, 발명 프로그램이라면 발명과 관련된 능력이 중요한 판별 준거가 될 것이다. 영재 판별은 이러한 예에서와 같이 각 영재 프로그램의 목표와 판별 준거에 따라 진행되는 것이 일반적인 절차이다.

둘째, 영재성의 정의에 합당한 영재 판별을 목적으로 제시한다. 즉, 발명영재, 정보영재, 수학영재, 과학영재, 예술영재 등의 정의 양식에 비추어 적절한 영재를 선발하는 것이 영재 판별의 목적이다. 우리나라 영재교육진흥법에서는 "영재라 함은 재능이 뛰어난 사람으로서 타고난 잠재력을 계발하기 위하여 특별한 교육을 필요로 하는 자를 말한다." 라고 정의하고 있다. 그런데 영재성의 정의는 앞에서 살펴본 것처럼 학자에 따라 시대에 따라 매우 다양하기 때문에 영재성의 정의를 일반화하는 것은 문제가 될 수 있다.

한국교육개발원
영재교육종합데이터베이스

② 영재 판별의 원리

영재교육에서는 영재의 정확한 선발과 질 높은 영재교육 프로그램 개발, 영재교육에 관한 전문성을 지닌 교사 양성, 이 세 가지 요소를 잘 갖추는 일이 중요하다. 이 세 요소 중 가장 먼저 부딪치는 문제는 어떤 검사 방법과 도구를 사용하여 최대한 타당하고 정확하게 해당 분야에서 뛰어난 능력을 지닌 학생들을 선발하느냐이다(김홍원 외, 2003). 이는 영재교육의 실제적인 행위의 출발점이다(Feldhusen & Jarwan, 2000). 영재 선발은 영재들의 수준을 결정하고 그 수준에 적합한 교육을 하기에 필요한 과정이다(Birch, 1984).

영재 선발은 영재교육 대상자를 선발하는 것으로, 영재성의 유무를 확인하는 영재의 판별과는 그 개념상으로 차이가 있다. 영재 판별의 절차와 방법은 교육기관마다 조금씩 다르고 학자에 따라서도 다르지만 다단계에 걸쳐서 다양한 도구를 적용하여 판별하고자 노력한다는 공통점이 있다. 대표적인 학자들의 선발 및 판별 과정은 다음과 같다.

(1) Fox의 3단계 영재 판별

Fox(1976)는 종합적인 영재 판별 방안으로 3단계 판별 모형을 제시하였다. 판별 과정은 3단계로 이루어지지만, 3단계 이후에 추가적인 정치 단계를 통하여 프로그램 학습 후의 결과를 관찰하는 과정도 포함하고 있다.

1단계	집단 지능 검사와 교사의 지명, 관찰법 등을 병행하여 영재성이 엿보이는 학생을 일차적으로 선발한다. 이 단계에서는 가능성 있는 잠재적인 영재들이 보다 많이 포함되도록 선별한다.
2단계	전문가와 교육학자, 심리학자 등이 중심이 되어 제반 평가 활동을 실시하며 1차 선별된 학생들에게 개인 지능 검사, 창의성 검사, 학문 적성 검사, 표준화된 성취도 검사 등을 실시하여 영역별로 최종적으로 영재를 판별한다.
3단계	교육적 배치 단계이며, 1, 2차 단계를 통해 영재로 선발된 학생들을 영역별 영재교육 프로그램에 배치하고 학습 과정과 결과를 관찰하는 단계이다. 한국과학영재학교의 경우에도 3단계에서 교수 및 전문가들로 이루어진 평가단이 4박 5일의 캠프를 통해 영재성을 판별한다.
4단계	정치(定置) 단계로서, 판별된 영재들을 적절한 교육 프로그램에 배치하고, 그들이 원하는 교육 프로그램을 제공하며, 학습 과정과 결과를 관찰하는 단계이다.

(2) 이화국의 다단계 조기 영재 판별

이화국(1999)은 영재의 조기 판별 필요성과 다단계 판별, 지속적 판별을 원칙적으로 선정하고 지적 기능 평가(이미 습득된 지식보다는 습득한 지식을 활용할 수 있는 능력과 새로운 자료를 조작하는 능력의 평가에 중점), 정의적 특성 평가(인지적 능력뿐만 아니라 교육장면에서의 태도와 성격적인 특성까지 평가), 수행 평가(지필 검사보다 산출물과 수행 과정을 직접적으로 관찰, 평가)를 주장하였다. 또한 영재교육 실시 초기에는 주로 각 판별의 최저 점수 이상의 학생들에게 영재교육을 실시하다가 점차 자료가 모아지면 각 특성의 비중을 고려한 점수 조합 방식을 사용하여야 한다고 주장하였다.

(3) Borland와 Wright의 3단계 영재 판별 및 관리 과정

James H. Borland & Lisa Wright(1994)는 3단계로 된 판별 및 관리 과정을 제시하였다. 1단계와 2단계는 판별 과정이며, 3단계는 관리 과정이기 때문에 다른 학자와는 다르게 판별 및 관리 과정이라 제시하였다.

1단계	표준화된 검사로는 인물화 검사를 실시하며, 비표준화 검사로는 일반 수업에서의 관찰, 다문화 교육 중심의 심화 학습을 실시하여 관찰, 포트폴리오 심사를 실시한다. 그 밖에 교사의 추천 결과를 바탕으로 선발 인원의 2~3배 정도를 대략적으로 선발한다.
2단계	1단계를 거친 지원자들의 개인별 추가 자료를 수집하는데, 이때 표준화 검사로는 피바디그림-어휘 검사(Peabody Picture Vocabulary Test), TEMA-2(Test of Early Mathematics Ability-2), TERA-2(Test of Early Reading Ability-2)를 사용한다. 비표준화 검사로는 애매모호한 글을 얼마나 잘 파악하는지를 살펴보는 문헌 중심 활동 관찰과 실제 지원자들을 대상으로 한 인터뷰 등이 있다. 또한 1단계에서 시행되었던 검사 결과 중 포트폴리오의 일부와 교사 추천 등을 함께 고려한다.
3단계	각 학생들을 지원이 필요 없는 경우와 관찰이 필요한 경우, 특별한 지원이 필요한 경우로 나눈다. 지원이 필요 없는 경우에는 일반 학급에 배치하며, 관찰이 필요한 경우에는 일반 학급에 배치하되 지속적으로 관찰하여 필요시 재배치한다. 특별한 지원이 필요하다고 판단되는 경우에는 개입을 진행하여 전통적인 학업 지원과 함께 멘토를 지정하고 재능 개발 계획을 수립하여 평가를 거쳐 적절한 위치로 재배치한다.

(4) Renzulli의 종합적 영재 판별

Renzulli(1996)는 각종 표준화 검사 결과에서 높은 점수를 받지 못한 학생들 중에서도 영재로서의 특수한 잠재 능력을 지닌 학생들이 있을 수 있다고 지적하면서, 모든 자료를 종합적으로 고려하여 판별하여야 한다고 주장하였다. Renzulli는 영재 자원(Talent Pool)의 개념을 강조하면서, 영재교육 대상자는 상위 3~5%가 아니라, 15~20%의 학생들이 되어야 한다고 하였다. 또한 영재성의 요인으로 평균 이상의 일반 지적 능력, 창의성, 과제 집착력을 제시하며, 학생의 흥미를 매우 중요하게 생각하였다. 판별에 있어서는 관찰 판별을 중요하게 생각하여, 객관적인 검사보다는 영재아의 관심 영역에서 창의적인 산출물을 만드는 과정과 결과를 관찰하여 판별한다고 하였다.

○ Renzulli(1996) 영재 판별 체계

단계	선발 방법	선발 대상	비고
1	지능, 학업 성취, 적성 등의 표준화 검사에 의한 판별(영재판별위원회의 심사를 거치지 않고 선발됨)	선발 대상 영재 수의 50%를 각종 표준화 검사 도구로 선발	전국의 학생들 중에서 15%를 영재로 선발
2	교사 추천(영재판별심의위원회의 심사를 거치지 않고 선발됨)	선발 대상 영재 수의 50%를 표준화 검사 도구가 아닌 추천 및 그 외의 다양한 방법으로 선발	
3	다양한 대안적 선발 방법(사례 연구) : 판별위원회의 심의를 거침		
4	특별 추천(사례 연구) : 판별위원회의 심의를 거침		
5	부모 추천 : 잠재적인 영재 학생들의 부모에게 영재 판별 방법 및 프로그램 소개		
6	탁월한 학생 행동 정보에 기초한 추천		

그가 제시한 바에 따르면, 1차 판별에서는 전체 학생 중에 15~20%를 선별하고, 표준화 검사에서 92% 이상의 성취를 보인 학생들로 50%를 선별한다. 그리고 나머지 50%는 교사 추천에 의해서 선정된 학생과 자기 스스로 영재라고 추천한 학생들, 또한 지난해에 담당교사가 추천한 학생들을 Pool로 하여 판별위원회 심사를 거친 학생들을 선정한다. 2차 판별에서는 1차 판별에서 선정된 학생들이 스스로 자신들의 영재성을 판별하게 하고, 2부 심화 학습을 마친 후에 3부 심화 학습 참여 희망자를 대상으로 더 높은 수준의 심화 활동에 참여할 수 있도록 한다. 연구에 따르면 3부 심화 학습까지 참여하는 학생은 전체 학생의 5%로 나타났다.

(5) 조석희의 4단계 영재 판별

조석희 외(1996)의 영재 판별 과정은 다음과 같이 1~4단계로 이루어져 있다.

1단계	학교에서의 학업 성취에 대한 누가 기록 및 관찰 내용에 의한 추천으로 실제로는 학교 성적에 관한 서류 심사 단계이다. 이 단계에서는 여러 교과에서의 학업 성취도 기록, 교사의 관찰 내용 기록, 경시 대회 입상 결과 등이 포함된다.
2단계	표준화된 지능 검사, 적성 검사, 흥미 검사, 창의성 검사, 학업 성취 검사의 실시 단계이다. 이러한 검사는 주로 지능 및 학력 측정을 위해 쓰인다. 이 검사는 손쉽게 실시할 수 있지만 대체로 최고점의 수준이 낮아 우수 아동과 특별히 우수한 아동을 구별하지 못하는 한계가 있다. 또 표준화 검사는 영재 아동의 깊은 통찰력에서 나오는 답이 옳지 않은 것으로 처리될 가능성이 있다.
3단계	전문가에 의한 문제해결 과정의 관찰평가로 전문가에 의해서 문제해결 과정을 직접 관찰하는 평가 과정을 거치게 된다. 이 단계에서는 성격이나 학습 태도 등을 평가할 수 있고, 창의적 문제해결력을 측정할 수 있다.
4단계	교육 프로그램의 배치 및 관찰로서 프로그램에 배치된 후에도 계속적으로 판별이 이루어져 한다. 이를 위해 지속적으로 영재 아동의 프로그램 참여 모습을 관찰하여야 한다.

Renzulli(1996), Fox(1976)의 판별 절차를 살펴보면, 제1단계(선별 단계), 제2단계(변별과 판별 단계), 제3단계(교육적 배치 단계)를 거쳐 학생들을 선별하여, 영역별 프로그램에 배치하고 학습 과정과 결과를 관찰한다.

최근에 개발된 영재 판별 방법들은 다음과 같은 특성을 가지고 있다.

첫째, 어느 한 가지 측정 도구를 사용하는 판별보다는 다양한 판별 접근 방식, 즉 복합 판별 방식을 취하고 있다. Baldwin과 Vialle(1999)는 다양한 판별 방법을 사용하면 판별에서 발생할 수 있는 문제점을 최소화한다고 하였다. 영재의 다양한 특성을 반영하기 위해 다양한 자료를 수집해야 한다. 영재성은 여러 영역에서 나타나므로 다양한 검사 방법과 검사 도구지를 사용하여 복합적인 정보를 수집하여야 한다.

둘째, 조기 판별의 중요성을 강조하고 있다. 영재성은 조기에 나타나게 되는데, 이러한 능력이 조기에 발견되어 적절한 교육적인 서비스를 제공받아야 영재성이 지속되고 더욱 계발될 수 있다.

셋째, 일회성으로 판별하는 것이 아니라 지속적으로 판별할 것을 제안하고 있다.

③ 영재의 판별 및 선발 방법

(1) 추천

추천 방법에는 교사, 학부모, 학생, 동료, 전문가 추천 등이 있다.

① **교사** : 학생에 대한 관찰 결과를 토대로 하여 그 학생이 영재인가 아닌가를 주관적으로 판단하여 지명하는 방법이다. 교사의 지명은 전통적으로 많이 사용해온 방법이며, 현재는 그 중요성이 커져서 효율성을 높이기 위한 방법들이 개발되고 있다. 교사의 지명은 비교적 정확하다고 보기가 어렵다. 교사가 영재 학생을 잘못 판별하는 주요 이유는 공부를 잘하고, 모범적이며, 말을 잘 듣는 학생들을 영재로 판별하는 경향이 있기 때문이다.

② **학부모** : 학부모는 완전한 객관적 관찰자가 될 수 없고, 동일한 연령 집단에서 어떤 행동 수준이나 유형이 영재성을 보이는지에 관한 전문적 지식이 없다. 그러나 학부모의 지명은 학교 이외의 상황에서 나타난 영재성을 알려주는 좋은 정보원이 된다. 특히 연령이 어린 학생들의 경우에 더욱 그러하다. 따라서 유아기 학생을 영재로 추천할 때, 부모의 추천은 유용한 자료가 될 수 있다.

③ **동료 학생** : 동료 학생들은 교사, 학부모가 미처 관찰하지 못한 행동 특성을 관찰할 수 있다. 그러나 동료 학생들은 공부 잘하는 학생들을 영재로 지명하는 경향이 많으며, 이는 어릴수록 더 그렇다. 동료의 지명이 타당하려면 적어도 10세 이상은 되어야 하는 것으로 보인다.

④ **자기 보고서** : 자기 보고서는 자아 개념, 흥미, 가치, 학교 안팎에서의 활동과 성취 등에 대해 학생 자신이 설명하는 기록이다. 자기 보고서는 교사, 학부모, 동료들이 파악하기 어려운 학생의 특성을 이해할 수 있게 해준다.

⑤ **행동 특성 체크리스트** : 행동 특성 체크리스트는 교사, 학부모, 동료가 할 수 있다. 추천자마다 판단의 기준이 다르다는 문제점이 있어 이것만으로 영재성을 규명하기는 어렵다. 그러나 행동 특성 조사지는 과제 집착력, 관심 영역 및 동기의 정도, 학습 태도 등의 인성적 특성과 행동적 특성에 관한 정보를 구조화된 체크리스트로 작성하여 제공하기 때문에 편리하고 객관화할 수 있다.

미국의 영재교육
프로그램 영재성
자가 진단법(EDUJIN)

(2) 각종 심리검사

① **지능 검사** : 지능 검사는 영재 판별을 위해 사용된 가장 오래된 검사 중의 하나이고, 세계적으로 가장 많이 사용되는 영재 판별 방법이다. 지능의 본질에 대한 이론들은 다음 중 하나 혹은 그 이상과 관련되어 있다. 즉 ⅰ) 학습하기 위한 역량, ⅱ) 한 인간이 획득한 총 지식, ⅲ) 일반적으로 새로운 상황과 환경에 성공적으로 적응하는 능력 등이다. 영재 판별을 위해서는 개인 지능 검사와 집단 지능 검사가 사용되는데, 가급적 최근에 개발되어 표준화된 것을 사용한다. 오래 전에 표준화된 검사일수록 지능 지수가 높게 나올 가능성이 많다. 경우에 따라 15~20점 이상 높게 나오는 경우도 있다. 지능 검사는 개인 지능 검사와 집단 지능 검사가 있다. 개인 지능 검사는 1 : 1의 상황으로 실시하는 것이며, 집단 지능 검사는 집단을 대상으로 실시하는 검사를 의미한다.

② **창의성 검사** : 창의성은 새롭고 가치 있는 산출물을 만들어 내는 인지적·정의적 능력이다. 세계적으로 가장 많이 사용되고 있는 창의성 검사 도구는 Torrance(1962, 1998)가 개발한 창의적 사고 검사인 TTCT (Torrance Test of Creative Thinking)로서 유치원생부터 성인에 이르기까지, 다양한 문화권에서 사용되고 있다. Torrance는 "TTCT와 같은 점수에서 높은 점수를 받은 사람은 창의적으로 행동할 가능성이 높다."라고 주장하였다. TTCT는 언어형 검사와 도형형 검사가 있으며 유창성, 독창성, 제목의 추상성, 정교성, 성급한 종결에 대한 저항의 확산적 사고의 변인을 측정한다. 또한 동형 검사로서 사전·사후 검사를 할 수 있고 실시가 용이하다는 장점이 있다.

TTCT 검사 안내
(창의력 한국 FPSP)

한편, 창의적 사고 과정(확산적 사고의 과정)보다는 사고 과정의 열매에 해당되는 산출물을 해당 영역의 전문가들의 주관적인 기준에 의해 측정하는 합의적 측정 기법(CAT : Consensual Assessment Technique)도 있다.

③ **적성 검사** : 적성이란 주로 학습에 영향을 받지 않은 특정 영역에서의 타고난 능력을 말한다. 영재아들의 경우 일반 지능이 높기 때문에 대체로 모든 분야에서 적성이 높게 나올 가능성이 있다. 그러므로 영재들을 위한 적성 검사는 검사 문항의 난도가 높아야 하지만 현재까지 국내에서 개발된 적성 검사들의 문항은 대체로 쉽다. 따라서 상급 학생들을 대상으로 한 적성 검사를 실시하여야만 영재들의 적성 분야를 파악할 수 있는 경우가 많다.

④ **학업 성취도 검사** : 학업 성적은 교과 영역별 지식, 사고력, 성취 수준을 알려주는 유용한 정보가 된다. 특히 표준화 학업 성취도 검사는 학생들의 상대적 위치를 알 수 있기 때문에 영재 판별에 유용한 자료가 될 수 있다. 그러나 학업 성적은 다음과 같은 단점들이 있다. 첫째, 시험 문항이 고차적이고 종합적인 사고력, 문제해결력을 측정하기보다는 다분히 암기력이나 암기된 지식·원리·개념을 단순하게 적용해서 해결하는 낮은 수준의 사고력, 문제해결력을 측정하는 경우가 많다. 둘째, 일반 학생들을 대상으로 한 쉬운 문항이기 때문에, 시험 난도가 낮아서 영재를 변별하기에는 부적합하다. 셋째, 영재 중에는 교사의 수업 방침, 학교의 획일적이고 억압적인 분위기, 흥미가 없는 수업 내용 등으로 인해 학교생활에 흥미를 잃었거나, 신경 생리학적인 결함(난독증·운동 기능 결함 등)으로 인해 학습 부진이 누적된 학생들이 있다. 이런 학생들은 영재성을 지녔어도 학업 성적은 부진하기 때문에, 발굴되기 어렵다.

하지만 이러한 문제점이 있음에도 불구하고 표준화된 학업 성취도 검사가 실시될 경우, 해당 교과 영역에서 같은 학년 학생들에 비해 어느 수준의 실력을 가지고 있는지에 관해 유용한 정보를 얻을 수 있기 때문에 특정 교과 영역에서의 재능을 파악하는 데 도움이 된다.

④ 발명영재의 판별 체크리스트

📖 **추천도서**

윤초희(2011). 관찰·추천 영재판별에서의 측정학적 쟁점과 과제. 영재와영재교육, 10(1), pp.99~122.

관찰 추천에 따라 발명영재를 판별하기 위해 교사는 다양한 방법을 통해 발명에 재능이 있는 학생들을 찾기 위해 노력하고 이들을 추천해야 한다. 이를 위해서는 발명영재 판별 체크리스트를 활용하는 것이 유용하다. 발명영재 판별을 위한 체크리스트는 최유현 외(2010) 연구와 이재호 외(2013)의 연구가 있다. 최유현 외(2010)는 총 82개 문항에 걸쳐 자세히 안내되고 있으며, 이재호 외(2013)는 12개의 문항으로 간략하게 제시하였다. 본 교재에서는 지면상의 제약 때문에 이재호 외(2013)가 개발한 체크리스트를 제시한다.

○ 발명영재 특성 판별 체크리스트(교사용)

영역	번호	항목	내용	1	2	3	4	5	6	7
발명가적 지식 기술 역량	1	다양한 분야의 지식 추구	과학·인문사회·예술 등 다양한 분야에 걸친 풍부한 상식을 보유하고 있는 동시에, 과학·기술 분야에 대한 높은 흥미와 적성을 보인다.							
	2	설계 능력	산출물을 제작하기 위한 계획을 수립함에 있어서, 가장 손쉽게 목적을 달성할 수 있는 효율성과 함께 산출물의 미적인 가치도 성공적으로 달성해 낸다.							
	3	제작 능력	산출물의 제작에 있어서, 활용 가능한 자원과 도구를 적절히 선택하고 능숙하게 다루어 정교한 산출물을 제작해 낸다.							
	4	과학 기술 활용 능력	과제 해결에 필요한 관련 정보를 효과적으로 수집·가공하고, H/W와 S/W를 적절하게 선택·활용하여 주어진 과제를 수행한다.							
발명가적 통합 창의 역량	5	융합적 사고 능력	과제 해결을 위해 다양한 분야의 지식과 원리를 폭넓게 검토하고, 통찰력을 활용하여 관련성 있는 지식을 적절히 선택·통합하여 과제 해결에 활용한다.							
	6	창의성	다양하고 독창적인 아이디어를 산출해 내고, 이를 문제해결 과정에 활용한다.							
	7	문제해결 능력	복잡한 현상이나 문제를 논리적으로 분석하고 평가하여 완성도 높은 해결책을 제시해 낸다.							
	8	기업가적 정신	기존의 방식이나 관습에 얽매이지 않고 실패와 위험을 감수하면서도 기꺼이 새로운 시도를 해보려는 결단력과 추진력을 보여 준다.							

발명가적 리더십 역량	9	자기 주도성	과제의 선택과 해결에 있어서, 스스로 선택하고 계획하며 과 제를 수행한다.						
	10	과제 집착력	어려운 과제를 수행하는 과정 에서 난관을 만나더라도 쉽게 포기하지 않고 끝까지 인내하 면서 자신의 힘을 쏟아 붓는다.						
	11	리더십	늘 자신감과 열정을 갖는 가 운데 구성원들과의 긍정적인 관계를 유지하면서 공동의 목 적을 달성할 수 있도록 이끌어 낸다.						
	12	의사소통 능력	자신의 생각을 효과적으로 표 현해 내고, 필요할 경우 자신의 아이디어나 의견을 상대방이 받 아들일 수 있도록 효과적으로 납득시키는 능력을 갖고 있다.						

⑤ 발명영재의 선발 절차

발명영재교육은 영재교육진흥법에 따라 그 적절한 방법을 알고 적용
하는 것이 바람직하다. 제3차 영재교육진흥종합계획 이후 영재 선발 방
법은 '교사 관찰 및 추천제'를 기본으로 한다. 즉, 시험 위주의 학생 선
발에서 교사의 지속적 관찰을 토대로 영재성 및 잠재력 있는 영재 발
굴을 강조하는 것이다. 이러한 배경하에 한국발명진흥회에서 제시한
발명영재 선발을 위한 관찰 추천 매뉴얼에 따른 '발명영재 선발 절차'를
제시하면 다음과 같다.

○ 발명영재 선발 절차

단계	내용
1단계 정보 수집	• 학생을 다양한 측면에서 평가하기 위해서는 학생에 대한 가능한 한 많은 정보를 얻어야 한다. • 학생에 대한 정보를 객관적으로 얻을 수 있는 방법 중 하나가 교사용 발명 영재 특성 체크리스트를 활용하는 것이다. • 이 외에도 학생 및 학부모용 특성 체크리스트를 활용할 수 있다. • 특성 체크리스트 이외에 자기소개서와 학생생활기록부의 내용 등을 참조 하여 교사 추천서를 작성할 수 있다.

	• 학생들에 대한 정보 수집을 위한 자료 　⑴ 발명영재 특성 체크리스트 　　① 교사용 발명영재 특성 체크리스트(필수 사항) 　　② 학생용 발명영재 특성 체크리스트(선택 사항) 　　③ 학부모용 발명영재 특성 체크리스트(선택 사항) 　⑵ 학생생활기록부 　⑶ 자기소개서(필수 사항) 　⑷ 교사 추천서(필수 사항) 　⑸ 이 외에도 교사가 확인하고 싶은 정보가 있으면 학생에게 제출하게 한다.
2단계 서류 평가	• 1단계에서 제출된 서류를 평가한다. 이를 위해 미리 각 서류별로 어떻게 평가를 할 것인지에 대한 평정척도를 정해 놓도록 한다. • 예를 들어 자기소개서의 경우 매우 우수/우수/보통/미약 등의 4개의 척도로 나눈 다음 각 척도에 비례 점수를 적용할 수 있다. • 발명영재 특성 체크리스트의 경우, 각 항목에 대해 체크된 점수들을 더하여 이를 전체 점수와 비교하여 활용할 수 있다.
3단계 (심층) 면접	• 면접은 면접관들이 학생을 직접 만나서 그 학생의 역량과 잠재력을 평가할 수 있다는 점에서 판별에 많이 활용된다. • 면접을 받는 학생의 경우 많이 긴장을 하게 되므로 면접관은 최대한 학생들이 편안함을 느낄 수 있는 분위기를 조성하여야 한다. • 학생에게 있어 면접관은 발명영재 프로그램과 관련해서 제일 처음으로 만나는 교사여서 프로그램에 대한 인상을 좌우할 수 있으므로 최대한 좋은 인상을 가질 수 있도록 노력해야 한다. • 면접에 대한 질문은 학생이 제출한 자기소개서에 작성된 내용을 중심으로 실시하는 것이 원칙이다. 학생과 이야기를 나누는 동안에 학생의 문제해결 능력, 논리력, 친화력, 발명 영역에 대한 관심과 열정, 과제 집착력, 새로운 것에 대한 호기심 등을 확인해 보는 방향으로 진행하도록 한다. • 이 과정에서 학생이 제출한 여러 서류들의 진위성 여부도 확인할 수 있을 것이다.
4단계 선정심사 위원회	• 발명영재 프로그램에 적절한 학생들을 제대로 선발하였는지 파악하기 위해 여러 단계를 거친 학생들을 발명영재 프로그램 관련 전문가들이 함께 모여서 살펴보는 단계이다. • 이 단계에서는 선발이 확실한 학생들을 살펴보는 한편, (아직 문제해결 능력이 밖으로 드러나지 않지만) 잠재력이 있어 보이는 학생들의 경우, 그 잠재력에 대해 다시 한 번 논의하여 학생의 선정 여부를 결정할 수 있다.

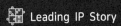 Leading IP Story

포스텍 · 카이스트의 차세대영재기업인 양성

사업목적 빌 게이츠(MS), 세르게이 브린과 래리 페이지(구글) 등과 같이 지식 재산에 기반을 둔 창의적인 기업가로 성장할 잠재력이 풍부한 학생을 육성하고자 함

사업내용
- 기술 혁신을 주도할 인재 육성을 위해 교육원(KAIST, POSTECH) 별 맞춤형 교육 프로그램 운영
- 학생들의 인지적 능력 발달과 함께 미래 글로벌 기업인으로서의 정서적 발달 지원을 위한 개인별 맞춤형 지원 체계 구축

선별방법
- 모집 인원: 교육원별 80명
- 지원 자격: 중학교 1학년~3학년 또는 그에 준하는 연령(13세~16세)에 해당되는 자
- 선발 방법
  ① 1차: 서류전형을 통한 1차 합격자 선발
  ② 2차: 캠프 전형 또는 인터뷰 전형을 통한 최종 합격자 선발

추진 일정
- 학생 선발: 9월~11월
- 최종 선정: 12월

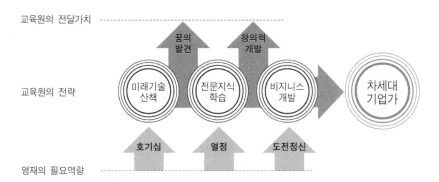

출처 ▶ 포스텍 영재기업인교육원(http://ceo.postech.ac.kr/ceo/introduction/education.html)

포스텍
영재기업인교육원

KAIST IP
영재기업인교육원

Think

포스텍 영재기업인교육원, 카이스트 IP영재기업인교육원의 교육목표를 찾아보고 그 의미를 생각해 보자.

03 발명영재 교육과정 차별화

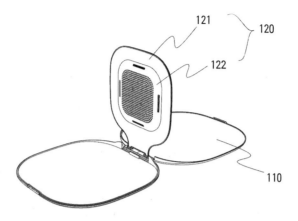

출처 ▶ 특허정보넷(키프리스), 항균 제습제 교체가 가능한 이중 항균 구조 마스크 보관 케이스(특허·실용신안 도면)

학습목표
Objectives

1. 발명영재 교육과정의 의의와 철학적 기초를 이해할 수 있다.
2. 발명영재 교육과정의 차별화 전략을 설명할 수 있다.
3. 발명영재 교육과정 모형을 파악하고 적용할 수 있다.

키워드
Keyword

\# 발명영재 교육과정   \# 교육과정 차별화 전략

\# 발명영재 교육과정의 의의   \# 발명영재 교육과정 모형

발명영재 교육과정 차별화

Q1 다음과 같은 주장에 대한 찬반 의견을 제시해 보자.

> "발명은 고등 사고 능력을 요구하는 심화 학습 과정을 포함하고 있다는 점에서, 이미 영재교육을 위해 차별화되어 있다."

Q2 일반학생을 대상으로 하는 발명교육과 영재학생을 대상으로 하는 발명교육은 어떻게 차별화할 수 있을까?

Q3 발명영재 교육과정을 차별화하기 위해서 발명교육의 '내용 요소' 이외에 어떤 요소를 고려해야 할까?

발명톡 Talk

"There is nothing more unequal than the equal treatment of unequal people."
— Thomas Jefferson
같지 않은 사람을 똑같이 대우하는 것만큼 불평등한 것은 없다.

Think

발명영재 교육과정을 구성하기 위한 기본 방향을 제시해 보자.

① 발명영재 교육과정의 의의와 철학적 기초

(1) 발명영재 교육과정의 의의

발명영재 교육과정은 발명영재 교육의 방향을 안내하고 운영 방안을 구체화하는 기본 계획으로서 의미를 갖는다. 이러한 기본 계획을 수립하는 데 있어 다음과 같은 영재 교육과정의 의의(구자억 외, 1999)를 살펴볼 필요가 있다.

첫째, 영재 교육과정은 교육 기회 균등이라는 민주적 원리에 기초하고 있다. 흔히 영재교육은 엘리트 교육으로 오해를 받고 있다(Davis & Rimm, 1994). 엘리트 교육이란 소수의 뛰어난 학생들을 대상으로 한 특권적인 교육을 의미한다. 그러나 영재교육은 특권적인 교육이 아니다. 대부분의 사람들이 인정하듯이 모든 학생들은 개인차를 가지고 있다. 이런 개인차를 고려하는 것은 교육의 기본 원리 중의 하나이며, 영재 교육과정은 그 원리에 부합하는 프로그램으로서 특수 장애학생들을 포함한 '모든 이를 위한 교육'의 하나일 뿐이다. 즉, 영재 교육과정은 영재들의 특별한 요구에 부응하는 개별화 교육 프로그램의 하나인 것이다. 모든 학생들은 자신의 능력에 부합되는 최적의 학습을 받을 수 있는 교육 기회를 제공받아야 한다는 것은 영재 교육과정이 가지고 있는 기본 신념이며(VanTassel-Baska, 1988), 따라서 개인차로 인한 영재들의 특별한 요구에 부합하는 교육이 이루어져야 하는 것은 당연한 것이다. 또한 영재교육이 특권교육이 아니라는 의미는 영재들을 위한 프로그램에의 접근은 법적으로나 제도적으로 어느 누구에게나 개방되어 있다는 것이다. 영재 교육과정은 누구에게나 접근이 열려 있는 교육과정이라는 점에서 교육 기회 균등이라는 기본적인 원칙에 기초하고 있다고 할 수 있다.

둘째, 영재 교육과정은 높은 수준의 능력을 가진 학생들을 대상으로 한다. 여기서 능력은 인지적, 정의적, 기능적 능력 모두를 포함한다. 인지적 능력은 일반적인 지적 능력과 특정 영역의 지적 능력을 의미하고, 정의적 능력은 자아개념, 동기, 의지, 헌신, 집념 같은 인성적 능력을 의미하며, 기능적 능력은 특정 영역에 요구되는 기능을 의미한다.

셋째, 영재 교육과정은 영재들의 특성을 고려한 차별화된 교육과정이다. 차별화된 교육과정은 일반 학생들과는 다른 영재들의 독특한 능력, 요구, 학습 양식, 학습 속도 등을 고려한 것으로 이러한 영재성에 보다 잘 부합되도록 구성한 개별화된 교육과정이다. 차별화된 교육과정에서는 높은 성취 욕구를 가지고 있는 영재들의 왕성한 지적 호기심을 채워주고 이를 격려할 수 있다.

┌ **정보 속으로**

사회적 평등 원리의 관점에서 학교는 모든 학생들이 각자 그들의 지성과 재능을 최대한 계발할 수 있도록 평등한 기회를 제공해야 한다 (Clark, 2008).

넷째, 영재교육과정은 잠재적 재능을 가시적 재능으로 전환시키는 것을 목표로 한다. 여기서 '잠재적'이라는 말은 성인 세계에서 사회적 표준에 의해 평가된 탁월한 수준의 산출물을 생산하기 전의 단계를 의미한다. 영재 교육과정이란 영재들의 잠재적 능력을 성인 세계의 표준에서 탁월한 수준으로 가시화되도록 돕는 교육과정이라고 할 수 있다. 즉, 발명영재 교육과정은 모든 학생들이 자신의 능력에 부합되는 최적의 학습을 받을 수 있는 교육 기회를 제공받아야 한다는 교육 기회 균등이라는 원칙에 기초하고 발명이라는 특정 영역에서 높은 수준의 능력을 가진 학생을 대상으로 한다. 또한 발명영재들의 특성을 고려한 차별화된 교육과정을 마련해야 하며 발명영재들의 잠재적 능력을 가시적 재능으로 전환할 수 있도록 해야 한다.

⑵ **발명영재 교육과정의 철학적 기초**

발명영재 교육과정을 구성하고 운영하는 것은 발명영재교육의 목적과 목표 및 내용과 방법, 그리고 평가에 이르는 전 과정을 아우르는 종합적인 작업이기 때문에 그 철학적 근거가 중시된다.
아이스너와 밸런스(Eisner & Vallance, 1974)는 영재교육과정의 구성과 운영에 대한 다섯 가지 철학적 입장을 다음과 제시하였다(이신동·이정규·박춘성, 2009에서 재인용).

① **인지 기능에 초점을 둔 접근** : 이 접근은 교육과정이 인지 기능을 발달시키는 데 우선적인 목표를 두어야 한다는 것이다. 다시 말하면, 영재교육과정은 우선적으로 사고 기능(Thinking Skill)을 길러줄 수 있는 내용으로 조직되어야 하는데, 그 이유는 모든 학습 활동이 인지 기능(Cognitive Skill)과 초인지 기능(Meta-cognitive Skill)을 원활히 사용함으로써 촉진될 수 있기 때문이다. 이러한 기능을 잘 발달시키게 되면 후에 학습자가 직면하게 될 여러 가지 문제 상황에 그 기능을 적용함으로써 문제를 원활히 해결할 수 있게 된다. 즉, 이 입장은 인간의 정보처리 과정을 영재교육과정의 근간으로 삼자는 견해다. 이러한 인지적 입장을 반영하는 영재교육과정은 비판적 사고(Critical Thinking), 창의적 사고(Creative Thinking), 문제해결(Problem Solving) 등을 교육과정의 핵심적인 내용으로 선택한다.

② **투입-산출에 초점을 둔 접근**: 이 접근 역시 학습의 과정을 강조하지만, 학생자원의 투입과 산출에 근거하여 교육과정을 조직하는 측면에 더욱 큰 관심을 갖는다. 이러한 영재교육과정은 우선 행동목표나 수행목표를 진술하고 그에 따른 교육적 성취를 결정하기 위한 검사를 수행한다. 개인적인 학업성취와 국가적 수준에서의 학업성취를 결정하는 것이 교육과정의 중심적인 과제다. 따라서 표준 교육과정이 제시되고, 학교에서는 그 교육과정에 의해 학생들을 가르치게 된다.

만일 새로운 학습 이론이나 방법이 학교에 도입될 경우 그 학습의 효과와 효율성을 확인하고자 한다면 이러한 접근이 상당히 용이할 것이다. 그러므로 현존하는 교육체제의 전면적인 개혁이 요구될 때 필요한 접근방법이다.

③ **개인에 초점을 둔 접근**: 이 접근은 개인의 요구에 맞추어진 영재교육과정으로 아동 중심 교육과정이라 할 수 있다. 구체적인 영역에 대한 아동의 관심이 영재교육과정을 구성하는 핵심이 된다. 이 교육과정의 목표는 개별 학생의 이해수준을 높이는 경험을 제공하는 것과 개인적인 참여를 높이는 것이다. 현재 적용되고 있는 영재교육과정들은 이 접근을 선호하고 있다. 예를 들면, 렌줄리(Renzulli)의 학교 전체 심화학습모형(SEM: Schoolwide Enrichment Model), 펠듀슨(Feldhusen)의 퍼듀 3단계 심화학습모형, 베츠(Betts)의 자율학습자 모형 등은 학생의 경험을 토대로 개인적인 참여를 높이는 방향을 중시하므로 이러한 접근에 포함된다고 할 수 있다.

④ **사회 개혁에 초점을 둔 접근**: 이 접근은 교육기관의 주요한 목적이 사회를 변화시키고 개혁하는 데 중점을 두고 있다고 본다. 그렇기에 영재교육과정은 사회적이며 문화적인 거시적 안목에서 구성되어야 한다고 주장한다. 뱅크스(Banks, 1999)는 교육과정이 사회개혁을 위해 구성되기 위해서 다음과 같은 네 가지의 단계를 제안하였다. 첫째, 교사는 현재의 사회와 관련 있는 구체적인 학습 자료를 학생들에게 제공한다. 둘째, 교사는 학생들이 다양한 문화를 스스로 이해할 수 있도록 다양한 기회를 제공한다. 또한 문화와 관련 있는 자료를 학생들이 직접 탐구하도록 유도해야 한다. 셋째, 학생들은 다양한 문화에 대한 여러 가지 관점에 근거하여 자신의 문화에 대한 이해를 변화시킨다. 넷째, 학생들이 사회적 행동에 직접 참여한 내용들을 교육과정으로 구성한다. 예를 들면, 새로운 법률에 대한 입안이나 핵발전소 건설에 대한 주민들의 의견 수렴, 환경 파괴 반대 등과 같은 사회적 행동에 관한 내용을 교육과정에 포함시킬 수 있다.

발명톡 Talk

"영재성에는 학문 영역 내의 지식을 변형시키지 않고 문제를 푸는 '학업 영재성'과 지식을 변형해 새로운 것을 창출해내는 '창의적, 생산적 영재성'이 있다. 영재교육의 초점은 후자에 맞춰져야 한다."
— Joseph Renzulli

⑤ **학문적 합리주의에 초점을 둔 접근**: 이 접근은 서양의 인본주의 전통에 뿌리를 두고 있다. 구체적으로 말하며, 이상적인 교육은 학생들에게 위대한 철학적 사상을 이해시키고 과거의 성취를 분석하고 종합하는 능력을 갖게 하는 것이다. 이와 같은 접근은 지식의 구조를 강조하는데, 학생들이 이러한 지식의 구조를 갖게 하기 위해서 학문적 합리주의의 교육과정이 필요하다는 것이다. 영재교육 프로그램에서 지속적으로 사용되는 교육과정의 대부분은 이러한 입장을 취하고 있다. AP(Advanced Program)와 IB(International Baccalaureate) 등이 여기에 속하는데, 이와 같은 교육과정은 학문 중심적이거나 내용 중심적이다. 다중지능에 기초한 교육과정은 여러 가지 측면에서 이와 같은 철학적 접근에 기초를 두고 있다.

발명영재 교육과정을 구성하는 데 있어 이러한 철학적 기초를 통합적으로 고찰하고 반영하려는 노력이 필요하다. 학습자 개인의 창의적 사고와 문제해결을 강조해 온 발명영재 교육 분야에서는 인지 기능에 초점을 둔 접근, 과정-산출 접근과 개인에 초점을 둔 접근이 익숙할 수 있다. 그러나 이러한 접근만으로는 인간의 지식 창출 과정에 있어 사회적 상호작용을 부수적인 것으로 여길 수 있다는 오류를 범할 수 있다. 따라서 다양한 사회적 상호작용을 고려한 접근에도 관심을 둘 필요가 있다. 발명영재교육의 산출인 새로운 아이디어와 발명품은 새로운 문명과 문화의 변화를 촉진하고 사회 변화를 꾀하며 이는 다시 새로운 발명 과정에 영향을 주는 상호작용을 유지하며 발전한다는 측면에서 사회개혁에 초점을 둔 접근도 낯설지 않을 것이다. 한편, 발명영재교육은 특정 지식 구조를 기반으로 하는 교과 기반에서 벗어나 있기 때문에 학문적 합리주의에 초점을 둔 접근의 개별화, 차별화 측면의 한계점에서는 비교적 자유로울 수 있다.

┌─────── 용어 ────────┐

AP(Advanced Program,
Advanced Placement
Program)
학문적 재능이나 도전 의식
이 있는 중등 과정 학생들
에게 대학 수준의 학습을 추
구할 수 있는 기회를 제공
하는 프로그램

IB(International
Baccalaureate)
스위스 비영리 교육단체에
서 운영하는 교육과정 및 자
격시험 제도로서 국가 간 표
준 교육 체제를 마련하기 위
해 시작됨. 세계 여러 나라
의 대학 진학을 위해 중등
학생들이 대학의 교양 과정
에 준하는 교육과정을 이수
하여 대학 교육을 받을 만
한 자격과 능력을 인증하는
과정

② 발명영재 교육과정의 차별화 전략

발명영재 교육과정의 차별화를 고려하기 위해서 일반적인 영재교육과정의 차별화 논의를 참조하는 것이 도움이 된다. 일반적인 학습자와 영재의 차이점은 다음과 같으며, 영재를 위한 차별화 교육과정의 개발은 이러한 차이점에 바탕을 두어야 한다(Van-Tassel-Baska & Stambaugh, 2006).

첫째, 보다 빠른 속도로 학습할 수 있는 능력

둘째, 문제를 보다 쉽게 찾고, 해결하여 실행할 수 있는 능력

셋째, 추상적인 아이디어를 보다 쉽게 조작하고 관련지을 수 있는 능력

영재를 위한 교육과정은 수업 목표, 학습자에게 요구되는 학습 성과, 학습자가 참여하는 프로젝트, 교사의 수업 전략, 자료 활용, 평가 등 모든 수준에서 차별화되어야 한다. 이러한 차별화를 위해 다음과 같은 특성을 고려할 필요가 있다(Van Tassel-Baska, 2003; 강현석 외, 2007 재구성).

① **속진(Acceleration)** : 영재들은 다른 학생들보다 더 적은 연습 시간으로 더 빨리 배울 수 있기 때문에 학습의 속도를 천천히 하면서 학습을 깊이 있게 하거나 혹은 일정 기준에 도달하는 데 더 적은 과제를 부과함으로써 학습 진도를 빠르게 할 수도 있으며, 학생들이 상급의 내용을 학습하도록 허용한다.

② **복잡성(Complexity)** : 과제의 복잡성은 영재들에게 요구되는 고차적 사고 기능의 수준에 의해 결정되며, 과제의 복잡성을 높이기 위해서 다양한 자원들, 추가 변인들, 어려운 질문들이 부과될 수 있다.

③ **깊이(Depth)** : 특정 과제에 깊이를 더하기 위해서 영재들은 질문을 진술하고 다양한 자원을 통해 데이터를 수집하고 차트, 그래프 혹은 컴퓨터 프로그래밍 데이터베이스와 같은 매체를 통해 데이터를 표현하는 것과 같은 연구과정을 사용하여 연구를 수행해야 한다. 또한 가치 있는 산출물을 개발하고, 다양한 방법으로 개념을 적용해야 한다.

④ **도전성(Challenge)** : 영재들은 특정 주제에 대한 결론에 도달하기 위해 활용한 자원들, 논의된 내용의 정교성, 학문적 연계성, 요구된 추론의 양 등에 기초하여 도전적인 것을 요구한다. 예를 들면 영재들에게 구두 및 서술 형식으로 자신들의 추론을 설명할 것을 요구하는 것은 추론의 양에 기초하여 과제의 도전성 수준을 높이게 된다.

⑤ **창의성(Creativity)** : 영재들은 학습해야 할 개념에 기초한 모델을 구성하고, 그들의 선택에 대한 대안적 과제 혹은 산출물을 완성할 기회를 가져야 하며, 다양한 매체를 통해 실제적인 청중을 대상으로 구두 혹은 글로 발표하도록 하여 창의성을 교육과정에 통합한다.

⑥ **추상성(Abstractness)** : 추상성이라는 특성은 영재들에게 학문 내에서 또는 학문 간 개념적 사고에 초점을 둘 것을 요구하여, 변화와 시스템 혹은 패턴과 같은 특정한 거대 개념을 일반화해야 한다. 자신의 발견에 대해 일반화하고 구체적인 적용에서부터 개념 혹은 학문에 대해 보다 추상적인 사고를 하도록 요구하는 것이다.

Clark(2007)는 Bloom(1956)의 교육목표분류학(인지영역)을 다양한 학습자의 요구를 충족하기 위한 다양한 수준의 학습 경험을 조직하는 데 활용할 수 있다고 보았다. 그녀는 일반 학생과 영재 학생 모두가 지식, 이해, 적용, 분석, 종합, 평가의 수준에서 제시된 학습을 할 필요가 있으나 다음 그림과 같이 영재 학생들에게는 좀 더 상위 수준에서 공부할 기회를 제공하는 것이 중요하다고 주장하였다. 그렇다고 해서 영재들은 분류학의 최상위 수준에서 공부해야 한다는 것은 아니다. 영재들도 이해하지 않고 정보를 분석하는 것은 불가능하다. 영재들은 많은 양의 지식을 가지고 있고 빠른 속도로 새로운 지식을 학습할 수 있기 때문에 보다 많은 시간을 분류학의 상위 수준에 노출되도록 할 필요가 있다.

정보 속으로

벤저민 블룸(Benjamin Bloom, 1913~1999)
미국의 교육심리학자. 테일러의 제자로서 1956년 발간한 저서 'Taxonomy of educational objectives 1, 2'를 통해 제안한 교육목표 분류는 학교교육에 많은 영향을 미쳤다.

o **비영재 교육과 영재교육의 인지영역 교육목표 비중**

영재교육에서는 '속진(Acceleration)'과 '심화(Enrichment)'라는 용어가 자주 사용된다. '속진'이란 영재학생들이 동일 연령의 또래들보다 조기에 상위 학습을 하게 되는 것을 의미한다. 즉, 상급 학생들에게 배정된 교과내용을 나이 어린 영재학생들에게도 허용하는 것이다. '심화'는 영재학생들을 좀 더 풍부하고 다양한 교육적 경험에 노출시키는 것이며, 일반학습보다 더 넓고 깊게 가르치는 것이다. 속진과 심화 모두 영재학생들의 교육적 요구와 능력들을 수용하고, 더불어 창의적 사고 및 고차원적 사고 기술들을 발달시키는 데 도움을 줄 수 있다(이신동·이정규·박춘성, 2009).

발명영재교육에서는 일반적인 영재교육에서 사용되는 속진학습과 심화학습의 개념을 모두 적용할 수는 있겠지만, 심화학습의 접근이 상대적으로 적합하다고 볼 수 있다. 속진학습은 상급 학생들에게 배정된 교육과정을 이수하게 하는 전략이지만, 발명영재교육의 내용은 연령 및 학년별로 그 위계를 명확히 설정하기가 쉽지 않기 때문이다. 반면 심화학습은 보다 넓고 깊게 가르치는 것에 중점을 둔 전략이기 때문에 발명영재교육의 지향과 맥을 같이 한다고 할 수 있다. 발명영재를 위한 심화학습은 보다 상위 수준의 심화된 교육내용을 다루는 접근과 문제해결 과정 및 창의적 사고 과정에 중점을 두어 과정을 강조하는 접근이 있다. 발명영재를 위한 심화학습과 관련하여 논란의 여지가 있는 것은 이러한 심화학습이 발명영재들에게도 필요하지만, 일반학생을 대상으로 하는 발명교육에서도 필요하다는 점이다. 이러한 논란에서 벗어나기 위해서는 발명영재만을 위한 차별화된 수준의 내용과 과정을 선별하여 적용할 필요가 있다. 발명 관련 내용은 수준의 위계를 구분하는 기준이 명확하지 않기 때문에 발명영재 교육과정을 구성할 때 기술적 문제 해결을 위한 사고 과정을 반영한 심화학습 접근 방안을 모색하는 것이 필요하다.

③ 발명영재 교육과정 모형

(1) Van Tassel-Baska의 통합 교육과정 모형

Van Tassel-Baska는 영재를 위한 차별화된 교육과정 개발을 위해서 '내용', '과정과 산출', '인식론적 개념'이라는 영재 교육과정의 세 가지 차원을 바탕으로 한 통합 교육과정 모형을 사용해 왔다(Van Tassel-Baska, 2003). '내용' 차원에서는 사전에 결정된 탐구 영역과 관련된 학습 기술과 개념을 중시하며, 영재들이 해당 내용 영역을 가능한 한 빠르게 속진으로 학습하도록 적절한 자료가 주어진다. '과정과 산출' 차원에서는 뛰어난 성취를 달성할 수 있는 학습 방법에 중점을 두며, 교사, 전문가, 학생 등이 팀을 이루어 특정 주제를 탐구하도록 요구한다. '과정과 산출' 차원은 영재들이 하나의 프로젝트를 수행하면서 문제발견과 문제해결에 몰입할 수 있도록 하고 전문가와 교류할 수 있도록 하는 심화학습의 기회를 제공하고 있으며, 발명영재교육에서 강조되고 있는 교육과정의 접근과 맥을 같이 한다고 볼 수 있다. '인식론적 개념' 차원은 영재들이 단편적인 지식을 뛰어넘어 종합적인 지식의 체계 및 개념을 형성할 수 있도록 하는 데 중점을 둔다. 교사는 토론과 논쟁을 이끄는 이슈를 제기하고, 학생은 독서, 반성적 사고와 숙고, 쓰기 등의 집중 활동을 통해 다양한 형태로 심미적 아이디어를 표현한다.

(2) Kaplan의 변별적 교육과정 모형

📋 **용어**

**변별적 교육과정
(Differentiated Curriculum)**
'차별화된 교육과정'이라고
도 하며, 학습자의 능력과
특성을 고려한 적합한 교육
과정을 제공한다는 점에서
교육과정 다양화, 교육과정
개별화, 수준별 교육과정 등
의 개념과 연결된다.

카플란(Kaplan, 1986)은 영재를 위한 교육과정 개발 모형으로서 변별적 교육과정 모형(Differentiated Curriculum for the Gifted: The Grid)을 개발하였다. 이 모형의 가장 큰 특징은 한 주제를 중심으로 교육의 내용, 방법, 그리고 산출물 등을 그리드를 이용하여 구성하고 정리한다는 점이다. 그는 학습이란 주제, 내용, 방법, 산출물 등이 연합하여 상호작용할 때 이루어지는 것으로 보았다. 카플란의 그리드 예시는 다음의 표와 같다(박성익 외, 2003 재인용).

ㅇ 카플란의 그리드 예시

☐ 주제 : 힘

내용	과정(방법)			산출물
	생산적 사고 능력	연구 능력	기본 능력	
경제, 사회, 개인의 힘의 과시와 개인, 그룹, 사회의 욕구와 흥미의 관계	사실과 의견을 구분하기	정보 검색 시스템을 이용하여 분석하기	주요 아이디어를 증명하기	구두 발표
사람의 신념, 생활방식, 의사소통방식을 변화시키는 데 있어 인조적인 힘과 초자연적인 힘의 중요성	증명하고 반증하기	기록하기	한 문단을 쓰기	그래픽으로 표현하기
개인, 기관, 또는 나라별 힘을 신장시킬 요건	판단의 근거를 제시하기	소설과 비소설을 이용하기	계열성	사설 쓰기
인간의 권리와 환경 이용에 관한 사회적인 힘의 가치	증거를 이용하여 증명하기	신문, 잡지 이용하기	분류하기	논쟁하기

① **주제 선택** : 주제의 선택과 이용은 학습 내용, 과정, 산출물을 구성하는 데 있어 매우 중요하다. 교육과정을 구성하는 기초로 '주제'를 이용하는 주제 중심의 교육과정은 영재들의 학습적 특성과도 잘 어우러져 학습 효과를 극대화할 수 있다. 주제의 선택은 그 중요성만큼이나 신중하게 결정되어야 하며, 주제를 선택할 때는 학문과의 연계성이나 학업에의 기여도, 그리고 다양한 교사 주도적, 학생 주도적인 학습 활동을 유발할 수 있는가 등을 충분히 고려해야 한다.

② **내용 선택**: 교육과정 개발에서 가장 어려운 작업은 아마도 적절한 내용의 선택일 것이다. 여기서 내용이란 교육 프로그램을 통해 얻어지는 영재들을 위한 유용하고 중요하며 시의적절하고 흥미로운 지식과 정보를 말한다. 대부분의 교사들은 이미 누군가에 의해 마련되어 있는 교육과정을 사용하는 데 익숙하기 때문에 그리드 모형을 사용함에 있어 적절한 내용을 선택할 때 많은 생각을 요구하게 된다. 카플란은 내용 선정의 기준을 다음과 같이 제시하였다.

> • 구체적인 내용 선택은 전체 학습의 주제와 관련된 것이어야 한다.
> • 내용은 한정된 주제하에서 학생들의 다양한 능력과 흥미에 부합하도록 여러 분야에 걸쳐 선택해야 한다.
> • 모든 학생들에게 요구되는 기본적인 학습 내용을 반드시 다루어야 하며, 영재 학생들의 욕구, 능력, 흥미에 부합하는 유연성 있는 내용을 선택해야 한다.
> • 여러 교과목이 통합적으로 다루어질 수 있는 내용 선택이 바람직하다.
> • 시간의 틀에 얽매이지 않고 다룰 수 있는 주제나 사건의 과거, 현재, 그리고 미래를 폭넓고 연계성 있게 볼 수 있는 내용 선택이 이루어져야 한다.

③ **과정 또는 방법 선택**: 과정 또는 방법은 교수·학습 과정 중에서 획득되는 기능이나 기술을 말한다. 교육과정에서의 방법은 임의로 정해지는 것이 아니라 학생들의 능력과 수준에 맞게 신중하게 선택되어야 한다. 카플란의 그리드는 영재들을 교육하는 데 필수적인 다양한 방법들을 어느 한 면에 치우치지 않고 통합적으로 다룬다는 점이 특징이다. 좀 더 구체적으로 방법적인 면에는 생산적 사고기능, 연구기능, 그리고 기초 학습기능 등이 포함되는데 카플란은 이들 중 어느 한 기능만을 목표로 하기보다는 다양한 기능들을 통합하여 교육과정을 수립하는 것이 바람직하다고 주장한다. 또한 생산적인 사고기능은 비판적 사고, 창의적 사고, 문제해결력 및 문제 발견 능력 등 여러 사고 기능을 복합적으로 다루는 개념으로 이러한 능력들이 그 자체로써 목적이 되어서는 안 되고, 반드시 주제나 내용을 이해하는 수단으로 작용해야 한다.

④ **산출물 선택**: 교육과정에서 산출물이란 획득된 지식과 기능들이 의사소통의 형식으로 합성되어 나타나는 것을 말한다. 카플란의 그리드에서 산출물의 개념은 학생들이 배워야 할 수단이기도 하며 학습의 증명으로서의 역할을 한다. 산출물의 개발을 통해 학생들은 읽기, 쓰기, 말하기 등 다양한 의사소통의 형식과 접하게 된다. 또한 산출물의 개발 과정에서 학생들은 적절한 공학적 기술과 교재를 적용하는 법을 익히고, 시간, 노력, 자료 등을 치밀하게 계획하는 과정을 배우며, 정확성, 창의성 등 성공적인 산출물의 근거를 익히고, 산출물을 발표할 공식적, 비공식적 방법을 연구하는 등 다양한 역할과 기능을 배운다.

발명영재 교육과정 개발을 위해 카플란의 그리드를 적용한 예시는 다음의 표와 같다.

○ 발명영재 교육과정 개발을 위한 카플란의 그리드 적용 예시
□ 주제: 악기

내용	과정(방법)			산출물
	생산적 사고 능력	연구 능력	기본 능력	
타악기의 원리 파악, 종류 검색 및 새로운 형태의 타악기 구안	새로운 재료를 활용한 타악기 구안하기	웹 검색을 통해 타악기의 종류 분석하기	타악기의 원리 파악하여 정리하기	발명 설명서 발표
관악기의 원리 파악, 종류 검색 및 새로운 형태의 관악기 구안	8음정을 연주할 수 있는 관악기 만들기	동·서양의 관악기 특성 비교하기	관악기의 형태 파악하여 정리하기	발명 아이디어 스케치하기
현악기의 원리 파악, 종류 검색 및 새로운 형태의 현악기 구안	독창적인 현악기를 구안하여 만들고 연주하기	현악기의 형태 비교 분석하기	현악기의 재료 특성 파악하여 정리하기	나만의 현악기 연주하기

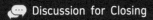

주제를 닫는 토론

🔗 OECD Learning Compass 2030을 구성하는 주요 개념을 고려하여 발명영재 교육과 정의 구성 방안에 대하여 토론해 보자.

OECD는 학습 나침반(Learning Compass)'이라는 은유를 사용하여 교육의 미래 비전을 제시하는 학습 프레임워크를 제시하였다. OECD Learning Compass 2030을 구성하는 주요 개념은 다음과 같다(OECD, 2019, pp. 10~12).

1. 학생 주도성/협력적 주도성(Student Agency/Co-agency)

학생 주도성의 개념은 학생이 자신의 삶과 주변 세계에 긍정적인 영향을 줄 수 있는 능력과 의지가 있다는 전제에서 출발된다. 학생 스스로 목표를 설정하고, 변화를 이끌어내기 위해 책임감 있게 행동하는 능력을 의미하며, '학습 나침반(Learning Compass)'의 은유적 의미와 밀접하게 관련된다. 학생은 사회적 맥락에서 배우고 성장하며 자신의 주도성을 실현하기 때문에, 학생은 자신을 둘러싼 동료, 교사, 가족, 지역 사회와의 상호 작용을 통해 개인적, 사회적 웰빙을 추구할 수 있다.

2. 핵심 기초(Core Foundation)

지속적인 학습을 위해 요구되는 기본적인 지식, 기능, 태도와 가치로서 학생 주도성 및 변혁적 역량 개발을 위한 토대가 된다. 2030년의 핵심 지식, 기술, 태도, 가치는 읽고 쓰는 능력과 숫자뿐만 아니라 데이터와 디지털 활용 능력, 신체적, 정신적 건강, 사회적, 정서적 능력까지 포괄할 것이다.

⑴ **지식(Knowledge)** : 이론적 개념 및 아이디어와 특정 작업을 수행한 경험을 바탕으로 획득한 실제적인 이해를 포함한다.

⑵ **기능(Skills)** : 프로세스를 수행하고 목표를 달성하기 위해 책임 있는 방식으로 자신의 지식을 활용할 수 있는 능력으로, 복잡한 요구를 충족시키기 위해 지식, 기술, 태도와 가치를 동원하는 것을 포함한다.

⑶ **태도와 가치(Attitudes and Values)** : 개인, 사회 및 환경적 웰빙을 추구하기 위해 자신의 선택, 판단, 행동 및 실행에 영향을 미치는 원리와 신념을 의미한다.

> **용어**
>
> **개인적, 사회적 웰빙**
> 소득과 부, 일자리와 임금, 주택과 같은 물질적 자원뿐만 아니라 건강, 교육, 삶의 만족도 등 삶의 질과 관련된 포괄적인 의미를 갖는다.

3. 변혁적 역량(Transformative Competencies)

21세기의 문제를 해결하기 위해 학습자는 복잡성과 불확실성에 적응하고 더 나은 미래를 설계할 수 있도록 변혁적 역량을 갖추어야 한다. 학생들이 세상에 공헌하고 더 나은 미래를 형성하는 데 기여하기 위해서는 새로운 가치 창출(Creating New Value), 긴장과 딜레마 해소(Reconciling Tensions and Dilemmas), 책임 감수(Taking Responsibility)의 세 가지 변혁적 역량을 갖추어야 한다.

4. 예측-실행-반성 사이클(Anticipation-action-reflection Cycle)

예측-실행-반성 사이클은 학습자가 지속적으로 사고를 개선하고 공동체의 웰빙이라는 장기 목표를 달성하기 위해 계획적이고 책임감 있게 행동하는 반복 학습 과정을 의미한다. 학습자는 예측-실행-반성을 통해 이해와 관점의 폭을 넓히고 사고력을 향상시킬 수 있으며 이는 변혁적 역량 개발을 위한 촉매가 된다.

📑 용어

긴장과 딜레마 해소하기 (Reconciling Tensions and Dilemmas)
현대 사회는 형평성과 자유, 효율성과 민주적 과정 등의 대립요소 중에서 어느 하나를 선택하기 어려운 갈등 상황들이 존재한다. 이러한 사회에서 자신의 관점과 다른 사람들의 관점을 조화시키고 균형을 유지하는 능력이 필수적이다. 따라서 개인은 성급하게 결정하지 않고 자신과 타인의 요구 및 상호 의존성을 이해하는 통합적인 사고방식이 필요하다.

Think

미래 사회의 핵심 역량을 기르기 위해 발명영재 교육과정을 구성할 때 고려해야 할 사항은 무엇일까?

04 발명영재 교수·학습 방법

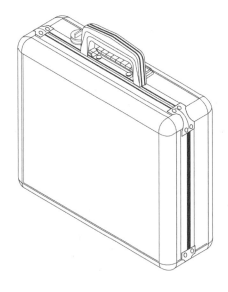

출처 ▶ 특허정보넷(키프리스), 보안용 키패드가 부설된 가방(특허·실용신안 도면)

학습목표
Objectives

1. 발명영재 교수·학습 방법과 환경을 설명할 수 있다.
2. 발명영재 교수·학습 모형을 설명할 수 있다.

키워드
Keyword

발명영재 교수·학습 방법   # 발명영재 교수·학습 모형

Question

발명영재교육 교수 · 학습 방법

Q1 발명영재아를 위한 가장 바람직한 교수 철학을 이야기해 보자.

Q2 보통 교육과 영재아 교수 · 학습 특성은 무엇일까?

Q3 발명영재 교수 · 학습 방법 중 한 가지를 추천하고, 추천 이유를 설명해 보자.

발명톡 Talk

고양이와 냉장고는 매우 유사하다. 둘 다 물고기를 안에 넣을 수 있고, 꼬리가 있고, 색깔이 다양하고, 소리를 내니까.
— Roger Von Oech

Think

발명영재 교사가 지켜야 할 기본 원칙을 두 가지만 제시해 보자.

① 발명영재 교수·학습 방법과 환경

발명영재교육이 성공적으로 이루어지기 위해서는 무엇보다도 무엇을 어떻게 가르쳐야 할 것인가에 대한 논의가 선행되어야 한다. 즉, 영재에게 길러 주어야 할 목표 능력 요인이 무엇인가를 설정하고, 그 목표 달성에 적합한 교수·학습 모형을 개발해야 할 것이다. 영재는 다양한 영역에서 특수성을 나타내므로, 영재의 특성에 따라 길러야 할 목표 능력은 다양하다. 따라서 영재 특성을 확인하고, 이에 적절한 교수·학습 모형을 개발하는 일은 계속적으로 논의하고 연구해야 할 과제이다. 영재 교수·학습 모형을 고안한 후, 영재 특성별 목표 달성을 위한 적절한 교수·학습 방법을 개발하는 일은 특히 중요한 연구 과제이다.

첫째, 영재교육은 어떤 교육보다도 학습자의 개인차를 고려하는 교육 영역이다. 따라서 개별 학습자의 인지적·정의적 특성을 판별하여 집단을 구성하고, 학습자로 하여금 자기 주도적이며 초인지 전략을 활용하는 적극적인 활동을 유도해야 한다. 이와 동시에 주말이나 방과 후 혹은 방학을 이용하여 교실 수업 외 심화 특별 활동(Enrichment Cluster)을 제공함으로써 영재들이 관심과 능력 수준에 맞추어 프로그램을 선택, 참여하도록 한다.

둘째, 영재교육에 있어서 관심을 두어야 할 내용과 방법으로는 앞서 제시하였듯이 창의력 개발과 사고력 신장이다. 이를 위해 브레인스토밍 기법, 창의적 문제해결력, 고차원적 사고력 등을 포함하여 가르칠 필요가 있다. 영재들은 교육적으로나 전문적으로 개발될 수 있는 잠재력이 많기 때문에 이들에게 사고 기술을 가르치는 것은 특히 중요한 의미가 있다.

셋째, 잠재적인 창의성의 발달과 이용에 결정적 영향을 미치는 요인인 창의적 사고와 효과적인 사고에 대한 태도와 가치를 가르치는 것은 의미가 있다. 하지만 학생들이 깊은 관심을 가지지 않을 경우 어떻게 관심을 갖고 새로운 아이디어를 발현할 수 있게 유도할 수 있는가의 문제는 그리 단순하지 않다. 창의력은 사고와 행동 속에서 나타나는 변화의 과정이라고 볼 수 있다. 영재들이 잠재 능력을 최대로 발현할 수 있기 위해서 폭넓은 교육과정을 빠른 속도로 학습할 수 있는 기회를 제공받을 권리가 있다. 즉, 영재들이 도전감을 느낄 수 있는 독특한 학습 환경을 제공하는 것이 필요하다.

"높은 IQ보다
창의성이 중요"
전문가들이 말하는
영재교육 방안은?
(사이언스타임즈)

학습은 계획적으로 발생하기도 하지만 의도되거나 계획되지 않은 상태에서도 발생할 수 있는데, 만일 환경이 계획되어 있다면 그것 자체가 프로그램 모형의 한 부분이 될 수 있을 것이다.

방과 후 학교와 연계하여 초등학교 때부터 발명영재교육에 참여할 수 있는 기회를 확대하고, 영재교육 대상자들의 인성 및 리더십 개발 기회를 확대하기 위해 다양한 발명영재 캠프 운영이 필요하다. 현재 특허청 국제지식재산연수원 발명교육센터에서는 하계 방학 기간을 이용하여 중학생 발명 캠프를 운영하고 있다. 그리고 발명영재교육을 진행하는 데 있어서 속진 과정을 도입할 것인지, 아니면 심화 학습 과정을 진행할 것인지도 숙고할 필요성이 있다.

② 발명영재 교수·학습 모형

(1) Renzulli의 3단계 심화학습 모형

영재 아동이 학교에서 무엇을 해야 할 것인가를 안내해 주는 가장 유명하고 널리 사용되고 있는 모형으로서 초등학생과 중·고교 수준의 영재학생 교육에 효과적으로 사용될 수 있다. 이 교수 학습 모형은 다소 연속적이긴 하지만 질적으로 서로 다른 3단계가 포함되어 있다. 1단계와 2단계 심화 학습은 모든 학생들에게 매우 유익하기 때문에 모든 학생들에게 반드시 적용되어야 한다. 실제로 Renzulli는 1단계와 2단계 심화 학습 활동을 경험한 학생들이 학교와 학습에 대한 태도가 긍정적으로 향상되었다는 것을 발견하였다. 3단계 심화 학습 활동은 영재성이 있는 학생들의 창의성, 능력, 열성이 요구된다고 하였다.

① **1단계 심화 학습**: 일반적인 탐색 활동인 1단계 심화 학습 활동으로 영재 학생들이 다양한 주제와 관심 영역에 접근할 수 있도록 설계되어 있고, 진전 상황에 따라 2, 3단계 심화 학습으로 순환 이동할 수 있는 장점이 있다. 학습 경험을 풍부하게 제공하기 위해서 교사 이외의 외부 협찬·지원 인사의 특강과 시연, 영화, 비디오, CD 등 영상 자료에 의한 수업, 관련 기관 방문 견학 등도 이용된다. 이렇게 일반적 탐색 활동에서 의도하는 세 가지 주요 목적이 있다.

　　㉠ 학생들이 정규 학교 교육과정과는 다른 부분을 경험하도록 한다.

　　㉡ 관심 있는 모든 학생들이 활용할 수 있는 일반적인 심화 학습 활동을 제공한다.

　　㉢ 3단계 심화 학습에서 독립적인 프로젝트를 수행할 수 있도록 학생들을 동기화시킨다.

자원 센터, 교육 자료실은 탐구 학습을 하는 데 적합한 시설로, 1단계 심화 학습 모형의 효과적인 운영을 돕는다. 이 자료실에는 여러 가지 주제에 관한 도서 자료, 시청각 자료, 교수·학습 자료들을 교과 영역에 따라 확보해야 하고, 이용이 자유로워야 한다. 이러한 활동의 목적은 단순히 '보는 것'이 아니라 전문가의 활동에 직접 참여하는 것이다.

② **2단계 심화 학습**: 집단 훈련 활동을 하는 과정으로서 사고와 정서 발달 과정의 폭넓은 발달을 촉진하는 것을 목적으로 1단계에서 변환되는 학습 단계이다. 영재·재능 학생들의 수월성에 적합한 능력, 전문적 기량, 태도, 문제 발견과 해결 방안의 개발을 촉진시켜 준다. 개인 연구 추진, 연극이나 방송의 원고 검사, 과학 장비를 이용한 실험 연구 등이 행해진다.

Renzulli와 Reis는 특히 다음과 같은 네 가지 범주에서 일반적이고 특수한 기술을 발달시켜야 한다고 제안하였다.

　　㉠ 창의적 사고, 문제해결, 비판적 사고, 의사결정, 정의적 활동 (지각·판단·가치화)

　　㉡ 듣기, 관찰, 노트 정리, 요약, 조사와 면접, 분류, 자료 분석과 조직, 결론 추출 등과 같은 학습 방법의 학습

　　㉢ 목록집, 요약, 정보 검색, 시스템과 같은 참고 문헌이나 자료 사용

　　㉣ 자신의 연구 결과를 감상하게 될 잠재적인 청중들을 감동시킬 수 있는 작문, 언어적·시각적 의사소통 기술

③ **3단계 심화 학습**: 영재 학생들은 3단계 심화 학습 활동 과정에서 실제 문제를 조사하는 진짜 연구자 또는 독창적인 산출물을 창조해 내는 예술가가 된다. 학생들은 정보의 단순한 소비자가 아니라 지식과 예술의 생산자로서의 역할을 해야 한다. 교사는 학생들의 문제를 명확히 인식하고, 프로젝트를 설계하고, 자료나 장비를 설치하고, 전문가나 정보원을 추천하는 안내자의 역할을 해야 한다.

발명교수학습자료
(발명교육포털사이트)

(2) Renzulli의 학교 전체 심화 학습 모형

학교 전체 심화 학습 모형(SEM : Schoolwide Enrichment Model)은 학교 전체에 초점을 집중한다는 것으로, 심화 학습 3단계 모형을 기초로 하고 있다. 현재 가장 널리 사용되고 있는 프로그램이다.

SEM 모형의 첫 번째 두드러진 특징은 판별과 선발 과정에 Renzulli의 재능 자원 접근을 택하고 있다는 것이다. 영재 판별의 일반적인 방법은 학교 전체 모집단의 약 5%를 영재로 판별하는 것이다. 영재로 판별된 학생들은 대개 풀 아웃 방법으로 속진과 심화 학습 활동에 참가한다. 그러나 SEM에서는 학생의 약 15~20%가 재능 자원으로 선발된다. 학교 자체적으로 SEM에 참여할 학생들을 선발해도 좋으나 Renzulli와 Reis는 5단계 판별 계획을 설계하였다.

> 1단계 : 검사 점수에 의한 지명 ⇨ 2단계 : 교사 지명 ⇨ 3단계 : 다양한 기준으로 지명 ⇨ 4단계 : 특별 지명 ⇨ 5단계 : 활동 정보 메시지를 통한 지명

마지막 4, 5단계는 앞의 1, 2, 3단계에서 누락된 학생들을 선별하기 위한 방법으로서 마치 안전장치와 같은 역할을 하도록 설계하였다. 이러한 선발 절차에서 영재인지 아닌지 의심될 경우에도 참여를 허락하기 때문에 학생들에게 기회를 주려고 하는 것이지 탈락시키려고 하는 것이 아니다. 또한 처음부터 독립적인 프로젝트를 수행하고자 하는 학생을 선발한 것이 아니기 때문에 학생들이 점차 독립적인 프로젝트를 수행하도록 지도해야 할 것이며, 그러한 과정에서 선발된 학생들은 자동적으로 재능 자원의 일부가 될 것이다. 따라서 학생 선발은 일 년 내내 지속되고 많은 학생들이 이 프로그램의 혜택을 받게 됨에 따라 SEM은 엘리트주의를 추구한다거나 불공평하다는 비판을 거의 듣지 않는다.

두 번째 두드러진 특징은 학교 전체를 대상으로 하고 있다는 점이다. 1단계와 2단계 심화 학습은 모든 학생들에게 필요하다는 것을 이미 언급하였다. SEM에서는 모든 학급에서 1단계와 2단계 심화 학습을 적용하게 한다. 그러나 때로는 이러한 '일반적 심화 학습'을 자료의 난이도, 집단의 크기, 또는 학생의 흥미를 고려하여 일부 집단에게만 실시하기도 한다.

정규 교사는 재능 자원 교사에게 재능 자원 학생에 관한 활동 정보 메시지를 보내서 학생들이 3단계 심화 학습을 수행하도록 요청한다. 만일 프로젝트가 좋다고 판단되면 해당 학생은 재능 자원 교사와 함께 계획을 수립해서 며칠, 몇 주 혹은 몇 개월이 소요되는 프로젝트를 수행한다. 재능 자원 학생의 약 50~60%는 한 해에 최소한 한 개의 3단계 프로젝트를 수행하고 싶어 하며 프로젝트 수행 과정에서 창의성을 발휘한다. 재능 자원 학생들은 Renzulli의 'Interest-A-Lyzer'라는 도구를 이용하여 3단계 프로젝트에서 다루고 싶은 그들의 흥미를 확인할 수도 있다. 이 도구는 학생들이 미술과 공예, 과학, 창의적인 글쓰기, 법률, 정치, 경영, 역사, 수학, 운동, 야외 활동, 공연 예술, 사법, 소비자 행동 등에 관한 흥미를 확인하는 데 도움이 된다.

세 번째 특징은 교육과정 압축이다. 정규 교사는 재능 자원 학급의 학생들에게 좀 더 도전적인 교육과정을 제공하고 3단계 프로젝트 수행과 재능 자원 심화 학습 활동 시간을 확보해 주기 위해 교육과정을 압축해서 운영한다. 학생이 어느 영역에 강점이 있는지는 학생부, 표준화 검사 점수, 교실 활동 또는 교사의 관찰 등으로 확인할 수 있다. 교육과정 압축을 운영하는 전략 중의 하나는 사전 검사나 단원 총 정리 검사를 이용해서 특정한 분야에 대한 학생의 숙달 정도를 평가하는 것이다. 또 다른 전략은 효과적이고 경제적인 내용으로 수업의 속도를 촉진하는 것이다. Reis 등은 우수한 능력을 가진 초등학생을 대상으로 한 연구에서 학습 내용과 수업을 총 40~50% 정도로 압축시켜도 성취도가 저하되지 않았으며 과학 점수는 오히려 향상되었다고 보고하였다. SEM을 운영함에 있어서 정석은 없다. Renzulli는 심화 학습 3단계 모형이나 RDIM(SEM) 프로그램을 아무런 변형도 하지 않고 그대로 적용할 수는 없으므로, 각 학교 지역구에서는 교유의 철학, 자원, 경영 구조를 검토해서 지역 특성에 맞게 프로그램을 운영해야 한다고 제안하였다.

추천도서

다중 메뉴 모델

이미순 역(2007).
다중메뉴모델: 차별화된 교
육과정 개발을 위한 실제적
인 지침. 박학사.

(3) Renzulli의 다중 메뉴 모형

Renzulli의 다중 메뉴 모형은 효과적이고 흥미로운 방식으로 내용 지식을 가르치는 데 초점을 둔다. 다음의 다섯 가지 메뉴들은 영재교육의 목표와 일치하는 교육과정을 설계하는 데 지침을 제공하기 위하여 고안된 것이다.

① **지식 메뉴**: Renzulli는 지식 메뉴를 가장 중요시하였다. 이 메뉴는 특정 영역에서 가르칠 지식에 대한 타당한 계열성을 제시해 주며 다음과 같은 네 가지 하위 범주 또는 단계를 포함하고 있다.

ㄱ 지식의 소재(Location), 정의(Definition), 조직(Organization): 학습자가 특정 분야에 대한 영역의 일반적 특성과 하위 영역의 주체적인 특성을 파악할 수 있도록 안내한다. 교육과정 개발자들은 특정 분야의 조직을 시각적으로 설명하는 분지형 도식(Branching Diagram)을 사용하여 해당 분야의 목적, 연구되어야 할 하위 영역, 하위 영역 내에서의 질문 유형, 자료의 원천, 기본적인 참고 문헌과 전문 학술지, 주요한 데이터베이스, 주요 사건, 사람, 장소, 신념 등을 다루어야 한다.

ㄴ 기본 원리와 기능적 개념: 기본 원리는 해당 영역에서 보편적으로 합의된 진리이며 기능적 개념들은 해당 분야의 용어로서의 역할을 한다.

ㄷ 특수성에 대한 지식: 해당 분야의 중요한 사실, 관습, 경향, 분류, 준거, 원리와 일반화, 이론, 구조에 관련된 것이다.

ㄹ 방법론에 대한 지식: 특정 영역에서의 표준적인 연구 절차와 관련된다. 즉 문제를 발견하는 방법, 가설 진술, 자료 원천의 확인, 자료 수집 도구의 구성 또는 배정, 자료의 분석과 요약, 결론 도출, 그리고 결과 보고법 등에 관한 것이다.

② **수업 목표 및 학생 활동 메뉴**: 수업 목표 및 학생 활동 메뉴의 4개의 하위 분야는 다음과 같다.

ㄱ 동화와 파지: 듣기, 관찰, 읽기, 조작, 노트 정리 등과 같은 정보투입 과정이다.

ㄴ 정보 분석: 분류, 서열, 자료 수집, 해석, 대안 탐색, 결론, 설명 등 보다 상위 수준의 이해를 위한 것들이다.

ㄷ 정보의 종합과 응용: 쓰기, 말하기, 구성하기, 수행하기와 같은 사고 과정의 산출물 또는 결과물을 다룬다.

ㄹ 평가: 개인의 가치관이나 전통적 표준에 따라서 정보를 재고하고 판단하는 것과 관련된다.

③ **수업 전략 메뉴**: 모든 교사들에게 친숙한 교수 학습 활동을 항목
별로 제시하는 것으로 연습 문제, 암송, 강의, 토의, 동료 지도, 학습
센터 활동, 모의 수업과 역할 놀이, 학습 게임 등이 있다.

④ **수업 계열 메뉴**: 계획한 학습 활동의 결과를 극대화시키는 활동을
조직하고 계열화하는 것으로 주의집중 유도, 목표 제시, 선수 학습과
관련시키기, 자료 제시, 수행 평가, 피드백 제공, 전이와 적용을 위한
기회 제공 등이 포함된다.

⑤ **예술적 수정 메뉴**: 교사가 개인적 지식, 경험, 신념, 회원의 정보,
해석, 논쟁, 편견 등에 따라 나름대로 자료를 수정해서 사용하기를
제안한다.

⑷ Feldhusen과 Kolloff의 퍼듀 3단계 심화 학습 모형

영재 학생들의 창의성 개발 · 육성을 위한 3단계 심화 학습, 즉 다양한
유형의 사고 기능 제고, 수렴적 · 확산적 문제해결력, 연구 기능 및 개인
연구 능력을 훈련하고 향상시키는 것을 목표로 한다.

① **1단계**: 기본적인 수렴적 · 확산적, 절차적 사고력 개발 단계
수업 활동은 주로 창의력과 그 밖의 다른 언어적 · 비언어적 분야의
사고 기능을 향상시키기 위하여 비교적 단기간에 이루어지고 교
사가 주도하는 연습과 워크북 활동으로 이루어진다. 과학 · 수학 ·
언어 과목의 내용, 기초 기술, 창의력 및 다양한 사고 기능들은
1단계에 포함될 수 없다. 아이디어의 유창성 · 독창성 · 유연성 · 정
교성이 중요시되는 창의적 사고, 논리와 비판적 사고, 분석력, 종
합력, 평가력, 결정능력, 분류와 비교, 유추하는 사고능력을 훈련
하고 생각하는 기능을 발달시키는 교육이 1단계에서 다루어진다.

② **2단계**: 창의적 문제해결력의 개발 단계
브레인스토밍, 창조공학(Synectics) 방법, 창의적 문제해결력(CPS)
모형, 미래 문제의 해결, 오디세이 오브 더 마인드(Odyssey of the
Mind), 그 외에 문제해결 응용과 경험 능력 개발 등이 포함된 좀 더
복합적이고 실제적인 전략과 체제에 중점을 둔다.

용어

**오디세이 오브 더 마인드
(Odyssey of the Mind)**
1978년 미국의 Dr. Sam
Micklus에 의해 창시되어
세계 25여 개국에서 참여
하는 국제대회로, 참여자들
의 창의적 문제 해결에 중
점을 둔 장기 과제(Long-
term Problem)와 즉석 과제
(Spontaneous Problem)를
수행하는 경진대회

③ **3단계** : 개인 연구에 필요한 전문적 기량의 개발 단계

영재 학생들이 연구 문제의 명확한 정의, 연구 문제와 관련된 참고 자료(서적)와 자원으로부터 수집된 자료의 해석과 분석, 연구 추진, 결과를 창의적으로 설득력 있게 전달하는(발표하는) 방법의 개발 등을 포함한다. 이 과정에서 지도 교사는 영재 학생들이 도전감을 갖고 의욕적·자발적으로 참여하도록 유도해야 한다. 3단계 프로젝트로는 짧은 글 쓰기, 연극 연출, 대안적인 쓰레기 처리 시스템 연구하기 등을 예로 들 수 있다.

퍼듀 3단계 심화 교육과정 모형은 이동 수업이 장점이며 1단계에서 첫 수 주를 보낸 후 이어서 2단계 활동에서는 12~16주를 배정하고 그 후 3단계에서는 개인 연구와 과제 해결에 몰입하도록 일정을 조정, 관리한다.

⑸ **Treffinger의 자기 주도 학습 모형**

영재교육에서 중요한 목표들 중의 하나는 영재들이 자신의 능력으로 스스로 동기화가 되어 자기 주도적 학습을 수행하도록 하는 것이며, Treffinger의 자기 주도 학습 모형은 영재들의 자기 주도적 학습을 촉진한다.

① 영재들이 수업 과정에서 독립적이고 자율적인 학습 활동을 수행할 수 있도록 필요한 기능들을 개발한다. 즉 이 모형은 영재들이 자신의 관심 분야를 직접 계획하고 수행하고 평가할 때, 그들의 잠재 능력과 재능이 최대로 계발될 수 있을 뿐만 아니라 자주적 사고 능력, 집착력, 추진력, 창의력, 연구 기능 등을 신장시켜 주는 데 도움이 될 것이다.

영재들의 학습 특성에 비추어 보더라도, 영재는 교사나 성인들로부터 끊임없는 지도와 조력을 받지 않고 자신의 학습을 계속적으로 수행하여 나아가기 위하여 자기 주도 학습 기능(Self Directiveness) 혹은 독립적 학습 기능(Independent Learning Skill)을 개발하는 것이 중요하다고 많은 학자들은 언급하고 있다. 그러나 이러한 학습 기능은 단지 연구 문제를 영재 스스로 탐색해 내는 사고 능력 이상의 기능을 말한다. 영재들이 스스로 자유롭게 학습을 수행할 수 있으려면 자기 주도 학습이 이루어질 수 있을 만큼 어느 정도 훈련이 필요하다.

② 학생은 자신의 학습에 능동적으로 참여할 때, 효율적으로 많이 학습할 수 있으며 자신이 선택한 분야를 학습하면 더욱 동기화가 되어 학습을 열심히 하게 된다. 이 모형은 영재들이 자기 주도적 학습자가 되는 데 필요한 기능을 발달시킬 수 있는 구조화된 접근 모형이다. 교수 · 학습 활동은 '목적 파악 − 출발점 행동의 측정 − 교수 · 학습 절차의 확인 및 실행 − 수행 평가'의 4단계로 구성되어 있다. 교사가 이러한 요소들을 단계적으로 지도함으로써 교사 주도 학습이 학생의 자기 주도 학습으로 바뀌게 되며 자기 주도적 학습 능력을 신장시켜 줄 수 있게 된다.

이 모형은 단계적으로 자기 주도적 학습 능력을 배양함으로써 실제적인 문제에 대한 심층적인 연구를 가능하게 한다. 또한 이 모형은 시간 이용, 연계적 활동, 참고 자료의 파악 등과 같은 실제적인 활동에 중점을 둔다는 점에서 다른 영재 교수 · 학습 모형과는 차이가 있다. 선택의 자유가 있다는 것과 독립적 능력을 증진시켜 나가는 것은 자기 주도 학습 모형에서 특히 강조된다.

ㅇ Treffinger의 자기 주도 학습 모형(구자억 외, 2000)

구분	교사 주도 학습	자기 주도 학습		
		1단계	2단계	3단계
학습 목표와 선정	교사가 학습과 개별 학생을 위해서 사전 계획한다.	교사가 학생들에게 다양한 선택권을 부여한다.	교사가 학생들을 목표 설정에 참여시킨다.	학생이 스스로 학습목표를 설정하고 교사는 조력자의 역할을 담당한다.
학습 준비도 평가	교사가 임무에 필요한 모든 평가를 결정하고 수행한다.	교사가 진단 평가를 하나 학생에게 몇 가지 평가의 선택권을 준다.	교사와 학생이 진단을 위한 회의를 갖고 필요에 따라 개인적으로 평가가 진행된다.	학생이 스스로 임무에 필요한 요건이나 기술들을 파악하고 불확실한 부분은 교사의 조력을 구한다.
교육 과정 개발과 이행	교사가 내용을 제시하고 학습에 필요한 활동과 실습을 제공한다.	교사가 학습에 필요한 여러 가지 활동을 제시하면 학생은 자신의 능력에 맞게 활동을 선택한다.	교사가 학생을 학생 개개인에 적합한 학습 활동 개발에 참여시킨다.	학생이 원하는 프로젝트나 활동, 필요한 자원 및 학습에 관련된 제반 요건을 정한다.
성취도 평가	교사가 평가 절차 및 도구를 정하고 수행한다.	교사가 학생에게 학습 목표에 관련하여 자신의 성취도를 평가하게 한다.	동료 친구들이 피드백을 제공하며 교사와 학생이 평가를 위한 회의를 갖는다.	학생이 자기 평가를 한다.

㉠ 교사 주도 수업 단계(Command Style) : 교사는 교육 프로그램의 준비와 실행에 대해서 전적으로 책임을 지며, 학급이나 개별 학생들에게 무엇을, 언제, 어디서 해야 할 것인가를 정해 준다. 즉 교사는 교육목표를 설정하고, 실행을 위한 모든 준비와 계획의 수립, 학생들의 학습 준비도 측정, 개별 학생의 학습 활동 처방 등 수업의 모든 활동을 주도하며, 평가의 준거도 마련한다.

㉡ 영재 주도 학습 1단계(Task Style) : 교사는 영재들에게 영재들의 관심 분야와 학습 속도에 따라서 학습 프로그램의 내용과 수준에 대한 선택의 기회를 준다. 이 단계에서는 교사가 학생들을 위하여 다양한 학습 활동이나 프로젝트 등을 개발하고, 학생들에게 자신의 능력과 학습 속도에 맞추어 학습 활동을 선택할 수 있는 기회를 제공한다.

㉢ 영재 주도 학습 2단계(Peer-Partner Style) : 교사와 영재 학생이 공동으로 가장 적절한 교육 프로그램을 개발하되 교사는 학생들에게 보다 많은 책임을 부여해 주고, 학생은 학습 활동이나 목표에 대하여 좀 더 능동적으로 참여하고 의사결정을 한다.

㉣ 영재 주도 학습 3단계(Self-Directed Style) : 영재 학생이 학습할 내용을 스스로 선택하도록 하고, 이때 교사의 주된 역할은 자원 인사로서 필요한 경우에 자료나 정보를 제공해 주는 역할을 맡는다.

이러한 절차를 거치게 되면 영재 학생의 독자적 학습 기능이 신장되며, 학습 계약(Learning Contract)을 활용함으로서 영재는 자기 주도적으로 각 단계에서 독자적인 프로젝트를 수행할 수 있는 능력이 신장된다.

이 모형을 적용할 때 가장 유의할 점은 처음 단계부터 마지막 단계까지 무조건 순차적으로 적용하거나 또는 모든 학생들에게 천편일률적으로 적용할 필요는 없다는 점이다. 영재로 판별된 학생들도 자기 주도적으로 학습하는 능력이나 경험 등에는 개인차가 있다. 그러므로 교사는 그러한 개인차를 고려하여 영재 학생 개개인이 자신들의 능력 수준에 적합한 자기 주도 학습의 단계에 참여할 수 있도록 도와주어야 한다. 즉 영재들이 독자적인 학습을 할 준비가 충분히 되어 있지 않다고 해서 반드시 교사 주도 학습 단계부터 시작할 필요는 없으며, 학생이 가장 용이하게 학습을 수행할 수 있는 최적의 출발점을 교사가 결정해 주어야 한다.

한국발명진흥회
원격교육연수원
(아이피티처)

Discussion for Closing

주제를 닫는 토론

IV

🖉 다음의 영재아에 대한 오해와 특징에 관한 글을 읽고 교사가 영재아에게 가지는 편견이
무엇인지 토론해 보자.

1. 영재아에 대한 오해

📖 **추천도서**

박경빈 외. (2014). 한눈에
보는 영재교육. 학지사.
▶ 다년간 영재교육에 대해
연구하고 실제로 강의를 해
온 전문가들이 한국 사회의
실정에 맞게 집필한 영재교
육 개론서

• 영재아는 도움이 필요 없다.
  Gifted Students Don't Need Help ; They'll Do Fine On Their Own.
• 영재교육 프로그램은 엘리트 프로그램이다.
  Gifted Education Programs Are Elitist.
• 영재아는 행복하고, 인기 있으며, 학교에서 적응을 잘한다.
  Gifted Students Are Happy, Popular, And Well Adjusted In School.

우리는 영재아를 성공한 인재, 문제없는 인재로 오해하고 있다. 그들은
그들만의 문제와 도움이 필요한 부분이 있다. 영재를 지도하는 교사는
이들의 눈높이와 필요를 이해할 수 있는 혜안이 필요하지 않을까?

2. 영재아의 특징

공부 잘하는 아이의 특징	영재 아이의 특징
• 질문에 정답을 잘 맞춘다	• 질문에 대해 질문한다
• 흥미를 보인다	• 호기심이 높다
• 좋은 아이디어를 낸다	• 생소하고 이상한 아이디어를 낸다
• 열심히 공부한다	• 빈둥거리면서 잘한다
• "뭐야?"라는 질문을 많이 한다	• "왜?"라는 질문을 많이 한다
• 상위권에 속한다	• 상위권을 초월한다
• 경청한다	• 감정과 의견을 표출한다
• 쉽게 배운다	• 이미 안다
• 또래들과 어울린다	• 어른과 어울리는 것을 좋아한다
• 이해력이 좋다	• 추론을 잘한다
• 수용적이다	• 집착을 잘한다
• 정확히 답습한다	• 새롭게 창조한다
• 학교를 좋아한다	• 배우는 것을 좋아한다

• 정보를 잘 기억한다	• 정보를 조작한다
• 기술자형이다	• 발명가이다
• 암기를 잘한다	• 추측을 잘한다
• 자기의 학습에 만족한다	• 자기 비판적이다

출처 ▶ Vancouver School Board. Elementary school Handbook 2003-2004

Think

영재아에 대한 교사의 편견은 무엇일까?

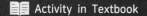 **Activity in Textbook**

교과서를 품은 활동

인간의 유전자도 특허의 대상이 될 수 있을까?

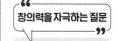
창의력을 자극하는 질문

• 인간의 유전자란?
• 특허의 대상은?

미국의 영화배우 안젤리나 졸리는 유전적으로 유방암의 발생 가능성이 87%로 높다는 진단을 받고 예방적인 유방 절제 수술을 받았다. 안젤리나 졸리가 유방암의 발생 가능성을 알 수 있었던 것은 미국 M사의 인간 유전자를 이용한 진단 방법 때문이다.

M사는 1994년과 1995년 세계 최초로 유방암과 난소암의 발병에 영향을 미치는 돌연변이 유전자인 BRCA1과 BRCA2를 각각 발견한 뒤 특허를 취득하였고, 이후 유방암 유발 유전자 검사를 독점하고 있었다.

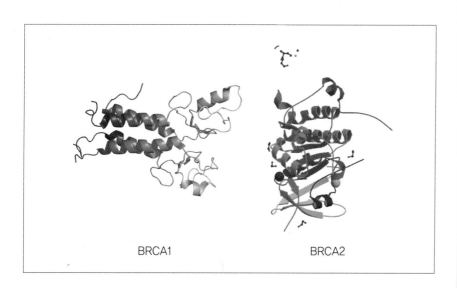

BRCA1   BRCA2

그러나 미국 시민 단체 등은 인간의 유전자는 자연의 산물이므로 특허의 대상이 아니라고 주장하며, 이에 대한 특허를 취소해 달라고 소송을 제기하였다. 이 소송의 최대 쟁점은 과연 인간의 유전자가 발명품처럼 특허의 대상이 될 수 있는가, 그리고 이에 대한 특허권을 인정할 것인가 여부였다.

소송을 제기한 시민 단체와 공공 특허 재단은 최근 열린 연방 대법원 구두 변론에서 "인간 유전자는 자연의 산물인 만큼 특허 대상이 될 수 없으며, 특허권자가 해당 유전자를 분석할 권리도 독점할 수 있어 정보 통제권까지 갖게 된다."라고 주장하였다.

이에 대해 M사는 "특정 유전자를 찾아 분리하는 행위는 인간의 창의성이 필요한 고난도의 화학적 변화를 수반하는 작업이라 특허권이 인정되어야 한다."라고 반론을 폈으며, 생명 공학 업계는 유전자 특허가 없으면 관련 연구에 대한 투자가 급감할 것이라고 반박하였다.

최종적으로 2013년 6월 미국 연방 대법원은 "자연적으로 발생한 DNA는 자연의 산물이며, 그것이 단순히 분리되어 있다는 이유만으로 특허 대상이 될 수 없다."라고 판단하여 M사의 특허를 취소하였다.

⊕ 더 알아보기

신약 개발에는 많은 비용이 소요되므로 만일 신약에 대한 특허가 허락되지 않는다면 제약회사는 개발 비용을 감당할 수 없을 것이다. 한편 특허권으로 인해 높은 약값을 지불할 수 없는 저개발 지역 국민들은 필요한 약을 구입하기 힘들 것이다. 이러한 문제를 해결하기 위해서 어떻게 해야 할지 생각해 보자.

Think

유전자 외에도 특허의 대상이 될 수 없는 것은 무엇이 있을까?

Notice

단원 교수 · 학습 유의사항

1. 동물 학교 이야기에서처럼 학생들이 자신만의 강점을 발견하고 발전 시킬 수 있도록 지도에 유의한다.

2. 발명 분야에서도 학생들이 자신감을 갖도록 하는 것이 중요하다.

3. 4차 산업혁명의 시대가 요구하는 인재상과 발명영재는 일치하는 부분이 많음을 강조해 학생들이 자부심을 갖도록 지도한다.

4. 발명영재의 판별과 선발 과정에서 사교육에서 길러진 학생들을 걸러 낼 수 있도록, 학생이 지닌 잠재력에 초점을 맞춰 평가해야 한다.

5. 모든 영재가 그렇지만 특히 발명영재의 경우 문제에 대한 집착력이 있는 학생들이 선발될 수 있도록 유의한다.

6. 발명영재를 위한 심화학습에서는 문제해결 과정 및 창의적 사고 과정에 중점을 두고 있지만, 이러한 사고 과정은 일반학생을 대상으로 하는 발명교육에서도 중시되고 있음을 유의한다. 따라서 발명영재 교육과정의 차별화 전략을 마련할 때는 보다 세심한 접근이 요구된다.

7. 발명영재의 교육에서는 팀 단위의 협력을 기반으로 한 학습이 중심이 되어야 한다.

8. 발명영재교육에서는 공감 및 시제품 만들기를 통한 실패가 중요한 경험이 될 수 있도록 힘써야 한다.

발명가 Inventor

> 세종대왕
조선 제4대 왕으로 집현전을 통해 유능한 학자를 육성하고 '훈민정음(한글)'을 만들었으며 측우기, 해시계, 물시계 등 각종 과학 기구를 발명하게 하였다.

IV

IV 단원 마무리 퀴즈

01 발명영재의 영역은 발명 지식과 사고, _____, 발명 수행, _____(으)로 구분할 수 있다.

02 차세대영재기업인의 핵심 역량 중 목표 달성에 있어 적극적이고 진취적으로 생각하고 보다 높은 성취 기준을 달성하기 위해 끊임없이 노력하며 과감히 현상을 타파하여 난관을 극복하고자 하는 태도를 _____(이)라 한다.

03 교육기본법의 교육 이념에 근거한 영재교육의 목적은 교육의 _____와/과 _____ 을/를 실현하는 것이다.

04 발명영재 특성 판별 체크리스트 중 산출물을 제작하기 위한 계획을 수립함에 있어서, 가장 손쉽게 목적을 달성할 수 있는 효율성과 함께 산출물의 미적인 가치도 성공적으로 달성해내는 능력을 _____(이)라 한다.

05 발명영재의 선발 절차는 정보 수집 → 서류 평가 → _____ → 선정심사위원회의 절차를 거친다.

06 Van Tassel-Baska(2003)는 영재를 위한 차별화된 교육과정 개발을 위해서 '내용', '인식론적 개념', '_____'이라는 영재 교육과정의 세 가지 차원을 바탕으로 한 통합 교육과정 모형을 제안하였다. '_____' 차원은 영재들이 하나의 프로젝트를 수행하면서 문제발견과 문제해결에 몰입할 수 있도록 하고 전문가와 교류할 수 있도록 하는 심화 학습의 기회를 제공하고 있다.

07 영재들이 수업의 과정에서 독립적이고 자율적인 학습 활동을 수행할 수 있도록 필요한 기능들을 개발시켜 주는 데 도움을 줄 수 있는 수업 모형으로 Treffinger가 제안한 모형은 _____ 이다.

⊘ 해답

01. 발명 창의성/발명 태도	**02.** 도전 정신	**03.** 평등성/수월성
04. 설계 능력	**05.** 심층 면접	
06. 과정과 산출	**07.** 자기 주도 학습 모형	

참고문헌

구자억·조석희·김홍원·서혜애·장영숙. (1999). 영재교육과정 개발 연구(Ⅰ) — 초·중학교 영재교육과정 시안개발을 위한 기초연구 —. 한국교육개발원.

구자억·조석희·김홍원·서혜애·장영숙·임희준·방승진·황동주. (2000). 영재교육과정 개발연구(Ⅱ) — 고등학교 영재교육과정 시안개발을 위한 기초연구 —. 한국교육개발원.

김춘경 외. (2016). 상담학 사전. 학지사.

김홍원, 윤초희, 윤여홍, 김현철. (2003). 초등 영재학생의 지적·정의적 행동 특성 및 지도 방안 연구. 한국교육개발원.

문대영. (2021). 발명영재교육론. 한국문화사.

박성익·조석희·김홍원·이지현·윤여홍·진석언·한기순. (2003). 영재교육학원론. 교육과학사.

서혜애 외. (2002). 공교육 차원의 발명영재교육 체제 구축 방안 연구. 수탁연구 CR 2002-29. 한국교육개발원.

서혜애 외. (2006). 발명교육 내용 표준 개발. 특허청.

육근철, 최석남, 한승록, 박상태, 류지영, 맹동술, 원희정, 김유상, 이재복, 천가경. (2011). 발명영재 선발도구 개발연구. 한국발명진흥회, & 특허청.

이경화·최병연·박숙희 역. (2005). 영재교육. 박학사.

이신동·이정규·박춘성. (2009). 최신영재교육학개론. 학지사.

이재호 외. (2013). 3대 핵심역량을 중심으로 한 미래지향적 발명영재상 정립에 대한 연구. 영재교육연구, 23(3), pp.435~452.

이정규. (2007). 영재학급·영재교육원 운영실태 및 확대 방안에 대한 연구, 교육인적자원부.

이종범, 정진철, 김재겸, 최동우, 지준오, & 최지원. (2010). 차세대 영재 기업인 핵심역량 평가도구 및 매뉴얼 개발. 한국발명진흥회.

이화국. (1999). 과학영재의 판별과 선발 방안.

조석희, 박경숙, 김홍원, 김명숙, 윤지숙. (1996). 영재교육의 이론과 실제. 한국교육개발원.

최유현. (2014). 발명교육학 연구. 형설출판사.

최유현 외. (2007). 발명영재교육양성체계구축 및 발명영재고등학교 타당성 검토연구 : 최종보고서. 특허청.

최유현 외. (2010). 발명영재 선발도구 개발 연구. 한국발명진흥회, & 특허청.

Baldwin, A. Y., & Vialle, W. (1999). Introduction : Potential that is masked. The Many Faces of Giftedness : Lifting the masks.

추천도서

문대영. (2021). 발명영재교육론. 한국문화사.
▶ 발명영재교육에 대한 10여 년간의 연구 결과를 바탕으로 발명 분야 영재교육의 현장 적용 방안을 탐색한 개론서

Banks, J. A. (1999). An introduction to multi cultural education (2nd ed.). Boston: Allyn and Bacon.

Birch, J. W. (1984). Is any identification procedure necessary? Gifted Child Quarterly, 28, pp.157~161.

Bloom, B. S. (1956) Taxonomy of Educational Objectives, Handbook: The Cognitive Domain. David McKay, New York.

Borland, J. H., & Wright, L. (1994). Identifying Young, Potentially Gifted, Economically Disadvantaged Students1. Gifted Child Quarterly, 38(4), pp.164~171.

Clark, B. (2007). Growing up gifted: Developing the potential of children at home and at school. (7th edition). NJ: Prentice Hall.

Clark, B. (2008). Growing up gifted: Developing the potential of children at home and at school. (7th edition), 김명숙·서혜애·이미순·전미란·진석언·한기순 역(2010). 영재교육과 재능계발. 시그마프레스.

Davis, G. A., & Rimm, S. G. (1994). Education of the gifted and talented (2nd ed.). Englewood Cliff, NJ: Prentice Hall.

Davis, G. A., & Rimm, S. G. (2004). Education of the gifted and talented (5th ed.), 이경화·최병연·박숙희 역(2005). 영재교육. 박학사.

Eisner, E., & Vallance, E. (1974). Introduction — Five conceptions of curriculum: Their roots and implications for curriculum planning. In Conflicting Conceptions of Curriculum, pp.1~18, Berkeley, CA: McCutchan.

Feldhusen, J. F., & Jarwan, F. A. (2000). Identification of gifted and talented youth for educational programs. International handbook of giftedness and talent, 2, pp.271~279.

Fox, L. H. (1976). Changing Behaviors and Attitudes of Gifted Girls.

Gagné, Francoys. (1985). Giftedness and Talent : Reexamining a Reexamination of the Definitions., The Gifted child quarterly/ 29(3), pp.103~112, National Association for Gifted Children.

Gardner, H. (2008). 5 minds for the future, Cambridge, MA: Harvard Business School Publishing.

Kaplan, S. N. (1986). The grid: A model to construct differentiated curriculum for the gifted. In J. S. Renzulli (ed.), System and models for developing programs of the gifted and talented(pp. 180~193). CT: Creative Learning Press.

Marland, S. P. Jr. (1972). *Education of the gifted and talented.* Volume
  Ⅰ: Report to the Congress of the United States by the U. S.
  Commissioner of Education. Office of Education (DHEW),
  Washington, D.C.

OECD. (2019). OECD future of education and skills 2030: OECD Learning
  Compass 2030. A Series of Concept Notes. (www.oecd.org).

Renzulli, J. S. (1977). Rating the behavioral characteristics of superior
  students. G/C/T, 19, pp.30~35.

Renzulli, J. S. (1978). What makes giftedness? Reexamining a definition.
  Phi Delta Kappan, 60, pp.180~184, p.261.

Renzulli, J. S. (1986). The Three-Ring Conception of Giftedness: A
  Developmental Model for Creative Productivity. In: Sternberg,
  R. J. and Davidson, J. E., Eds., Conceptions of Giftedness,
  Cambridge University Press, New York, pp.53~92.

Renzulli, J. S. (1996). Systems and models for developing program
  for the gifted and talented. NY : Creative Learning Press Inc.

Stankowsky, W. M. (1978). Definition. In R. E. Clasen and B. Robinson
  (Eds.), simple gifts. Madison, WI: University of Wisconsin-
  Extension.

Torrance, E. P. (1962). Guiding creative talent.

Torrance, E. P. (1998). Torrance tests of creative thinking: Norms-
  technical manual: Figural (streamlined) forms A & B. Scholastic
  Testing Service.

Treffinger, D. J. (1975). Teaching for self-directed learning: A priority
  for the gifted and talented. Gifted Child Quarterly, 19(1),
  pp.46~59.

VanTassel-Baska. J. (1988). Comprehensive curriculum for gifted
  learner. Boston: Allyn & Bacon.

Van Tassel-Baska J., Stambaugh T.(2006). Comprehensive curriculum
  for gifted learners (3rd ed.). Boston: Allyn & Bacon.

Van Tassel-Baska, J. (2003). Curriculum planning and instructional
  design for gifted learner. Denver, CO: Love Publishing.

Van Tassel-Baska, J. & Stambaugh, T. (2006). Comprehensive curriculum
  for gifted learner. (3rd ed.). 강현석 외 11인 역. (2007). 최신 영재
  교육과정론. 시그마프레스.

교사를
위한,

발명·지식재산교육의
탐구와 실천

1급

초판인쇄 2022년 5월 10일
초판발행 2022년 5월 16일
저   자 특허청·한국발명진흥회
발 행 인 박 용
발 행 처 (주)박문각출판
등   록 2015년 4월 29일 제2015-000104호
주   소 06654 서울시 서초구 효령로 283 서경빌딩
교재주문 (02) 6466-7202

이 책의 무단 전재 또는 복제 행위는 저작권법 제136조에 의거, 5년 이하의 징역 또는 5,000만 원 이하의 벌금에 처하거나
이를 병과할 수 있습니다.

정가 25,000원
ISBN 979-11-6704-651-2 / ISBN 979-11-6704-650-5(세트)